粉末冶金材料学

邹俭鹏　编著

科学出版社
北　京

内 容 简 介

本书系作者在多年讲授“粉末冶金材料学”课程的基础上编著而成的，内容力图结合粉末冶金材料和材料科学基础相关知识，突出粉末冶金材料的基本概念和基本原理，系统阐述粉末冶金材料的体系、制备技术、科学基础、内在规律等，主要内容涉及粉末冶金材料的强韧化、铁基粉末冶金结构材料、硬质合金与工具材料、粉末冶金摩擦材料、粉末冶金减摩材料、粉末冶金多孔材料、粉末冶金先进陶瓷材料、粉末冶金高温合金、难熔金属材料、粉末冶金磁性材料和粉末冶金原子能工程材料等。

本书内容较丰富、难度适中，适合我国广大从事粉末冶金材料教学、研发、生产、应用的科技工作者以及粉末冶金专业和相关学科专业的学生阅读。

图书在版编目(CIP)数据

粉末冶金材料学/邹俭鹏编著．—北京：科学出版社，2017.10
ISBN 978-7-03-054862-7

Ⅰ.①粉…　Ⅱ.①邹…　Ⅲ.①粉末冶金-材料科学　Ⅳ.①TF12

中国版本图书馆 CIP 数据核字(2017)第 254987 号

责任编辑：杨向萍　陈　婕　纪四稳 / 责任校对：桂伟利
责任印制：吴兆东 / 封面设计：陈　敬

科学出版社出版
北京东黄城根北街 16 号
邮政编码：100717
http://www.sciencep.com
北京中石油彩色印刷有限责任公司印刷
科学出版社发行　各地新华书店经销
*
2017 年 10 月第　一　版　开本：720×1000　1/16
2025 年 4 月第七次印刷　印张：22
字数：420 000
定价：198.00 元
（如有印装质量问题，我社负责调换）

作者简介

邹俭鹏，1976年9月生，中南大学粉末冶金研究院教授、博士生导师，长期从事粉末冶金材料领域的教学与研究。主讲“粉末冶金功能材料”研究生课程和“粉末冶金材料学”本科生课程，在粉末冶金新材料、纳米材料、薄膜材料等应用基础研究领域取得了一系列创新成果；主持国家自然科学基金2项、中国博士后基金特别资助1项、国家国际科技合作专项项目子课题1项、企业横向项目1项；参与国家重点研发计划、总装备部预研重点项目、863项目等4项；曾获中国有色金属工业科技进步奖二等奖1项、湖南省科技进步奖三等奖1项；以第一作者或通讯作者发表高水平论文60余篇，获国家授权发明专利3项。

前　　言

当代，粉末冶金科学与技术迅猛发展。粉末冶金以其特有的少切削、无切削、节能、节材、环保等优势不断推动新的制粉、成形、烧结技术的发展，使得一批性能优异的新材料被研制出来。很多粉末冶金新材料是铸锭冶金方法无法制取的，或者具有铸锭冶金材料无法达到的高性能，因此令世人刮目相看。时至今日，粉末冶金材料对我国国民经济发展和国防建设具有重要意义，尤其是为我国航空航天、核工业、装备制造、交通运输、地矿开采、资源加工等工业的发展做出了积极而重大的贡献。

鉴于粉末冶金材料日益得到人们广泛关注，为便于从事粉末冶金材料的教学、研究、开发、生产和应用的广大科技工作者更加系统而全面地掌握粉末冶金材料的体系、生产技术、科学内涵及应用现状，作者编著了本书，以飨读者。

本书是在作者多年讲授“粉末冶金材料学”课程的基础上编著而成的，其内容力图结合粉末冶金材料和材料科学基础相关知识，突出粉末冶金材料的一些基本概念和基本原理，使读者熟悉并了解各类粉末冶金材料及其中蕴含的科学原理。书中系统介绍了粉末冶金材料的强韧化、铁基粉末冶金结构材料、硬质合金与工具材料、粉末冶金摩擦材料、粉末冶金减摩材料、粉末冶金先进陶瓷材料、粉末冶金多孔材料、粉末冶金高温合金、难熔金属材料、粉末冶金磁性材料、粉末冶金原子能工程材料等。本书可作为材料科学领域各专业及其相关专业的高年级本科生和研究生学习“粉末冶金材料学”课程的参考书籍。

在撰写本书过程中，中南大学粉末冶金研究院八十岁高龄的赵慕岳教授逐字逐句地对本书认真修改了两稿，提出了大量宝贵意见，为本书的完善和定稿起到了关键作用，在此，对赵慕岳教授严谨的学术态度与深厚的学术造诣致以崇高的敬意和衷心的感谢。同时，感谢 2014 级博士生李红超、2013 级硕士生唐宁馨、2014 级硕士生杨洪志、2015 级硕士生易琛琦、2016 级硕士生高迪等为本书做的大量校对工作。此外，作者在撰写本书过程中参阅了大量的文献资料，引用了部分内容，虽在每章末尾列出文献出处，但这些参考文献仅为其中的一部分，在此特对所有文献作者致以诚挚的谢意！

限于作者水平，书中难免存在疏漏与不足，恳请同行专家和读者批评、指正。

邹俭鹏
于中南大学
2017 年 7 月

目　　录

第 1 章　概　　论

1.1　粉末冶金技术的优点与特点

1.1.1　定义

粉末冶金技术是一门制造金属粉末、合金粉末、非金属粉末、化合物粉末和以上述粉末为原料经过成形、烧结制造材料或制品的科学技术。

粉末冶金材料是用粉末冶金技术制得的近全致密或多孔材料(包括制品)，如图 1-1 和图 1-2 所示。

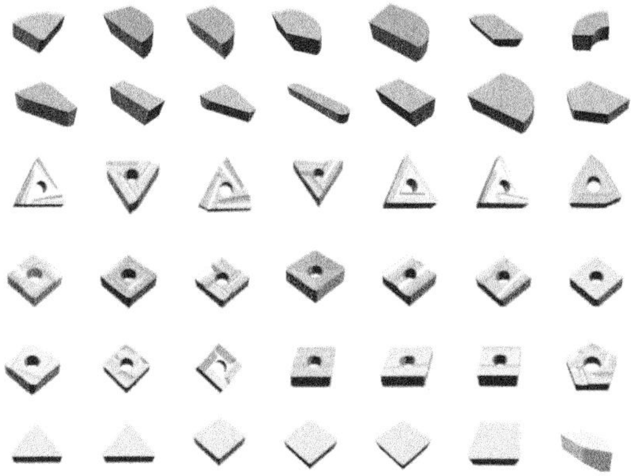

图 1-1　粉末冶金致密材料举例(硬质合金刀具)

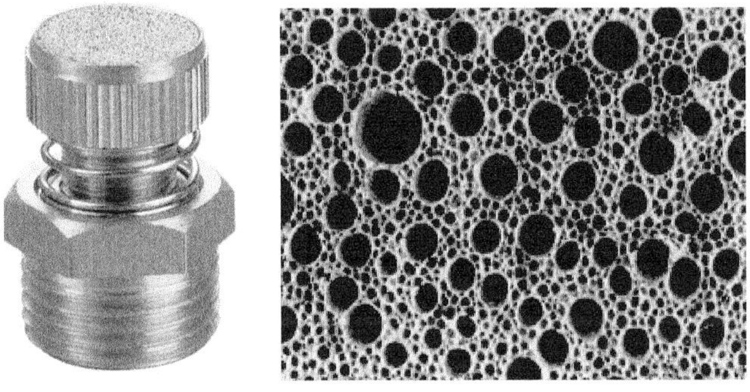

(a) 青铜过滤器　　(b) 多孔材料孔隙结构

图 1-2　粉末冶金多孔材料举例

1.1.2 粉末冶金技术的优点

粉末冶金技术在现代科学技术与国民经济中占据重要地位，主要表现在以下两个方面：

(1) 现代科学技术发展中所需要的许多特殊材料只能用粉末冶金技术制造，例如，电子与电灯工业中不可缺少的三种最重要的难熔金属——W、Mo、Ta，机械加工工业中广泛应用的硬质合金与工具材料，高压输配电中的关键零件——Cu-W触头，原子能工业中的核心零件——浓缩铀分离膜，洲际导弹等用的钨渗铜材料等。因此，从科学技术发展的角度来看，粉末冶金技术作为一种制造特种材料的技术，对科学技术发展做出重要贡献。

(2) 粉末冶金技术是一种机械零部件的少、无切削制造技术。从国民经济发展的角度来看，粉末冶金技术是一种节材、省能、投资少、见效快、无污染且适合于大批量生产的绿色加工技术。

粉末冶金技术的优点体现在如下方面：

(1) 材料致密度可控，可制取多孔材料、高密度材料等；

(2) 材料晶粒细小、显微组织均匀、无成分偏析；

(3) 近净成形，原材料利用率大于95%；

(4) 少、无切削；

(5) 材料组元可控，利于制备复合材料；

(6) 利于难熔金属、陶瓷材料与核材料的制备。

1.1.3 粉末冶金技术的特点

粉末冶金技术的特点主要表现在以下四个方面。

1) 技术多样性

粉末制备技术包括雾化法、还原法、机械合金化、气相沉积法、溶胶-凝胶法、自蔓延燃烧反应合成法、电解法等。

成形技术包括模压、喷射沉积、注射成形、挤压成形、粉末轧制、温压成形、冷等静压及特种固结技术等。

烧结技术包括固相烧结、液相烧结、微波烧结、反应烧结、超固相线液相烧结、热压、热等静压、垂熔自阻烧结、熔渗、电火花烧结等。

2) 工艺复杂性

制粉：各种制粉技术都具有较大的制备工艺复杂性。例如，雾化法所制备粉末的形貌、品质、纯度等与雾化嘴的形状、气体流量、金属固溶度等工艺参数密切相关。

成形：各种成形技术都具有较大的工艺复杂性。以最简单的模压为例，压坯强度等压坯性能取决于压制压力、压制速度、保压时间、脱模速度等工艺参数。

烧结：各种烧结技术都具有工艺复杂性。仅以固相烧结为例，烧结材料的性能与烧结气氛、升温曲线、烧结温度、保温时间等工艺参数紧密相连。

后处理：烧结后处理工艺也比较复杂，包括精整、机加工、热处理(淬火、回火和化学处理)和电镀等。

3）所得材料性能具有优越性

粉末冶金材料具有特殊结构和性能，是熔炼方法所无法生产的材料，如硬质合金、摩擦材料、多孔材料、钨铜假合金、钨钼难熔金属制品等，如图 1-3 所示。

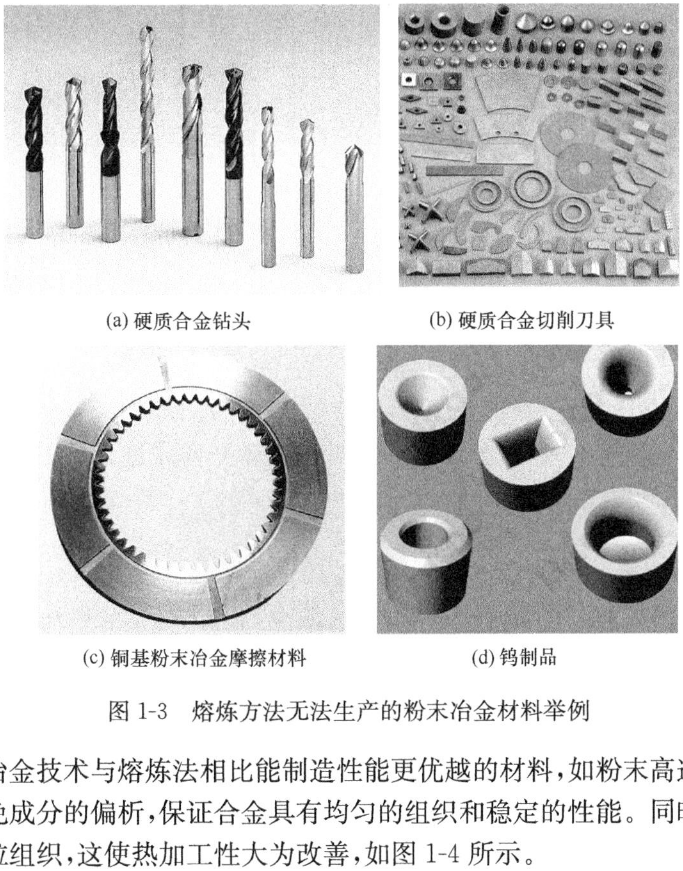

(a) 硬质合金钻头　(b) 硬质合金切削刀具

(c) 铜基粉末冶金摩擦材料　(d) 钨制品

图 1-3　熔炼方法无法生产的粉末冶金材料举例

粉末冶金技术与熔炼法相比能制造性能更优越的材料，如粉末高速钢、粉末超合金可避免成分的偏析，保证合金具有均匀的组织和稳定的性能。同时，这种合金具有细晶粒组织，这使热加工性大为改善，如图 1-4 所示。

4）所得零件形状和结构具有复杂性

粉末冶金工艺生产的零件孔隙度可控，例如，可生产各种多孔材料、多孔含油轴承。零件的形状、结构复杂，选择合适的模具和精整模具，特别是采用粉末注射成形技术可生产形状、结构与成品零件相近的产品。与锻件相比，大大减少了切削加工量，节约了原材料的使用量，可以显著降低成本。

图 1-4　较熔炼法性能更为优越的粉末冶金材料举例(粉末高速钢耐磨件)

1.2　粉末冶金技术的发展

1.2.1　粉末冶金技术发展历程

粉末冶金技术的发展源远流长。20 世纪 60 年代，苏联专家曾说过，粉末冶金技术既像埃及金字塔一样古老，也像现代喷气技术一样先进。现在，可以这么说，粉末冶金技术既像埃及金字塔一样古老，也像纳米技术一样先进。

粉末冶金技术的发展历程如下：

(1) 公元前 3000 年以前，古埃及人在一种风箱中用碳还原氧化铁得到海绵铁，经高温锻造成致密块，再锤打成铁的器件；公元前 2300 年左右出现块炼铁技术，即采用固相碳还原铁矿石(800～1000℃)。

(2) 我国西汉(公元前 113 年)的刘胜墓出土的错金书刀标志着高温锻焊技术的出现。公元 300 年左右，印度以高温锻焊技术为基础制造了“德里”铁柱(Dehli Piller)，重 6t(图 1-5)。

(3) 1910 年，Coolidge 发明了电灯钨丝，给人类带来了光明，奠定了近代粉末冶金技术的基础。

(4) 1914 年，WC、MoC 粉末出现(德国)。

(5) 1923 年，德国人施勒特尔(K. Schroter)用粉末冶金法成功研制钨钴硬质合金。1927 年，德国 Krupp 公司使用该技术生产硬质合金，使切削加工速度成 10 倍提高，引发金属切削技术的革命。

(6) 1930 年，Hoganas 公司开始用固相还原法生产海绵铁。

(7) 1956 年后，大量铁基、铜基零件上市，推动了机械制造业、汽车工业的飞速发展。

(8) 20 世纪 80 年代后，粉末冶金制品如涡轮引擎零件广泛应用于航空航天工业。

图 1-5　印度“德里”铁柱(Dehli Piller)

粉末冶金材料与制品的具体出现时间见表 1-1，其中部分材料如图 1-6 所示。

表 1-1　粉末冶金材料与制品的具体出现时间

粉末冶金材料与制品	出现时间
钨丝	1910 年
难熔碳化物	1914 年
电触头材料	1917～1920 年
WC-Co 硬质合金	1923～1927 年
烧结摩擦材料	1929 年
青铜轴承	1921～1930 年
WC-TiC-Co 硬质合金	1929～1932 年
烧结磁铁	1936 年
多孔铁轴承	1936 年

续表

粉末冶金材料与制品	出现时间
机械零件、合金钢机械零件	1936～1946 年
烧结铝	1946 年
金属陶瓷（TiC-Ni）	1949 年
钢结硬质合金	1957 年
粉末高速钢	1968 年

(a) 青铜轴承,出现年份1921~1930年

(b) 烧结磁铁,出现年份1936年

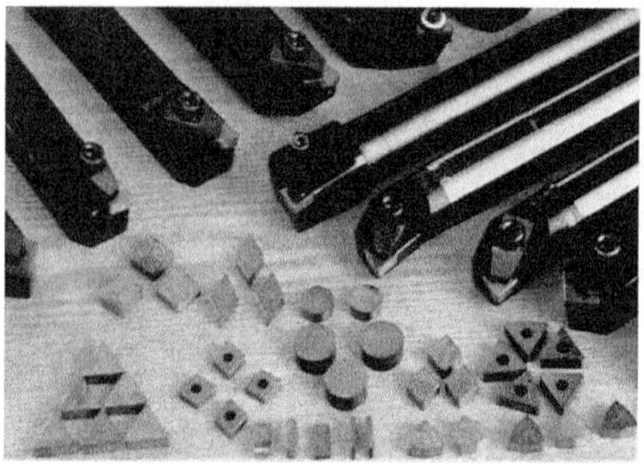

(c) 金属陶瓷刀片,出现年份1949年

(d) 钢结硬质合金,出现年份1957年

图 1-6　部分代表性粉末冶金材料与制品

1.2.2　粉末冶金技术发展的三个重要标志

粉末冶金技术的发展过程经历了以下三个重要标志。

1）钨丝的研制成功

钨丝（钨粉成形、烧结、再锻打拉丝）的制造方法为粉末冶金工业的发展迈出了重要的一步，该方法克服了难熔金属熔铸过程中的困难，推动了粉末冶金的发展。

2）粉末冶金方法生产多孔材料的成功

1930 年用粉末冶金方法制取多孔含油轴承、轴瓦取得成功，这种轴承很快在汽车、纺织、航空航天等工业得到了广泛的应用，后来发展到生产铁基机械零件，发挥了粉末冶金少切屑、无切屑工艺的特点。

3）高性能工具材料的出现

以硬质合金为代表的高性能工具材料的出现推动了机械加工工业的发展，涉及应用于金属切削、矿山开采、拉拔模具、耐磨零件等各个领域。

大量事实已经证明，经过一个世纪的稳定发展，粉末冶金技术已经成长为“过程综合、技术综合和学科综合”的先进材料与制品的制造技术。

1.3　粉末冶金发展趋势与学科前沿

现代粉末冶金技术已发展成为制备各种高性能结构材料和特种功能材料以及极限条件使用材料的有效途径。随着粉末冶金新技术、新工艺的大量应用，粉末制备朝着超微、超细、速凝、高纯、均质、成分可调控、大规模、多品种方向发展，粉末冶金材料的制造朝着复合、全致密、高性能、高精度、复杂形状、大批量系列化方向发展。

新材料如金属陶瓷、弥散强化材料、粉末高速钢、粉末高温合金、快速冷凝铝合金、高温超导材料、钕铁硼永磁材料、特种陶瓷、梯度功能材料等不断涌现。新技术如注射成形、温压成形、喷射成形、粉末热锻、微波烧结等相继出现。

复合材料及其制造技术的发展为粉末冶金的应用开拓了新的领域。随着复合材料的发展形成由宏观复合形式向微观复合形式发展、由结构复合材料为主向与功能复合材料并重的局面，粉末冶金技术以其独有的粉末混合、化学复合、机械合金化、涂层、熔渗与浸渍、粉浆浇注、快速冷凝和原位复合等特点在复合材料制备中占据不可或缺的地位，在金属基、陶瓷基复合材料与弥散强化、颗粒强化和纤维强化复合材料制造中具有鲜明特色。

1.3.1　发展趋势

粉末冶金发展趋势表现在以下方面：

（1）在研制新材料、开发新应用中所辐射的领域越来越广；

（2）喷射成形、注射成形等新技术层出不穷；

（3）形成材料、化学、化工、冶金、物理、机械等多学科交叉；

（4）高致密化、高性能化、集成化和低成本化；

（5）非平衡及超细材料和制品的制备，如非晶、微晶、纳米晶、准晶等；

（6）具有独特组分的复合材料设计与制备。

1.3.2　学科前沿

粉末冶金学科的发展前沿包括：

(1) 粉末制取新技术、新工艺及其过程理论向超细、超纯、粉末特性可控方向发展。

(2) 建立以“近净成形”技术为中心的各种新型固结技术及其过程模拟理论，如粉末注射成形、挤压成形、喷射成形、温压成形、粉末锻造等。

(3) 建立以“全致密化”为主要目标的新型成形技术及其过程模拟技术，如热等静压、微波烧结、高能成形等。

(4) 粉末冶金材料设计、表征和评价新技术，粉末冶金材料的孔隙特性、界面问题及强韧化机理的研究。

1.4 粉末冶金材料的应用

粉末冶金技术在材料制备中具有独特的优势，在难熔金属及合金、摩擦及减摩材料、多孔材料等的研制中具有一般熔铸工艺难以取代的地位，在铁基、铜基零部件的加工制造中具有少切削、无切削的优点，还具有节能、节材、环保等特点。正是粉末冶金技术的这些优点和特点，使它成为解决新材料问题的一把金钥匙，在新材料的发展中具有举足轻重的地位。时至今日，粉末冶金材料为我国国民经济建设和国防建设作出了巨大贡献，尤其是为我国航空航天、核工业、重大军事工程、机械制造、交通运输等工业的发展作出了积极而重大的贡献。在科学发展观和可持续发展理念深入人心的今天，粉末冶金材料在我国的国防建设和经济建设中必将大有作为。

粉末冶金材料的应用如表 1-2 所示。

表 1-2 粉末冶金材料的应用

工业部门	应用举例
采矿	硬质合金，金刚石-金属组合材料
机械加工	硬质合金，陶瓷刀具，粉末高速钢
汽车制造	机械零件，摩擦材料，多孔含油轴承，过滤器
机车、机床制造	机械零件，多孔含油轴承
纺织机械、冶金矿山机械	机械零件，多孔含油轴承
造船	摩擦材料，油漆用铝粉
电机制造	多孔含油轴承，铜-石墨电刷
精密仪器	仪表零件，软磁材料，硬磁材料
电气和电子	电触头材料，真空电极材料
无线电和电视	磁性材料
计算机	记忆元件

续表

工业部门	应用举例
化学	过滤器,防腐零件,催化剂
石油	过滤器
军工	穿甲弹头,军械零件
航空	摩擦片,过滤器,防冻用多孔材料,粉末超合金
航天和火箭	发汗材料,难熔金属及合金,纤维强化材料
原子能工程	核燃料元件,反应堆结构材料,控制材料

思 考 题

1. 粉末冶金的特点是什么?
2. 与铸锭冶金相比,粉末冶金的优点、缺点是什么?
3. 粉末冶金发展的三个重要标志是什么?
4. 简述粉末冶金学科的发展趋势。
5. 简述粉末冶金学科的发展方向。

第 2 章　粉末冶金材料的强韧化

为了达到粉末冶金材料最终使用的性能要求，经常需要对其进行强化与韧化，以提高其力学性能，提升材料在使用过程中的可靠性和延长服役寿命[1-3]。简单来说，强化是增强材料抵抗变形和断裂的能力，韧化则是增强材料变形和断裂过程中吸收能量的能力。通过理解强韧化方法和机理，可以合理运用和发展材料强韧化方法，深入掌握粉末冶金材料强韧化现象的物理本质，进而挖掘提高材料性能的内在潜力。

2.1　固溶强化

溶入固溶体中的溶质原子造成了晶格畸变，晶格畸变增大了位错运动的阻力，使塑性变形更加困难，从而使合金固溶体的强度与硬度增加。这种通过溶入某种溶质元素来形成固溶体使金属强化的现象称为固溶强化。在溶质原子浓度适当时，可提高材料的强度和硬度，而其韧性和塑性却有所下降。

在固态下，合金中组元如能互相溶解而形成均匀的固相便是固溶体。固溶体分为置换固溶体与间隙固溶体两个基本类型：置换固溶体是溶质原子置换溶剂晶格中的溶剂原子所形成的；间隙固溶体是由原子半径小的溶质原子填充在原子半径大的溶剂原子的晶格间隙中所形成的。例如，黄铜组织中的 α 相是锌在铜中的固溶体，钢中的铁素体是碳在 α-Fe 中的固溶体，WC-Co 硬质合金中的黏结相是 WC 在 Co 中的固溶体等。溶质元素使固溶体的塑性变形的抗力增加，固溶体的强度、硬度一般都比其溶剂金属高，而延性、韧性有所降低。固溶强化是提高材料力学性能的重要途径之一。固溶强化的主要原因是：①在晶体中有合金元素原子的存在；②溶质原子与晶体中的缺陷（主要是位错）的交互作用。

固溶体中的溶质原子有置换原子和间隙原子。溶质原子的存在引起晶格的局部畸变，产生应力。对于置换固溶体，若溶质原子大于溶剂原子，晶格就会引起膨胀，称为正畸变；若溶质原子小于溶剂原子，晶格就会产生收缩，称为负畸变，如图 2-1 所示。

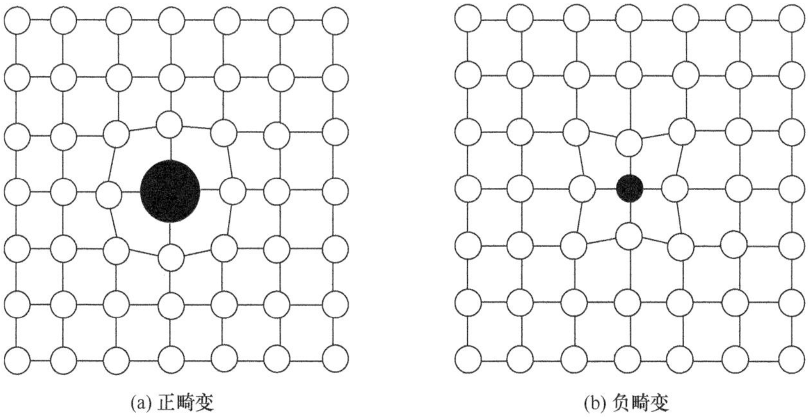

图 2-1　形成固溶体时晶格的畸变

间隙固溶体形成时，其晶格往往发生膨胀，即产生正畸变。固溶体的晶格基本上是溶剂的晶格，但是晶格常数会发生变化。一般来说，如果溶质原子比溶剂原子大，则引起晶格常数的增加，反之，则引起晶格常数减小。图 2-2 是工业上常用的铁、铜、铝为基体的材料中加入不同合金元素形成的固溶体晶格常数的变化规律曲线。形成间隙固溶体时，由于溶剂晶格的空隙尺寸是有限的，只有原子半径很小的原子才能形成间隙固溶体，但填入晶格空隙的溶质原子又远比空隙大，所以，间隙固溶体的晶格常数永远大于溶剂的晶格常数。奥氏体(碳在 γ-Fe 中的固溶体)的晶格常数与碳含量[1)]的关系示于图 2-3 中。

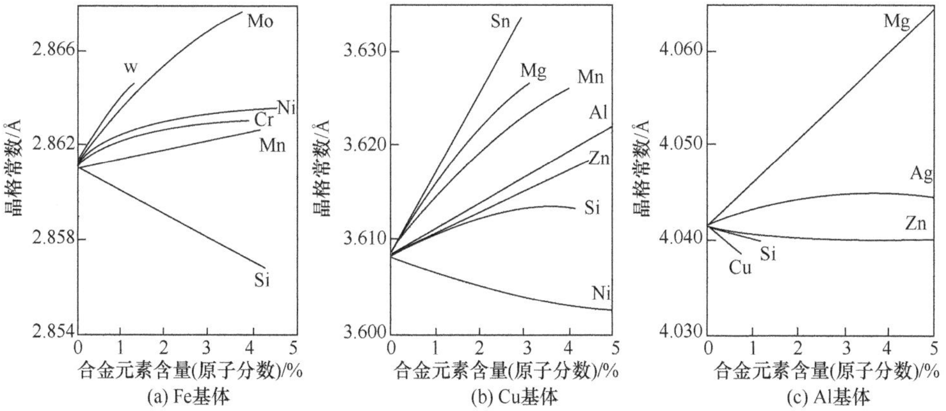

图 2-2　各元素溶入铁、铜、铝中形成置换固溶体时的晶格常数变化曲线

如果晶格中同时有位错存在，溶质原子与位错这两个应力场就能产生弹性交

1）本书中出现的"含量"若未特别指出，均表示质量分数，下同。

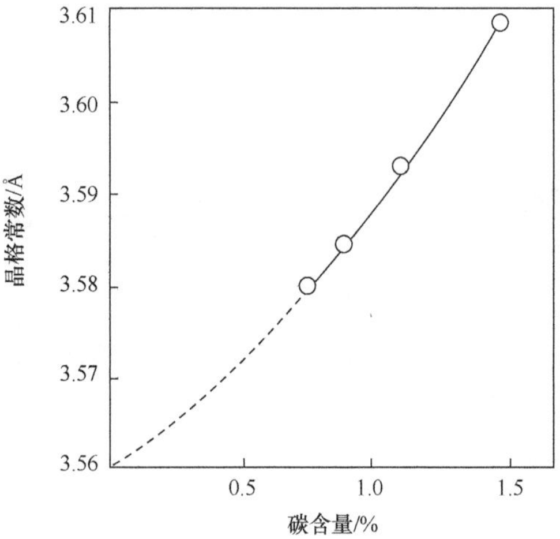

图 2-3　奥氏体的晶格常数与碳含量的关系

互作用。由于溶质原子与位错的弹性交互作用，溶质原子在固溶体中的热力学平衡分布是不均匀的，趋向于聚集在位错线的附近，形成柯垂耳气团，这样便构成了位错运动的障碍而引起固溶强化。

不同类型的溶质原子引起的强化效应差异很大。一般来说，间隙型溶质原子引起的畸变能比置换型溶质原子的大，与位错的弹性交互作用也强烈。研究得出，用每单位溶质原子浓度所引起的切应力的增大($d\tau/dC$)来表示强化量，几种基体材料固溶强化的数据列于表 2-1 中。

表 2-1　溶质原子或点缺陷的强化效应

材料	溶质原子或点缺陷类型	$d\tau/dC$
Al	置换型溶质原子	$G/10$
Cu	置换型溶质原子	$G/20$
Fe	置换型溶质原子	$G/16$
Ni	间隙型碳原子	$G/10$
Al(淬火)	空位	$2G$
Cu(辐照)	—	$9G$
Fe	间隙型碳原子	$3G$

注:G 为切变模量。

从表中所列规律可以看出，强化效应大致可以分为两类：一类是强强化；另一类是弱强化。在 Al、Cu、Fe 中的置换型原子引起弱强化，$d\tau/dC$ 的数量级为 $G/20\sim G/10$；在淬火 Al，辐照 Cu，体心立方间隙碳原子的铁碳合金中，出现强化效应，$d\tau/dC$ 的数量级为 $2G\sim 9G$。众所周知，在体心立方的 α-Fe 中碳的固溶度很小，但在高温的奥氏体相中，却具有较大的固溶度，通过淬火可以得到 α 相的过饱和固溶体，即马氏体。虽然马氏体强化有多种因素，但系统研究后得出的结论还是碳的固溶强化在其中起主导作用。从强化效果上讲，碳也是钢的一个有效合金元素，碳能增加强度而降低冲击韧性，同时也有效提高钢的淬透性[4]。因此在烧结钢和粉末锻钢中控制好预定的碳含量是非常重要的。合金化方式与组织形态对铁基粉末冶金材料具有重要影响，部分预合金粉烧结钢组织由珠光体、铁素体、贝氏体和马氏体组成，完全预合金粉烧结钢组织主要为铁素体基体上分布碳化物颗粒，经部分和完全预合金化后，材料力学性能明显提高[5,6]。

形成置换固溶体时，组成合金的组元可能形成无限固溶体，也可能形成有限固溶体，而间隙固溶体的溶解度是有限的。影响合金溶解度的因素如下：

(1) 晶格因素。为了使各组元达到无限溶解，组元金属必须具有相同的晶格。大多数情况下，位于周期表中同一族的金属以及位于第一、第五、第六族与第八族之间的金属元素具有无限溶解的能力。形成无限固溶体的金属列于表 2-2 中。

表 2-2　形成无限固溶体的金属

第一个组元	晶格类型	晶格常数	熔点/℃	第二个组元	晶格类型	晶格常数	熔点/℃	Δd/%
Au	面心立方	4.070	1063	Cu	面心立方	3.607	1083	12.5
Au	面心立方	4.070	1063	Ni	面心立方	3.517	1450	13.2
Cu	面心立方	3.607	1083	Ni	面心立方	3.517	1450	2.6
Co	面心立方	3.540	1480	Ni	面心立方	3.517	1450	1.0
Cu	面心立方	3.607	1083	Pd	面心立方	3.992	1550	7.0
Cu	面心立方	3.607	1083	Pt	面心立方	3.916	1750	7.5
γ-Fe	面心立方	3.560	1539	Co	面心立方	3.540	1480	0.7
γ-Fe	面心立方	3.560	1539	Ni	面心立方	3.517	1450	1.5
α-Fe	体心立方	2.861	1539	Cr	体心立方	2.878	1600	0.6
α-Fe	体心立方	2.861	1539	V	体心立方	2.033	1700	6.7
W	体心立方	3.159	3360	Mo	体心立方	3.141	2500	0.5

(2) 相对尺寸因素。原子直径之差小于 15%时，这种尺寸因素有利于固溶体的形成。原子直径之差大于 15%时，形成固溶体的溶解度是有限的，因为溶质原子溶入固溶体时将改变固溶体晶格的应力场而引起畸变，形成固溶体的原子大小相差得越大，这种变形就越严重，由此所产生的溶解度是有限的。在以铁为基的合金中，只有当溶质原子的直径与铁的原子直径之差不大于 8%时才能形成无限固溶体，如两者之差在 8%～15%，将形成有限固溶体。

当形成间隙固溶体时，溶质与溶剂的原子直径比应为 $d_{溶质}/d_{溶剂} \leqslant 0.59$，所以只有原子半径小于 1Å 的原子才能形成间隙固溶体。这些小半径原子氢(0.46Å)、硼(0.97Å)、碳(0.97Å)、氮(0.71Å)及氧(0.60Å)等元素在过渡族金属中只能有限溶解形成间隙固溶体。

(3) 化学亲和力因素。两种金属的化学亲和力越大，其溶解度就越受到限制，因而形成化合物的趋向也就越大。一般来说，在元素周期表中，元素彼此相距越远，其化学亲和力就越大。

(4) 电子浓度因素。所谓电子浓度就是合金中价电子数与其原子数的比值。任何一种固溶体的晶格只有在一定的电子浓度下才能呈稳定状态存在。达到晶格的稳定极限的电子浓度称为临界电子浓度。电子浓度对于元素在一价金属溶剂中的溶解度的影响如图 2-4 所示。斜线 a、b、c、d、e、f 分别表示在一价金属中溶入 0、1、2、3、4、5 价的元素形成固溶体时电子浓度的变化。1.36 的水平线表示临界电子浓度。

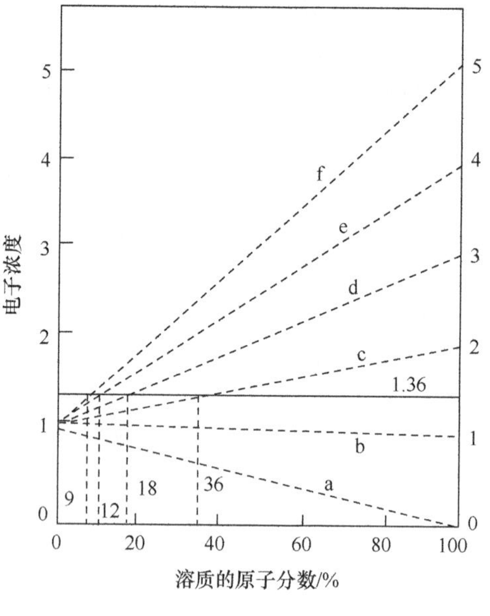

图 2-4 固溶体中溶质的原子分数与其电子浓度的关系

由图 2-4 可以看出，当在 1 价的面心立方晶格金属中溶入 0 价或 1 价的元素时，不可能达到临界电子浓度，因此这两种金属就可能形成无限固溶体。当溶入 2 价的金属并形成固溶体时，则在原子分数 36%时，便已达到临界电子浓度；而对于 3 价、4 价和 5 价金属，其临界电子浓度分别相当于原子分数为 18%、12%和 9%的合金。因此，2 价的、3 价的、4 价的金属与 1 价的面心立方晶格金属形成合金时，它们可能形成有限固溶体。换句话说，原子价较低的金属能更多地溶解原子价较高的金属，反之亦然。例如，在 Al-Ni 系合金中，两种金属都为面心立方晶格。但是，镍的原子价比铝低，固态镍可溶解 5%的铝，而原子价较高的铝只能溶解 0.04%的镍。

所有上述在 1 价面心立方晶格中无限溶解的诸多条件，虽然都是必要的，但往往还是不充分。有时所有条件都满足，也并不能保证完全互溶。例如，铜和镍形成无限固溶体，但铜和铁、钴甚至在液态时都不能完全互溶；金和镍形成无限固溶体，但金和钴只能形成有限固溶体等。

2.2　热处理强化

通过对材料进行一定温度、一定时间的热处理，来控制材料的相变过程并达到强化效果的现象称为热处理强化。对粉末冶金材料进行热处理可以实现强化[7]。铁基粉末冶金材料的热处理工艺主要包括淬火、化学热处理、蒸汽处理等[8]；不同热处理制度能改变粉末高温合金中 γ'相的分布，盐浴冷却明显增大中等尺寸 γ'相数量和合金的高温塑性[9]；对机械合金化制备的 Ti_3AlC_2 粉末进行热处理，经900℃保温 2h 可获得细小组织[10]；以 W、C、Co 为原料粉末，经机械活化和反应热处理工艺制备了纳米晶 WC-Co 复合粉末[11]；采用热等静压原位合成了铜铝合金，组织均匀、致密，固溶和时效处理使合金硬度、强度明显提高，塑性、韧性略有下降[12]。

固态相变是指固态物质内部结构的转变，它是金属材料热处理的基础，例如，使钢淬火强化的马氏体相变，使合金时效强化的过饱和固溶体分解等。固态相变包含相结构的变化、成分的变化和有序程度的变化。例如，金属同素异构转变只有相结构的变化，单相固溶体的调幅分解(spinodal decomposition)只有成分的变化，合金的有序化转变只有原子排列有序程度的变化。复杂的固态相变则是相结构和成分变化的综合，甚至也有有序程度的变化。例如，合金的共析转变同时有相结构和成分的变化，过饱和固溶体的分解除有相结构和成分的变化，还有有序程度的变化。

根据热力学函数的变化，固态相变可分为一级相变和二级相变。根据相变动力学特征，固态相变可分为扩散相变和非扩散相变，前者在相变过程中有原子的扩散运动，合金相变中有成分的变化，如共析分解及过饱和固溶体的分解；后者在相变过程中无原子的扩散运动，合金相变中没有成分的变化，如马氏体相变。

2.2.1　马氏体相变

马氏体相变属于非扩散相变，相变过程中只有晶格的改变而没有成分的变化，新相总是沿一定的晶体学面(惯习面)形成，新相与母相之间有严格的取向关系，靠切变维持共格联系。例如，钢中奥氏体(γ)转变为马氏体(M)。Cu-Al、Cu-Sn、Cu-Zn 合金中的 $\beta \rightarrow \beta'$转变、金属锆中体心立方(bcc) →密排六方(hcp)转变、锂中面心立方(fcc) →密排六方(hcp)转变、钴中面心立方(fcc) →密排六方(hcp)转变等无扩散特点的相变均属马氏体相变。

化学自由能是相变的驱动力。马氏体相变虽属非扩散相变，但也受热力学规律支配。奥氏体(γ)向马氏体(M)的转变也是一个趋向能量降低的过程。在低于γ和M两相热力学平衡的温度 T_E，即在一定过冷度(ΔT)下，两相的自由能差为相变驱动力。但由于马氏体形成时，除界面能以外，还有切变共格及体积变化引起的弹性应变能，这就需要增大过冷度以克服界面能和弹性能所引起的相变阻力。从动力学看，马氏体相变是非扩散相变，新相长大靠特殊位错结构组成的半共格界面的移动，此时不需要原子扩散，而是靠位错的运动进行，即许多原子协调的集体运动使界面移动，其长大激活能为零，因此具有高的生长速率。奥氏体开始转变为马氏体的温度称为马氏体开始形成温度，以 M_s 点表示。完成马氏体转变的温度称为马氏体转变终了温度，以 M_f 点表示。马氏体形成的动力学有：变温生核、恒温瞬时长大，变温生核、变温长大，马氏体的爆发形成和马氏体的等温形成等几种情况。马氏体等温形成具有C曲线特征，在碳钢、锰钢、高速钢中均发现有马氏体的等温形成。钢中马氏体是体心正方晶格，铁素体具有体心立方晶格，是碳在 α-Fe 中的间隙固溶体，马氏体也是碳在体心结构的 α-Fe 中的间隙固溶体，所不同的是碳在马氏体中的含量比在铁素体中要高得多，这是由于所有溶解在原来奥氏体中的碳原子在转变成马氏体时来不及析出而被迫固定下来，这些被迫固溶的碳必将处于过饱和状态，使晶格发生畸变，从而使原来的立方晶格变成正方晶格，从而显著地增加了位错密度，这就是马氏体具有高硬度的主要原因。马氏体具有高硬度，但其韧性极低。

C曲线告诉我们：奥氏体实际上是在过冷度从几度到几百度($A_1 \sim M_s$)的温度区间内进行其相应的转变。根据所得到的组织产物大致可以分为高温转变、中温转变及低温转变。高温转变的温度范围在 A_1 以下至500℃左右，在这个温度范围内得到的组织产物均是珠光体。中温转变的温度范围在500℃以下直到 M_s 点以上，此温度区间得到的组织产物称为贝氏体。过冷度再大，低于 M_s 点发生的马氏体转变即低温转变，M_s 点以上的相变称为扩散相变，A/J 点以下的相变称为非扩散相变。

在稍高于 M_s 以上温度范围内较长时间的保温，使过冷奥氏体发生贝氏体转变，把这种处理称为贝氏体淬火，也称为等温淬火。等温淬火的优点为使淬火变形、开裂的倾向变小，更重要的是，由于贝氏体的获得，钢的韧性与耐磨性有了很大的提高。贝氏体转变介于扩散和非扩散转变之间，其特征可简单地归纳为：①发生碳的扩散和重新分配，在中温转变开始前，奥氏体中碳及合金元素已存在着不均匀的分布，在那些碳含量较低的及具有合适合金元素浓度的微观体积内就要产生贝氏体的晶核，只有浓度起伏合适和晶核超过临界尺寸才能长大，因此，贝氏体形成需要一定的孕育期；②奥氏体的面心立方晶格转变为体心正方晶格时具有马氏体转变的特征，即产生的贝氏体与母相奥氏体保持着切变方式的共格关系，但是贝氏体的长大速率比马氏体低得多；③转变过程中几乎没有合金元素的扩散和重新分配，也就是说，合金钢中，新生贝氏体中的渗碳体的合金含量与奥氏体中合金含量基本一致。贝氏体是铁素体和碳化物的混合物，贝氏体中碳化物的分布随着形成温度的不同而不同。上贝氏体是铁素体片层间分布着细微的碳化物，和珠光体型产物有相似的特点；而下贝氏体和马氏体在回火后的特点相似，碳化物分布于 α 相基体上，碳化物的弥散度更为增加。等温淬火时尽量不采用上贝氏体温度区，而下贝氏体由于组织中的碳化物弥散度大，且均匀，再加上它使部分碳量过饱和，因而保持了高硬度又具有一定塑性，这就是选用等温淬火工艺的依据。

烧结钢热处理的原理与致密钢基本上相同，但有其特点。例如，致密钢的淬火温度，对共析钢和过共析钢为 $A_{C1}+(30\sim50)$℃，对亚共析钢为 $A_{C3}+(30\sim50)$℃，而烧结钢的淬火温度要比 A_C 高 100～300℃。在实践中，烧结碳钢的密度在 6.0g/cm^3 以下时，淬火几乎没有效果。那么影响烧结钢淬透性的因素有哪些，实践中应如何控制？归纳起来有：烧结钢的孔隙度、合金元素、氧含量或非金属夹杂、碳含量、固溶体均匀性和晶粒度等。

1）烧结钢的孔隙度

不同孔隙度的烧结钢（碳含量 0.8%）的热处理研究表明：同一化学成分的烧结钢，在连续加热和冷却时，随孔隙度增大，C 曲线向左移，孕育期缩短，降低过冷奥氏体的稳定性，达不到应有的淬透性（图 2-5）。

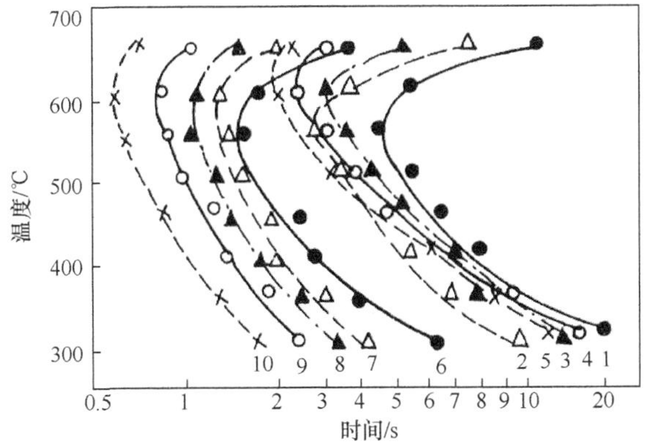

图 2-5　不同孔隙度 θ 的烧结钢（碳含量 0.8%）的 C 曲线

1,6-θ 0%；2,7-θ 13%；3,8-θ 17%；4,9-θ 20%；5,10-θ 25%

2）合金元素

合金元素加入钢中，对奥氏体分解转变的影响主要表现为使分解转变速率减慢，即 C 曲线向右移，大大降低临界冷却速率，因而使钢的淬透性提高。添加合金元素会影响淬火、低温回火状态下钢的性能，淬火、低温回火钢具有回火马氏体组织，合金元素主要是通过提高淬透性保证一定截面的钢材在淬火时能获得马氏体组织，在此条件下碳才能表现出强烈的强化作用。添加合金元素会影响淬火、高温回火状态下钢的性能，高温回火钢的组织是铁素体和粒状碳化物的混合物，即索氏体。此时,合金元素对铁素体的固溶强化作用可提高调质钢的强度。合金元素的主要作用是增加淬透性,使截面较大的零件也可淬透。在调质状态下可使合金钢得到较好强度和韧性的配合,合理地采用多种合金元素复合合金化,使调质钢具有很好的强度和韧性的配合。

合金元素对淬透性的影响称为淬透性系数,即 Grossmann 系数。根据大量研究结果,将合金元素对钢的淬透性影响规律绘制成图。某些合金元素对普通致密钢淬透性系数的影响示于图 2-6 中。某些合金元素对粉末锻钢淬透性系数的影响示于图 2-7 中。

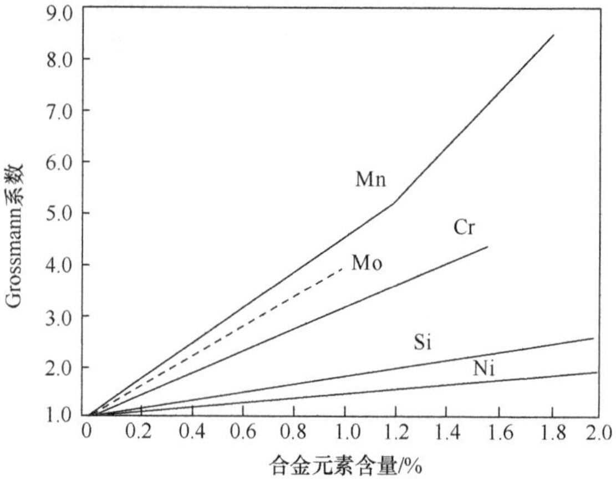

图 2-6 合金元素对普通致密钢淬透性系数的影响

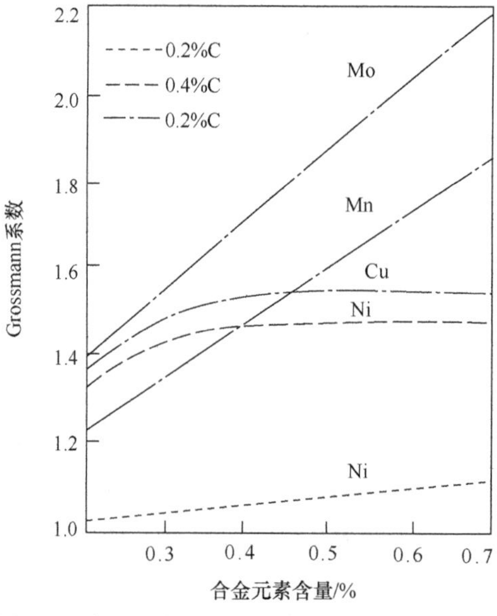

图 2-7 合金元素对粉末锻钢淬透性系数的影响

从图 2-6 可以看出，对于普通致密钢，显著提高淬透性的是 Mn、Mo、Cr、Si。从图 2-7 可以看出，对于粉末锻钢，显著提高淬透性的是 Mo、Mn，而 Cu、Ni 含量在 0.4%以上对淬透性的效果不再增加。由于 Mn 易氧化，在烧结过程中难以还原，因而 Mn 对粉末锻钢的淬透性作用反而不如 Mo。比 Fe 更易氧化的有 Si、Mn、Cr 等(表 2-3)，Si 在烧结钢中很易氧化形成非金属夹杂，从而降低了烧结钢的强度和淬透性，因此烧结钢中不用 Si。采用含 Mn、Cr 作为合金元素时，要特别注意氧化问题。在烧结钢中，随着氧含量在一定范围内的提高，其韧性大大降低，因为氧的存在会显著引起体心立方金属的晶间脆化。

表 2-3　合金元素在铁中的扩散能力与氧化能力

合金元素	Cu	Ni	Co	W	Mo	Fe	Cr	Mn	Si
1000℃时在奥氏体中的扩散系数比 $D_x(\gamma)/D_{Fe}(\gamma)$	1	0.5	0.5	4.5	5	1	5	2.5	10
1100℃时，ΔZ(氧化物)/(kJ/mol)	−155	−251	−272	−272	−314	−356	−544	−586	−678

3）晶粒度

晶粒度也影响淬透性，细晶粒有利于成核，而马氏体不是成核长大的。淬火时，粗晶粒钢易于生成马氏体，而细晶粒钢的淬透性差。烧结钢相对于加工致密化后的铸钢多是细晶粒，这也是粉末锻钢的淬透性往往比致密钢稍差的原因之一。

2.2.2　时效强化

过饱和固溶体分解属于扩散相变，具有过饱和固溶体分解合金的最基本的条件是在其相图上有溶解度的变化，如图 2-8 所示。

成分为 X 的合金加热到单相 α 区得到 α 相，慢冷可自 α 相中析出 β 相。如果急冷淬火，则 α 相来不及分解，在室温下得到亚稳的过饱和固溶体。此过饱和固溶体若在室温或较高温度保留一段时间，会有第二相从基体中析出，这一现象称为过饱和固溶解分解，也称为时效。时效可以在室温发生，也可以在高于室温的某一温度范围(如 100～200℃)内发生，前者叫自然时效，后者叫人工时效。时效可显著提高合金强度和硬度，而降低合金塑性，因此，把这一现象称为时效硬化(强化)。例如，铝合金、高温合金、马氏体时效钢、沉淀硬化不锈钢等都是经过时效处理而达到强化目的的。

Al-4%Cu 合金 130℃时效引起合金强化。强化效应由两种结构状态引起：一种是固溶体内原子偏聚或有序化引起强化；另一种是有共格或非共格的析出相粒子引起强化。合金强化是由各种结构状态与位错交互作用阻碍了位错运动造成的。这两种方式都可提高位错运动的临界切应力，从而引起强化。

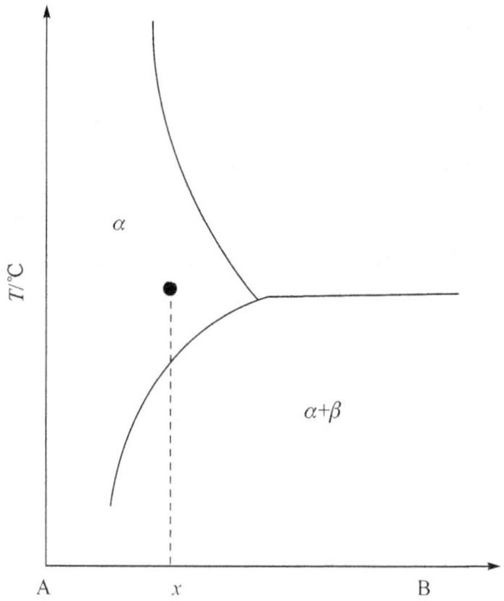

图 2-8 AB合金相图的一部分

2.2.3 主要热处理方式

粉末冶金材料的主要热处理方式包括淬火、回火、退火、正火、渗碳、渗氮、碳氮共渗、渗硼、蒸汽处理、特殊热处理工艺等。粉末冶金材料的热处理工艺是一个复杂的过程，与孔隙率、合金类型、合金元素含量、烧结温度等有密切关系。同致密材料相比，粉末冶金材料内部的均匀性较差，要想获得较高的淬透性，需要提高完全奥氏体化温度并延长时间。另外，加入合金元素也可提高淬透性。蒸汽处理可显著提高其防腐性能和表面硬度。

1）淬火、回火处理

粉末冶金材料由于孔隙的存在，在传热速率方面要低于致密材料，因此在淬火时，淬透性相对较差。另外，淬火时，粉末冶金材料的烧结密度比相应致密材料的密度稍低，而密度与材料的导热性呈正比关系，所以，其完全奥氏体化时间比相应致密锻件长 50%。在添加合金元素时，完全奥氏体化温度会更高、时间会更长。

在粉末冶金材料的热处理中，为了提高淬透性，通常加入一些合金元素如镍、钼、锰、铬、钒等，它们的作用与在致密材料中的作用机理相同，可明显细化晶粒，当其溶于奥氏体后会增加过冷奥氏体的稳定性，保证淬火时的奥氏体转变，使淬火后材料的表面硬度增加，淬硬深度也增加。另外，粉末冶金材料淬火后都要进行回火处理，回火处理的温度控制对粉末冶金材料的性能影响较大，因此要根据不同材料的特性确定回火温度，降低回火脆性的影响，一般的材料可在 175～250℃空气或油中回火 0.5～1.0h。

2）渗碳与碳氮共渗

渗碳与碳氮共渗是提高零件耐磨性的一种有效方法。对于烧结材料，由于孔隙的存在，碳、氮原子容易渗透到中心层。提高烧结体的密度，可使渗碳后的烧结材料性能趋近于普通钢材。当密度达 6.9g/cm^{3}时，烧结钢渗碳淬火后的硬度分布曲线已与普通钢材相近。在密度不变的情况下，加入铜、镍对渗碳淬火后的硬度分布曲线有很大影响，如图 2-9 所示。由图可见，加入铜和镍后可提高烧结钢渗碳层的淬透性，对提高烧结钢的性能有利。

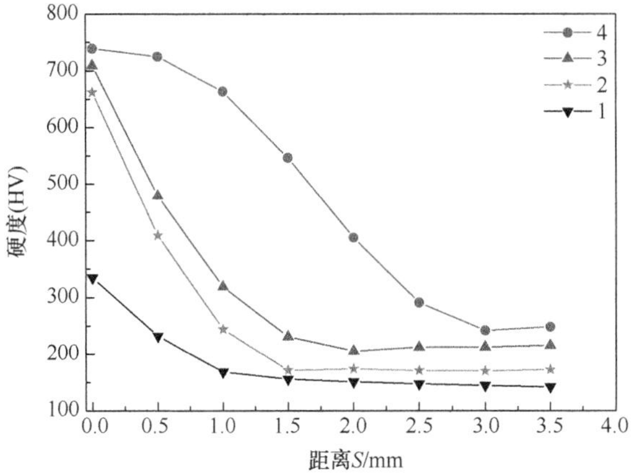

图 2-9　铜、镍合金元素含量对烧结钢渗碳层淬透性的影响

烧结密度 6.7g/cm^3，气体渗碳 850℃，2h

1-Fe-0.5%C；2-Fe-2.5%Cu-0.5%C；3-Fe-2.5%Cu-1%Ni-0.5%C；

4-Fe-2.5%Cu+2.5%Ni-0.5%C

高密度的铁基烧结材料经渗碳淬火后的耐磨性并不低于经过同样处理的普通钢材。

3）渗氮处理

铁基烧结材料可采用氨分解气进行气体氮化，也可采用离子氮化。氮化处理时间较普通钢材大为缩短。例如，采用铁-铬 13 材料（密度 6.2～6.3g/cm^3）进行试验，在 500℃进行离子氮化（气体 H_2-20%N_2，压力 2mmHg），经 5h 后获得的表面硬度为 HV1300，硬化层深度为 0.10mm。氮化处理后材料的耐磨性，尤其是稳定运转时的耐磨性明显提高。氮化后零件的疲劳强度也获得改善。

4）渗硫处理

铁基烧结材料的渗硫处理可采用气体、液体或固体法，也可采用低温电解渗硫。处理温度一般为 300～450℃，若材料中含有 5%的 Cu，温度可降至 200～300℃。渗硫后表面获得硫化铁层，显著提高抗咬合能力。

5）渗硼处理

渗硼也可采用气体、液体或固体法。固体法主要采用 B_4C，催化剂为 KBF_4，再加入一些 SiC。含镍 0.3%的铁基烧结材料，其密度为 6.8g/cm^3，经 900℃、3h 处理后，表面获得厚度为 0.10mm 的单相 Fe_2B 层。含有 1%C 的铁基烧结材料渗硼后再经淬火，表层硬度可达 HV1500。

6）蒸汽处理

蒸汽处理是把材料通过加热蒸汽使其表面氧化，在材料表层形成氧化膜，从而改善粉末冶金材料的性能。处理后的材料抗拉强度可提高 40%～50%，硬度和耐磨性均明显增加。

2.3 弥散强化

航空航天工业、原子能工业等对耐热材料的要求很高，如飞机喷气发动机使用的耐热金属材料主要是镍基和钴基高温合金，其主要强化机制是通过热处理析出第二相，但其使用温度还是有一定的限度。钨、钼、钽、铌等难熔金属虽然熔点很高，但是在高温下使用时容易使再结晶晶粒长大，从而使其高温力学性能迅速下降，由此妨碍了其高温应用。

弥散强化是提高金属材料室温与高温力学性能的一种有效手段。采用粉末冶金技术能够制备极细小的、第二相颗粒均匀弥散地分布在基体中的弥散强化型材料。通过内氧化工艺制备了 Al_2O_3 弥散强化铜合金粉末，该粉体内晶粒度没有明显变化，晶粒内的弥散质点为结构稳定的 γ'-Al_2O_3 粒子，但其粒度随内氧化温度的升高和时间的延长而增大[13]。以氢化钛、氢化钇、氧化铁和 Fe-Cr-W 气雾化预合金粉为原料，经球磨、压制、烧结制备了纳米氧化物弥散强化铁素体合金，球磨 48h 后过饱和的 Y、Ti、O 铁素体固溶体在随后的加热过程中折出尺寸为 5nm 左右的弥散相颗粒，这种第二相粒子非常稳定，在 1200℃保温 8h 仍不发生明显长大，起到强烈钉扎晶界的作用[14]。

钨丝高温时再结晶晶粒长大而导致力学性能变差，加入微量 ThO_2 的 W-ThO_2合金解决了这一问题，这是弥散强化应用的开始。1946 年瑞士依尔曼（R. Irman）发现烧结铝（Al-Al_2O_3 合金），其后又有 Cu-Al_2O_3、Ni-ThO_2 等弥散强化材料被发现。金属化合物或氧化物用作高强度合金的第二相，比基体金属硬得多。在基体中渗入第二相的方法有多种，最常见的是利用固溶体的脱溶沉淀进行时效热处理，这就是沉淀强化；之后又发展了内氧化法、粉末冶金法，称为弥散强化。所谓弥散强化，就是使金属基体（金属或固溶体）中含有高度分散第二相质点而达到提高强度的方法。

2.3.1 弥散强化的机理

弥散强化机制的代表理论是奥罗万机制。在弥散强化材料中，弥散相是位错线运动的障碍，位错线需要较大的应力才能克服障碍向前移动，所以弥散强化材料往往具有高强度。

1. 屈服强度

弥散强化材料的奥罗万机制示意图如图 2-10 所示。

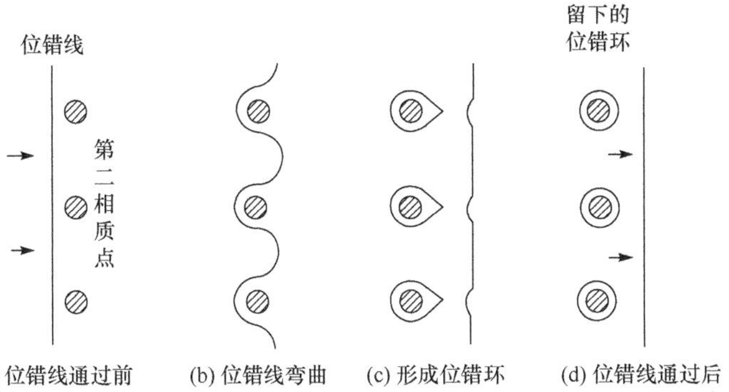

图 2-10　奥罗万机制示意图

按照这个机制，位错线不能直接越过第二相粒子，但在外力下位错线可以环绕第二相粒子发生弯曲，最后在第二相粒子周围留下一个位错环使位错通过。位错线的弯曲将会增加位错影响区的晶格畸变能，这就增加了位错线运动的阻力，使滑移抗力增大。电子显微镜薄膜透射的观测证实了这个设想。

在切应力 τ 作用下，位错线和一系列障碍相遇将弯曲成圆弧形，圆弧的半径取决于位错所受作用力和线张力的平衡。在障碍处位错弯过角度 θ(图 2-11)，障碍对具有伯格斯矢量 b 的位错的作用力 T 将与位错的线张力 F 保持平衡，即

$$F = 2T\sin\theta \tag{2-1}$$

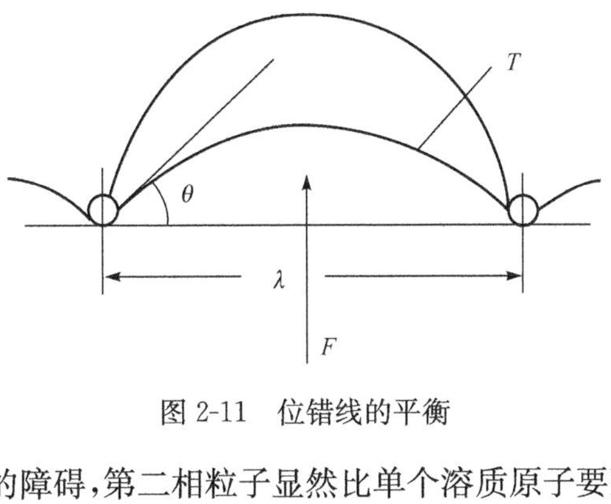

图 2-11　位错线的平衡

作为位错运动的障碍，第二相粒子显然比单个溶质原子要强，因此 θ_c(临界值)要大些。当 $\theta=\pi/2$ 时，位错线成半圆形，作用于位错的力 F 最大。

如果将线张力的近似值 $\frac{1}{2}Gb^2$ (G 是切变模量)，临界切应力 $\tau_c=\frac{F_{max}}{\lambda b}$ (λ 是位错线上的粒子间距)代入式(2-1)，则可得

$$\lambda b\tau_c = Gb^2 \tag{2-2}$$

$$\tau_c = \frac{Gb}{\lambda} \tag{2-3}$$

由上式可以看出，屈服应力与粒子间距成反比，粒子间距越小，屈服应力越大，材料的屈服强度越大。这基本与实践结果符合，烧结铝的屈服强度与粒子间距的关系如图 2-12 所示，弥散强化第二相粒子粒径一般为 1～100nm。

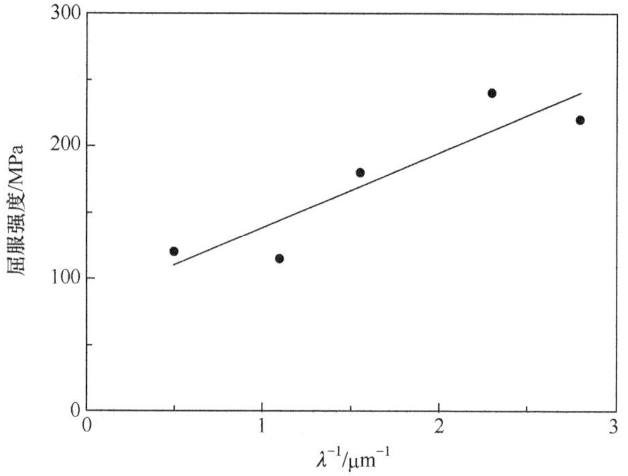

图 2-12　烧结铝屈服强度与粒子间距的关系

2. 蠕变

金属在恒定应力下，除瞬时形变，还要发生缓慢而持续的形变，称为蠕变。对于蠕变，弥散粒子的强化有两种情况。

(1) 弥散相是位错的障碍，位错必须通过攀移才能越过障碍。显然，位错扫过一定面积弥散强化材料所需的时间比纯金属要长，因此蠕变速率降低。设粒子直径为 d，粒子间距为 λ，因每次攀移时间正比于 d，攀移次数反比于 λ，因此蠕变速率与 λ/d 成正比。若第二相总量不变，粒子长大总伴随着粒子间距的增大。

安塞尔(Ansel)和威特曼(Weertmann)推导了低应力和高应力情况下的蠕变速率 K：

在低应力情况下，

$$K = \frac{\pi\sigma b^3 D}{2kTd^2} \tag{2-4}$$

在高应力情况下，

$$K = \frac{2\pi\sigma^4\lambda^2 D}{G^3 kTd} \tag{2-5}$$

式中，σ 为应力；λ 为粒子间距；D 为自扩散系数；d 为粒子直径；G 为基体切变模量；k 为玻尔兹曼常量；T 为热力学温度。

在低应力情况下，弥散强化材料的蠕变速率与弥散粒子直径的平方成反比；在高应力情况下，蠕变速率与弥散粒子直径成反比。粒子越大，位错攀移的高度越大，结果金属形变的速度就越慢。当然，不能片面地认为粒子越大越好。在弥散相含量一定时，粒子增大，粒子间距也会变大，可能失去阻止位错运动的能力。当粒子间距增大到位错能顺利绕过粒子时，蠕变速率增加，强化作用逐渐消失。安塞尔和威特曼的理论适用于烧结铝的蠕变。总体来说，弥散强化合金的蠕变强度会提高。

(2) 第二相粒子沉淀在位错上阻碍位错的滑移和攀移，这种具有弥散相的合金的抗蠕变能力与抗回复能力有对应关系。O. Preston 等研究内氧化法弥散强化铜时发现形变烧结铜合金的回复温度几乎接近熔点，而形变纯铜的软化在低于熔点的温度即已完成(图 2-13)。D. McLean 认为滑移可以在几个面和几个方向上进行。如图 2-14 所示，实线代表平行于书本平面的位错，虚线代表垂直于书本平面的位错，在粒子之间两组可以相交而形成节点，结果弥散粒子被这些位错网联结。乱网中位错密度很高，会造成强烈的应变硬化；同时，粒子又阻碍这些位错的滑移与攀移，因而得以保持这种硬化状态而不产生回复。这一过程是提高高温蠕变性能的关键，因为一般加工硬化状态容易获得，但要保持到高温不回复则不容易。

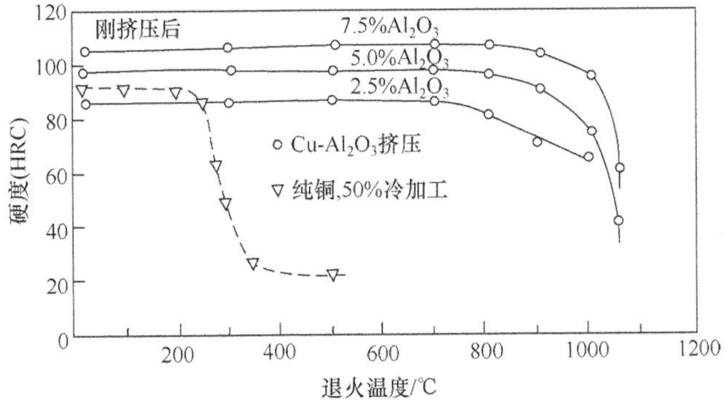

图 2-13　形变 Cu 和 Cu-Al_2O_3 合金的软化

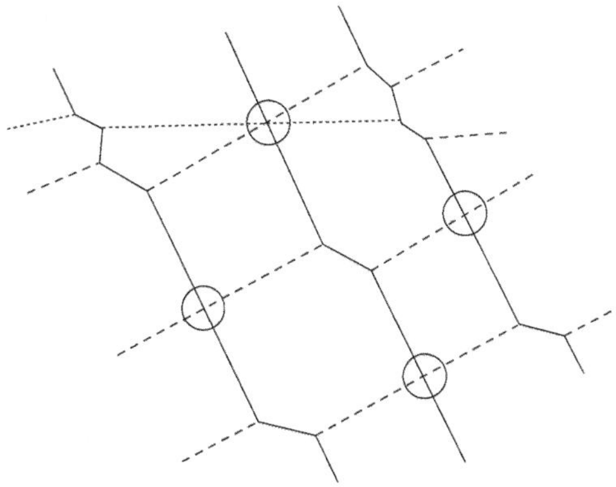

图 2-14　被弥散相质点钉扎的位错网

必须指出，以上两种强化机构能够发挥作用的前提是弥散相粒子要稳定而不长大且保持高的弥散度。

2.3.2 影响弥散强化材料强度的因素

弥散强化材料的强度不但取决于基体和弥散相的本性，而且取决于弥散相的含量、粒度、分布、形态以及弥散相与基体的结合情况，同时也与工艺(如加工方式、加工条件)有关。

1. 弥散相和基体的性质

1）弥散相的性质

根据之前讨论，弥散相粒子稳定而不长大是强化的前提之一。

对于同一基体，弥散相不同会有不同的强化效果。例如，采用 Al_2O_3、SiO_2、TiO_2、MgO、ZrO_2 等作为镍合金的弥散相都未得到突出的效果，而采用 ThO_2 弥散强化后的 Ni-ThO_2 合金（TD-Ni）的强度很高；在铜合金的研究中，Al_2O_3 就比 ZrO_2、SiO_2 好。这就是说弥散强化材料对弥散相的硬度、化学稳定性等有一定的要求。

弥散相要求具有高的化学稳定性、高的熔点，从热力学来说，要求弥散相的生成自由能负值大。因为物质生成自由能的大小反映物质的稳定性，生成自由能负值越大，弥散相在合金中就越稳定。从这一点出发，一般认为选用氧化物作弥散相比碳化物、氮化物、硼化物、硅化物较好。在氧化物中用得较多的是 Al_2O_3、ThO_2、Y_2O_3(表 2-4)。

表 2-4 氧化物的生成自由能和某些性能

氧化物	室温下的生成焓 /(10^6J/mol)	室温下的生成自由能 /(10^6J/mol)	熔点/℃	莫氏硬度
Al_2O_3	−1.67	−1.58	2050	9
BeO	−0.61	−0.58	2550	9
CaO	−0.64	−0.60	2600	4.5
Cr_2O_3	−1.13	−1.05	2265	
HfO_2	−1.14	−1.08	2777	
La_2O_3	−1.92	−1.82	2305	
MgO	−0.60	−0.57	2800	6
SiO_2	−0.86	−0.80	1728	7
Ta_2O_5	−2.09	−1.97	1890	

续表

氧化物	室温下的生成焓 /(10^6J/mol)	室温下的生成自由能 /(10^6J/mol)	熔点/℃	莫氏硬度
ThO_2	−1.22	−1.24	3300	7
TiO_2	−0.91	−0.85	1840	
UO_2	−1.13	−1.07	2280	
V_2O_3	−1.21	−1.13	1977	
Y_2O_3	−1.88	−1.80	2410	
ZrO_2	−1.08	−1.02	2600	7～8

此外，弥散相也要求具有高的结构稳定性，例如，Al_2O_3 在高温下有结构类型的变化($\alpha \leftrightarrow \gamma$)，但是，它在 1000℃以下却是稳定的。

2) 基体的性质

不同的金属具有不同的属性，就同种金属来看，纯金属的强度不如固溶体的大，如果使基体合金化形成固溶体，则强度会有提高。例如，在 Ni-ThO_2 中加入适量的 Mo 使 Ni 基体固溶强化，则强度有所提高(表 2-5)。

表 2-5　不同 ThO_2 弥散相含量镍合金的强度

合金成分	抗拉强度/MPa	制粉方法	试验温度/℃
Ni-7%ThO_2	1085	机械法	室温
Ni-7%ThO_2-12%Mo	1450		
Ni-2%ThO_2	280	化学法	650
Ni-2%ThO_2-20%Mo	700		

又如，ThO_2-Ni 合金中加入 20%Cr，不但能提高 TD-Ni 的强度，而且可提高合金的抗氧化能力。

2. 弥散相的几何因素和形态

弥散相的含量、粒度和粒子间距互相是有联系的。当含量一定时，粒子越细，则粒子数越多，因而粒子间距也就越小。这些弥散相的几何因素是影响材料强度的重要因素。克雷门斯(W. S. Cremens)等研究了三者之间的关系，得出：

$$\lambda=\frac{2}{3}d\left(\frac{1}{f}-1\right) \tag{2-6}$$

式中，λ 为粒子间距；f 为弥散相的体积分数；d 为粒子直径。

1) 弥散相的含量

ThO_2 对 Ni-ThO_2 合金性能的影响如表 2-6 所示。随着 ThO_2 含量的增加，Ni-ThO_2 合金的硬度和强度增加，延性降低。

表 2-6 Ni-ThO_2合金的性能

材料	ThO_2 的体积分数/%	密度/(g/cm^3)	室温性能			高温性能(100h,815℃)
			硬度(HV)/MPa	σ_b/MPa	δ/%	破坏应力/MPa
Ni	0	8.9	750	283	42	15.7
Ni-ThO_2	1.0	8.9	1310	330	40	46
Ni-ThO_2	2.5	8.85	1660	420	36	94
Ni-ThO_2	5.0	8.82	1890	550	23	110
Ni-ThO_2	7.5	8.83	2030	565	11	115
Ni-ThO_2	10.0	8.85	2330	610	5	117

大量实践证明,弥散相的体积分数一般可在 1%～10%范围内选用。

2) 弥散相的粒度和粒子间距

讨论位错理论的模型时,已得知弥散强化材料的屈服强度与粒子间距 λ^{-1} 成正比(图 2-12)。当弥散相含量一定时,粒子越细,粒子间距也就越小。根据奥罗万机制中 $\tau_c = Gb/\lambda$ 的关系式,如果合金屈服强度的下限是 $G/1000$,则上限是理论断裂强度 $G/30$,一般设 $b \approx 0.3$nm,则粒子间距的范围为10～300nm。粒子间距与粒子大小常为同一数量级,一般粒子大小范围为1～100nm。

弥散强化材料要求弥散相均匀分布于基体中,分布不均匀,就会导致弥散相的聚集和粒子间距的增大,结果使材料性能下降。

关于弥散相的形状对性能的影响,一般认为:球形粒子可能比片状粒子好,因为片状粒子对于与其平行的原子面上运动的位错阻力小,而球形粒子对任何原子面上的位错具有相同的阻力。

3. 弥散相与基体之间的作用

(1) 弥散相在基体中要求几乎不溶解,与基体不发生化学反应。

(2) 基体与弥散相之间的界面能要小。两者之间的界面能低意味着两相结合较好,这是粒子阻碍位错运动所需要的。相反,高界面能就等于粒子周围的空洞多,不仅不能阻碍位错运动,而且可能产生微裂纹。

4. 压力加工

在生产弥散强化材料的过程中,一般采用热挤压方法。热挤压可以提高材料的密度,更重要的是能使材料发生高速应变,储存大量的能量而强化材料。

普悦斯顿等研究弥散强化材料应变能强化时得出,合金单位体积的储能为

$$E = \frac{nE_i}{r}\left[\left(\frac{3f}{4\pi}\right)^{\frac{1}{3}} - \frac{3f}{4}\right] \tag{2-7}$$

式中，E 为合金单位体积储能；r 为粒子半径；f 为弥散相的体积分数；n 为贯穿粒子的界面数；E_i 为界面能。

储能的大小是弥散相含量的函数。由于界面能与挤压温度和挤压比密切相关，所以储能也是挤压温度和挤压比的函数。

5. 制备方法

除了上述主要方面的因素，不同制备方法制取的弥散强化材料可以有不同的性能。因此，在确定成分后，也要根据具体条件采用适当的制备方法。弥散强化材料的制备方法很多，有内氧化法、机械混合法、表面氧化法、氧化还原法、弥散相颗粒悬浮液沉积法、共沉淀法、粉末包覆法等。一般来说，共沉淀法生产的弥散强化材料的性能比机械混合法或氧化还原法生产的就好一些。例如，氧化还原法生产的 Fe-6%Al_2O_3 材料(经过挤压)，在 650℃时的抗拉强度为 193MPa；而共沉淀法生产的同样成分的材料，在 650℃时的抗拉强度为 226MPa。

综合以上影响性能因素，可以得出：为了提高材料的强度性能，除了正确选择合金成分，还要在一定范围内提高弥散相的含量，减小弥散相的粒度和粒子间距，使弥散相均匀分布于基体中，并采用大的加工形变和合适的制备方法。

2.3.3 弥散强化材料的性能

自 1946 年烧结铝问世以后，70 多年来，许多新品种的弥散强化材料被成功研制。除用铝作基体，还发展了铜、镍、镍-钼、镍-铬、铁、铬、钼、钛、铍、镁、铅、不锈钢以及银、铂、钯等贵金属。近年来，弥散强化高温合金材料和弥散强化高温转子材料(钴-铁合金基体中加入弥散相)得到了快速发展。关于弥散相，除 Al_2O_3 外发展了以下化合物。

氧化物：Al_2O_3、ThO_2、MgO、SiO_2、BeO、CdO、Cr_2O_3、TiO_2、ZrO_2 以及 Y_2O_3 和镧系稀土氧化物。

金属间化合物：Ni_3Al、FeAl 等。

碳化物、硼化物、硅化物、氮化物：WC、Mo_2C、TiC、TaC、Cr_3C_2、B_4C、SiC、TiB_2、Ni_2B、$MoSi_2$、Mg_2Si、TiN、BN 等。

弥散强化材料在性能上具有极大的优越性，具体表现如下：

1) 再结晶温度高，组织稳定

纯金属的再结晶温度($T_{再}$)一般是金属熔点($T_{熔}$)的 35%～40%，即 $T_{再}/T_{熔}=0.35\sim0.40$。由于再结晶，金属材料的组织和力学性能都发生变化。因此，提高金属材料的再结晶温度是研究耐高温合金的一个目标。弥散强化材料在这方面显示了它的特点，其再结晶温度很高，甚至在金属熔点附近的温度下退火也不会发生再结晶，如表 2-7 所示。

表 2-7 弥散强化铜的再结晶温度

合金	再结晶温度/℃
铜	＜300
黄铜	＜500
氧化铝弥散强化铜（Cu-3.5%Al_2O_3）(体积分数)	～1050

2）屈服强度和抗拉强度高

一般变形材料的屈服强度都不太高。屈服强度越接近于极限抗拉强度，材料的刚性就越好，就越不容易发生形变。例如，用于微波管中的铜构件就要求刚性很好，以免变形造成误差。弥散强化材料正具有这一优点，其屈服强度不但很高，而且很接近其抗拉强度，这种关系在高温下更加明显。同时，由于弥散粒子起到了钉扎位错的作用，大大提高了材料内部位错启动所需的力并阻碍了位错的运动，从而大大提高了材料的抗拉强度。内氧化法制得的 Cu-Al_2O_3 合金的屈服强度比铜高得多，特别是在 300～400℃下降低不多，如图 2-15 所示。

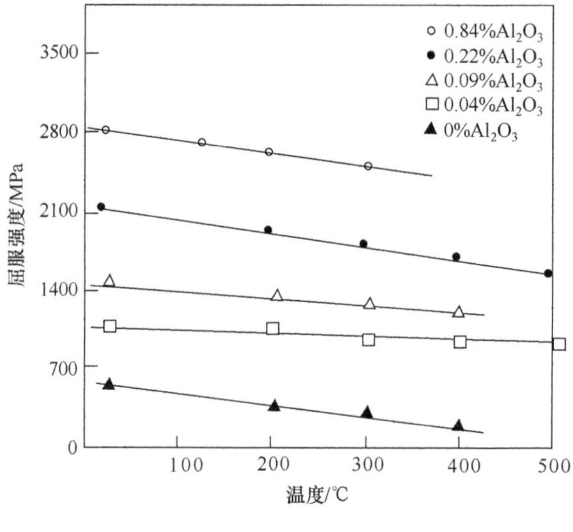

图 2-15 内氧化 Cu-Al_2O_3 合金的高温屈服强度

3）随温度提高硬度下降得少

随温度提高硬度下降得少是弥散强化材料一个很大的优点。例如，Ni-ThO_2 合金的高温硬度如图 2-16 所示。再结晶温度高、高温时硬度变化小以及蠕变速度低都说明弥散强化合金具有很好的热稳定性。

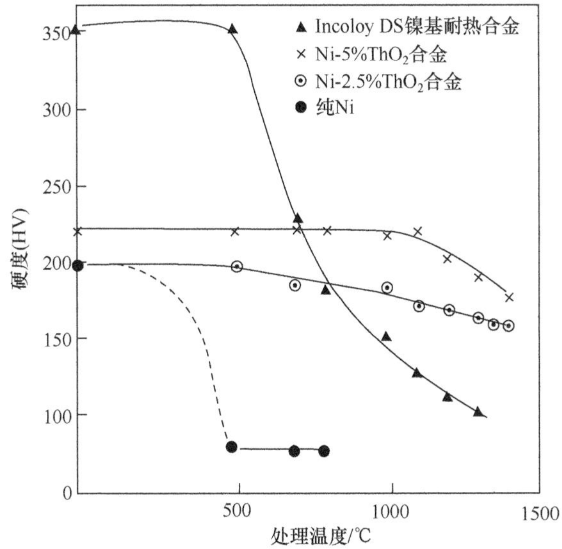

图 2-16　Ni-ThO_2 合金的高温硬度

4. 高温蠕变性能好

高温蠕变是衡量耐高温合金的一个不可缺少的指标，要求高温材料具有很好的抗蠕变能力。随着温度的提高，很多耐热合金的持久强度降低得很快，而温度对弥散强化材料的持久强度的影响较小。

例如，TD-Ni 与几种耐热材料在 100h 的蠕变断裂强度比较如图 2-17 所示，其中，Hastelloy-X 的主要成分（质量分数）为 Ni47%、Cr22%、Fe20%、Mo9%；Haynes-25 的主要成分（质量分数）为 Co51%、Cr20%、W15%、Ni10%；SM302 的主要成分（质量分数）为 Co57%、Cr22%、W10%、Ta9%），TD-Ni 在 1100℃时 100h 的持久强度有 67MPa，超过了很多以超合金著称的镍基合金和钴基合金。这意味着 TD-Ni 可以在更高的温度下使用。在发动机上最有希望使用 TD-Ni 的部件是导向叶片，此部件经受的应力一般不高，而温度可达 1300℃。

近年来，人们正在研究高温合金的弥散强化。弥散强化高温合金是使用温度在 1100℃左右最有希望的耐热合金材料。例如，美国用 4～7μm 的羰基镍粉、过 200 目的铬粉、10～50μm 的 Y_2O_3、过 200 目的真空熔炼的 Ni-Al-Ti 母合金粉，以干式高能球磨的方法使粉末机械合金化，经成形、挤压、热处理制得了弥散强化的镍基超合金，使超合金的性能提高到一个新的水平，该超合金的力学性能如表 2-8 所示。弥散强化高温合金具有稳定的性能，不仅表现在使用温度高上，而且表现在工作时间上。延长时间对弥散强化合金的断裂强度的影响较小，而对时效强化合金的影响则较大。

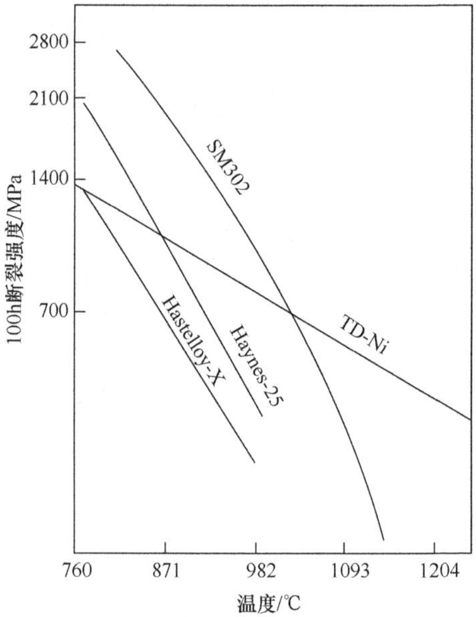

图 2-17 TD-Ni 100h 的蠕变断裂强度与几种耐热材料的比较

表 2-8 Y_2O_3 弥散强化超合金的力学性能

合金	试验温度/℃	屈服强度/MPa	抗弯强度/MPa	延伸率/%
C*	室温	903	1225	9
A**	538	748	987	10
A	760	568	591	25
A	871	220	232	25
A	1038	146	160	9

* 合金 C 的成分为：C 0.056%，Al 0.90%，Ti 2.33%，Cr 20.6%，Zr 0.0659%，B 0.005%，Y_2O_3 1.22%，Al_2O_3 0.83%，Ni 余量。

** 合金 A 的成分为：C 0.061%，Al 0.92%，Ti 2.46%，Cr 20.4%，Zr 0.029%，B 0.005%，Y_2O_3 1.22%，Al_2O_3 0.37%，Ni 余量。

5. 传导性高

很多弥散强化材料的传导性都很好，这是因为与固溶强化和形变强化相比，弥散强化对基体的晶体结构改变或破坏最小，几乎不影响基体的传导性。首先是导热性，高温材料的导热性是非常重要的，如果导热性太差，就可能因工作中温度梯度太大而产生大的热应力，使材料遭到破坏。导电性也是材料的一个重要性能。铜是一种很好的导电材料，但是纯铜的强度差，若能在不降低铜的导电性的前提下大大提高其强度则是最理想的。铜-铍合金的强度较高，而导电性却大大降低。弥散强化合金很好地解决了这一问题。例如，以纯铜的电导率为 100%来计算，铜-铍合金的电导率只有 35%左右，而 Cu-Al_2O_3 弥散合金的电导率却有 95%。

2.3.4　典型弥散强化材料

1. 钾泡弥散强化钨丝

具有不下垂特性的钨丝的研制成功是粉末冶金技术发展的三大重要标志之一。该钨丝采用了弥散强化的方法实现了不下垂。

灯丝的研制经历了一个较为曲折的过程。最早灯丝采用碳丝，但碳丝存在低温升华、消耗快、寿命短的缺点，实际应用价值不高；其后，灯丝采用钽丝，但钽丝存在熔点低、光效低的缺点，应用价值也不高。1909 年，Coolidge 采用粉末冶金技术制取钨坯条，加工了延性钨丝，由于钨丝的工作温度在 2200℃左右，纯钨丝再结晶温度低于 1500℃，故再结晶后钨丝存在室温下脆性大、高温下严重变形的缺点。1913 年，Pintsch 发明了钨钍丝（ThO_2 弥散强化钨丝），降低了材料脆性，抗下垂，但该钨丝为直丝，光效低，且钍属于放射性元素，长期使用对人体健康不利。针对直丝光效低的缺点，Langmuir 将直丝改为了螺旋丝，螺旋丝大大增加了钨丝的长度，但存在高温下下垂的缺点。1917 年，美国人 Perth 通过加入 K_2O 等形成钾泡进行弥散强化，制备了不下垂钨丝——218 钨丝（因最初制备时经历了 218 次试验而得名）。

钾泡弥散强化钨丝的制备过程主要如下：①制钨粉：用仲钨酸铵（APT）为原料，在 500℃左右的空气中焙烧成三氧化钨（WO_3）或在 450℃左右的氢气中轻微还原成蓝钨（$WO_{2.9}$），在氧化钨（WO_3，$WO_{2.9}$）中加入微量 K_2SiO_4、$AlCl_3$ 混合水溶液（K_2O、SiO_2、Al_2O_3 的总量不超过 1%），然后在氢气气氛下还原。氢气还原包括两步：第一步在 630℃左右还原成棕钨（WO_2）；第二步在 870℃左右还原成金属钨粉。分两步的目的是使掺入的 K 充分掺到钨粉中和控制粉末粒度。②制钨坯：钨粉坯料在压机上成形或采用等静压成形，制成圆棒、方棒等，在 1200℃左右预烧结，使之具有一定的强度和导电性。③制钨材：通过垂熔自阻烧结，将电流通过烧结坯，由于坯体自身的电阻产生热而使坯料烧结，烧结电流为熔断电流的 90%，烧结条件为：2300～2700℃的高温下真空或 H_2 保护气氛下进行烧结。④旋锻：它是生产钨丝坯料和细棒的常用塑性加工方法，旋锻棒材直径为 3mm 左右，开始时道次变形量不宜过大，随后可适当增加变形量，旋锻时工件和模具采用石墨润滑，旋锻后密度达 18.8～19.2g/cm^3。不同部位变形量不同，通过再结晶退火使组织均匀化。⑤拉丝：在链式拉伸机上通过旋锻温拉丝拉至直径 1.3mm，再依次采用硬质合金模拉粗丝至直径 0.2mm 和拉中丝至直径 0.06mm，最后采用金刚石模拉细丝至直径小于 0.06mm。拉丝工艺在钨丝制备过程中至关重要，因为钨丝直径不均匀是导致断丝的最主要原因。

掺杂钨丝中因含有钾原子的气泡而使钨丝的高温抗蠕变性能提高的机制包括三个部分：

(1) 钾泡的形成与控制。在氧化钨中加入微量 K_2SiO_4、$AlCl_3$ 混合水溶液，用氢气还原成金属粉末，再经压坯、烧结制成坯条。坯条中形成大量不均匀分布的 $\phi 0.1\sim0.4\mu m$ 的掺杂孔。在室温下钾以离子态凝固在掺杂孔壁上，并与钨具有某种共格关系。在随后的高温旋转锻造、拉拔加工及热处理过程中，含钾的掺杂孔被压扁、拉长形成沿丝轴方向分布的"钾管"或"钾线"。加工形变量越大，钾管的长宽比越大。当钨丝退火时，钾管因钾汽化而膨胀(钾的沸点约 760℃)，温度再升高钾管形状失稳，发生分裂而胚珠化，成为一串有序排列的钾泡列。

(2) 钾泡在再结晶过程中的行为与作用机制。沿与丝轴平行方向有序排列的钾泡是造成掺杂钨丝特异再结晶行为的基础。一般材料在适当温度下经过回复和再结晶过程，形成无畸形的等轴晶粒，晶界平直，室温下弯曲时沿垂直丝轴方向的晶界极易断裂，高温下晶粒沿晶界滑移导致下垂变形。但是，掺杂钨丝在高温下形成沿丝轴方向长宽比很大的特殊长大晶粒，甚至整个丝横截面上被 1～2 个晶粒布满。正是这种特殊长大且晶界呈指状搭接的晶粒，使掺杂钨丝具有优异的高温抗蠕变性能，或称钨丝的抗下垂性能。在有序排列的沼丝轴平行方向分布的钾泡列中，高温下泡内的高蒸气压使钾泡相当于第二相质点，强烈地钉扎晶界，从而一方面抑制了再结晶，提高了钨丝的再结晶温度，不下垂钨丝的再结晶温度高达 1900～2500℃，大大高于纯钨丝的再结晶温度 1500℃；另一方面阻碍晶界向丝的径向迁移，而迫使其向丝轴方向迁移，于是形成长宽比极大的特殊长大晶粒，由于垂直于丝轴晶界的大大减少，室温下沿晶界脆断的概率也大大减小，同时也阻止了高温下晶界的滑移。

(3) 钾泡弥散的强化机制。在各种材料强化方法中，弥散强化属第二相强化，其强化效果取决于第二相的化学和热力学稳定性、理想的形貌、极小的尺寸、足够的数量和良好的弥散度。钾泡作为第二相具备了上述的所有条件，再加上钾泡的尺寸和弥散模式是有控的，更显示了钾泡的优越性，它是众多弥散强化材料中的一个典型代表，其强化机制主要为奥罗万(Orowan)位错绕过机制。钾泡作为特殊的第二相弥散质点具有奥罗万强化机制所具有的典型作用，包括：晶界钉扎强化、扩散速率降低、再结晶温度提高以及热加工时产生稳定纤维组织。此外，钾泡在钨丝强化中还有其特殊性，即亚组织强化机制。沿丝轴方向有序排列的钾泡列在加工中形成明显的纤维状长晶，它不仅在很高温度下形成明显的纤维状长晶并十分稳定，而且由于具有异常的、长宽比极大的指状长晶和锁状搭接晶形，其晶界少，特别是横向晶界(垂直于外力的晶界)更少，削弱了在高温蠕变时起主要作用的晶界滑动，因而明显提高了掺杂钨丝的高温蠕变强度。研究表明，长宽比越大，强度增量越多，掺杂钨丝中长宽比极大，一般在 20 以上。

2. 烧结氧化铝

烧结氧化铝又称烧结铝合金(sintered aluminum powder，SAP)，是 Al-Al_2O_3 的弥散型合金。Al_2O_3 含量为 1%～10%。烧结氧化铝是一种比较典型的弥散型低温耐热材料，无论是在工艺上还是组织性能上都是一种典型的粉末冶金材料。

烧结氧化铝的粉末制法属于一种专门的制造方法。采用雾化粉通过机械破碎，制成微细的铝粉粒(1μm 以下)，通入氧气进行球磨，使每颗铝粉粒子表面覆上一层厚度约为 0.01μm 的氧化膜，粉的松装密度为 0.85～1.0g/cm^3。

烧结氧化铝采用的压制压力为 200～500MPa，在氢气中烧结。烧结后氧化铝的密度为 2.7g/cm^3，于 500～600℃热挤压后密度可达 2.8g/cm^3，然后经冷态压力加工，可制成各种板、棒、管材。

烧结氧化铝和普通航空上使用的铝合金相比具有很多优点。烧结氧化铝的高温强度比所有普通铝合金都好，温度在 500℃以下时不发生再结晶软化，其抗氧化能力强，还有比重轻、导热性好以及易切削加工等优点。

从结构上来看，烧结氧化铝也是一种氧化物陶瓷材料，其力学性能与 Al_2O_3 的量及粒度都有很大关系。Al_2O_3 量增多时，强度、硬度提高，而塑性下降。弥散的 Al_2O_3 颗粒能阻止加热时基体相晶粒长大，烧结氧化铝的高温强度与高温硬度也比较高。图 2-18 为烧结氧化铝与两种耐热铝合金在不同温度下的硬度比较。

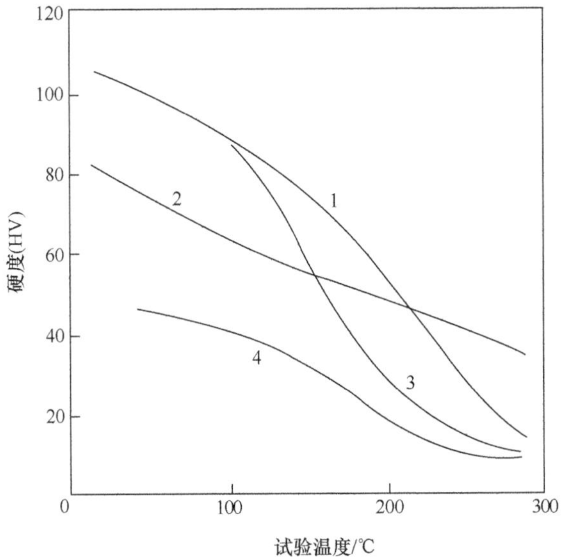

图 2-18　烧结氧化铝与耐热铝合金在不同温度下的硬度比较

1-Al-Cu-Ni；2-SAP；3-Avional(时效)；4-Avional(退火)

这两种耐热铝合金为铝-铜-镍合金与铝-铜-镁-锰-硅(Avional:Cu 4%、Mg 0.5%~1.0%、Mn 0.5%~0.7%,Si 0.3%~0.7%,其余为铝)。

烧结氧化铝的疲劳强度与铸造的铝-硅-镁合金相近,耐蚀性与99.9%纯铝相当。烧结氧化铝可以用作内燃机活塞材料、热交换器与原子能反应堆固体燃料的覆盖材料。

3. Al_2O_3 弥散强化铜合金

在出现SAP以后,又出现了采用铜、镍的细小氧化物的弥散强化型合金。制造这类合金时,除采用混合法,往往通过一些特殊的工艺方法,如内氧化法、沉淀法、共晶共析反应法等。内氧化法主要利用各种金属抗氧化能力的不同,粉末经压制、烧结成材后在氧化性气氛中加热,发生选择性氧化而获得弥散型合金。

Cu-Al_2O_3 合金材料一般通过内氧化法发生铝的选择氧化来制备。由于 Al_2O_3 等陶瓷粒子与铜熔体的润湿性很差,而且两者的比重相差较大,细小的陶瓷粒子易产生偏析和聚集,因此用传统的熔铸法制备较为困难。而采用内氧化法获得的 Al_2O_3 粒子尺寸细小,仅为10~20nm,而且分布均匀,制备的 Cu-Al_2O_3 合金综合性能优异。内氧化法的具体制备工艺如下:

(1) Cu-Al合金熔炼,气雾化或水雾化制粉。

(2) 将部分Cu-Al合金粉末筛分出−200目的细粉末,在空气中加热至200~300℃,使其表面均匀氧化成CuO。

(3) 在密闭容器内850℃下 N_2 气氛中加热1.5h,制成 Cu_2O 的氧化剂,反应式如下:

$$CuO\text{-}Al_2O_3 \xrightarrow[850^\circ C]{\triangle} Cu + CuO_2 + Al_2O_3 \tag{2-8}$$

此步骤包括两个目的,一是使Al完全氧化;二是将CuO分解为分解压更大的 Cu_2O,利于还原。

(4) 内氧化。将氧化剂与原始合金粉末按比例均匀混合1h,在密闭容器中通 N_2 加热的情况下进行内氧化,内氧化温度在900℃左右,时间1h。

$$3Cu_2O + 2Al \xrightarrow{\triangle} Al_2O_3 + 6Cu \tag{2-9}$$

(5) H_2 还原。将内氧化后的产物在 H_2 气氛下还原,内氧化剂 CuO_2 还原成Cu,而 Al_2O_3 在Cu的熔点以下具有很好的热力学稳定性,不会被还原,从而制备了 Cu-Al_2O_3 粉末。

(6) 粉末包套、抽真空、挤压、热锻、热等静压制备大型坯材。

$A1_2O_3$ 的加入改变了铜的力学性能与导电性能,如图2-19所示。表2-9为 Cu-Al_2O_3 合金的力学性能,表明 Cu-$A1_2O_3$ 合金与Cu相比,强度大大提高,但塑性有所下降。

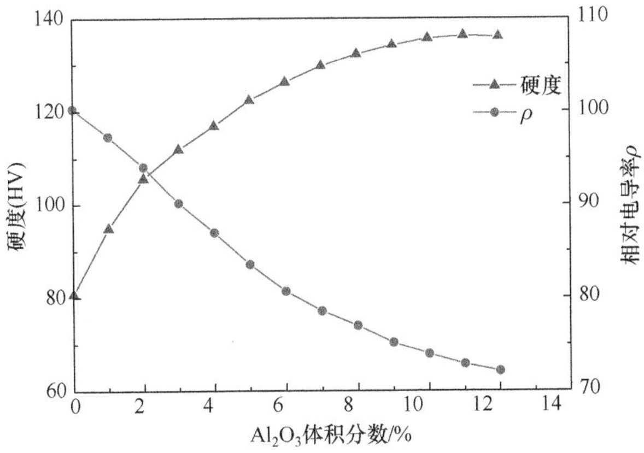

图 2-19 Cu-Al_2O_3 弥散强化型合金的硬度与导电性

表 2-9 Cu-Al_2O_3 合金的力学性能

材料	抗拉强度/MPa(400℃,1h 退火)	延伸率/%
Cu	69	52
Cu-0.5%Al_2O_3(质量分数)	215	15

4. ThO_2 弥散强化镍基合金

镍基合金 Ni-ThO_2 也属于典型的弥散强化合金。一般 ThO_2 含量为 0.5%～10.0%,合金采用沉淀法制造。在 $Ni(NO_3)_2$ 及 $(NH_4)_2CO_3$ 溶液中加入 ThO_2 粉粒,搅拌后进行沉淀、过滤干燥,再进行还原、压制、烧结、热挤压。加入 ThO_2 提高了纯镍的力学性能。Ni-3%ThO_2 的高温抗拉强度(900℃)甚至超过了镍基耐热合金 Hastelloy-X(Ni-Cr27%-Fe18.5%-Mo9%-Co1.5%-W0.6%-C0.1%)。

2.4 颗粒强化

颗粒强化是指在金属基体中,引入高强度、高模量且具有一定尺寸的第二相颗粒作为增强体,从而使得金属基复合材料性能得到提高的一种强化方法[15-18]。新型碳化物增强铁基粉末冶金材料的组织和性能与烧结温度、退火温度密切相关,随着烧结温度的升高,碳化物形貌从块状向针状转变,针状碳化物在晶界上以半连续网状析出,降低了材料的性能;1200℃退火后,晶界上的针状碳化物分解并球化,相对密度、硬度、抗弯强度、冲击韧性都相应提高[15]。SiC 颗粒的加入改变了铜基粉末冶金摩擦材料的摩擦行为与磨损机理,不含 SiC 颗粒的材料摩擦表面出现大量凹坑,磨损严重,磨损机理以黏着磨损为主,SiC 含量低于 6%时,材料表面出现较多凹坑及浅犁沟，继续提高 SiC 含量，凹坑数量减少直至消失，材料磨损机理由黏着磨损和轻微犁削磨损向剥层磨损和严重犁削磨损转变[16]。李元元等从材料选择、制造工艺和应用情况等方面对颗粒增强钢铁基复合材料的发展状况进行了综合评述，分析了其性能特点和发展前景[17]。向兆兵等采用粉末冶金方法制备了 Al_2O_3、SiC 颗粒强化的 Al 基复合材料，增强颗粒相对于基体强度越高，颗粒开裂越少，强化效果越好[18]。颗粒强化和弥散强化都属于粒子强化，但与弥散强化第二相质点粒径较小（d＝0.01～0.1μm）相比，颗粒强化第二相质点粒径较大（d＝1.0～50μm），弥散强化的机理适用于奥罗万机制，即位错绕过机制。颗粒强化的机理适用于安塞尔-勒尼尔机制，由于颗粒尺寸大，位错线不能绕过去，只能塞积在颗粒前面形成位错墙，并阻碍位错运动，从而对材料基体产生强化的效果。把由于位错塞积引起的第二相粒子断裂作为屈服的判据。

2.4.1 颗粒强化的机理

颗粒强化机制的代表理论是安塞尔-勒尼尔机制。安塞尔等对颗粒强化合金的屈服提出了另一个位错模型，他们把由于位错塞积引起的第二相粒子断裂作为屈服的判据。当第二相粒子上的切应力等于其断裂应力时，颗粒强化合金便屈服。

由于位错塞积而导致的第二相粒子上的切应力可认为：

$$\tau = n\sigma \tag{2-10}$$

式中，τ 为切应力；n 为一个弥散粒子前边或周围塞积的位错数；σ 为所加的应力。

对一个粒子起作用的位错数取决于粒子间距：

$$n = \frac{2\lambda\sigma}{Gb} \tag{2-11}$$

式中，n 为位错数；λ 为弥散粒子间距；G 为基体金属的切变模量；b 为伯格斯矢量。

综合式(2-10)和式(2-11)，第二相粒子上的切应力为

$$\tau = \frac{2\lambda\sigma^2}{Gb} \tag{2-12}$$

使第二相粒子断裂的极限应力 τ_{max} 与粒子的切变模量成正比，即

$$\tau_{max} = \frac{G^*}{C} \tag{2-13}$$

式中，G^* 为第二相粒子的切变模量；C 为比例常数，可以通过理论计算，通常约为 30。

综合式(2-12)和式(2-13)，可以得颗粒强化两相合金的屈服应力 $\sigma_{0.2}$ 为

$$\sigma_{0.2} = \sqrt{\frac{GbG^*}{2\lambda C}} \tag{2-14}$$

从该方程式可以得出：①屈服应力与基体和第二相的切变模量的平方根的积成正比，也就是说与基体和弥散相的本性有关；②屈服应力与粒子间距的平方根成反比，这也符合试验结果(图 2-20)；③伯格斯矢量是位错的重要因素，屈服强度的大小直接与位错有关。

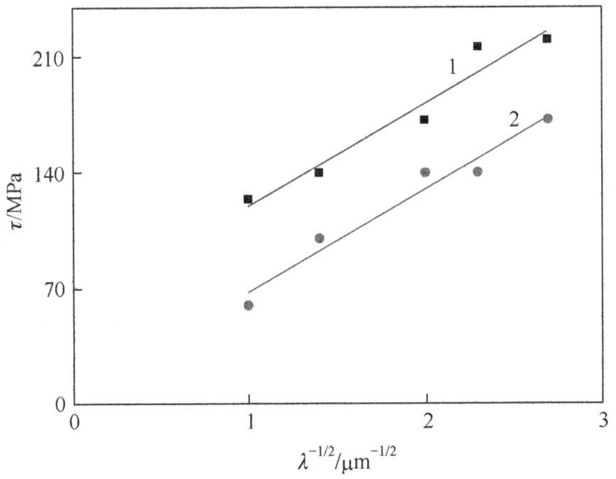

图2-20　颗粒强化铝基复合材料屈服强度与粒子间距的关系

1-25℃的屈服强度；2-400℃的抗拉强度

2.4.2　颗粒强化铝基复合材料

颗粒强化铝基复合材料是颗粒强化的一个典型例子。颗粒增强铝基复合材料(PRAC)以铝或铝合金为基体，是最具发展潜力的金属基复合材料之一，其中以 SiC、TiC、Al_2O_3 颗粒增强铝基复合材料的发展最为迅猛。解决了纤维增强铝基复合材料增强纤维制备成本昂贵的问题。这类复合材料具有各向同性，克服了制备过程中出现的诸如纤维损伤、微观组织不均匀、纤维与纤维相互接触等影响材料性能的许多缺点，已广泛应用于航空航天、汽车制造、电子电气等领域，能代替铝合金、钛合金、钢等材料制造高性能轻型构件，并可提高材料的性能、使用寿命和仪器精度。

基体是颗粒增强铝基复合材料的主要承载组分，对材料的性能具有决定性影响。铝合金基体占有很高的体积分数，大部分为 80%～90%，因此保持了良好的导热性。增强体以硬质的陶瓷颗粒为主，通过安塞尔-勒尼尔机制起到增强作用。增强体的加入，提高了材料的弹性模量、强度、耐磨性、抗变形能力和热膨胀性能，但往往使延伸率下降。这种复合材料主要用于制作航空航天领域的结构件、电子壳体、汽车发动机和其他零部件。通常颗粒增强铝基复合材料的制备方法包括固相法、液相法、固液两相法、反应自生(原位自生)法。其中固相法、液相法、固液两相法均匀属于外加法；而反应自生法属于内生法。目前，颗粒增强铝基复合材料的研究主要集中在两方面：一方面是开发新型高性能低成本的增强颗粒，如 SiC 颗粒、TiB_2颗粒、TiC 颗粒，以及 TiC、TiB_2等两相或多相粒子协同增强颗粒；另一方面是改进、完善和开发颗粒增强铝基复合材料的制备工艺，如搅拌铸造以及现在普遍采用的原位反应合成方法等。

2.5 纤维强化

弥散强化材料中由基体承担载荷，工作温度不能太高，一般使用温度为基体材料熔点的 80%～85%，如弥散强化镍基合金可在 1100℃附近的高温使用。而纤维强化材料则是利用纤维的强度，可采用具有高的高温强度的难熔金属丝或无机纤维，因而纤维强化材料有可能在基体的熔点附近的高温使用，即有可能提供 1100℃以上使用的高温材料。

将具有高强度的纤维或晶须加入金属（合金）或陶瓷基体中使金属得到强化，这样的材料称为纤维强化金属材料[19]。为解决金属基复合材料中外加增强体与基体间异质界面对材料性能带来的不利影响，张文兴等提出一种基于粉末冶金技术的原位复合新工艺，并制备了自生金属间化合物纤维增强铝基复合材料，此方法工艺简单、成本低廉且效率高[20]；柳公器等用真空热压法制备了 Si_3N_4 颗粒和纳米 SiC 晶须强韧化 $MoSi_2$ 基复合材料，复合材料的强化机制为细晶强化和弥散强化，韧性机制为细晶韧化、裂纹偏转和裂纹微桥接[21]。纤维强化金属材料是在纤维强化塑料的基础上发展起来的。以塑料为基体的玻璃纤维复合材料，即所谓玻璃钢自 20 世纪 40 年代后就得到了广泛的应用。之后以金属为基体的纤维复合材料（石墨、碳、SiC、Al_2O_3、钨、钼等）又引起人们的注意。21 世纪是复合材料的时代，纤维强化材料已得到很大发展，它是飞机、导弹、宇宙飞行器、人造卫星、舰艇等制造中应用的重要材料。

纤维强化金属材料的特点是：①高温性能好，因为是软的金属中加入高强度、高弹性模量的纤维或晶须，所以能在高温条件下，长时间稳定有效地工作；②比强度和比弹性高。比强度高，意味着达到一定强度所需材料少；或者说材料一样重时，构件可承受更大的负荷，这是航空技术发展中非常需要的。据报道，F106 歼击机如果采用 B-Al 复合材料代替钛合金制造主要构件，可以减轻质量的 23%，从而增加 5%的有效载荷而不减少速度和航程；或者在不增加载荷情况下，飞行速度大大提高。

2.5.1 纤维强化的机理

纤维强化材料所用的纤维均是具有高键合强度的硬质材料。众所周知，硬质材料虽有高的键合强度，但由于复合材料中裂纹的存在，断裂强度大幅度地下降，使其键合强度不能充分利用。如果将这些材料制成纤维状，一束纤维对裂纹的敏感性就比整块材料低很多，因为几何条件不同，横跨纤维的裂纹很短，而平行于纤维轴的裂纹基本上变得无害。硬的纤维束埋在软的基体中，材料所承受的负荷就转嫁到硬的纤维身上，这就构成了纤维强化的复合材料。纤维强化和弥散强化相比，两者都是软、硬两种材料掺合在一起，但强化的机理却不相同。弥散强化主要是利用硬的粒子阻碍位错的运动或增强加工硬化的作用，因而弥散相粒子间距对强化极为关键；而纤维强化主要是靠纤维本身承受主要负荷，在工作过程中，外力可能同时作用到基体和纤维上，作用到金属基体上的力通过基体的范性流变将负荷转嫁到纤维上，因此，纤维间的间距不一定要在微米尺度内，只要纤维具有高的强度和高的弹性模量，并且数量多到能承担所需的负荷就可以。而金属基体的作用是传递应力，保护纤维表面不受损伤，避免纤维互相接触，从而维持纤维原来的尺寸，稳定纤维的几何排列。金属基体和纤维必须很好地结合在一起，有足够的结合强度，否则，基体与纤维互相滑移，材料就会破坏。

下面分析负荷转嫁的问题。设想长度为 l 的一段纤维（弹性模量为 E_f）埋在基体（弹性模量为 E_m）之中，如图 2-21(a)所示。

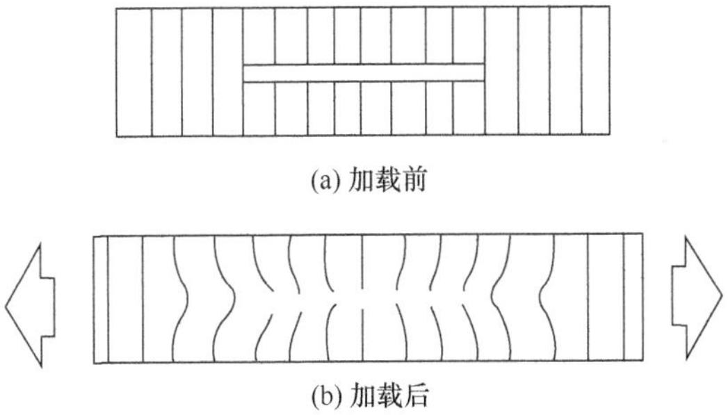

(a) 加载前

(b) 加载后

图 2-21　弹性加载下纤维复合体基体中形变示意图

现在对此复合体沿纤维轴向加一负荷，纤维和基体都发生了弹性形变。由于 E_f 比 E_m 大，因而纤维在局部地区牵制了基体的伸长。这样，基体中的弹性形变就变得不均匀，在纤维的两端将产生明显的应力集中，如图 2-21(b)所示。通过基体-纤维界面上切应力 τ 的作用，在纤维内部产生了轴向张应力 σ，这样，负荷就从基体转移到纤维身上。考虑到距离纤维一端为 x 处的一小段纤维的平衡条件（图 2-22），便可以得到 σ 与 τ 所满足的微分方程：

$$\pi r_0^2 \frac{d\sigma}{dx} = 2\pi r_0 \tau \tag{2-15}$$

即

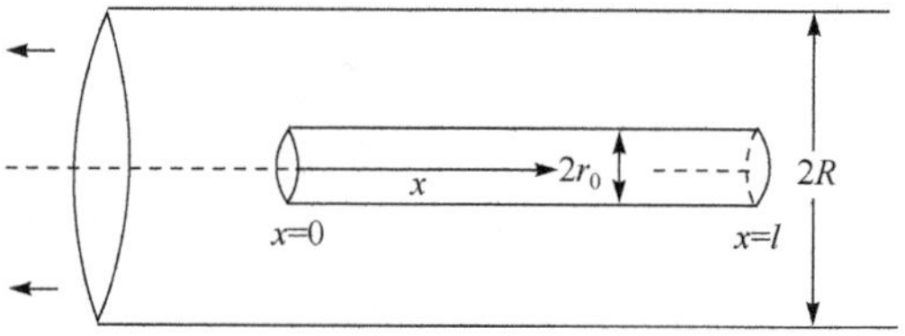

图 2-22　纤维复合体坐标的示意图

$$r_0\frac{\mathrm{d}\sigma}{\mathrm{d}x}=2\tau \tag{2-16}$$

在基体和纤维都有弹性形变的情况下，通过简化的理论模型计算，可以求出 σ 和 τ 随 x 的变化关系(图 2-23)。τ 的数值在纤维两端为极大，然后逐渐下降，到纤维中部为零；而 σ 则在纤维两端为零，在纤维中部为极大，趋近于 $E_f\bar{\varepsilon}$(ε 为复合体的平均应变，$E_f\bar{\varepsilon}$ 为连续的纤维($l=\infty$)所承担的张应力)。如果外加负荷使基体产生范性形变，这样界面上的切应力 τ_s 就应等于其屈服应力 τ。如果忽略加工硬化效应，即可认为基本上保持恒定的数值。这样，对式(2-16)积分，可求出

$$\int \mathrm{d}\sigma=\frac{2\tau}{r_0}\int \mathrm{d}x \tag{2-17}$$

所以

$$\sigma=\frac{2\tau x}{r_0} \tag{2-18}$$

此式表示 σ 自纤维两端线性增大，当 σ 的数值达到纤维的抗拉强度 σ_f 时，纤维就会断裂，因而 σ 的值不能超过 σ_f(图 2-24)。

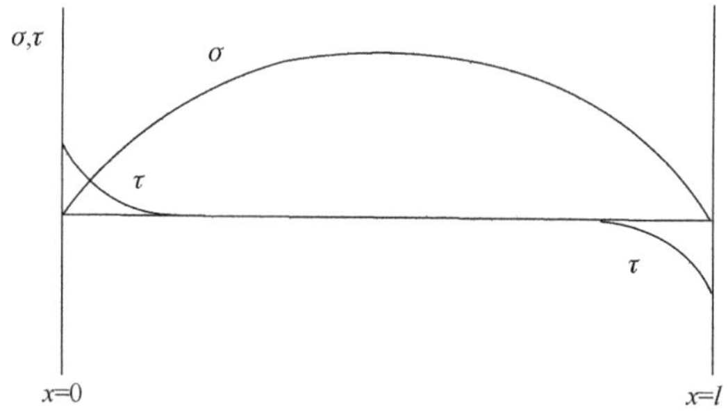

图 2-23　纤维中张应力和界面上切应力分布示意图(基体和纤维作弹性形变)

若令 l_c 表示产生纤维断裂所需要的临界长度，则

$$l_c=\frac{r_0\sigma_f}{\tau_s} \tag{2-19}$$

如果纤维的长度 l 小于临界长度 l_c，则负荷的转移是不完全的，断裂将在基体内而

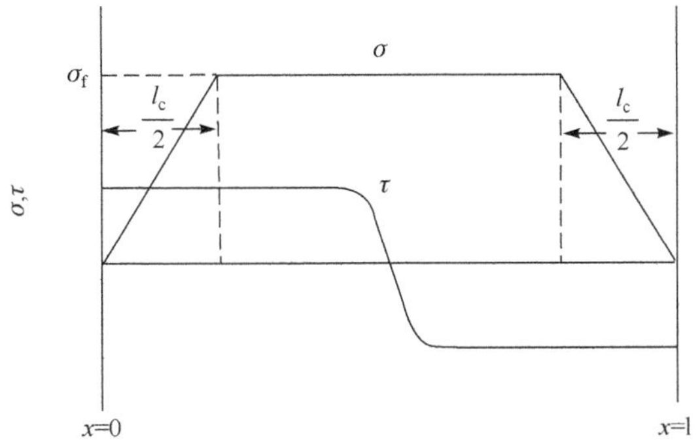

图 2-24　纤维中张应力和界面上切应力分布示意图(基体发生范性流变,$l>l_c$)

不是在纤维内发生,这样就不能充分发挥纤维强化的作用。当纤维的长度 l 大于 l_c 时,负荷的转移将在距端为 $l_c/2$ 的长度内实现,因而 $l_c/2$ 称为负荷的转移长度。

纤维长度 l 与纤维直径 d 的比称为长径比,临界长径比为 l_c/d,则式(2-19)可变为

$$\frac{l_c}{d}=\frac{\sigma_f}{2\tau_s} \tag{2-20}$$

从式(2-20)可以看出,临界长径比取决于纤维的断裂强度与基体的屈服强度的比值。提高基体的屈服强度,将使临界长径比减小。

在纤维断裂时,纤维内的平均应力 $\bar{\sigma}$ 应小于 σ_f,根据图 2-24,可以求得

$$\bar{\sigma}=\frac{\sigma_f}{l}(l-l_c)+\frac{\sigma_f l_c}{2l}=\sigma_f\left(1-\frac{l_c}{2l}\right) \tag{2-21}$$

另外,复合材料的抗拉强度 σ_t 应等于纤维断裂时垂直于拉伸轴的截面上的平均张应力,即

$$\sigma_t A=\bar{\sigma}A_f+\bar{\sigma}_m A_m$$
$$\sigma_t=\bar{\sigma}V_f+\bar{\sigma}_m V_m$$
$$\sigma_t=\bar{\sigma}V_f+\bar{\sigma}_m(1-V_f) \tag{2-22}$$

式中,$\bar{\sigma}_m$ 为纤维断裂时基体所承受的平均应力;A 为复合体的截面积,等于 A_f+A_m;V_f 为纤维所占体积分数,等于 A_f/A;V_m 为基体所占体积分数,等于 A_m/A。

将式(2-21)代入式(2-22)得

$$\sigma_t=\sigma_f\left(1-\frac{l_c}{2l}\right)V_f+\bar{\sigma}_m(1-V_f) \tag{2-23}$$

若 $l=\infty$,$\frac{l_c}{2l}\to 0$,就得到连续纤维复合材料的抗拉强度。可以得出,不连续纤维复合材料的抗拉强度要略低一些。但如果 $l\gg l_c$,两者的差别也不大。V_f 要达到 0.5 并不困难,而 $\sigma_f\gg\bar{\sigma}_m$,所以纤维复合材料的强度可以接近 $\sigma_f V_f$。

2.5.2　影响纤维强化材料强度的因素

根据以上纤维强化的机理可知，纤维强化材料的强度与纤维的本性有关；此外，还受下列因素的影响，如纤维的体积和尺寸、纤维与基体的结合强度、纤维的分布与排列以及制备中纤维的损伤程度等。下面分别加以讨论。

1. 纤维和基体的本性

1）纤维本性的影响

纤维强化材料之所以得到发展，就是利用了纤维具有高强度、高弹性模量和高比强度、高比弹性。纤维强化用的纤维和晶须的抗拉强度和弹性模量如表 2-10 所示。

表 2-10　强化用纤维和晶须的抗拉强度和弹性模量

类别		熔点 /℃	密度 ρ /(g/cm³)	抗拉强度 σ_f/MPa	比强度 /(10^4 cm)	弹性模量 E_f /MPa	比弹性模量 /(10^4 cm)	断面直径 /μm
纤维	非晶体							
	钠玻璃	软化点 840	2.5	4550	1820	88000	35200	10
	石英玻璃	软化点 1600	2.19	5950	2720	73500	33500	35
	非金属							
	α-Al_2O_3	2050	3.15	2100	666	175000	55000	—
	ZrO_2	2650	4.84	2100	434	350000	72300	—
	BN	2980	1.9	1400	736	91000	47900	7
	碳/石墨	3650	1.5	2450	1630	210000	140000	5
	B_4C	2450	2.36	2300	972	490000	207500	—
	SiC	2690	4.09	2100	512	490000	120000	76
	TiB_2	2980	4.48	1100	245	520000	116000	—
	B	2300	2.36	2800	1180	385000	163000	115
	金属							
	W	3400	19.4	4060	210	413000	21300	13
	Mo	2610	10.2	2240	220	364000	35600	25
	Be	1280	1.83	1300	710	245000	134000	127

续表

类别		熔点 /℃	密度 ρ /(g/cm³)	抗拉强度 σ_f/MPa	比强度 /(10^4cm)	弹性模量 E_f /MPa	比弹性模量 /(10^4cm)	断面直径 /μm
晶须	非金属							
	α-Al_2O_3	2050	3.96	21000	5300	434000	109500	3～10
	BeO	2570	2.85	13300	4660	350000	123000	10～30
	B_4C	2450	2.52	14000	5560	490000	195000	—
	SiC	2690	3.18	21000	6600	490000	154000	1～3
	Si_3N_4	1900	3.18	14000	4400	385000	121000	—
	石墨	3650	1.66	19900	12000	714000	430000	—
	金属							
	Cr	1890	7.2	9100	1260	245000	34000	—
	Cu	1083	8.92	2990	335	126000	14100	—
	Fe	1540	7.8	13300	1700	203000	25900	—
	Ni	1455	8.98	3920	440	217000	24200	—
	W	3400	19.4	14700	750	510000	26200	—

目前已经使用的增强纤维大都是表中所列的如玻璃丝、石英玻璃丝(非晶体纤维)、石墨纤维与碳纤维、硼纤维(非金属纤维)等。制备质量均匀的长纤维丝的工艺已经成熟。潜力最大的增强纤维要算晶须,采用 $V_f=0.5$ 来估计,利用石墨、Al_2O_3 及 SiC 这一类晶须可能获得超高抗拉强度的复合材料,为最高强度钢(冷拉钢丝)的 2.5 倍;不仅强度的绝对值高,比强度(σ/ρ)也高,可达高强钢的 5～9 倍,用作航空航天材料特别有利。但尚待解决的关键问题是如何制得大量质量均一的长晶须。所以,目前实际应用的主要是普通纤维,特别是硼纤维和碳纤维,例如,硼-铝复合材料是当前纤维强化金属的一个典型代表,在航空技术中得到了实际应用。

陶瓷纤维的密度小,弹性模量高,特别是在高温下具有良好的抗氧化性,不易与金属及合金反应。但是,陶瓷纤维塑性差,与基体黏合能力弱,制作较难,在加工过程中容易损坏。难熔金属纤维与陶瓷纤维不同,其塑性较好,制作也比较容易;其缺点是密度大,较易与基体金属反应。

各种纤维的高温抗拉强度如图 2-25 所示。由图 2-25 可以看出,在常温下,玻璃纤维的强度仅次于 Al_2O_3 晶须,但是玻璃纤维的软化温度低,因而玻璃纤维强化材料只能应用于 300℃左右。其他纤维强化材料可能在较高的温度下工作,特别是碳纤维的稳定性好,提高温度,对强度影响不大。比较 W 和 W-ThO_2 合金纤维可知,合金化也能提高纤维的高温性能,因此,合金化纤维也是提高纤维强化材料性能的一个途径。同理,复合纤维的性能比单一纤维的好,采用复合纤维也可以提高纤维强化材料的性能。

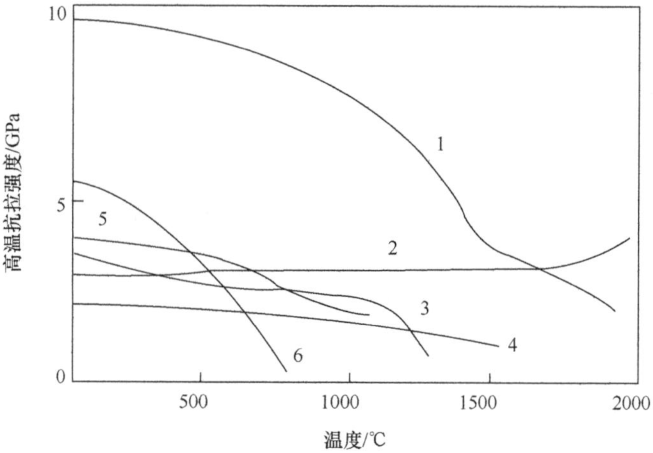

图 2-25 各种纤维的高温抗拉强度

1-Al_2O_3 晶须;2-碳纤维;3-W 纤维;4-SiC 纤维;5-硼纤维;6-钠玻璃纤维

2) 基体本性的影响

纤维强化的基体有高分子材料、金属或陶瓷。要获得最高的比强度和比弹性,最好用高分子材料作基体,但高分子基体的切变模量小,相应的临界长度 l_c 值较大,使用温度很难超过 200℃。

金属可以在较高温度下使用,也可以通过范性流变来松弛纤维两端的应力集中,增加复合材料的断裂韧性,但其缺点是在交变应力作用下容易产生疲劳断裂。另外,金属的密度较大,比强度和比弹性较小。

2. 纤维的体积和尺寸

1) 纤维体积分数的影响

在上面讨论负荷转嫁问题时所得的式(2-22),纤维所占体积分数是很重要的。研究 Borsic 复合纤维(B 纤维表面上包覆一层 SiC 称为 Borsic 复合纤维)强化铝时所得纤维体积分数(V_f)对复合材料抗拉强度(σ_t)和弹性模量(E)的影响如图 2-26 和图 2-27 所示。

可以看出,在 V_f 为 50%的范围内,材料抗拉强度和弹性模量随着纤维体积分数的增加线性地增加。因此,在一定范围内要保持足够的纤维体积分数。

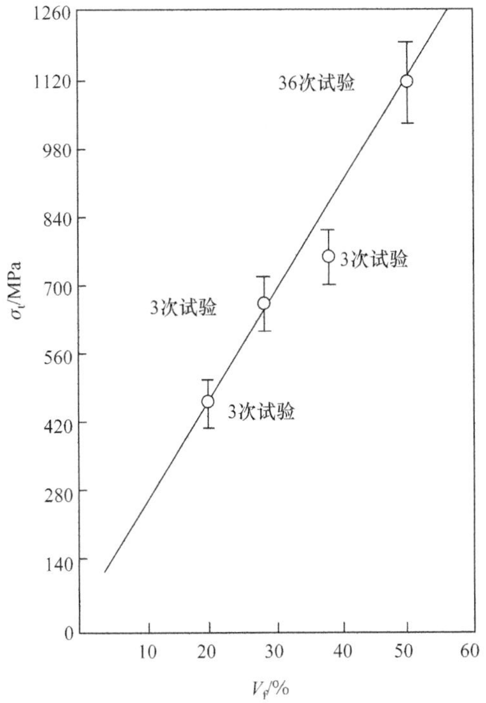

图 2-26　Borsic 纤维体积分数对铝基复合材料抗拉强度的影响

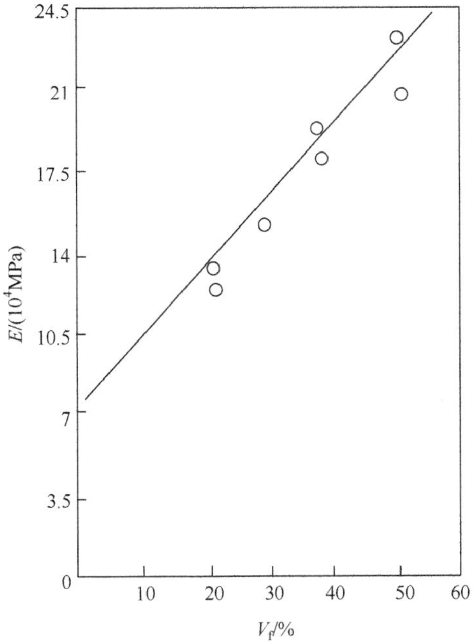

图 2-27　Borsic 纤维体积分数对铝基复合材料弹性模量的影响

2）纤维长度和直径的影响

一般来说，金属和陶瓷纤维的抗拉强度与其直径成反比，直径增大，则强度减小。从这个意义上看，应选择尽可能细的纤维。但是，由于很难避免纤维与基体之间的不利作用以及在制作过程中纤维受损伤，所以，选用纤维直径不宜过小，要根据具体条件去考虑。例如，直径 3μm 的晶须受到 1～2μm 深度的径向侵蚀后，就可能完全毁坏，而直径为 25μm 的纤维当受到同样深度的侵蚀时，则纤维的有效直径仍比 3μm 大得多。

纤维的长度对纤维复合材料的性能有着重大影响。连续纤维当然是最好的，但是对于短纤维，纤维的长度必须达到一定临界长度以后，才能承受最大的应力。临界长度 l_c 与其直径之比称为临界长径比。不同的材料体系，有不同的临界长径比。对于短纤维，特别是晶须，纤维在基体中必须有足够的体积分数，否则，纤维间距过大，对基体的强化效果很小，甚至不起强化作用，反而成为基体中的夹杂，造成弱化。

3. 纤维与基体金属的结合强度

为了充分发挥纤维的作用，保证复合材料具有最高的强度，纤维与基体金属的结合强度是很重要的。

提高纤维与基体金属间的结合强度可以从两方面考虑：一方面是改善纤维与基体金属间的润湿性，使纤维与基体金属黏合得很好；另一方面也可利用纤维与基体金属间的相互反应，形成如同金属陶瓷中那样的过渡层以提高结合强度。在工艺上，常采用纤维涂层或在基体金属中加入合金元素来调节纤维与基体金属间的润湿性。

4. 纤维的分布与排列

纤维的排列，也就是纤维的取向问题，如同结合强度一样，也是影响纤维复合材料强度的一个重要问题。

在制作复合材料时，纤维的排列可能有三种方式，其示意图如图 2-28 所示。

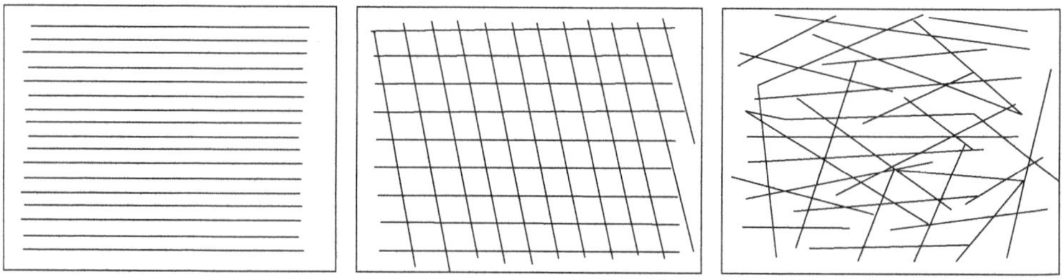

(a) 平行排列　　(b) 交叉排列　　(c) 杂乱排列

图 2-28　纤维的排列情况

从力学观点看，纤维平行排列是最好的，这样可以使纤维与主负载轴一致，这时纤维的全面积承受负荷，使纤维得到充分利用。但是，不能认为在实际材料中所有纤维都必须沿一个方向平行排列，因为有些部件承受着复杂的应力，所以在实际生产中，可根据部件所受应力的情况考虑纤维的取向。

总之，应尽量避免纤维的杂乱分布。杂乱分布不能充分发挥所有纤维的作用，而且有可能使有些纤维成为缺陷，从而降低材料的性能。

5. 复合方法

纤维强化材料的纤维与基体的复合方法有很多种，主要包括扩散结合法、熔融金属浸透法、等离子喷涂法、粉末冶金法、电沉积法、气相沉积法、热挤或轧制法、粉浆浇注法、定向凝固法等。不同复合方法制得的纤维复合材料的性能有很大的差别。

2.5.3 纤维强化材料的性能

纤维强化材料有许多方面的特点，如高的强度和比强度、高的比弹性模量、高的高温强度、良好的蠕变性能、良好的疲劳性能、良好的抗蚀能力和良好的抗磨损性等。下面以几种纤维强化的铝基材料为例分别加以讨论。

1. 抗拉强度

硼纤维-铝复合材料与其他铝合金相比，具有很高的强度和弹性模量，更重要的是这些性质对温度具有稳定性。不同含量的硼纤维-铝复合材料的抗拉强度与温度的关系如图 2-29 所示。高性能的硼纤维-铝复合材料，在 370℃的抗拉强度仍在 700MPa 以上。

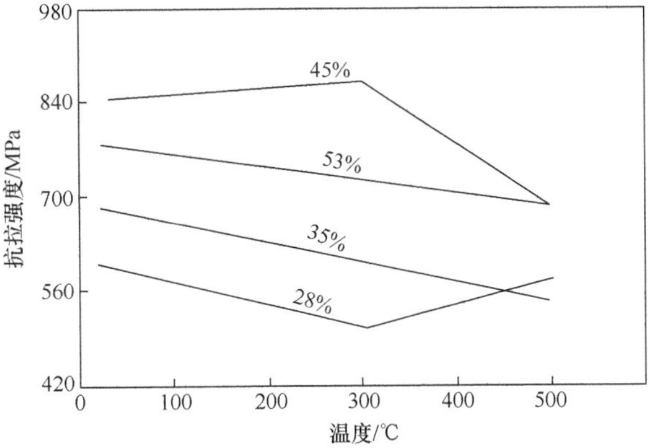

图 2-29 不同含量的硼纤维-铝复合材料的抗拉强度与温度的关系

几种纤维强化铝的高温抗拉强度如图 2-30 所示。由图可以看出，纤维强化铝的高温抗拉强度比弥散强化烧结铝的高得多，而且从比较中得出，Borsic 纤维强化铝的强度性能比硼纤维或其他纤维强化铝的要高。

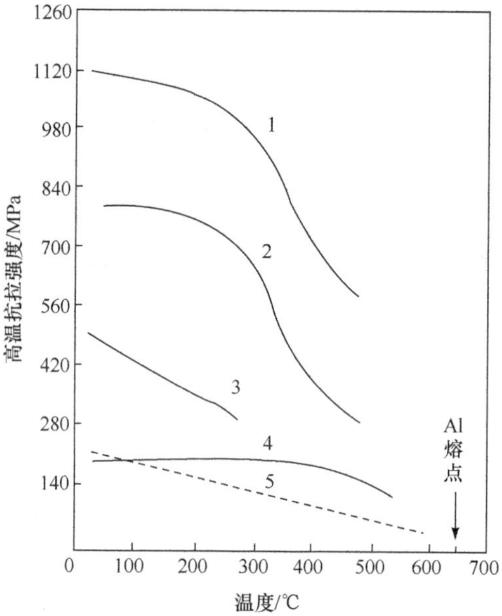

图 2-30　几种纤维强化铝的高温抗拉强度

1-50%(体积分数)Borsic 纤维强化铝；2-50%(体积分数)SiO_2纤维强化铝；3-40%(体积分数)Be 纤维强化铝；4-50%(体积分数)玻璃纤维强化铝；5-20%(体积分数)弥散强化烧结铝

2. 蠕变性能

硼纤维-铝复合材料的高温蠕变性能比烧结铝的高得多。Borsic 纤维强化铝与硼纤维-铝复合材料的蠕变性能比较如图 2-31 所示。Borsic 纤维强化铝在 500℃时的蠕变性能是很好的，比 Ti-6Al-4V 耐热钛合金优越，从图 2-31 可以看出，Borsic 纤维强化铝与 B 纤维强化铝的蠕变性能在短时间内差不多，但时间延长，差别会很大，Borsic 纤维强化铝的效果较好。

众所周知，难熔金属纤维有很好的高温强度，但抗氧化性较差，而以超合金著称的镍基高温合金抗氧化性较好，但强度又满足不了当前的要求。为此，综合利用难熔金属纤维和镍基超合金的优点，就有可能生产出符合要求的新型高温材料，如采用 W-ThO_2 合金丝强化镍基超合金的高温性能得以大大提高。

镍基超合金的成分(质量分数)为：Ni 56%、W 25%、Cr 15%、Al 2%和 Ti 2%，合金经真空熔炼后雾化成过 325 目的粉末。用 W-ThO_2 合金丝进行强化，所用几种合金纤维的性能如表 2-11 所示。此种复合材料在 1093℃时 100h 和 1000h 的持久强度如图 2-32 所示。W-ThO_2 强化的镍基合金 100h 和 1000h 的持久强度

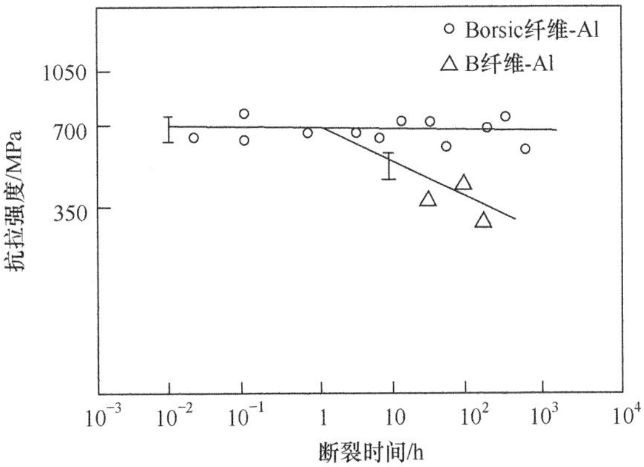

图 2-31　Borsic 纤维强化铝与硼纤维强化铝在 500℃时的蠕变性能的比较

(1093℃)分别为铸造镍基合金的 4 倍和 6 倍。此种材料可用作涡轮叶片，钨合金纤维强化的镍基合金涡轮叶片的使用温度比普通镍基合金高 93℃。

表 2-11　几种 W-ThO_2 纤维的抗拉强度

纤维材料	纤维直径/mm	抗拉强度		
		21℃	1093℃	1204℃
W-2%ThO_2-5%Re	0.51	2170	1295	1029
W-2%ThO_2	0.25	2893	1029	924
W-2%ThO_2	0.38	2688	1211	1050
W-1%ThO_2	0.51	2345	812	749

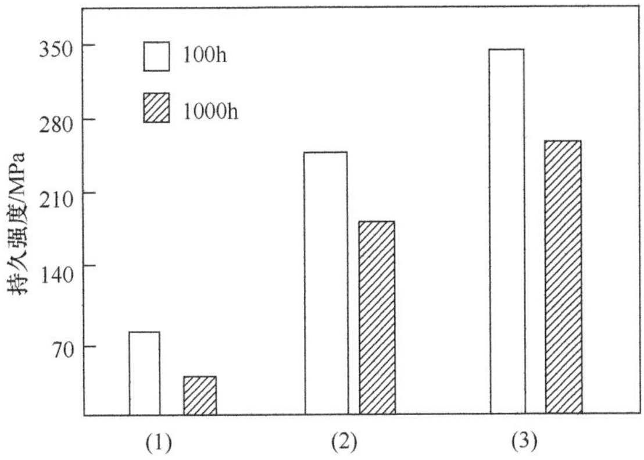

图 2-32　钨合金纤维强化镍基合金在 1093℃时的持久强度(纤维体积分数 70%)

(1) 铸造镍基合金；(2) 70%(体积分数)W-2%(质量分数)ThO_2 纤维强化镍基合金；

(3) 70%(体积分数)W-1%(质量分数)ThO_2 纤维强化镍基合金

3. 疲劳强度

33%(体积分数)硼纤维-铝复合材料的疲劳特性如图 2-33 所示。由图可以看出,硼纤维增强 2024 铝合金的疲劳特性优于硼纤维增强铝复合材料。

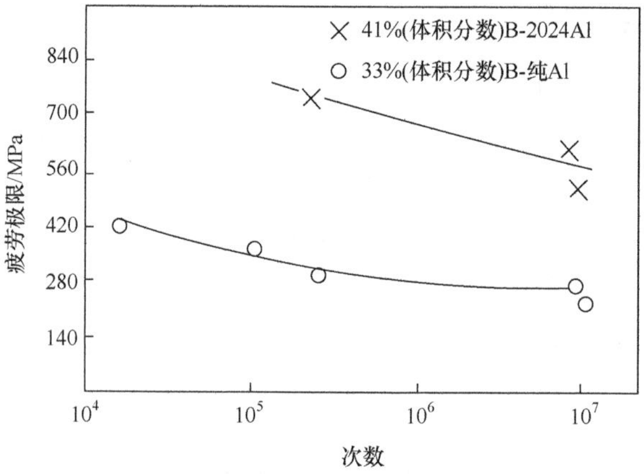

图 2-33　硼纤维强化铝合金的疲劳特性

4. 抗蚀性

硼纤维-铝复合材料的抗蚀性很好,在 32℃的 5%NaCl 盐雾中,质量变化只有铝的质量变化的 1/3,仅在铝的表面形成轻微的麻点,而没有影响硼纤维。

2.6　晶界强化

晶界强化又称为细晶强化,是一种通过细化晶粒来提高材料力学性能的方法。晶界两边相邻晶粒的位向和亚晶块的原子排列存在位向差,处于原子排列不规则的畸变状态。晶界处位错密度较大,对金属滑移(塑性变形)、位错运动起阻碍作用,即晶界处对塑性变形的抗力较晶内大,使晶粒变形时的滑移带不容易穿越晶界,裂纹扩展也困难。因此,当晶粒越细,晶界越多,对位错运动的阻碍作用也越大,此时材料的屈服强度也越高。多晶材料的屈服强度与晶粒尺寸之间的关系可用霍尔-佩奇(Hall-Petch)公式表示:

$$\sigma_y=\sigma_0+\frac{K}{\sqrt{d}} \tag{2-24}$$

式中,σ_y 为材料的屈服极限,一般用材料发生 0.2%变形时的屈服强度来表示;d 为平均晶粒直径;σ_0、K 为材料晶体类型有关的常数。

霍尔-佩奇公式是细晶强化的本质,它指出了多晶体材料的屈服强度与晶粒尺寸的平方根成反比，故晶粒越细小，强度越高。粉末冶金材料具有典型的细晶强化特征，这是因为：①粉末粒度小，晶粒细；②粉末冶金材料的烧结温度约为其熔点的0.7倍，烧结温度比铸造温度低，晶粒不易长大；③孔隙是粉末冶金材料的固有特征，孔隙等会阻碍晶界迁移，抑制晶粒长大。

根据晶界强化的原理，在热处理工艺方法上发展了采用超细化热处理的新工艺，即细化奥氏体晶粒或碳化物相，使晶粒度细化到十级以上。由于超细化作用，晶界面积增大，从而对金属塑性变形的抗力增加，反映在力学性能方面其金属强韧性大大提高。

如果奥氏体晶粒细化在十级以上，则金属的强韧性将大大提高，为达此目的，现代发展的热处理新技术方法有以下三种：

1）利用极高加热速度进行快速加热的热处理

采用极高的加热能量密度，使加热速度大大提高，在10^{-2}～1s的时间内，钢件便可加热到奥氏体状态，此时奥氏体的起始晶粒度很小，继之以自冷淬火（冷速达10^4℃/s以上），可得极细的马氏体组织，与一般高频淬火比较硬度可高出HV 50，而变形只有高频淬火的1/5～1/4，寿命可提高1.2～4倍。

2）利用奥氏体的逆转变

钢件加热到奥氏体后，淬火成马氏体，然后快速（20s内）重新加热到奥氏体状态，如此反复3～4次，晶粒可细化到13～14级。

3）采用奥氏体-铁素体两相区交替加热淬火

采用亚温淬火（铁素体＋奥氏体双相区加热），在提高材料强韧性的同时显著降低临界脆化温度，抑制回火脆性。在奥氏体-铁素体两相区交替加热，可使奥氏体/铁素体相界面积大大增加，因而使奥氏体形核率大大增多，晶粒也就越细化。

2.7 形变强化

形变强化又称位错强化。金属晶体中的位错是由相变和塑性变形引入的，位错密度越大，则位错运动越困难，金属抵抗塑性变形的能力就越大，表现在力学性能上，金属强度提高，即当造成金属晶体内部位错大量增殖时，金属表现出强化效果。粉末热挤压是粉末冶金和挤压相结合形成的一种特种金属加工工艺，具有典型的形变强化效果，是制备铍材、弥散强化材料时后续加工的重要手段[22]。对有晶体缺陷的实际金属，可以通过位错增殖而强化。

通过冷加工变形或相变，使“位错”增殖，一般退火态金属“位错”密度在10^6～10^8cm/cm^3，表现出强度、硬度较低，塑性较好，当冷加工变形后，其“位错”密度可达10^{11}～10^{12} cm/cm^3。此时，强度、硬度大为提高，而韧性却下降，即“加工硬化”现象。生产上对不易用热处理强化的金属如低碳钢、纯铁、Cr-Ni不锈钢、紫铜等可用冷轧、拔、挤等工艺来达到强化效果，而对可用热处理强化处理的钢，则采用相变的办法，如淬火，使组织中“位错”增殖，达到强化效果。

2.8 韧 化

复合材料的韧化有两种机理：①过程区域机理，包括相变韧化、微裂纹韧化、孪晶韧化等；②桥接区域机理，包括弥散韧化、晶须韧化、纤维韧化等。

各类材料的韧性与结构参量间的关系具有共性，存在如下四项措施：

(1) 细化，即细化晶粒或各种显微组织。

(2) 纯化，即尽量降低材料中有害杂质的含量。

(3) 球化，即球化脆性第二相粒子，减少应力集中系数。

(4) 复化，即引入韧性较好的不连续组元，对裂纹扩展可以起到如下一些有益的作用：①裂纹遇到韧性相，由于韧性相不易解理断裂，而塑性变形又要消耗较大能量，因而阻止了裂纹扩展，提高韧性；②裂纹遇到韧性相，由于直接前进受阻，被迫转向，消耗能量，提高韧性；③复合结构，如多层板，可以使各层在平面应力下工作，从而提高韧性。

经过科技工作者的不懈努力，复合材料的韧化研究取得了显著的进展。采用机械合金化和热压技术制备了 Ni 粉韧化的 $NbCr_2$ 金属间化合物，Ni 的加入能明显增韧 $NbCr_2$ 基体，增韧机制包括固溶韧化、细晶韧化、裂纹偏转、裂纹桥联、微裂纹增韧等[23]；在 ZrO_2 增韧 WC 复合材料中，VC 和 Cr_2C_3 的加入不仅延缓了 ZrO_2-WC 复合材料的致密进程，同时也显著抑制了 WC 晶粒和 ZrO_2 颗粒的长大，可获得高达 $11MPa \cdot m^{1/2}$ 的断裂韧性[24]；通过注射成型工艺制备了氧化锆增韧氧化铝部件，用两步脂脂法来脱除压坯中的黏结剂，且 1600℃烧结时性能最佳[25]。

2.8.1 相变韧化

氧化锆增韧陶瓷的制得是利用陶瓷基体内弥散的亚稳四方氧化锆(t-ZrO_2)粒子在受到外力作用时转变为单斜氧化锆(m-ZrO_2)，吸收了能量从而提高陶瓷的韧性。这类陶瓷有两类：①ZrO_2基陶瓷，如部分稳定氧化锆(PSZ，立方氧化锆(c-ZrO_2)基体＋四方氧化锆(t-ZrO_2)粒子)，四方氧化锆多晶体(TZP，全部由四方氧化锆细晶粒组成)；②其他陶瓷基的陶瓷，如 ZrO_2增韧的 α-Al_2O_3 陶瓷等。应力诱导相变增韧是 t-ZrO_2 的主要韧化机理，主要是利用陶瓷基体内弥散的亚稳四方氧化锆(t-ZrO_2)粒子在受到外力作用时转变为单斜氧化锆(m-ZrO_2)，吸收了能量，从而提高了陶瓷的韧性。

ZrO_2 熔点为 2715℃，具有高强度、高膨胀系数、低热导率、高断裂韧性。ZrO_2 有三种晶型，即单斜、四方与立方结构，见表 2-12。

表 2-12　ZrO_2 的物理性质

晶型	单斜型(m-ZrO_2)	四方型(t-ZrO_2)	等轴(立方)型(c-ZrO_2)
晶系	单斜	四方	等轴
转变温度	$m\text{-}ZrO_2 \underset{850\sim1000℃}{\overset{1170℃}{\rightleftharpoons}} t\text{-}ZrO_2$		$t\text{-}ZrO_2 \overset{2370℃}{\rightleftharpoons} c\text{-}ZrO_2$
热膨胀系数	20～1080℃		
α/℃$^{-1}$	8.0×10^{-6}		
密度/(g/cm^3)	5.68	6.10	6.27
晶格常数	a=0.5194nm b=0.5266nm c=0.5308nm β=80°48′	a=0.507nm c=0.516nm c/a=1.017	

ZrO_2 单斜晶与四方晶相变特点包括：①相变伴有体积变化，加热时，ZrO_2 单斜晶转变为四方晶，伴有 3.25％的体积收缩；冷却时，四方晶又转变为单斜晶，伴有 5％的体积膨胀，如图 2-34 所示。②相变过程不在特定温度下而是在一个温度范围内进行；相变呈温度滞后性，正向转化开始于 1170℃，反向转化开始于 1000～850℃。③相变快速进行，比裂纹扩展速度快 2～3 倍。④相变无需扩散过程。

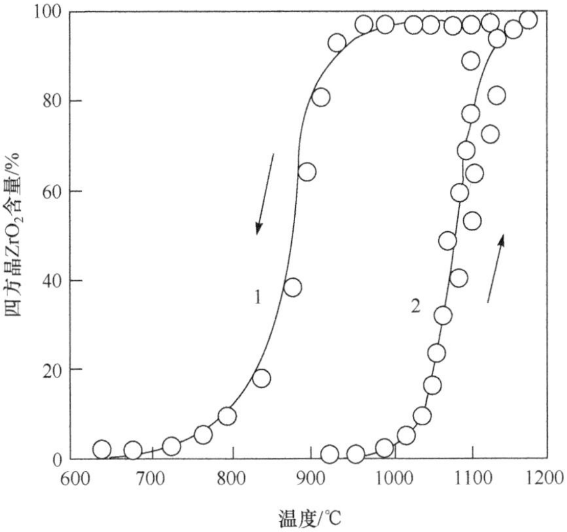

图 2-34　ZrO_2 单斜晶向四方晶的转变

1-加热；2-冷却

氧化锆增韧特性的基本原理是：四方相氧化锆受外场(温度和应力)的影响，从四方结构向单斜结构转变时产生体积效应，吸收能量，抑制裂纹的扩展与延伸，此变化称为马氏体转变，起着增韧作用。氧化锆相变分为烧结冷却过程中相变和使用过程中相变，前者是温度诱导，后者是应力诱导。

一般认为，单个 ZrO_2 晶体，自由实现 t-ZrO_2 向 m-ZrO_2 的转变，产生的是无约束状态下的相转变。实际上，含有基体的氧化锆复合体在 t-ZrO_2 向 m-ZrO_2 的转变过程中伴随着体积膨胀，转变将受到基体的抑制，这时发生的是约束状态下的转变。分散于陶瓷基体内的四方 ZrO_2 相颗粒（由 Y_2O_3 等稳定剂进行部分稳定），从高温向低温变化，当温度低于 1000℃时，由于陶瓷基体的约束，不会发生四方相向单斜相的相变，四方 ZrO_2 相颗粒以亚稳态的形式存在于室温，当陶瓷基体受外力的作用，解除了对四方 ZrO_2 相颗粒的约束，四方 ZrO_2 相颗粒就发生相变，此时转变称为应力诱导相变。相变颗粒的剪切应力和体积膨胀对基体产生压应力，使裂纹停止延伸，以致需要更大的能量才使主裂纹扩展，即在裂纹尖端应力场作用下，ZrO_2 粒子发生四方相向单斜相的转变而吸收了能量，降低裂纹尖端的应力场强度，提高断裂韧性。应力诱导相变韧化对复合陶瓷断裂韧性的贡献，正比于 t-ZrO_2 体积分数的平方根。

2.8.2 弥散韧化

c-ZrO_2/β''-Al_2O_3 和 t-ZrO_2/β''-Al_2O_3 复合陶瓷的断裂韧性和强度随 ZrO_2 体积分数的变化列于表 2-13 中。在 c-ZrO_2/β''-Al_2O_3 和 t-ZrO_2/β''-Al_2O_3 陶瓷中，强度的提高是由 K_{IC} 提高的结果。c-ZrO_2 并没有 t-ZrO_2 的相变韧化作用，它之所以能提高 β''-Al_2O_3 的 K_{IC} 和强度是弥散韧化的作用所致。

表 2-13　c-ZrO_2/β''-Al_2O_3 和 t-ZrO_2/β''-Al_2O_3 的断裂韧性和强度

ZrO_2 的体积分数/%	K_{IC}/(MPa·$m^{1/2}$)			σ_{bb}/MPa		
	β''-Al_2O_3	c-ZrO_2/β''-Al_2O_3	t-ZrO_2/β''-Al_2O_3	β''-Al_2O_3	c-ZrO_2/β''-Al_2O_3	t-ZrO_2/β''-Al_2O_3
0	2.28			225		
5		2.44	2.96		280	310
10		2.62	3.44		280	330
15		2.82	4.10		290	360
20		—	4.35		—	395

在复合陶瓷中，当裂纹遇到第二相粒子时会避开粒子而偏转，在弥散粒子之间走“之”字，裂纹形状和长度的改变、新的断裂表面的形成都会吸收能量，从而提高材料的韧性。裂纹遇到圆柱状弥散粒子时发生偏转而走“之”字的示意图如图 2-35 所示。

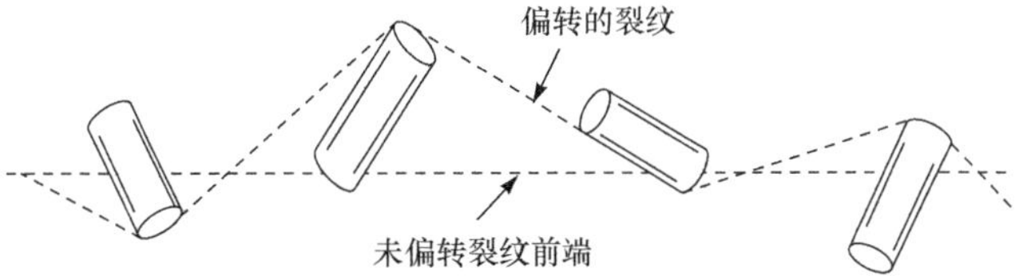

图 2-35　裂纹遇到第二相圆柱粒子发生偏转的情形

第二相粒子的弥散韧化对复合陶瓷 K_{IC} 的贡献可用式(2-25)表示：

$$\Delta K_1 \approx \frac{E V_f e^T \sqrt{\lambda}}{1-2\nu} \tag{2-25}$$

式中，E 为粒子的弹性模量；V_f 为粒子的体积分数；$e^T = \frac{\Delta V}{V}$ 为粒子的应变，其中 V 和 ΔV 分别为体积和体积变化；λ 为粒子间距；ν 为泊松比。

即第二相粒子弥散韧化对复合陶瓷 K_{IC} 的贡献正比于粒子的 E、V_f、e^T 和 λ 的平方根，那么可写为

$$K_{IC} = K_0 + \Delta K_1 \tag{2-26}$$

式中，K_0 为陶瓷基体的断裂韧性；ΔK_1 为弥散韧化对 K_{IC} 的贡献。

如果复合陶瓷体系中同时有弥散韧化和相变韧化作用，则

$$K_{IC} = K_0 + \Delta K_1 + \Delta K_2 \tag{2-27}$$

式中，ΔK_2 为相变韧化对 K_{IC} 的贡献。

c-ZrO_2/β''-Al_2O_3 的断裂韧性和强度见表 2-13 中所列数据。c-ZrO_2 能提高 β''-Al_2O_3 的断裂韧性 K_{IC} 和强度，便是弥散韧化和弥散强化的结果。

2.8.3　微裂纹韧化

需要指出的是，部分稳定 t-ZrO_2 在相变增韧过程中还伴随相变发生体积膨胀行为，由于体积膨胀，复合材料内部产生许多小于临界尺寸的微裂纹，一方面，这些微裂纹的产生吸收了部分能量；另一方面，微裂纹的萌生钝化了主裂纹的前端，使裂纹扩展变得难度更大，从而提高了韧性。也就是说，伴随 t-ZrO_2 相变增韧的同时还存在微裂纹增韧。

2.9　展　　望

随着国防工业、航空航天工业、国民经济等的快速发展，粉末冶金材料因其制备手段特殊、性能优异而得到广泛应用，开发新的制备工艺、提供更高性能的材料、开辟新的应用领域是粉末冶金材料发展的关键，强韧化在其中起着非常重要的作

用。以粉末冶金材料中最典型的难熔金属钨、钼材料为例，钨、钼都属于体心立方金属，容易产生脆性断裂。同时，钨、钼对缺口十分敏感，特别是钨具有高的塑性-脆性转变温度，使钨比钼表现更明显的脆性。脆性又与断裂紧密相关，如何提高钨、钼等难熔金属的韧性，克服脆性断裂是一个非常重要的问题。开展粉末冶金材料的强韧化方法及其机理研究，包括固溶强化、细晶强化、形变强化、热处理强化、弥散强化、颗粒强化、纤维强化、相变韧化和弥散韧化等，对于从方法和理论上引导粉末冶金材料的研究和开发，具有十分重要的指导意义。

思　考　题

1. 试分析为什么粉末冶金材料一般都具有细晶特征？粉末冶金材料为何具有细晶强化、细晶增韧及改善塑性的特点？

2. 粉末冶金材料增强与增韧的机理分别是什么？弥散增强和弥散增韧有什么异同？请分别举例说明。

3. 如何同时提高钨丝的强度和韧性？请阐述相应的强化和韧化机理。

4. Fe-Cr-Al 电热材料，以前都是采用熔炼、铸造、拉丝的方法制备，经常出现没用多久就会断裂的情况，原因是什么？怎么解决？

5. 室温、高温（超过再结晶温度）下，弥散强化的机理有什么不同？

6. 颗粒强化和弥散强化的异同是什么？

参 考 文 献

[1] 黄培云. 粉末冶金原理[M]. 2 版. 北京：冶金工业出版社，2008.

[2] Chang Q, Chen D L, Ru H Q, et al. Toughening mechanism in iron-containing hydroxyapatite/titanium composites[J]. Biomaterials, 2010, 31(7): 1493-1501.

[3] 黄伯云，易健宏. 现代粉末冶金材料和技术发展现状（一）[J]. 上海金属，2007, 29(3): 1-7.

[4] 吴建全. 高强韧铁基粉末冶金材料的合金化及工艺研究[D]. 南京：东南大学，2012.

[5] 刘世民，黄伯云，曾德麟，等. 合金化方法对铁基粉末材料性能的影响[J]. 粉末冶金工业，2002, 12(6): 26-29.

[6] 章林，李志友，周科朝，等. 元素粉末预合金化对烧结合金钢组织和性能的影响[J]. 粉末冶金材料科学与工程，2005, 10(4): 225-230.

[7] 崔明铎. 工程材料及其热处理[M]. 北京：机械工业出版社，2009.

[8] 丁厚福，李吉泉，郑治祥. 铁基粉末冶金材料的热处理[J]. 国外金属热处理，2002, 23(3): 39-41.

[9] 贾成厂，尹法章，胡本芙，等. 热处理制度对粉末高温合金性能的影响[J]. 粉末冶金材料科学与工程，2006, 11(3): 176-179.

[10] 梁宝岩，王明智，王蕾. 机械合金化＋热处理制备 Ti_3AlC_2 材料[J]. 粉末冶金材料科学与工

程,2012,17(3):327-332.

[11] 高海燕,曹顺华.机械活化-反应热处理制备纳米晶 WC-Co 复合粉末[J].粉末冶金材料科学与工程,2004,9(1):60-64.

[12] 李刚,朱德贵,黄庆奕,等.热处理对粉末冶金铝铜合金组织性能的影响[J].材料热处理学报,2011,32(6):63-67.

[13] 曹先杰,李娜娜.内氧化工艺对弥散强化铜中 Al_2O_3 质点特性和粉末显微硬度的影响[J].粉末冶金材料科学与工程,2002,7(2):144-148.

[14] 温玉仁,刘咏,刘东华,等.纳米氧化物弥散强化铁素体合金的制备[J].粉末冶金材料科学与工程,2010,15(1):74-78.

[15] 刘芳,周科朝,李志友.新型碳化物颗粒增强铁基粉末冶金材料的组织与性能[J].机械工程材料,2012,(5):18-21.

[16] 周海滨,姚萍屏,肖叶龙,等. SiC 颗粒强化铜基粉末冶金摩擦材料的表面形貌特征及磨损机理[J].中国有色金属学报,2014,(9):2272-2279.

[17] 林文松,李元元.颗粒强化钢铁基复合材料的研究现状与展望[J].粉末冶金工业,2001,11(5):25-29.

[18] 向兆兵,聂俊辉,魏少华,等.增强颗粒与基体适配性对颗粒增强铝基复合材料强化机理的影响[J].材料研究学报,2015,29(10):744-750.

[19] 卢雪峰.原位生长纳米纤维改性 C/C 复合材料的微观结构及性能研究[D].长沙:中南大学,2012.

[20] 张文兴,柴东朗,郗雨林,等. Al-Mg 系自生纤维增强铝基复合材料组织与性能[J].稀有金属材料与工程,2007,36(3):521-524.

[21] 柳公器,周宏明,肖来荣,等. Si_3N_4 颗粒和纳米 SiC 晶须强韧化 $MoSi_2$ 基复合材料[J].材料科学与工程学报,2009,(3):407-411.

[22] 韩凤麟.金属粉末热挤压[J].粉末冶金工业,2008,18(5):40-47.

[23] Nie X, Lu S, Wang K L, et al. Fabrication and toughening of NbCr 2 matrix composites alloyed with Ni obtained by powder metallurgy[J]. Materials Science and Engineering: A, 2009,502(1):85-90.

[24] Zheng D, Li X, Li Y, et al. Zirconia-toughened WC with/without VC and Cr_3C_2 [J]. Ceramics International,2014,40(1):2011-2016.

[25] Ani S M, Muchtar A, Muhamad N, et al. Fabrication of zirconia-toughened alumina parts by powder injection molding process: Optimized processing parameters[J]. Ceramics International,2014,40(1):273-280.

第 3 章　铁基粉末冶金结构材料

粉末冶金技术是一项能制造复杂形状零件且节材、省能、省工的机械结构零件制造技术，非常适合于大批量生产。粉末冶金结构材料是用粉末冶金方法制造的具有一定尺寸精度并能承受打击、拉伸、压缩、扭曲等载荷的材料，又称烧结结构材料。我国 2013 年粉末冶金结构零件的产量已达到 20 万 t。粉末冶金结构材料的制造工艺流程如图 3-1 所示。

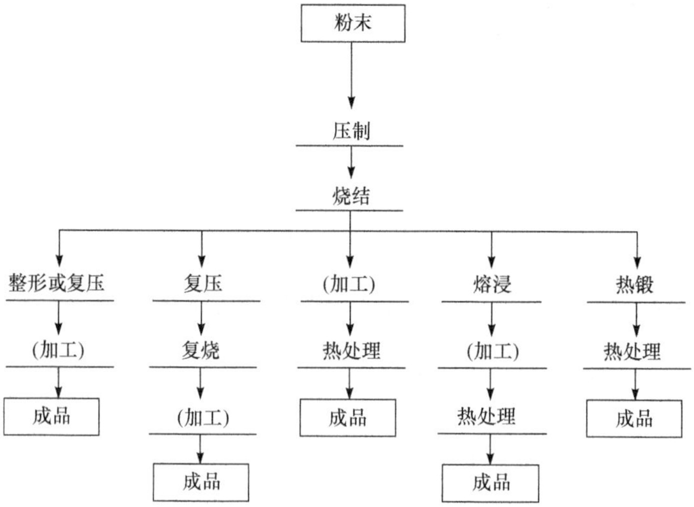

图 3-1　粉末冶金结构材料的制造工艺流程

汽车用粉末冶金结构材料和汽车工业是同步发展的。采用粉末冶金技术制造零部件具有节材、节能、降低油耗、保护环境、降低成本、增强竞争力等优点。目前，汽车工业中使用的粉末冶金材料已超过 1000 种。图 3-2 显示出轿车中使用的 117 种典型粉末冶金结构材料零件。每辆汽车中使用的粉末冶金零件数量在一定程度上反映了一个国家科学技术的发展水平。汽车工业中使用的粉末冶金零件的数量一直在随着科学技术的发展而增加。因此，粉末冶金汽车零件的市场一直在不断扩大。2005 年，我国每辆轿车平均使用粉末冶金件仅为 4kg，我国著名的轿车合资企业，如上海大众、上海通用、一汽大众等，应用粉末冶金零件总质量也仅在 6kg 左右；而美国每辆为 17.7kg，欧洲每辆为 8.3kg，日本每辆为 7.3kg[1]。由于汽车工业使用的粉末冶金零件要求精度高，技术难度大，我国与美国、欧洲、日本的汽车用粉末冶金零件相比仍有一定差距。为赶超国际先进水平，在国际竞争环境下占领市场，我国还需付出巨大努力。

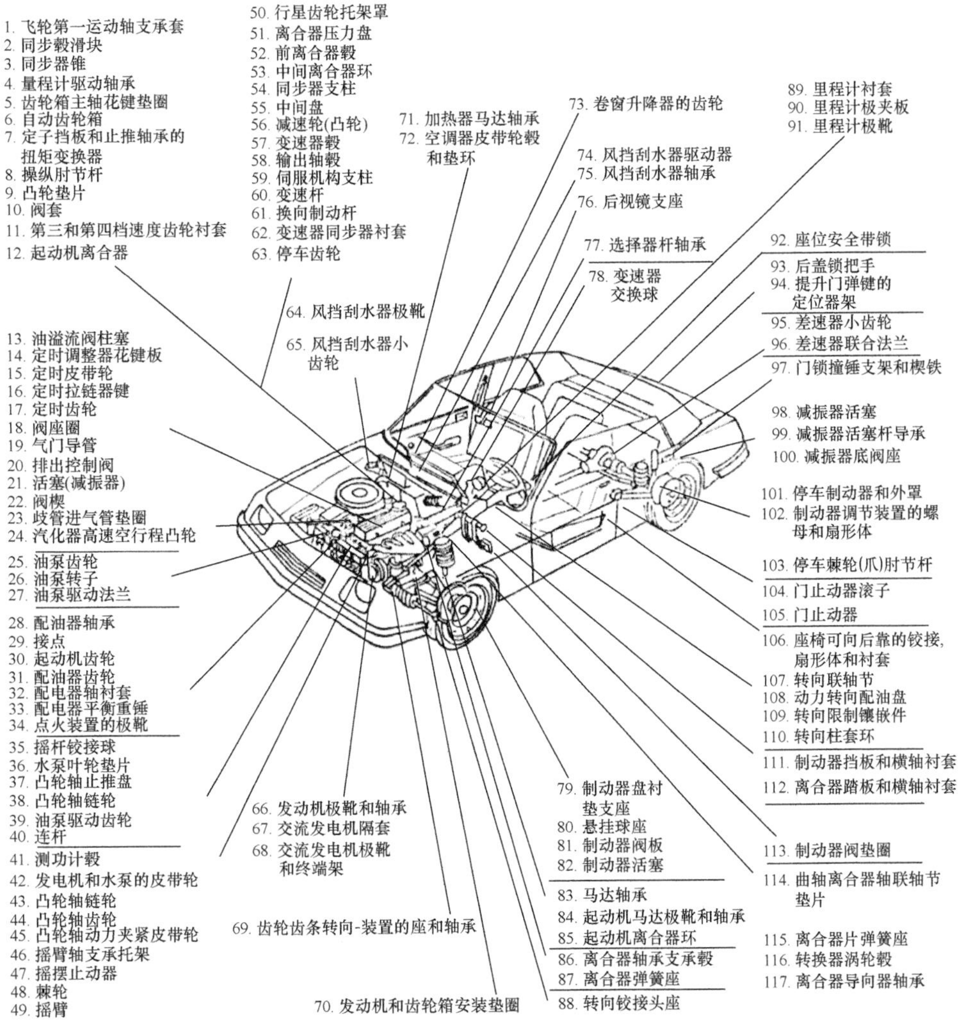

图 3-2 轿车中使用的典型粉末冶金零件举例

粉末冶金结构材料包括铁基、铜基、钛基、铝基等。汽车工业中绝大多数结构零件都属于铁基，包括齿轮、连杆、轴承、套圈等[2,3]。例如，粉末锻造发动机连杆是铁基粉末冶金结构零件中最有代表性的产品，它采用铁基高合金经热加工使部件致密化，提高了机械强度。而且，由于粉末冶金材料特有的细晶组织，具有抵制裂纹扩展的能力，可以提高部件工作的疲劳强度，因此其比强度比锻造合金钢连杆的提高 10%，从而减轻了汽车质量并降低了油耗。铁基粉末冶金制品因其量大面广、少无切削和绿色加工工艺而具有独特的性能和成本优势，被广泛应用于汽车工业、工程机械、电动工具、家用电器等领域，在铁基、铜基、钛基、铝基等粉末冶金结构材料的应用中独占鳌头，因此，本章主要讲述铁基粉末冶金结构材料。

3.1 机械结构零部件制造方法比较

一般来讲，机械零件是机械的最小构成单位，它们都被赋予一定功能。首先，要在它们和其他零件之间进行组合与协调，因此，它们都具有一定的形状、大小、尺寸精度及形位公差；其次，必须具有零件使用功能所要求的能充分承受反复打击、回转、弯曲、滑动等作用的材料特性。

近年来，不但要求机械零件特别是汽车零件质量要轻、性能要高，而且生产成本还要低。因此，对于机械结构零件生产，少、无切削加工与高精度就变得十分重要。总之，对于像汽车零件之类的机械零件，鉴于汽车生产批量大和质量一直都在改进，对它们的制造方法必须不断地进行选择和综合设计。

对于生产小型机械结构零件，广泛采用的制造方法是精密铸造和粉末冶金等。据不完全统计，用粉末冶金法制造的汽车零件累计已超过 1000 种，包括粉末冶金进、排气门座，同步器锥环，曲轴延时齿轮，机油泵主、从动齿轮，减震器零件，钢背双金属轴承，粉末锻造连杆，粉末冶金凸轮轴等[4]。下面仅就这三种方法的优、缺点予以说明。

1. 铸造法

铸造是将金属或合金加热到高于其熔点的温度进行熔化，随后将金属或合金熔液经浇口注入用预制模型制造的铸型中，冷却后取出，切掉流道等，经切削加工制成零件成品的一种方法。在机械零件生产中采用最多的是精密铸造。粉末冶金与铸造的潜在可能性和限制性的比较见表 3-1。

表 3-1 粉末冶金与铸造的潜在可能性和限制性的比较

项目	粉末冶金	铸造(精密铸造与压铸)
原材料利用率/%	接近 99	60～80
制品质量/kg	0.1～1.0	0.1～10
成形	较简单；零件高度一般比长度和宽度小	较复杂；在零件尺寸范围内，高度、长度及宽度无限制
赢利生产的零件批量/件	10000	2000～3000
零件成品的清洁度	很清洁	可能有成形材料夹杂混入
显微组织	细	粗
表面粗糙度/μm	1～50	一般 10～30
均一性	很好	中等
生产成本	较低	较高

将金属材料高效率地制成具有所需形状与尺寸的制品的方法称为塑性加工。锻造、冲压、压力加工等皆属于塑性加工。

锻造是当对固态金属材料施加部分或全部的压力超过其屈服强度时，使之产生塑性变形的一种加工方法。因此，锻造仅适用于严格的可进行塑性加工的金属材料。锻造的自由度比铸造小，其优点是生产效率高、材质均一、材料利用率高、可借助加工硬化改善材质等。

锻造有自由锻与模锻之分。依据锻造温度，锻造可分为热锻、温锻及冷锻。主流是热模锻与冷模锻。近年来，温模锻技术发展甚快。

热锻件虽然尺寸与形状复杂程度方面较好，但因锻造温度需高达 1000℃以上，锻件表面易产生氧化等缺陷。冷锻件尺寸精度比热锻件好，但因变形抗力大，其形状复杂程度要差一些。从这些方面来看，可充分利用冷锻、热锻两者优点的温锻技术比较引人注目。表 3-2 比较了三者的优缺点。

表 3-2　钢的冷锻、温锻及热锻的比较

<table>
<tr><th colspan="2">锻造方式</th><th>冷锻</th><th colspan="2">温锻</th><th>热锻</th></tr>
<tr><td colspan="2">锻造温度</td><td>常温</td><td>150～500℃</td><td>600～800℃</td><td>1000～1250℃</td></tr>
<tr><td colspan="2">成形方式</td><td>自由锻
半闭合锻
闭合锻</td><td colspan="2">自由锻
半闭合锻
闭合锻</td><td>半闭合锻</td></tr>
<tr><td colspan="2">材料的变形抗力</td><td>大</td><td colspan="2">中</td><td>小</td></tr>
<tr><td colspan="2">材料的加工极限</td><td>有</td><td>有</td><td>无</td><td>无</td></tr>
<tr><td colspan="2">锻造应力</td><td>高</td><td>高</td><td>低</td><td>低</td></tr>
<tr><td colspan="2">锻造负荷</td><td>高</td><td colspan="2">纯锻造负荷小</td><td>高</td></tr>
<tr><td colspan="2">对材料要求的尺寸精度</td><td>高</td><td>高</td><td>低</td><td>低</td></tr>
<tr><td colspan="2">材料的预处理</td><td>退火、球化退火等</td><td colspan="2">不需要</td><td>不需要</td></tr>
<tr><td rowspan="2">润滑</td><td>材料</td><td>磷酸盐处理等</td><td colspan="2">石墨等</td><td>不需要</td></tr>
<tr><td>模具</td><td>冷却油等</td><td colspan="2">石墨等</td><td>—</td></tr>
<tr><td colspan="2">主要锻造设备</td><td>多级成形设备
肘杆式压机
油压机</td><td colspan="2">肘杆式压机
曲柄式压机
油压机</td><td>曲柄式压机
螺旋压力机
镦锻机
落锤</td></tr>
<tr><td colspan="2">成形工序数</td><td>多</td><td colspan="2">比冷锻少</td><td>少</td></tr>
<tr><td rowspan="4">制品</td><td>组织</td><td>微细</td><td colspan="2">微细，急冷组织</td><td>粗大</td></tr>
<tr><td>脱碳层</td><td>无</td><td>无</td><td>0.10～0.25mm</td><td>0.3～0.4mm</td></tr>
<tr><td>表面粗糙度</td><td>＜6s</td><td>＜10s</td><td>＜7s</td><td>＜20s</td></tr>
<tr><td>拔模斜度</td><td>0</td><td>0</td><td>＜1°</td><td>(0°～)3°～7°(～10°)</td></tr>
</table>

2. 粉末冶金法

粉末冶金结构零件生产的基本原料是金属粉末和非金属粉末，如铁粉、铜粉、石墨粉等。将基本原料粉末与添加的合金元素粉末、润滑剂等混合均匀后，即可进行成形和烧结。对于粉末冶金结构零件，在成形与烧结工序，最重要的是尺寸变化要小，或尺寸偏差要小。

烧结零件的材料密度比相应金属材料的理论密度稍低，但一般地也可进行塑性加工和切削加工。烧结零件的材料密度越高，韧性越高。而要提高铁基合金烧结零件的材料密度，必须在原料粉末、成形及烧结等工序上下工夫。

对于烧结零件，可利用压机进行整形等来矫正其形状与尺寸。烧结零件的切削加工、热处理等和普通铸锻件经切削加工制造工艺相同。

近年来，由于对粉末成形、精整、整形等用压机与模具的设计的不断改进，压机与模具正变得日益复杂和精密。模具材料系以合金钢为主体。鉴于模具寿命与强度，对模具的热处理和精加工提出的要求也越来越高。模具费用在粉末冶金结构零件的生产成本中占的比重较大，但是若能有效地运用 CAD、CAM，引入高性能的加工机床，则可降低模具的制造费用。

除常规金属材料锻造，粉末冶金锻造在汽车制造工业中日益获得了应用。无论是热锻还是冷锻，凡是以粉末压坯、预烧结坯及烧结坯等预成形坯为原料，特别是以烧结件为原料者，皆定义为粉末冶金锻造。

粉末冶金锻造将粉末冶金与锻造有机地结合，有效地利用粉末冶金的特点。自 20 世纪 60 年代后期，以美国为中心，汽车零件为对象，对这一新兴精密锻造技术积极地进行了研究与开发。到 90 年代，美国已累计生产了约 2500 万根粉末冶金热锻连杆。在这方面，福特汽车公司居于全球领先地位。福特汽车公司于 1987 年在 Escort 与 Lynx 1.9L 发动机中率先使用了粉末冶金锻造连杆。随后，在 4.6L 的 V-8 发动机中采用了较大的粉末冶金锻造连杆。

粉末冶金锻造和常规金属材料锻造法相比，具有下列特点。

(1) 精度高。由于是以尺寸精度高、质量偏差小的粉末预成形坯或烧结坯为原料，所以用闭合锻模可锻造出无飞边、精度好的粉末冶金锻件。

(2) 省料、节能。因为是无飞边、高精度锻造，所以材料利用率高，切削加工量少，从而降低生产成本。

(3) 具有熔铸材料无法获得的材料特性。由于粉末冶金锻造的初始原料是金属粉末与非金属粉末，所以就连易产生偏析的熔铸合金都可根据需要配制原料粉末，容易混合均匀，不会产生成分偏析；然后将之进行成形、烧结和锻造。

3. 其他制造方法

作为制造机械结构零件的手段，除铸造、锻造及粉末冶金法，还有其他方法，如用板材进行冲裁、弯曲、拉伸，或将管材进行弯曲、胀大、拉伸等。这些金属加工方法本质上都属于材料塑性加工，所制造零件的形状、大小都受到一定限制，自由度没有铸造、锻造及粉末冶金法大。

3.2　铁碳相图

钢(steels)和铸铁(cast irons)是现代机械制造工业中应用最广的金属结构材料，虽然品种很多，成分不一，加入各种合金元素，可以形成性能各异的合金钢，但其基本组成都是铁(Fe)和碳(C)两种元素，故统称为铁碳合金。铁碳合金主要包括如下五种相组织，其相图如图 3-3 所示。铁碳相图中 11 个重要点的说明如表 3-3 所示。

(1) 铁素体：碳在 α-Fe(体心立方结构的铁)中的间隙固溶体，简写为 F。

(2) 奥氏体：碳在 γ-Fe(面心立方结构的铁)中的间隙固溶体，简写为 A。

(3) 渗碳体：碳和铁形成的稳定化合物(Fe_3C)。

(4) 珠光体：铁素体和渗碳体组成的机械混合物($F+Fe_3C$，含碳 0.8%)，简写为 P。

(5) 莱氏体：渗碳体和奥氏体组成的机械混合物(含碳 4.3%)，简写为 L_d'。

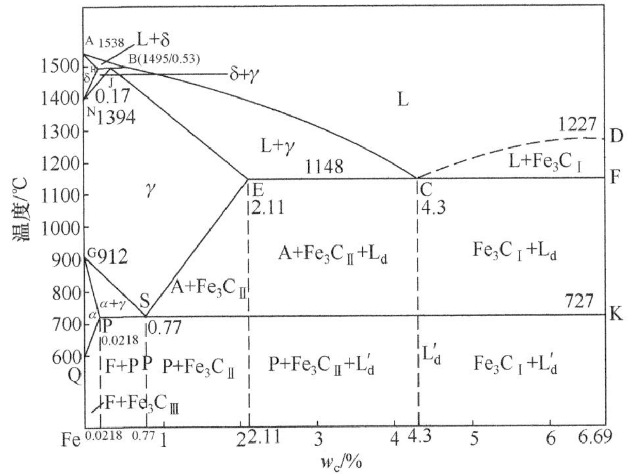

图 3-3　Fe-Fe_3C 合金相图

A、B、D、E、G、H、J、N、P、S、Q 为铁碳相图中 11 个重要点；ECF、PSK 横线为铁碳相图中重要的共晶线和共析线分析图 3-3，AECF 为固相线，若温度低于 AECF 线，则铁碳合金凝固为固体。ECF 为共晶线，若碳含量在 ECF 线投影范围（2.11%～6.69%）内，则铁碳合金在 1148℃时必然发生共晶反应，形成莱氏体。ES 为碳在奥氏体中溶解度变化线，简称 Acm。从这根线可以看出，碳在奥氏体中的最大溶解度在 1148℃时，可溶解碳 2.11%。GS 为奥氏体在冷却过程中析出铁素体起始温度线，简称 A3 线。GP 为奥氏体在冷却过程中转变为铁素体的终止温度线。PSK 为共析线，简称 A1 线。合金碳含量在 PSK 线投影范围（0.02%～6.69%）内时，奥氏体在 727℃时必然发生共析反应，形成珠光体。PQ 为碳在铁素体中溶解度变化线。从该线可以看出，碳在铁素体中最大溶解度在 727℃ 时，可溶解碳 0.0218%，在室温仅能溶解碳 0.008%。

表 3-3 铁碳相图中的重要点

点的代号	t/℃	w_c/%	说明
A	1538	0	纯铁熔点
B	1495	0.53	包晶反应时液相合金的碳质量分数
D	1227	6.69	渗碳体熔点（计算值）
E	1148	2.11	碳在 γ-Fe 中的最大溶解度
G	912	0	α-Fe↔γ-Fe 同素异构转变线（A3）
H	1495	0.09	碳在 δ-Fe 中的最大溶解度
J	1495	0.17	包晶点，$L_B+\delta_H \leftrightarrow A_J$
N	1394	0	γ-Fe↔δ-Fe 同素异构转变线（A4）
P	727	0.02	碳在 α-Fe 中的最大溶解度
S	727	0.77	共析点，$A_s \leftrightarrow F_p + Fe_3C = P$(A1)
Q	室温	0.0008	室温下，碳在 α-Fe 中的溶解度

按合金中碳质量分数和显微组织的不同，铁碳合金可分为三大类和七个典型合金。

（1）工业纯铁，即 $w_c \leqslant 0.02\%$的铁碳合金。

（2）碳素钢，是 $0.02\% < w_c \leqslant 2.11\%$的铁碳合金。按其室温下显微组织的不同又分为如下三种：共析钢，$w_c = 0.77\%$；亚共析钢，$0.02\% < w_c < 0.77\%$；过共析钢，$0.77\% < w_c \leqslant 2.11\%$。

（3）白口铸铁，是 $2.11\% < w_c < 6.69\%$的铁碳合金，按其室温下显微组织的不同可分为三种：共晶白口铸铁，$w_c = 4.3\%$；亚共晶白口铸铁，$2.11\% < w_c < 4.3\%$；过共晶白口铸铁，$4.3\% < w_c < 6.69\%$。

3.3　铁基粉末冶金结构材料提高密度的方法

要提高铁基粉末冶金结构材料的力学性能，首先应提高材料的密度，控制孔隙的大小、形状，特别是要避免出现容易导致应力集中的大孔隙和不规则孔隙。通常按密度范围将铁基粉末冶金结构材料分为四类(表 3-4)，第 1、2 类可用一般的压制烧结工艺制造，而第 3、4 类需采用提高密度的工艺制造。

表 3-4　烧结铁基粉末冶金结构材料按密度和负荷分类

密度等级	承载能力	孔隙度/%	与致密材料性能相比的相对性能	
			强度极限	塑性和冲击韧性
1	受力很小	25～16	30～45	15～30
2	轻负荷	15～10	46～65	31～45
3	中等负荷	9～2	66～90	46～85
4	重负荷	<2	91～100	86～100

常用的一次压制-烧结工艺由于受压机、模具及压坯开裂的限制，不可能得到高的压坯密度。对于高压缩性的铁粉，也只能一次压制到密度为 7.0g/cm^3，因此，常采用复压复烧、熔浸、粉末冶金锻造来制造高密度的铁基结构零件。上述工艺所能达到的密度范围见表 3-5。

表 3-5　用不同工艺制造的烧结钢的密度

生产工艺	可能达到		实际	
	密度/(g/cm^3)	孔隙度/%	密度/(g/cm^3)	孔隙度/%
一次压制-烧结	6.8～7.0	13～10	<6.8	20～13
复压复烧	7.4	6.5	7.0～7.3	10～6.5
渗铜(15%～25% Cu)	7.9	～3	7.2～7.4	11～8
粉末热锻、热复压	接近理论密度	～0	>7.5	<4

3.3.1　复压复烧

复压复烧是提高铁基粉末冶金结构材料密度最简便易行的方法。复压复烧是将混合料先在 400～500MPa 的压力下压制，于 800～950℃预烧，然后在 800～1000MPa 压力下进行复压，在 1100～1200℃烧结。表 3-6 给出了还原铁粉经复压复烧后的密度和力学性能。

表 3-6　还原铁粉复压复烧后的密度和性能

铁粉牌号	复压压力/MPa	复压密度/(g/cm^3)	抗拉强度/MPa	延伸率/%
瑞典 MH100.24	600	7.1	245	21.0
	800	7.3	260	25.5

注：一次压制压力为 400 MPa；预烧结温度为 800℃；复烧温度为 1200℃，H_2，1h。

3.3.2　熔浸

熔浸是提高铁基制品密度的一种有效方法，采用熔点比压坯或烧结组分低的金属或合金作为熔浸剂，在熔浸剂熔点或共晶点及以上温度，借熔体的流动性填充其中孔隙空间的烧结方法。

与普通液相烧结相比较，熔浸靠液相从外部直接填充空隙而实现致密化，而不是依靠本身的体积收缩。借助于多孔骨架中的毛细管缝隙吸力，将熔化的金属或合金吸入多孔骨架材料中，用这种方法可制取高密度(可接近理论密度)的铁基粉末冶金复合材料。表 3-7 列举了铁-石墨材料浸铜后的性能，由表可以看出，浸铜后各项性能均得到较大幅度提升。

表 3-7　浸铜烧结铁-石墨材料的性能

化学成分/%			密度/(g/cm^3)	抗拉强度/MPa	延伸率/%	硬度(HB)	残留孔隙度/%
Fe	Cu	C					
余量	15	0	8.02	468	8	74	2～3
		0.25	7.94	593	5	78	
		0.5	7.89	644	4	87	
		0.75	7.90	713	4	90	
		1.0	7.69	720	4	93	

注：基体为烧结铁与烧结铁-石墨材料；熔浸金属为 Cu-Fe-Mn 合金(90∶5∶5)。

3.3.3　粉末冶金热锻

粉末冶金热锻是从 20 世纪 60 年代发展起来的一种制造高强度零件的工艺。通常是把预成形坯在保护气氛下加热，然后迅速放入封闭模中进行精锻，通过强制的冲击作用将孔隙排出材料体，使材料进一步致密化。其最高相对密度可达到理论密度的 99.5%，力学性能可达到或超过同成分的普通锻钢。表 3-8 为相同材料经不同方式锻造后密度及性能的变化，说明粉末冶金锻造对提高材料密度和力学性能很有效。表 3-9 中数据表明了粉末热锻钢和普通锻钢的力学性能非常接近。

表 3-8　热处理锻件和烧结件的力学性能

过程	密度 /(g/cm³)	相对密度 /%	抗拉强度 /MPa	屈服极限 /MPa	延伸率 /%	断面收缩率/%	冲击值 /J	硬度 (HRC)	碳含量/%
烧结-锻造	7.81	99.5	860	730	20	32	3.6	30	0.50
烧结-冷锻	7.62	97.1	730	510	8	6	1.4	23	0.51
烧结-冷锻-复烧	7.74	98.6	870	620	13	18	1.6	23	0.51
热锻	7.81	99.5	790	640	20	32	3.2	—	0.44
热锻-烧结	7.81	99.5	820	550	15	28	3.3	24	0.54
冷锻-烧结	7.36	95.0	860	610	22	26	6.5	31	0.38
烧结-热处理			600	480	3.5	—	—	—	0.45

注：锻造材料为 0.64% Mn+0.34% Si+Fe；烧结热处理工艺的材料为 Fe-C 系，相对密度为 90%；热处理工艺为在碳势 0.5%的气氛中加热至 900℃，用 660℃油淬火，回火在非氧化气氛中 425℃、1h 后，水淬。

表 3-9　粉末冶金热锻钢与同成分普通锻钢的性能比较

材料	抗拉强度/MPa	延伸率/%	断面收缩率/%
Mn-Mo 钢	382	27	60
烧结锻造	402	10	8
2Ni-Mo 钢	324	20	
烧结锻造	333	23	38

3.3.4　温压

温压工艺是指采用特制的粉末加温、粉末输送和模具加热系统，将加有特殊润滑剂的预合金粉末和模具等加热至 130～150℃，并将温度波动控制在±2.5℃以内，然后和传统粉末冶金工艺一样进行压制、烧结而制得粉末冶金零件的技术，具有压坯密度高、压坯强度高、压制压力低和脱模力低等优点。在相同压制压力下，温压工艺压制的生坯密度比传统方法高 0.13～0.25g/cm³，可达 7.4g/cm³，烧结密度高达 7.6g/cm³。与传统模压工艺相比，采用温压工艺制造的零件的疲劳强度可提高 10%～40%，极限抗拉强度提高 10%，烧结态极限抗拉强度≥1200MPa，表面光洁度好。对于获得相同密度的零件，温压工艺的压制压力至少降低 140MPa，脱模力降低 40MPa，这都有利于提高模具寿命和制取形状复杂、面积大的产品。

3.4　烧结碳钢

烧结碳钢的抗拉强度高达 700MPa，硬度与耐磨性都比铁基材料有所提高。通过热处理与表面硬化处理还可以进一步提高力学性能，适合制作齿轮等机械零件。烧结碳钢的制法与烧结铁基本相同。烧结零件的尺寸变化及控制对其生产过程及成本至关重要，烧结钢零件生产过程尺寸变化影响因素的综合协调有助于有效控制其尺寸变化[5]。把铁粉与石墨的混合料经 700～1500MPa 的压力冷压成形后，于 1100～1400℃保温 1～4h 进行烧结。烧结过程中，石墨充分扩散。一般以煤气作为保护气氛，并正确控制炉内气氛的碳势，以防止产生严重脱碳或增碳现象。烧结的碳钢材料中，随碳含量的不同，其组织与性能也不相同(显微组织中出现的珠光体量不相同)。图 3-4 和图 3-5 分别为烧结的碳钢中不同化合碳量对抗拉强度与抗弯强度的影响。碳的强化作用主要通过碳溶入铁形成间隙式固溶体以及与铁生成 Fe_3C 金属化合物而改变材料的显微组织。如图 3-4 所示，和致密钢一样，随碳含量增加，烧结碳钢组织中的珠光体数量随之增加，抗拉强度和抗弯强度增加，但延伸率、断面收缩率等塑性指标降低。抗弯强度在化合碳含量为 0.85%时达最大值(图 3-5)。

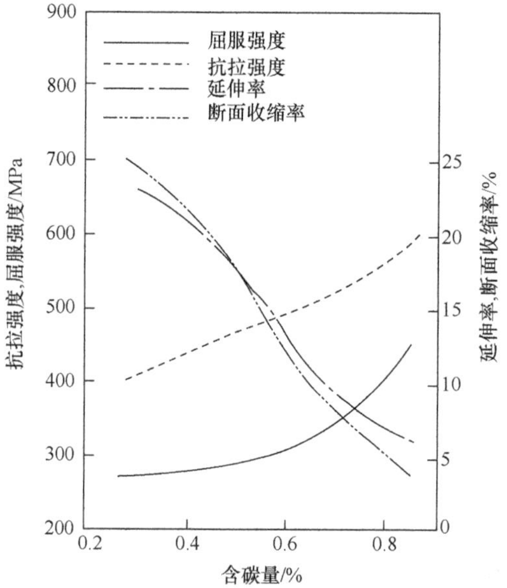

图 3-4 烧结碳钢的抗拉强度与烧结后碳含量的关系

影响烧结碳钢力学性能的因素中，密度和碳含量是最为重要的，同时，也与烧结工艺如烧结温度、烧结时间、烧结气氛等有关。碳含量是影响烧结碳钢性能最重要的因素，由于孔隙存在，烧结碳钢比普通致密钢性能略低，但碳含量影响其力学性能的趋势一致。

烧结时化合碳的控制是非常重要的。化合碳的控制，除了石墨粉的质量和添加量，还与铁粉质量、烧结气氛、烧结温度、烧结时间等密切相关。因此，计算石墨加入量应充分考虑碳与铁粉中氧化物以及与烧结气氛反应所引起的损失问题。

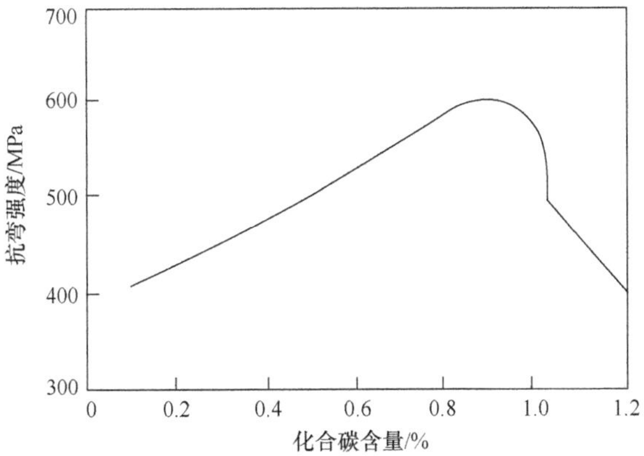

图 3-5　烧结碳钢的抗弯强度与化合碳含量的关系

(1) 石墨加入量：在烧结时碳的损耗一般有 10%～20%，需根据粉末含氧量和烧结气氛来考虑损耗，调整石墨加入量。

(2) 铁粉的氧含量：要求铁粉中的可还原氧含量必须低和稳定。

(3) 烧结气氛：在烧结温度下，压坯中的石墨溶入铁中形成碳在 γ-Fe 中的固溶体即奥氏体。烧结气氛不仅需要是还原性的，而且还需要同烧结材料的成分保持平衡，气氛既不应渗碳，也不应脱碳。Fe-C 在纯氢或分解氨中烧结会导致脱碳。如果氢或分解氨足够干燥，注意在烧结炉中保持足够低的露点，Fe-C 可以在氢或分解氨中烧结，在通常的烧结时间内只有微量脱碳。对于含碳材料(如烧结碳钢)，气氛中的 H_2、CO_2、H_2O 是脱碳性的，CO 和 CH_4 是渗碳性的，在目前应用的四大类烧结气氛 H_2、H_2+N_2、天然气(主要成分为 CH_4)、煤气(主要成分为 CO)中，前两者为脱碳性气氛，后两者为渗碳性气氛。当气氛与碳含量一定的烧结材料在某种温度下维持平衡(不脱碳也不渗碳)时，碳势可控制，又称可控碳势气氛。

(4) 烧结温度：烧结温度对 Fe-C 烧结后的化合碳也有影响。材料为铁-1.0%石墨，密度为 6.2g/cm^3，在分解氨中烧结保温时间 1h。如图 3-6 所示，当烧结温度低于 850℃时，石墨基本上不溶入铁中，全部以游离石墨形式存在。当烧结温度提高到 1000℃时，石墨绝大部分可溶入铁中。因此，选择烧结温度与配碳量有关。配碳量在 1.2%以上时，烧结温度可低于 1100℃；配碳量在 1.2%以下时，烧结温度可高于 1100℃。

(5) 烧结时间：烧结时间对 Fe-C 烧结后碳含量的影响如图 3-7 所示，烧结温度为 1050℃。图 3-7 表明，在适当的温度下，碳向铁中的扩散进行得很快，10～20min 就可完全溶入铁中。

烧结碳钢的力学性能还与回火温度有关，如图 3-8 所示，随回火温度升高，抗拉强度、屈服强度、硬度下降，延伸率、冲击能提高，且回火温度对力学性能的影响规律与成分相近的普通锻钢相似。

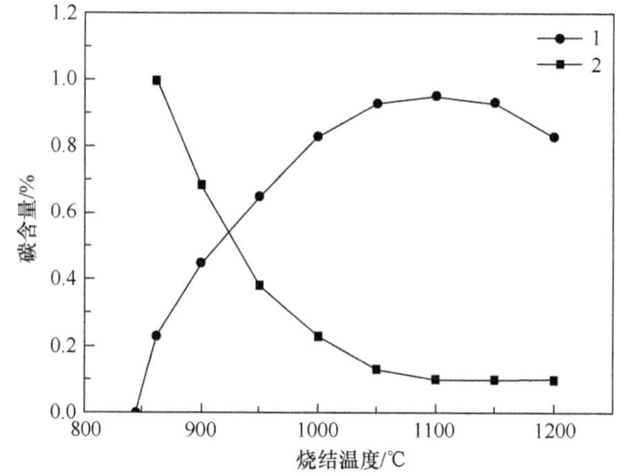

图 3-6　烧结温度对 Fe-C 烧结后碳含量的影响

1-3%石墨；2-1.5%石墨

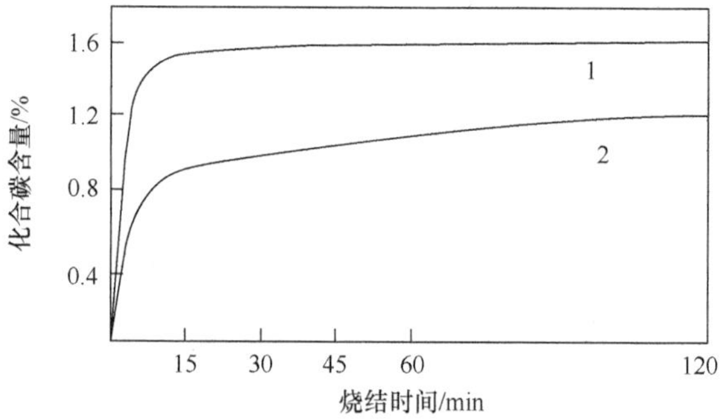

图 3-7　烧结时间对 Fe-C 烧结后碳含量的影响

1-3%石墨；2-1.5%石墨

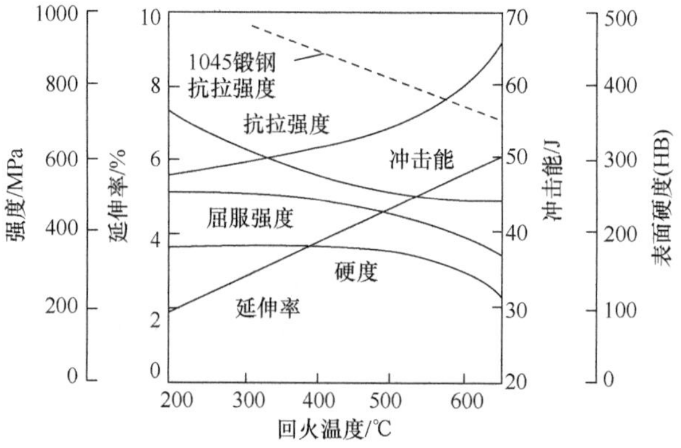

图 3-8　回火温度对淬火回火烧结钢力学性能的影响

烧结碳钢化合碳 0.45%，平均密度 7.4g/cm³，870℃淬火在烧结碳钢中，碳促进材料烧结进程的贡献包括：①碳在铁中的扩散速度快，带动碳钢烧结活性的提高，促进烧结；②碳在铁中的溶解度大，能使铁的烧结温度降低，促进烧结；③碳的存在，使 CO 气体必然产生，CO 气体能还原铁颗粒表面层的氧化膜，使铁颗粒表面活化原子增多，从而使烧结得到活化，促进了烧结体的收缩。

3.5 铁-铜系材料

近年来对粉末冶金结构材料的强度与韧性要求越来越高。加入合金元素是一种行之有效的强化手段[6]。采用烧结-大容渗和后续热处理工艺制备了 Co-Cr-Mo-Si 系铁基粉末冶金材料，随着渗钢量的增多，合金元素扩散程度提高，材料孔隙度减少，界面结合状况改变，碳化物弥散分布程度提高[7]；铜含量及密度一定时，在相同烧结和热处理条件下，随含碳量的增加，烧结铜钢试样尺寸逐渐变小，材料极限强度、屈服强度、硬度显著增加，但延伸率明显下降[8]；Cu 在低合金钢中置换时的金相模型完美地描述了其马氏体相变时的金相特征[9]。粉末合金钢材料的合金化原理与普通合金钢基本相同，但由于粉末结构件在工艺上与性能上的特点，进行合金化时应该注意下面几个问题：

(1) 合金元素加入的种类与数量应考虑到不至于过分降低粉末的压制性能。

(2) 粉末材料本身脆性比较大，合金化后不应引起脆性的明显增加。

(3) 加入的合金元素应尽量能保持组织的均匀性。凡与铁形成固溶体的元素对保持均匀性有利，溶解度越大越好，而碳化物形成则对均匀性不利。

高强度铁基粉末冶金结构材料中目前常用的合金元素有铜、镍、铬、锰、钼等。可以采用粉末混合料，也可采用预制合金的雾化粉末，基本工艺过程与铁基或碳钢粉末冶金材料相同。

铜是烧结钢中常用的合金元素，优点是在一般烧结温度(1100～1200℃)下烧结时生成液相，这有利于铜的均匀分布和合金化；铜在铁中的溶解度随温度变化较大，在 1094℃时，铜在 γ-Fe 中的溶解度为 7.5～8.5%，835℃时约为 3.5%，而在室温下铜在铁中的溶解度只有 0.2%。可利用铜溶解度随温度变化对烧结铜钢进行时效强化处理。

3.5.1 铁-铜-碳系材料——烧结铜钢

铁-铜-碳(Fe-Cu-C)系材料是在 Fe-C 材料的基础上加入合金元素 Cu，充分利用了铜的液相流动促进 Fe-Cu-C 系材料烧结和铜原子的沉淀强化作用，是 Fe-Cu 合金中最具代表性的材料体系。

在混合粉制取烧结铜钢时，铜以电解铜粉形式加入混合料中，烧结温度控制在铜的熔点以上。例如，铁粉、电解铜粉和石墨粉混合料在 450MPa 压力下压制，在 H_2 中，

1350℃烧结 1h 的烧结铜钢，铜和石墨加入量都会对 Fe-Cu-C 系材料性能产生影响。

1. 铜和石墨加入量及工艺条件对 Fe-Cu-C 系材料性能的影响

在烧结 Fe-Cu-C 系材料中，由图 3-9 可以看出，碳与铜同时影响材料的抗拉强度，图中一系列的等强度线表示铜和碳含量对强度的影响，甚至出现了封闭的等强度线。如在 7%～8%Cu 及 1.4%～1.6%C 范围内，抗拉强度最高值可达 380MPa。从图 3-10 中的等硬度线可以看到，Fe-Cu-C 系的硬度主要受碳含量的

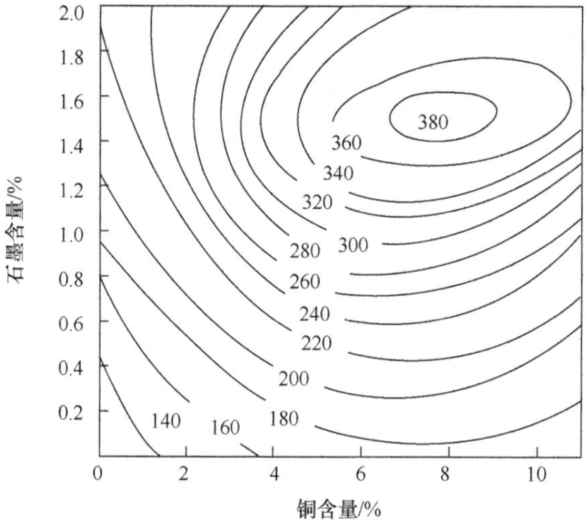

图 3-9 烧结 Fe-Cu-C 系抗拉强度与铜和石墨加入量的关系(曲线上数字表示抗拉强度)

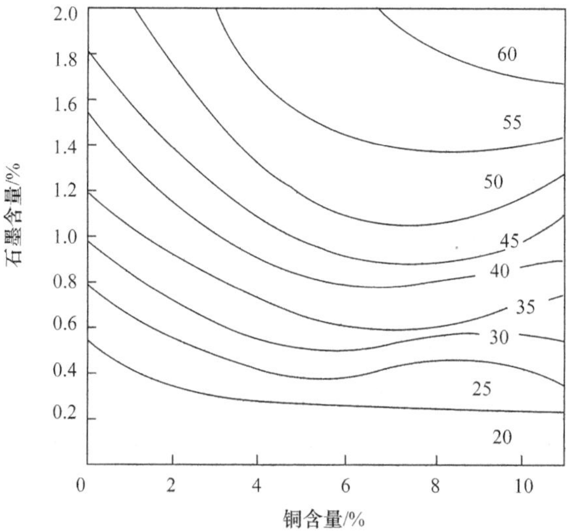

图 3-10 烧结 Fe-Cu-C 系硬度与铜和石墨加入量的关系(曲线上数字表示硬度 HRB)

影响，特别是当碳含量小于 1.0%时，铜含量对硬度的影响较小。表 3-10 列出了不同铜加入量、压制压力和烧结温度对 Fe-Cu-C 系性能的影响，表中数据表明，铜加入量高、压制压力大、烧结温度越高时，则抗拉强度越高。

表 3-10　铜加入量和工艺条件对 Fe-Cu-C 系材料性能的影响

铜加入量	1%C+2.5%Cu						1%C+7.5%Cu					
压制压力/MPa	200		400		650		200		400		650	
烧结温度/℃(H_2中1h)	1150	1250	1150	1250	1150	1250	1150	1250	1150	1250	1150	1250
密度/(g/cm^3)	5.50	5.60	6.26	6.34	6.26	6.70	5.49	5.57	6.08	6.08	6.61	6.64
抗拉强度/MPa	190	265	345	425	445	520	270	350	380	550	580	660
延伸率/%	0.5	0.5	0.8	0.9	0.8	1.2	0.4	0.6	0.5	0.6	0.4	0.6
烧结尺寸变化/%	−0.43	−1.28	−0.37	−1.02	−0.28	−0.8	−0.06	−0.85	+0.45	−0.52	+0.18	−0.27

2. Fe-Cu-C 烧结材料的尺寸控制

如图 3-11 所示，铜的加入对制品烧结后的尺寸变化有很大影响。由图 3-11 可知，当铜含量约为 8%时，烧结后的膨胀最大。当铜含量超过 10%时，便出现收缩。加入石墨可以控制 Fe-Cu-C 系烧结后尺寸的变化。因为碳的存在降低 Fe-Cu 系的熔点和降低 Cu 在 γ-Fe 中的溶解度，因而增加烧结时的液相量，使膨胀减小。如果石墨与铜的配比适当，可使烧结体尺寸既不膨胀，也不收缩，达到精确控制产品尺寸的目的。这就是常说的铜的补偿收缩作用。图 3-12 中，试样于压制压力 450MPa 下成形，于 1350℃烧结 1h。当碳含量低时，随铜的加入，可使收缩减小，到加入 3%的铜时，烧结尺寸不发生变化；继续增加铜时，则出现膨胀，到铜含量为 7%～9%时，出现最大膨胀率 1.2%。如果逐渐增加石墨量，可使膨胀相应减小，当石墨增加到 1%以上时，反而产生收缩，石墨达 2%时，收缩率为 1%以上。Fe-Cu-C 系在此范围内有一个三元共晶反应，生成了较多液相，促进烧结收缩。图 3-12 中有一个成分范围相当大的烧结尺寸稳定区(尺寸变化率为±0%)，即在此成分范围内，烧结后尺寸不发生变化，或变化很小。石墨量小于 1%时，铜含量在 2%～3%就可精确控制 Fe-Cu-C 系烧结件的尺寸。

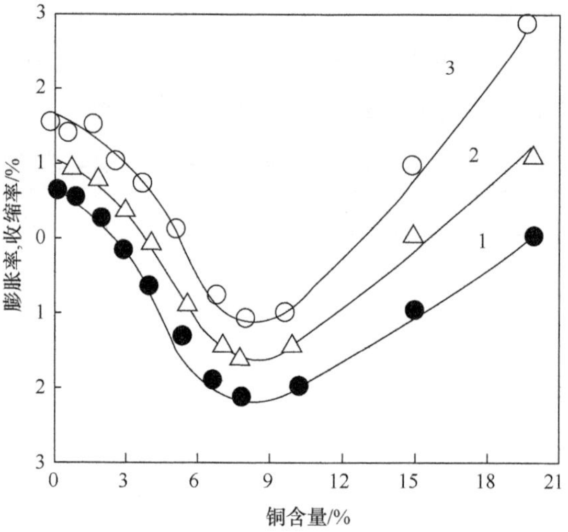

图 3-11　Fe-Cu 系烧结收缩和膨胀与浓度的关系

1-烧结 15min;2-烧结 60min;3-烧结 180min

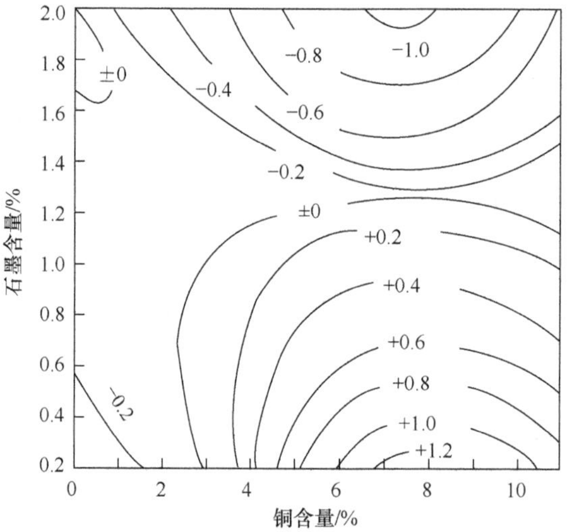

图3-12　铜和石墨加入量对 Fe-Cu-C 压坯烧结后尺寸变化的影响

试样长度 55.6mm,压制压力 450MPa,于 1350℃烧结 1h

Fe-Cu-C 系是国内外最常用的合金结构钢粉末冶金材料,铜含量一般在 8% 以下。铜在铁中有一定固溶度,并且随着温度不同而发生变化。在 1090℃时,铜在铁中溶入量为 7.5%~8.5%,而室温时为 0.2%。随着铜含量的增加,材料的抗拉强度也明显增加,这与析出铜微粒的沉淀硬化作用有关。加入铜能够显著减少烧结时的体积收缩,这对保证产品质量关系很大。在一定范围内(5%以下),铜的加入量越多，体积收缩越小，甚至有可能发生长大现象。

铜的加入会造成制品烧结尺寸膨胀，这是因为：①当铜在1083℃熔融时，液相铜将进入铁粉间的接触面将铁粉撑开，当时间延长时，铜会进入铁粉内部的晶界将铁粉分成数颗小粉，导致尺寸膨胀；②铜的原子体积大，在Fe-Cu系中形成置换固溶体时会造成晶格体积膨胀，此因素的比例较小，主要是由于液相铜撑开铁粉内部晶界导致膨胀。

加入石墨可以控制Fe-Cu材料烧结后尺寸的变化，这是因为：①石墨能降低铜液的二面角，使其穿晶效果降低，即使铜液撑开铁粉的效果降低，减少尺寸膨胀；②由于碳原子扩散速度明显高于铁原子扩散速度，碳的加入使体系原子扩散速度加剧，带来烧结活性增加，带动铁原子扩散速度加快，促进烧结体的收缩，抑制膨胀；③铜在铁中的浓度因碳浓度的增加而减小，即碳对铜向铁中的扩散有抑制作用，从而减少铜置换铁时的体积膨胀。

3. 热处理对Fe-Cu-C材料性能的影响

在研究烧结后碳含量与烧结铜钢力学性能和热处理后性能的关系时，用还原铁粉加石墨粉和5%铜粉为混合料，在压力780MPa下成形，于1100℃预烧15min，再于780MPa下复压，在1100℃烧结1h后炉冷。热处理是在830～855℃淬火，在315～425℃回火。烧结铜钢的力学性能与烧结后碳含量的关系示于图3-13中，烧结铜钢热处理后的性能与烧结后碳含量的关系示于图3-14中。烧结铜钢在烧结状态下的强度较高，这可能是由铜的沉淀强化所致。烧结铜钢热处

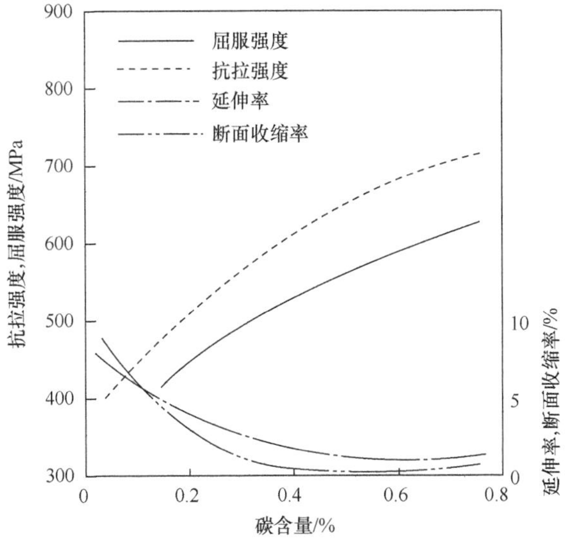

图3-13　烧结铜钢的力学性能与烧结后碳含量的关系

理后强度显著提高,但塑性变化不大。烧结铜钢在淬火回火后产生析出硬化,这也能提高烧结铜钢的抗拉强度等性能。例如,时效处理工艺为 925℃油淬,400～500℃时效 60min,当铜含量由 1.5%增加至 7.0%时,材料抗拉强度由处理前的 360MPa 增加到 430MPa,而热处理大大提高了抗拉强度,相应地由 560MPa 增加到 730MPa。

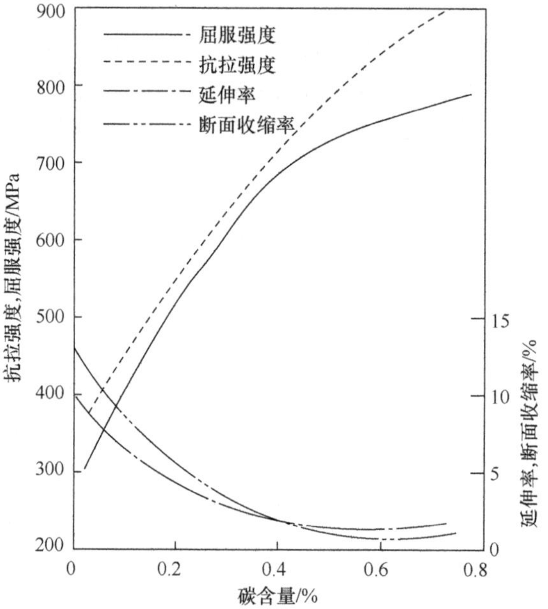

图 3-14 烧结铜钢热处理后的性能与烧结后碳含量的关系

3.5.2 其他铁-铜系材料

铁-铜系材料中除了最具典型性的 Fe-Cu-C 体系,还包括烧结 Fe-Cu 合金、烧结铜钼钢、铜钼粉末锻钢、浸铜烧结钢等。

1. 烧结 Fe-Cu 合金

铜是烧结钢中最早使用的合金元素之一,其优点是混合粉时易于加入,在一般烧结温度(1100～1200℃)下烧结时,易于生成液相,这有利于烧结初期铜的均匀分布。由 Fe-Cu 相图可知,铜在铁中的溶解度随温度变化较大。在 1094℃时,铜在 γ-Fe 中的溶解度为 7.5%～8.5%,835℃时约为 3.5%,而在室温下铜在铁中的溶度只有 0.2%。由此可知,铜对铁有一定的固溶强化作用,另外,也可利用铜在铁中的溶解度随温度的变化,对烧结铜钢进行时效强化处理。

Fe-Cu 系是烧结后期液相消失的例子。铜形成液相后,首先渗透到铁粉颗粒的间隙中和随后渗透到铁粉颗粒内的晶界，而且在原来铜粉存在的地方留下一些微孔，故烧结体出现膨胀。铜含量达到 γ-Fe 的饱和溶解度(约 8%)时，膨胀达到最高值，如图 3-11 所示，这时铜完全溶于固相骨架，形成固溶体，液相完全消失。当铜含量超过饱和溶解度之后，随铜含量的增加，收缩量又重新增大，烧结时间不同，收缩量也不同。

铜的加入量与烧结 Fe-Cu 合金抗拉强度的关系如图 3-15 所示，铜的加入量为10%左右时，抗拉强度最大。一般烧结铜钢中，铜的加入量常在 10%以下，而浸铜钢中，铜的加入量可高达 15%～25%。

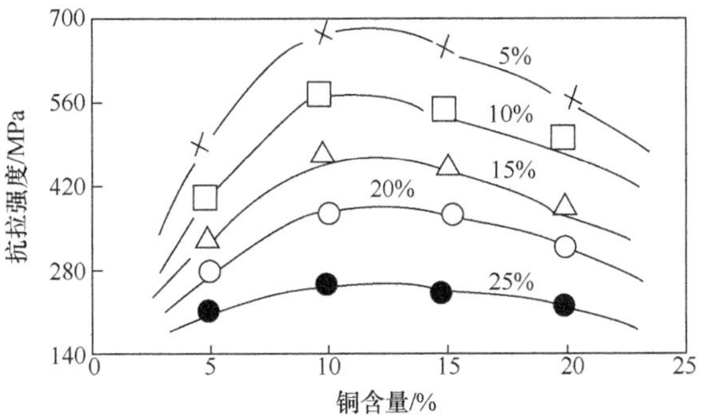

图 3-15　铜加入量与烧结 Fe-Cu 合金抗拉强度的关系

用于粉末冶金结构零件的另一类无碳成分的材料是铁粉中添加铜粉和锡粉，为了得到好的延展性，这种成分的铜与锡之比应当在 3∶1 到 9∶1 的范围内，这样，在较低温度下可形成液相。所以这种成分可在比其他铁粉混合料的烧结温度更低的温度下烧结。铁粉和 4%铜粉、1%锡粉的混合料经压制，在 950℃烧结 20min 可达到 7.0g/cm^3 的密度，其抗拉强度达 350MPa，延伸率为 8%。

2. 烧结铜钼钢

钼是烧结钢中常用的合金元素之一，可溶入铁中起固溶强化作用，但主要作用是细化晶粒，提高淬透性和防止回火脆性。Fe-Cu-C 系中加入钼可通过热处理来提高材料的强度性能。对于混合粉，因钼在铁中的扩散速度远低于碳的扩散速度，故不宜用钼粉，而常用共还原 Fe-Mo 合金粉或以钼铁中间合金粉加入。我国在研究 Fe-Cu-Mo-C 系时是用 2%的 Cu 代替国外 4600 系(Fe-Ni-Mo-C)中的 2%的 Ni。中科院沈阳金属研究所研究 Fe-2%Cu-0.4%Mo-0.25%C 系混合粉来制造高强度 NJ-130 汽车行星齿轮取得了较好的效果。

3. 浸铜烧结钢

利用熔浸法可以减小烧结材料的孔隙度，且可使熔浸金属与被熔浸骨架金属相互合金化，显著提高烧结材料的力学性能。一般用纯铜或铜合金(如黄铜)作熔浸剂，以烧结铁或烧结铁-碳合金为基体。因此，用熔浸法制取的烧结钢被称为浸铜烧结钢。

熔浸所必须具备的基本条件是：①基本金属与熔浸金属的熔点相差应足够大；②熔浸金属应能很好湿润基体金属，同液相烧结一样，接触角(θ)小于 90°；③基体金属与熔浸金属之间不互溶或溶解度不大，且不反应生成化合物；④为减小熔浸金属溶液的黏度，熔浸的温度比熔浸金属的熔点略高些。制取浸铜钢的工艺是：在铁粉中加入 5%左右的铜粉(先加入的铜称作诱导金属)混合均匀，于压力 400～500MPa 下压制成形，压坯的孔隙度为 20%～25%，然后烧结、熔浸。有两种熔浸方法：一种是压坯烧结后，将熔浸剂片叠置于烧结件上进行熔浸；另一种是将熔浸剂片叠置于压坯上在烧结的同时进行熔浸。后一种方法较经济，但在烧结过程中，铁粉中的氧与气氛中的氢相化合生成水汽，将妨碍熔浸剂渗入孔隙中致使熔浸不充分。当基体金属中加有石墨粉时，更难以充分熔浸。所以，实践中多采用熔浸剂片叠置于烧结件上，用氧化铝粉埋好，以防止熔浸剂漫流。以黄铜作熔浸剂时，熔浸温度可取 1020～1030℃；以铜作熔浸剂时，熔浸温度可取 1100～1250℃。

铜与黄铜作熔浸剂时，一般浸黄铜烧结钢的性能比浸铜烧结钢的稍高一些，如表 3-11 所列。实践中用铜合金如 Cu-Zn、Cu-Sn、Cu-P、Cu-Fe-Mn、Cu-Fe-Mo 等合金作熔浸剂。浸铜烧结钢的力学性能列于表 3-12 中。

表 3-11　两种浸铜烧结钢性能的比较

力学性能	熔浸铜	熔浸黄铜
密度/(g/cm³)	8.0	8.0
硬度(HB)	190～210	200～220
抗拉强度/MPa	440～490	490～590
延伸率/%	10～12	8～10
冲击韧性/(N·m/cm²)	58.8～68.6	49.0～58.8

表 3-12　浸铜烧结钢的力学性能

化学成分/%			密度/(g/cm³)	抗拉强度/MPa	断面收缩率/%	延伸率/%	硬度(HRB)	冲击功/J	残留孔隙度/%
Fe	Cu	C							
余量	25	0	8.02	470	13.0	3	74	6.76	2～3
		0.25	7.94	595	6.3	5	78	2.74	
		0.5	7.89	645	5.2	4	87	2.06	
		0.75	7.90	715	5.0	4	90	1.67	
		1.0	7.96	720	4.8	4	95	1.37	

续表

化学成分/%			密度/(g/cm³)	抗拉强度/MPa	断面收缩率/%	延伸率/%	硬度(HRB)	冲击功/J	残留孔隙度/%
Fe	Cu	C							
余量	15	0	7.90	515	5.5	5	82	4.21	1～2
		0.25	7.89	660	5.0	6	86	2.94	
		0.5	7.89	715	5.1	4	100	1.76	
		0.75	7.91	785	4.0	4	102	1.76	
		1.0	7.93	840	1.0	2	110	1.37	

3.6　铁-镍系材料

元素镍不仅能够导致固溶强化，而且能加速扩散过程，有利于烧结与组织的均匀化，用于合金钢粉末材料时特别有利。图 3-16 为含 0.02%C、含 0.5%Mn 钢的镍含量与抗拉强度之间的关系。镍含量达 15%时，无论对强度或其他性能都极为有利。抗拉强度可达 800MPa 或更高。

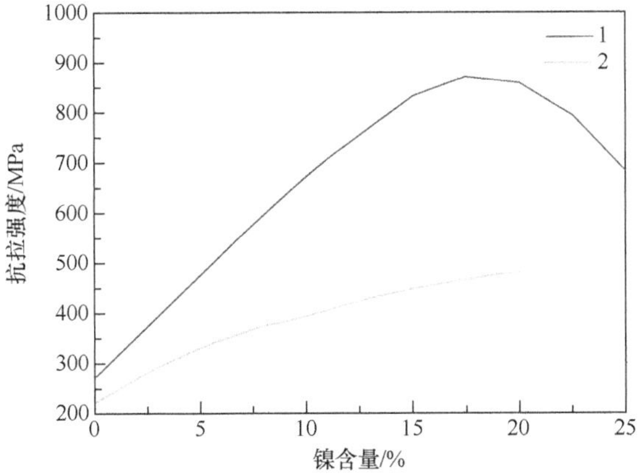

图 3-16　含 C0.2%、含 Mn0.5%烧结镍钢的抗拉强度

1-还原铁粉 1300℃ 1h 烧结；2-电解铁粉 1300℃ 1h 烧结

由于镍的价格高，从经济性上考虑，普通机械零件用合金钢粉末材料的镍含量一般控制在 5%以下，往往再采用其他元素如锰、钼、铬以达到补充强化的效果。加入这几种元素有利于提高热处理时钢的淬透性。如国外大量使用的一种低合金钢粉的化学成分(质量分数)为 Ni2%、Mn0.5%、C0.15%，其余为 Fe。

我国合金结构钢粉末冶金材料无论在品种上或数量上都发展得十分迅速。在材料成分上保持着我国的资源特色。如铁-镍-锰-钨-碳系（Ni 1%、Mn 1%、

W 0.8%、C 0.5%，其余为 Fe)、铁-镍-锰-钼-碳系(Ni 0.45%、Mo 0.55%、Mn 0.35%、C 0.2%，其余为 Fe)，以及其他含镍结构钢材料，都有很好的使用效果，广泛用于制作粉末冶金的缝纫机零件、油泵转子、油泵齿轮、锁配件以及拖拉机转动盘、齿轮等。

3.6.1 烧结铁-镍合金

镍与铁可互溶产生固溶强化作用，镍是扩大铁的 γ 相区和稳定奥氏体的元素。镍在 γ-Fe 中的扩散系数比碳和熔融铜在 γ-Fe 中的扩散系数小。因此采用混合粉烧结镍钢时，必须选用很细的镍粉如羰基镍粉，并在较高温度如 1200℃下烧结达到合金均匀化。烧结铁-镍合金，有时还需加入一定的铜。

图 3-17 是铁粉加铜粉或镍粉或者两者皆有的烧结体的抗拉强度与合金元素含量的关系，从图中可以看出，曲线 3 和 4 的斜率大于曲线 1 和 2，即曲线 3 和 4 的强化作用有所增强。两种合金元素的附加强化作用不是累加的，当两种合金元素同时存在于单相固溶体中时得到的强度显著高于计算值。因此，利用这种复合合金化，有可能降低合金化成本制得力学性能较好的烧结铁基合金。

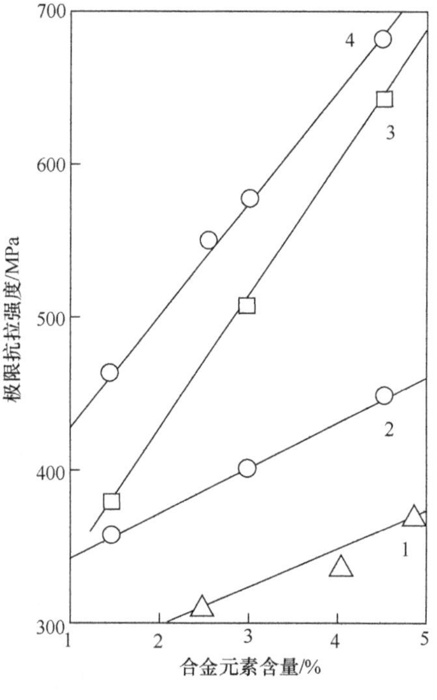

图 3-17 Fe-Cu、Fe-Ni 和 Fe-Cu-Ni 烧结合金的抗拉强度与合金元素含量的关系

1-Ni；2-Cu；3-2.5Ni-XCu；4-5Ni-XCu

图 3-18 是铁粉加铜粉或镍粉或者两者皆有的烧结体的力学性能与密度的关系。由图可以看出，随着密度增大，烧结合金的抗拉强度和延伸率皆趋于增大。含 Ni 量相同、含 Cu 量较高者，抗拉强度较高，但延伸率有所降低。含 5% Ni 和 4.5% Cu、密度为 7.4g/cm³ 的结构零件，其抗拉强度可达到 730MPa，延伸率为 4%。

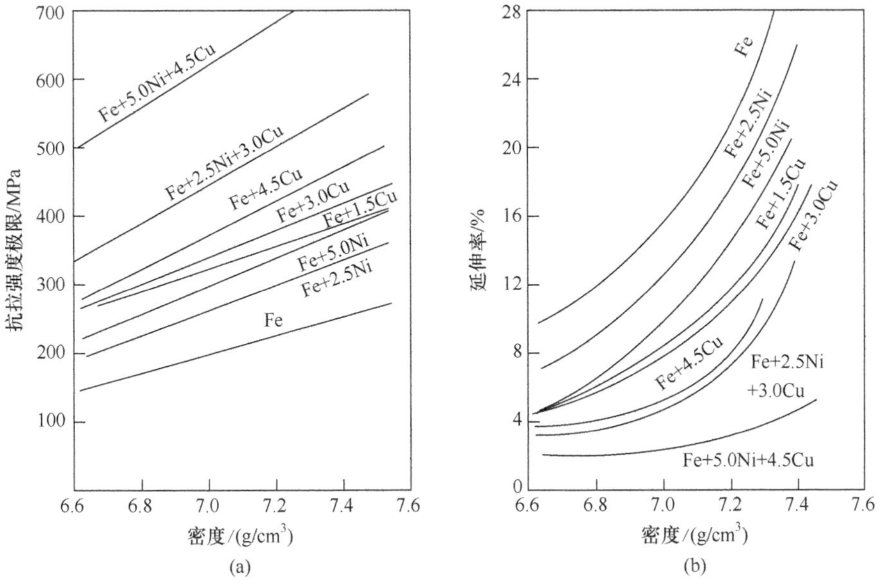

图 3-18　Fe-Cu、Fe-Ni 和 Fe-Cu-Ni 烧结合金的力学性能与密度的关系

3.6.2　烧结镍钢

镍和碳对烧结镍钢抗拉强度的影响如图 3-19 所示。铁粉、镍粉和石墨粉混合料在 775MPa 压力下压制成形，在 1200℃ 和 H_2 中烧结。当碳含量一定时，随镍含量的增加，抗拉强度增加。镍含量不高时，强度最大值时的碳量仍在共析成分附近，但随镍含量增加却向低碳方向移动，当镍含量在 7% 以上时，其最高抗拉强度的碳量范围很宽。烧结时间对最高强度时的碳量也有一定影响，对含 9% Ni 的烧结镍钢，延长烧结时间，其最高强度的碳量也向低碳方向移动。

烧结镍钢的力学性能主要受镍含量、碳含量和密度的影响。铁粉中加入 4% Ni 和相应石墨粉混合料制的烧结坯，化合碳含量分别为 0%、0.4% 和 0.8%，其力学性能随密度的变化示于图 3-20 中。化合碳含量对烧结镍钢力学性能的强烈影响显而易见。烧结密度为 7.0g/cm³ 时，抗拉强度从无化合碳的 300MPa 提高到 0.8% 化合碳的 500MPa，屈服强度由 170MPa 提高到 280MPa。另外，延伸率随碳含量的增加而降低，即使无化合碳，由于孔隙的存在，延伸率也比较低。密度为 7.0g/cm³ 时，延伸率由无碳时的 4% 降低到化合碳为 0.8% 时的 2%。为了得到高

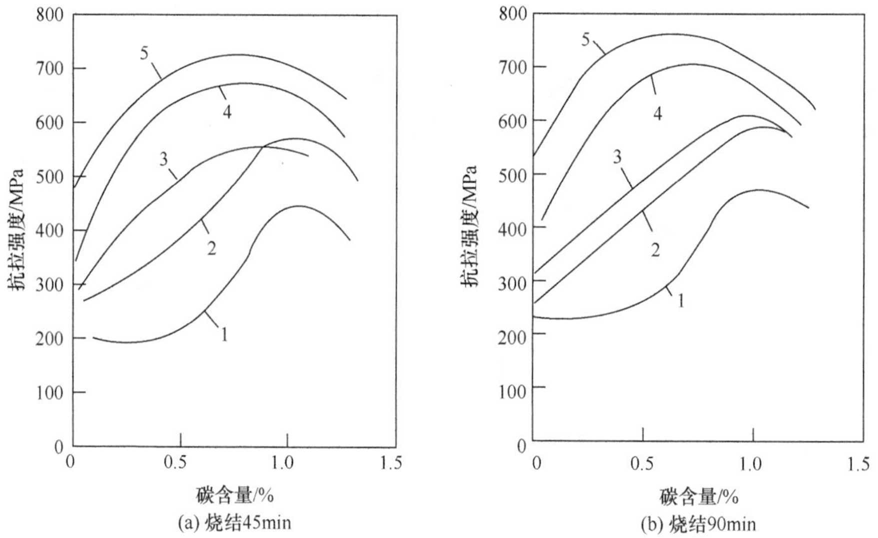

图 3-19　Fe-Ni-C 系抗拉强度与镍和碳含量的关系

1-1%Ni；2-2%Ni；3-3.5%Ni；4-7%Ni；5-9%Ni

于 7.0g/cm³ 的密度，含碳压坯在压制后，必须在碳不能溶入固溶体的温度下预烧，再复压，然后进行复烧。

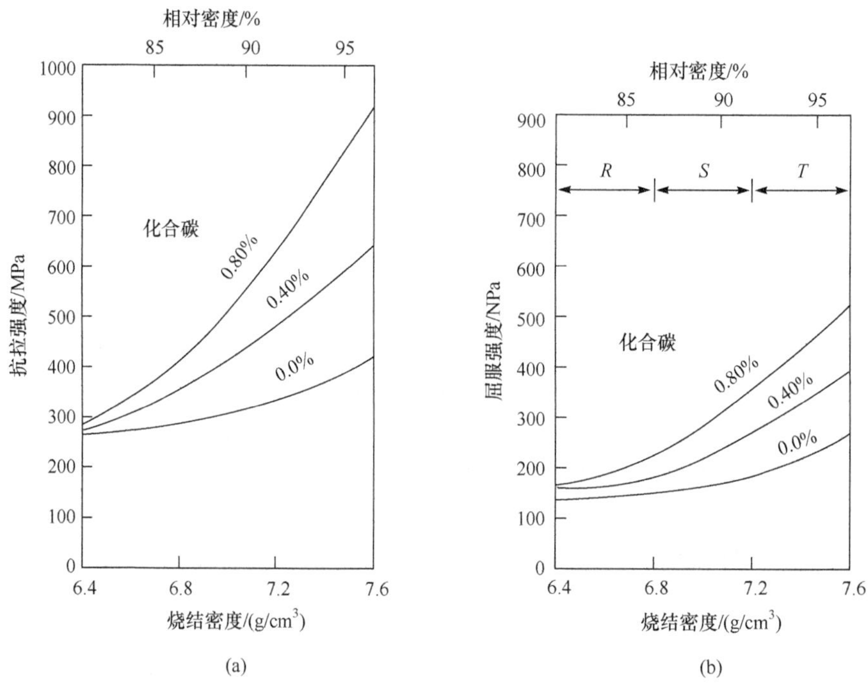

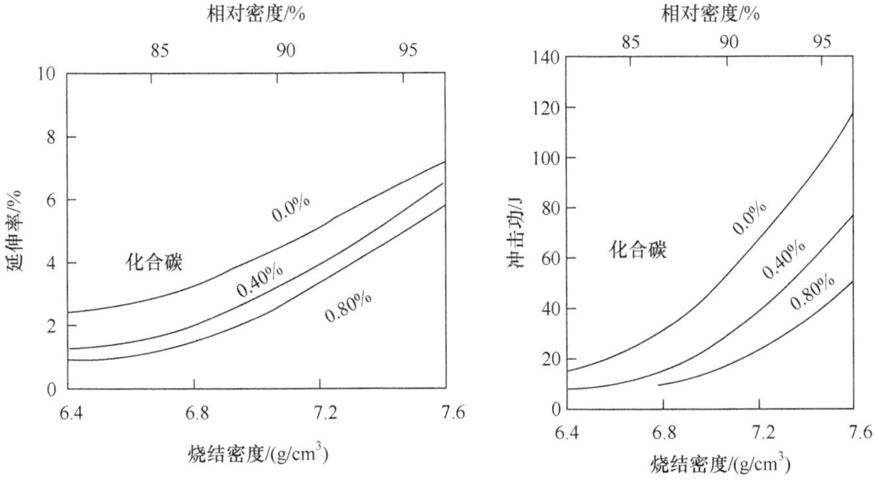

(c)　(d)

图 3-20　含镍 4%的烧结镍钢的力学性能与密度的关系

烧结密度为 7.4g/cm³ 的烧结坯，其力学性能随镍含量的变化如图 3-21 所示。图 3-21 中，密度达 7.4g/cm³，化合碳分别为 0%、0.4%、0.8%。在这样高的密度下，加入 2%～3%的 Ni，可以提高复压复烧试样的延伸率和韧性，这种影响类似于锻造镍钢。对于共析钢，混合料中加入 2%Ni 时，由于这种镍钢具有较高的淬透性，抗拉强度迅速提高，从 610MPa 提高到 760MPa。与无镍钢相比较，含镍钢在烧结炉冷却区冷却过程中，能产生较硬和强度较高的相变产物。

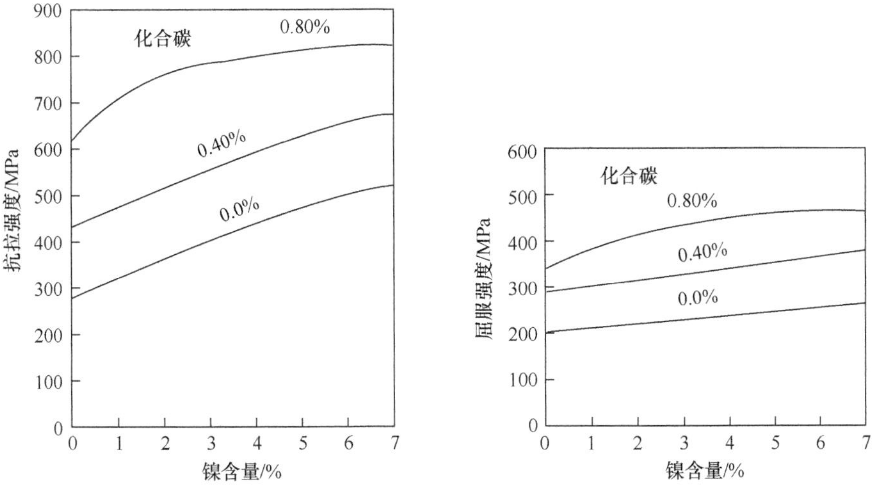

(a)　(b)

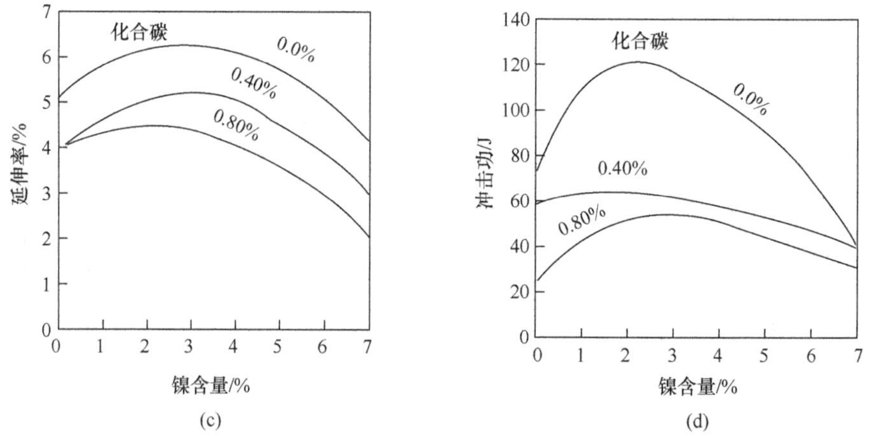

图 3-21　密度 7.4g/cm³ 的烧结镍钢的力学性能与镍含量的关系

镍对 Fe-C 烧结的尺寸变化也有影响。当镍含量超过 2%～3%时，镍和碳对收缩同时起作用。随镍含量增加和碳含量增加，收缩更大，温度越高，这个倾向越大。在烧结镍钢中加入少量铜，可以控制这种过大的收缩。

3.6.3　烧结镍钼钢和镍钼粉末锻钢

Fe-Ni-Mo-C 系的钼主要是提高淬透性，但是，钼可降低冲击韧性。加入镍，既强化了基体，又可改善冲击韧性。合金钢中含有的镍、碳和铜(在一定程度上)都有稳定奥氏体的作用，因而烧结镍钼钢烧结冷却后显微组织中残留的奥氏体量可能与这些合金元素的含量相关。因此，增大镍含量，就必须降低碳含量，以免增大残留奥氏体量和使富镍区转变为马氏体。

Fe-Ni-Mo-C 系中钼含量和镍含量对材料力学性能具有重要影响，钼含量对 Fe-2%Ni-0.3%C 混合粉粉末锻钢性能的影响如表 3-13 所示，试样是在 1120℃分解氨中烧结 30min，于 870℃热锻。在 Fe-2%Ni-0.3%C 中加入 Mo，强度和硬度有所提高。同时，当 Mo 加入 0.25%和 0.5%时，强度变化不大，但随 Mo 含量的增加，韧性有所降低。

表 3-13　钼含量对 Fe-2%Ni-0.3%C 锻件性能的影响

Mo 含量 /%	热处理 淬火/℃	热处理 回火/℃	屈服强度 /MPa	抗拉强度 /MPa	延伸率 /%	断面收缩率 /%	冲击韧性 /(J/cm²)	硬度 (HRB)
0	900℃ 油淬	204℃ 空冷	520	810	15	45	22.5	100
0.25	900℃ 油淬	204℃ 空冷	590	925	11	37	20.5	106
0.50	900℃ 油淬	204℃ 空冷	600	935	9	22	12.7	102

镍含量对 Fe-Ni-Mo-C 粉末锻钢性能的影响如图 3-22 所示。高 Ni-Mo 系是 Fe-1.8%Ni-0.5%Mo-C，低 Ni-Mo 系是 Fe-0.5%Ni-0.6%Mo-C。在 1120℃分解氨中烧结 1h，980℃热锻。从图 3-22 中可以看出，抗拉强度随碳含量增加而增加，延伸率随碳含量增加而降低。金相组织证明，随碳含量增加，珠光体与铁素体的比值增大，在同样条件下，高镍锻钢的强度比低镍的要高，这符合强化效果随镍含量增加而增长的规律。

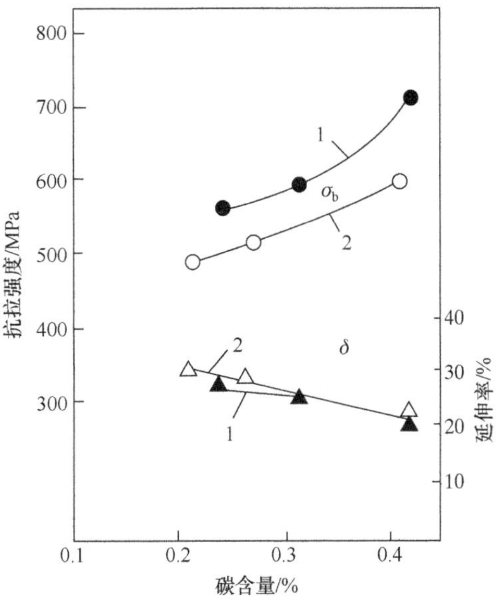

图 3-22　镍钼粉末锻钢的力学性能与镍含量和碳含量的关系

1-高 Ni-Mo；2-低 Ni-Mo

3.6.4　烧结镍铜钼钢和镍铜钼粉末锻钢

烧结镍铜钼钢属于高强度热处理烧结钢，其化学成分与力学性能列于表 3-14 中，热处理条件和热处理后的力学性能分别列于表 3-15 和表 3-16 中。可以看出，烧结镍铜钼钢的强度很高，其烧结状态的抗拉强度高达 590～690MPa，热处理后的抗拉强度高达 1060～1160MPa，达到了表面渗碳钢 SNCM21、SNCM22、SNCM23（日本镍铬钼合金结构钢的牌号）的抗拉强度水平。其延伸率在烧结状态和热处理状态分别为 1.6%～4.0%和 0.5%～1.0%，虽然低一些，但仍有一定的延展性。烧结钢强度越高，用以制造的零件的精整和整形就越困难。这时，烧结后尺寸公差的精度远比低强度烧结钢零件重要。零件形状复杂时，烧结时尺寸变化小和再现性好特别重要。

表 3-14 烧结镍铜钼钢的化学成分和力学性能

材料序号	化学成分/%					密度/(g/cm³)	力学性能			
	Fe	Ni	Cu	Mo	C		硬度(HRB)	抗拉强度/MPa	延伸率/%	冲击韧性/(J/cm²)
1	余量	2	0.5	0.5	0.3	>6.9	40～70	295～395	2.5～3.8	18.6～26.5
2	余量	2	0.5	0.5	0.3	>7.3	60～80	490～590	3.0～4.5	24.5～36.3
3	余量	2	0.5	0.5	0.5	>6.9	50～80	345～445	1.6～3.2	16.6～24.5
4	余量	4	1.5	0.5	0.3	>7.1	60～90	540～640	2.2～4.0	29.4～39.2
5	余量	4	1.5	0.5	0.5	>7.1	65～90	590～690	2.0～3.5	22.5～32.3

表 3-15 烧结镍铜钼钢的热处理条件

材料序号	化合碳量/%	淬火	回火
1	0.3	840～870℃×1.5～2.5h	180～200℃×1.5h
2	0.3	渗碳，油淬	
3	0.5	840～870℃×1.5～2.5h	180～200℃×1.5h
4	0.3	碳势 0.6%～0.8%C	
5	0.3	光辉，油淬，碳势 0.3%～0.5%C	

表 3-16 烧结镍铜钼钢热处理后的力学性能

材料序号	力学性能						相当的表面渗碳钢	
	硬度(HRA)	抗拉强度/MPa	延伸率/%	冲击韧性/(J/cm²)	抗弯强度/MPa	杨氏模量/GPa	钢号	抗拉强度/MPa
1	60～75	835～935	0.1～0.5	8.8～17.6	1080～1280	140	SCM21	>838
2	60～75	835～935	0.2～0.7	9.8～18.6	1180～1380	140	SNCM21	>835
3	65～85	935～1030	0.5～1.1	9.8～19.6	1470～1770	145	SNCM22	>880
4	60～75	1030～1130	0.5～1.0	12.7～19.6	1670～1870	140	SCM24	>1030
5	60～75	1060～1160	0.5～1.0	12.7～19.6	1770～1970	145	SNCM23	>980

注：各序号代表的材料与表 3-14 相同。

3.7 铁-锰系材料

锰是地壳的丰产元素，研究和发展锰系低合金烧结钢或粉末锻钢在理论上和实践上均具有重大意义。锰是钢铁工业中重要的合金化元素，具有突出的强化效果，可以取代铜、镍、络、钼等价格较贵的金属元素，含锰低合金烧结钢强度高，适用于制造承受中、高载荷的机械零件[10]；采用部分扩散预合金化和温压工艺制备含锰铁基合金，随 Mn 含量的增加，由于氧化加剧造成孔隙率升高，导致抗拉强度下降，含锰量 1%的 Fe-2Cu-XMn-0.6C 合金材料综合力学性能最佳[11]。

锰在烧结钢中，除起固溶强化作用，还可提高烧结钢的淬透性，从而提高烧结钢的强度。但由于锰与氧的亲和力强，在一般烧结气氛下，锰易氧化且难以还原，因而不利于烧结过程和合金均匀化。实践表明：在 Fe-Mn-C 系烧结时，烧结温度 1200℃，烧结时间 1h，当锰为 5%时，随碳含量增加，硬度升高，碳含量 1.2%以后开始下降；当锰含量为 10%时，碳含量 0.8%时硬度开始下降。因为随锰和碳含量增加，烧结体的密度下降(图 3-23)。因此，建议将这样的合金元素以含碳的母合金形式引入会比较合适。这样，Mn、Cr 等元素均匀分散在固溶体中或呈复杂碳化物形式，在烧结过程中的氧化趋势减小。

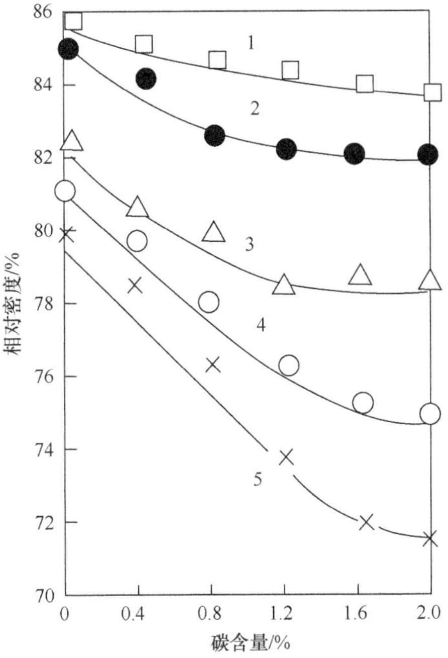

图 3-23　锰、碳含量对 Fe-Mn-C 系相对密度的影响

1-0%Mn；2-5%Mn；3-10%Mn；4-15%Mn；5-20%Mn

将母合金 MCM(20% Mn、20% Cr、20% Mo、7% C，其余为 Fe)和 MVM(20%Mn、20%V、20%Mo、5%C，其余为 Fe)粉碎成粒度为 5～10μm 的很细的粉末。水雾化铁粉与 7% MCM 或与 1%～3% MVM 母合金粉和适量石墨粉(以获得 0.6%C)的混合粉，在 600MPa 压力下压制成形，装于烧舟中，用 Fe-8%Al(质量分数)合金粉(吸气剂)埋好，于分解氨中、1280℃温度下在烧结炉中烧结。MCM 母合金加入量为 7%时，尽管烧结钢的抗拉强度高(高达 650MPa，延伸率只有 2.5%)，但在通常烧结条件下，烧结冷却后的组织为马氏体结构。因此，既不能精整又不能机械加工。而 MVM 母合金加入量为 2%时，与适量石墨粉(以获得

0.6% C)的混合粉制得的烧结锰铬钼钢的性能就比较好,烧结 Fe-2%MVM-0.6%C 的抗拉强度为 500～600MPa,延伸率为 4%。由水雾化铁粉、1%～3% MVM 母合金粉与适量石墨粉(以获得 0.6%C)的混合粉,在上述条件下制得的烧结锰钒钼钢的抗拉强度为 560～710MPa,延伸率为 6%。每种合金元素的含量仅为0.2%～0.6%,这些烧结钢的突出优点是它们的淬透性优于烧结 Fe-2%Ni-0.6%C 或烧结 Fe-4%Ni-0.6%C。

添加 MCM 和 MVM 母合金的粉末锻钢所达到最佳力学性能为:Fe-2% MCM-0.6%C 合金的极限抗拉强度达 1950MPa,最大屈服强度达 1550MPa;Fe-2%MVM-0.6% C 合金的极限抗拉强度超过 1880MPa,最大屈服强度达 1600MPa。

用多元母合金 MCM 和 MVM 制取烧结钢时,烧结温度还是比较高,因而又发展了低熔点的含锰母合金如 Mn-Cu、Mn-P、Mn-Ni 和 Mn-Cu-Zn 等。以 Mn-Cu 合金为母合金制备了 Fe-1%Mn-1%Cu-0.3%C 材料,通过热锻并经热处理后,抗拉强度可达 870MPa 以上。

锰含量对正火态 Mn-Cu 粉末锻钢力学性能的影响列于表 3-17 中。铜含量为 0.8%,碳含量 0.48%～0.52%,试样密度为 7.76～7.77g/cm^3。压坯在 1100℃保温 25min 后锻造,820℃正火处理。

表 3-17 锰含量对正火态 Fe-Mn-Cu-C 粉末锻钢力学性能的影响

锰含量①/%	抗拉强度/MPa	冲击韧性/(J/cm^2)	硬度(HB)
1.29	695	45.8	264
1.08	650	68.3	230
0.89	625	71.2	209

①包括铁粉中的 Mn。

抗拉强度和硬度随锰含量的增加而提高,而冲击韧性随锰含量增加是降低的。但是,锰在钢中的强化效果只有在热处理后由于提高了淬透性才变得更加明显。含 Mn 1.29%的 Mn-Cu 粉末锻钢经 860℃油淬,350℃回火 1h 处理后,其抗拉强度达 1240MPa,冲击韧性 44.6J/cm^2。

3.8 铁-铬系材料

铬加入钢中除提高钢的强度,还可改善钢的抗氧化性和抗腐蚀性。随着铬含量的增加,冷轧辊钢的磨损失重率逐渐减少并趋于平稳,耐磨性得到提高[12]。钢中含铬量少时,铬主要是通过稳定过冷奥氏体改善组织而起强化作用。对于混合粉,铬以铬-铁中间合金粉或 σ 相粉形式加入配料中,烧结时要严格控制气氛的露点或采用真空烧结。研究表明，以 σ 相粉加入效果最好。从合金均匀化考虑，最好是用预合金粉。以铬-铁中间合金粉为原料，在 1250℃烧结 1h，铬、碳含量对 Fe-Cr-C 系性能的影响如图 3-24 所示。

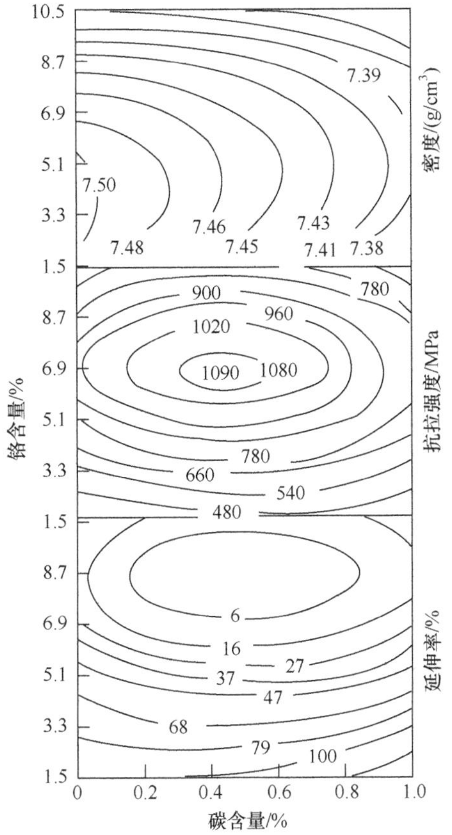

图 3-24　铬、碳含量对 Fe-Cr-C 系性能的影响

铬与碳同时加入对材料力学性能的影响很复杂。随碳含量增加，密度下降，最高密度的铬含量随碳含量增加由 3.5%增加到 5.0%；当碳含量一定时，铬增加到 4%～5%，出现密度最大值。铬和碳是通过对组织的影响来改变材料力学性能的。在 Fe-Cr-C 系中，最高抗拉强度值处于 7%Cr 和 0.4%C 处，为 1090MPa，此时组织为马氏体。延伸率的最低值范围较大，即 7%～10%Cr，0.2%～0.8%C，这也是因为形成硬而脆的马氏体的结果，延伸率最低值为 6%。

铬系烧结钢用来开发发动机阀座材料。发动机气阀座的工作条件是相当苛刻的，要求气阀座具有优良的耐热、耐磨、耐腐蚀和抗疲劳性能。为了减少空气污染，无铅汽油逐渐代替含铅汽油，这样，发动机中的合金铸铁阀座磨损严重，不能保证发动机的使用性能，因而势必使用既耐热、耐磨又耐腐蚀的烧结阀座。早在 20 世纪 60 年代，英国 Brico 工程公司就开始研制发动机用烧结阀座。烧结阀座材料大体有两种类型：一种是熔浸烧结材料；另一种是弥散硬化型烧结材料。英国 Brico 工程公司的烧结阀座是一种以铜熔浸的工具钢材料，XW23 的化学成分为：0.8%C、3.5%Cr、5.0%W、4.5%Mo、1.5%V、20.0%Cu，余量为 Fe；XW25 的化学成分为：0.9%C、3.5%Cr、5.0%W、4.5%Mo、2.5%V、20.0%Cu，余量为 Fe。美国有一种烧结阀座材料，其化学成分为：0.5%C、1.9%Cr、2.9%Ni、0.9%Mo、0.9%W、4.0%Co，余量为 Fe。

采用−200 目还原铁粉、铁合金添加剂粉末和石墨粉作为原料，配制成 Fe-13%Cr-Mo-2%Nb-C 混合料，在 500MPa 压力下压制成形，在真空炉中分别于 1140～1260℃温度烧结 60min 可制备高铬烧结铁基耐磨材料。烧结密度大于 7.3g/cm^3，再在 910℃油淬，230℃回火。在一定温度范围内，Fe-Cr-Mo-Nb-C 材料可实现液相烧结致密化，适宜的烧结温度随配碳量增加而降低。例如，当碳含量超过 0.65%而小于共晶成分(约 3.6%碳)时，温度升高到 1220℃就进入了固液两相(L+γ)区，在该相区内，只要碳含量与温度不变，烧结件中将始终存在一定量的液相，从而实现稳定液相烧结。密度大于 7.3g/cm^{3}时配碳量对硬度的影响示于图 3-25 中研究了六种碳量(1.8%、2.0%、2.3%、2.5%、3.6%、4.0%)对材料硬度的影响。烧结态试样的硬度随配碳量的变化较大，当碳量由 1.8%增加至 4.0%时，硬度由 HRA68 增加至 HRA78，而淬火回火态试样的硬度变化较小，由 HRA79.1 增加至 HRA82.4。这是因为烧结态的组织主要是奥氏体和碳化物，碳化物随碳含量增加而增多，而淬火态的组织均为马氏体和碳化物+少量残留奥氏体，故整体硬度水平高，差别不大。

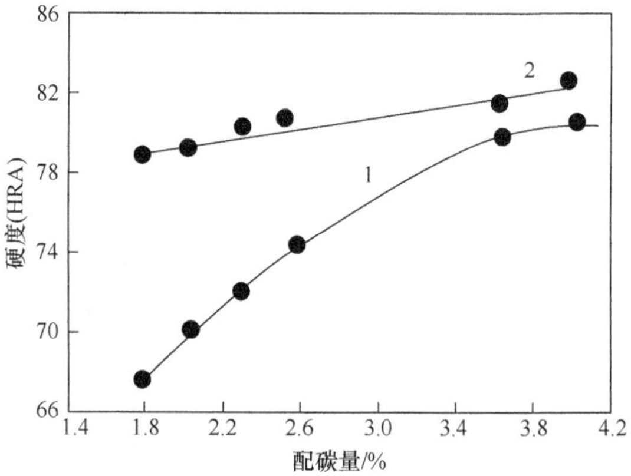

图 3-25 配碳量对 Fe-Cr-Mo-Nb-C 系试样硬度的影响

1-烧结态；2-淬火回火态

3.9 铁-磷系材料

烧结钢中加入磷可改善和提高强度和韧性。在粉末冶金烧结铜合金-钢双金属轴承材料中的铜铅合金内加入第三元素磷，能有效防止铜铅合金中的铅偏析[13]。磷以磷铁(Fe_3P)粉或磷铜(Cu_3P)粉形式加入为宜。磷铁粉的含磷量为20%～25%或10%时，后者的好处在于磨蚀性较小。磷对烧结钢的强化作用主要表现在：①在烧结过程中，磷向铁粉中扩散形成固溶体，从 Fe-P 相图可知，P 在α-Fe中最大溶解度为 2.8%(1050℃)，室温下约为 1.2%，Fe-P 在 1050℃有一共晶反应，因而在烧结时产生少量液相，有利于烧结致密化；②磷有缩小 γ-Fe 相区的作用，这样可使铁基材料保持在 α-Fe 相区或 α-Fe+γ-Fe 两相区内进行烧结。在正常烧结温度下，Fe 原子在 α-Fe 中的扩散系数要比在 γ-Fe 中大 100 倍左右，这就强化了烧结时铁原子扩散过程，加速孔隙球化和致密化过程，从而提高烧结体的强度和韧性。

烧结铁磷合金的力学性能及其影响因素可归纳如下：磷加入量以 0.3%～0.6%为宜，海绵铁粉加入磷铁，600MPa 压力下成形，1120℃在分解氨(60min)和吸热型煤气(30min)中烧结，密度约 6.9g/cm^3。磷含量和烧结气氛对烧结铁磷合金力学性能的影响示于图 3-26 中。当磷含量为 0.45%时，烧结温度对烧结铁磷合

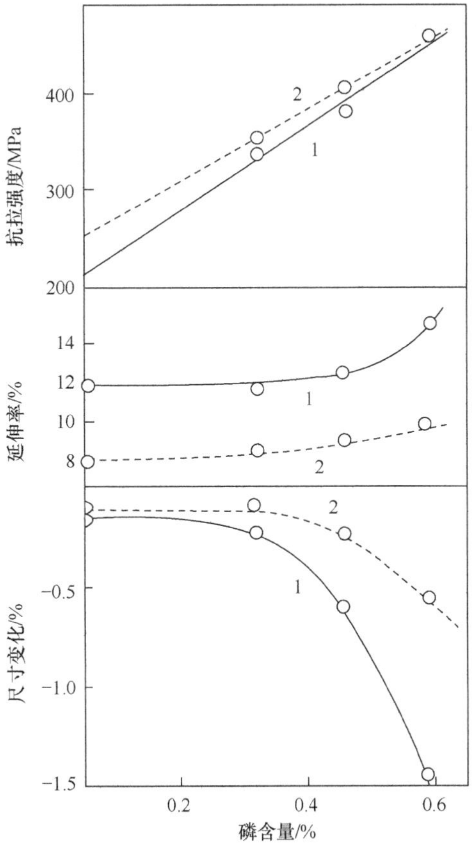

图 3-26　磷含量和烧结气氛对铁磷合金力学性能和收缩的影响

1-分解氨；2-吸热型煤气

金力学性能的影响示于图 3-27 中。另一研究指出：高磷含量（0.8%～1.2% P）时，一次压制（600MPa）、烧结温度 1177℃，可得密度 7.5g/cm^3，磷含量对铁-磷合金密度和收缩的影响示于图 3-28 中。从图 3-26 中可看出，随磷含量增加，抗拉强度直线性增长，而延伸率并未降低，甚至略有增大。含磷量高于 0.4%和于分解氨中烧结时，收缩急剧增大，使零件的尺寸精度无法控制；于吸热型煤气中烧结时，收缩显著减小，如磷含量高达 0.6%时，收缩只有 0.5%左右。于吸热型煤气中烧结时，强度略有增高，延伸率和收缩减小，这可能与少量增碳（0.1%～0.2%）有关。从图 3-27可以看出，当磷含量一定（0.45%）时，随着烧结温度升高，抗拉强度增高，延伸率增大到 20%以上。

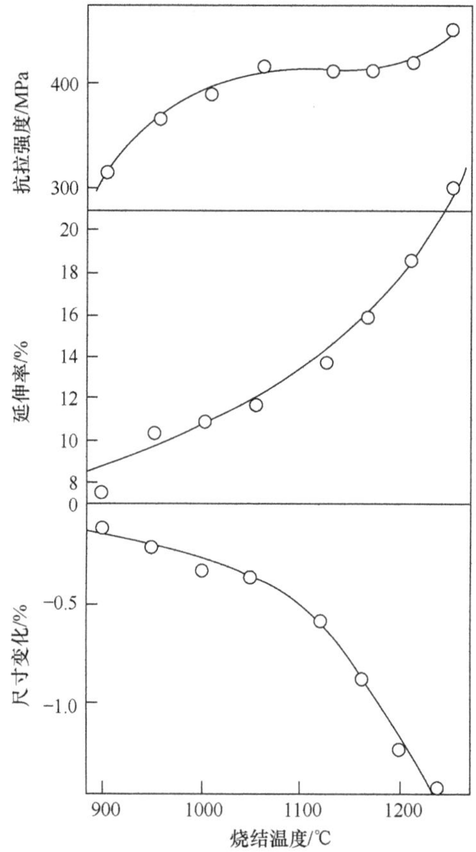

图 3-27　烧结温度对 Fe-0.45P 合金力学性能和收缩的影响

烧结磷钢的抗拉强度和延伸率与化合碳的含量有关。由含磷 PASC 合金粉添加不同量的石墨，压坯埋于吸气剂中，于分解氨中 1120℃烧结 60min，密度为 7.05g/cm^3。烧结磷钢的力学性能与磷含量和化合碳的关系示于图 3-29 中。含磷

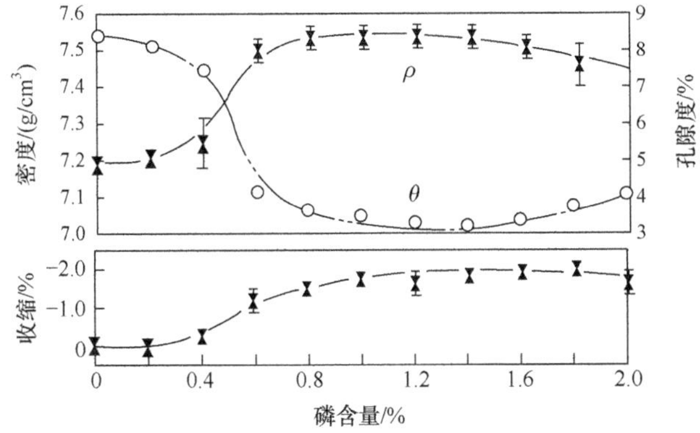

图 3-28 磷含量对铁磷合金密度和收缩的影响

量大于 1%时，化合碳含量 0.2%左右，抗拉强度达最大值。化合碳含量更高时，由于在晶界形成渗碳体，抗拉强度降低。由图 3-29 可知，0.8%磷、0.35%化合碳和密度 7.05g/cm³ 时，在 1120℃烧结 60min 后，抗拉强度达 600MPa，延伸率 7%（图中曲线 2）。由此看来，这是一种很有前途的中强度烧结钢。

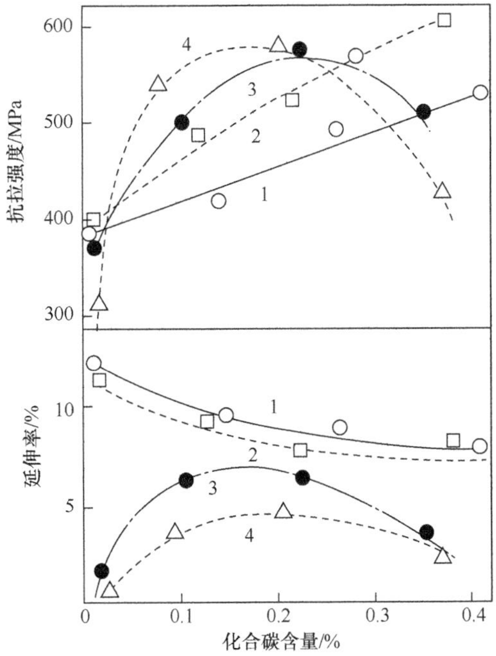

图 3-29 烧结磷钢力学性能与磷含量和化合碳含量的关系

1-PASC60；2-PASC80；3-PASC100；4-PASC120

铜对烧结磷钢的抗拉强度的影响不如碳那样大，但在烧结时铜比碳易控制，故可用铜来调节烧结磷钢烧结时的尺寸变化。铜加入量和烧结温度对 Fe-P-Cu-C 系合金性能的影响列于表 3-18 中。

表 3-18 铜加入量对 Fe-P-Cu-C 系合金性能的影响

合金成分	烧结制度	密度/(g/cm³)	硬度(HRB)	抗弯强度/MPa
Fe-0.6%P-0.6%C	1120℃ 90min	6.71	51.3	940
Fe-0.6%P-0.6%C-0.5%Cu		6.79	61.5	965
Fe-0.6%P-0.6%C-1.0%Cu		6.86	66.9	950
Fe-0.6%P-0.6%C-1.5%Cu		6.74	70.9	1080
Fe-0.6%P-0.6%C	1180℃ 90min	6.87	70.9	905
Fe-0.6%P-0.6%C-0.5%Cu		6.80	68.6	1005
Fe-0.6%P-0.6%C-1.0%Cu		6.80	77.1	1145
Fe-0.6%P-0.6%C-1.5%Cu		6.80	76.9	1110

3.10 粉末冶金不锈钢

粉末冶金不锈钢结构材料除用于制作过滤器外，常用于制作一些要求耐腐蚀、耐热的结构件，如一些特殊用途的齿轮、轴瓦、轴承等[14,15]。

最典型的材料是 18-8 型不锈钢，即 18%Cr+8%Ni 的不锈钢，配料时可采用混合料或雾化的预制合金钢粉。不锈钢中铬粉易于氧化，其氧化物一般都在粉末表面，对烧结过程中的扩散不利，因此要求烧结时用高纯度氢气或真空保护。烧结温度比较高，时间也较长。用 1100MPa 的压力成形，于 1300℃烧结 4h 方可获得均匀的组织。经烧结后的力学性能为 $\sigma_s=200\sim230$MPa、$\sigma_t=440\sim460$MPa、$\delta=30\%\sim40\%$、HB=123～133。

18-8 不锈钢粉末烧结后的显微组织应为奥氏体组织。由于原料粉中含有少量硅，显微组织中往往有少量铁素体出现。烧结温度越高，保温时间越长，铁素体出现得越明显。这可能与烧结过程中脱碳有关。

总体来说，常用的粉末不锈钢有奥氏体与马氏体两种类型。奥氏体型钢中除 18-8 型，还有 18Cr-18Ni、17Cr-11Ni-0.25Mo 等不锈钢。

采用雾化法生产不锈钢粉价格低廉。由于雾化技术的提高，目前雾化粉的颗粒可以达到很细。加入 2%～3%硅可获得颗粒形状表面不规则的粉粒，提高了雾化不锈钢粉的压制性。加入钼可以降低烧结温度，但过量的钼造成组织中铁素体量增加，粉粒变硬。

为了提高不锈钢烧结制品的性能，可采用加入硼的方法，加入质量分数为 2%

B 能够提高其密度与力学性能，同时组织中氧化物数量减少。

由于粉末不锈钢表面的多孔性，其抗蚀性比普通不锈钢差。但经压延加工后制成各种厚度板材，密度得以显著提高，对提高抗蚀性有利。

3.10.1　合金元素的作用

不锈钢是一类特殊钢，主要合金元素有：①铬对不锈钢的耐腐蚀性能起主要作用。②镍对不锈钢的影响，只有与铬配合时才充分表现出来。加入镍是为了得到单一的奥氏体组织，从而提高其耐腐蚀性和工艺性。③碳在不锈钢中有两重性，一方面碳与铬有很大的亲和力，能形成一系列碳化物，钢中碳含量越高，形成碳化铬就越多，固溶体中的含铬量就相对减少，耐腐蚀性会降低，因而不锈钢中碳含量一般要求较低。另一方面，不锈钢的强度则随碳含量的增加而提高，因此，在某些情况下，如用于制造弹簧和刃具的不锈钢，要求高的硬度和耐磨性，就要将碳提高到 0.85%～0.95%，此时，必须相应地提高含铬量。④加钛和铌是为了防止晶间腐蚀，因为优先与碳形成碳化钛或碳化铌，使铬基本上都能溶于固溶体，避免晶界贫铬。⑤锰和氮可以代替镍，锰和氮都是促使形成奥氏体的元素，因而可以部分取代镍，但锰本身并不防蚀，故不能单独使用。

按合金元素，不锈钢分为铬不锈钢和铬镍不锈钢两类。铬不锈钢要达到不锈耐蚀的目的，含铬量必须高于 13%，最常用的是 Cr13 型不锈钢。为了提高 Cr13 型不锈钢的耐腐蚀性能，必须使铬的碳化物尽量溶入固溶体中，所以，Cr13 型不锈钢一般必须进行热处理，即淬火和回火；铬镍两元素相配合组成铬镍不锈钢是较好的不锈钢；最常用的铬镍不锈钢是 Cr18Ni8(18-8 型)钢，与铬不锈钢比，在常温和低温下有很高的塑性和韧性，不具磁性，可以作为在 550℃以下工作的热强钢。

按组织，不锈钢分为铁素体型、马氏体型、奥氏体型和沉淀硬化型四类，前两类从成分上看属于铬不锈钢，而奥氏体型属于铬镍不锈钢。①铁素体不锈钢铬含量为 14.5%～27%，单相铁素体不锈钢仅可冷加工和退火，不能热处理强化，其抗腐蚀性和抗氧化性能好，但长时间使用温度超过 1000℃时，晶粒会长大，抗腐蚀性介于马氏体不锈钢和奥氏体不锈钢之间。②马氏体不锈钢是含铬钢中加碳，能使 γ 相区扩大，可以像碳钢那样进行热处理，使奥氏体转变为马氏体，使钢得到强化，其耐磨性好，但抗腐蚀性不及铁素体不锈钢和奥氏体不锈钢。③奥氏体不锈钢是在 Fe-Cr系中加入 Ni 或 Mn 能使 γ 相区扩大，当 Ni 含量达 8%以后，可获得室温下稳定的奥氏体组织。奥氏体不锈钢 AISI(美国钢铁学会)300 系列是抗腐蚀性最好的一类不锈钢。奥氏体不锈钢不能热处理强化，但可冷加工强化。④沉淀硬化型不锈钢是采用低碳马氏体作基体，通过沉淀硬化提高强度。300 系列奥氏体不锈钢是牺牲了强度而达到高抗蚀性的，而 400 系列铁素体不锈钢的碳含量较高，故强度也较高，但抗腐蚀性差一些。沉淀硬化型不锈钢包括奥氏体、半奥氏体和马氏体三种类型。奥氏体型由300系列演变得来，即添加较多的Ni、Al、Ti以生成沉淀强化相，回火温度高(700℃)，可在较高温度下使用；半奥氏体型具有低于室温的马氏体转变温度(M_S)；马氏体型是以18Cr-8Ni奥氏体成分为基础，添加少量碳和其他元素，同时降低Ni、Cr、Mn的含量。从1008～1063℃温度冷到室温，这种钢得到软马氏体组织，在482～648℃回火后，析出Ni与Al、Ti、Nb的化合物而强化。

粉末冶金奥氏体不锈钢是用铁、铬、镍元素粉末混合、压制和长时间高温扩散烧结(1300℃，4h)得到的。1942年，Wulff用晶间腐蚀法制得的不锈钢粉为原料，采用较大的压力成形，最后烧结得到粉末冶金不锈钢。20世纪50年代末，美国Vasco公司首先采用水雾化法制取不锈钢预合金粉，从此开始了粉末冶金不锈钢的工业生产。热等静压成形和粉末热锻的出现加速了粉末冶金不锈钢生产的发展。不锈钢粉在很大程度上都是按照预定用途设计的。粉末冶金工业生产的标准不锈钢粉只有AISI303L、304L、316L、316B、410L、434L(表3-19)。它们的化学成分皆位于AISI规定的熔炼不锈钢范围之内。因碳含量较低，用L表示。

表3-19 粉末冶金不锈钢的名义化学成分 (单位：%)

钢号	Ni	Cr	Mo	Si	Mn	S	C	Fe
奥氏体303L	12.5	17.5	—	0.7	0.35	0.20	0.20	余量
304L	10.5	18.5	—	0.7	0.25	—	0.02	余量
316L	13.0	17.0	2.1	0.7	0.20	—	0.02	余量
316L	12.0	17.5	2.2	2.4	0.25	—	0.02	余量
马氏体410L	—	13.0	—	0.7	0.40	—	0.02	余量
铁素体434L	—	17.0	1.0	0.7	0.25	—	0.02	余量

3.10.2 不锈钢粉及粉末冶金不锈钢的制备

不锈钢粉多用水雾化或气体雾化法制造。水雾化法是目前最主要的生产不锈钢粉的方法。作为生产过滤器用含氧量低(0.01%)球形不锈钢粉，也用惰性气体(如N_2或Ar)雾化法。奥氏体不锈钢雾化粉经过滤和真空干燥后可直接使用，但马氏体不锈钢雾化粉要经退火处理，以改善压缩性和提高压坯强度。采用两种退火工艺：一种是在稍低于奥氏体化温度下退火；另一种是在超过γ-M转变温度后缓慢冷却。退火时用干氢或分解氨保护。退火使粉末轻微烧结，只要稍加研磨即可成粉。水雾化不锈钢粉颗粒为不规则形状，松装密度为2.5～3.2g/cm^3，压缩性较好。大多数粉末冶金不锈钢零件的制造是采用常规压制和烧结的方法，只有制造不锈钢过滤元件时采用松装烧结。现在，通过粉末轧制、包套挤压和热等静压成形制取粉末冶金不锈钢的锭坯或半成品以及各种管、棒、板等正得到迅速发展。不锈钢属于高合金钢，粉末成形需要较高的压力，压坯强度与添加润滑剂的量有关。润滑剂对不锈钢粉末的成形特别重要，通常选用固体润滑剂，最常用的是硬脂酸锂、合成石蜡以及硬脂酸锌，其加入量一般为 1%左右。压力 420～830MPa 下可压到密度 6.2～6.9g/cm^3，如零件的密度要求高于 7.0g/cm^3 时，需采用多次压制或高温烧结。压坯先于 420～540℃预烧结以排除润滑剂，否则会造成产品增碳。对于含碳马氏体不锈钢，预烧结要在氮气中进行以防止脱碳。最终烧结温度视不锈钢牌号而定：303L、304L、316L 为 1120～1315℃；410L、434L 为 1120～1230℃。要求强度和抗腐蚀性能高时，选择较高的烧结温度。炉内氢气露点常维持在 －34.5～－40℃，分解氨露点比氢低，一般为－45.6～－54℃，干燥后可达－60℃。不锈钢烧结时，必须注意控制碳含量，制造奥氏体不锈钢时要尽量降低碳含量；制造马氏体不锈钢时，有时需在相应的不锈钢粉中加入一定量的石墨粉，于氢中烧结时，一般加入 0.1%石墨粉，而真空烧结时需加入 0.2%或更多的石墨粉。烧结气氛对 316L 不锈钢力学性能的影响（1120℃烧结 30min，密度 6.85g/cm^3）列于表 3-20 中。烧结温度对 316L 不锈钢力学性能的影响(在不同气氛中烧结 30min、密度 6.85g/cm^3)示于图 3-30 中。

表 3-20　烧结气氛对 316L 不锈钢力学性能的影响

力学性能	分解氨	氢气
抗拉强度/MPa	365	288
屈服强度($\sigma_{0.2}$)/MPa	275	185
延伸率/%	7.0	10.9
硬度(HRB)	67	47

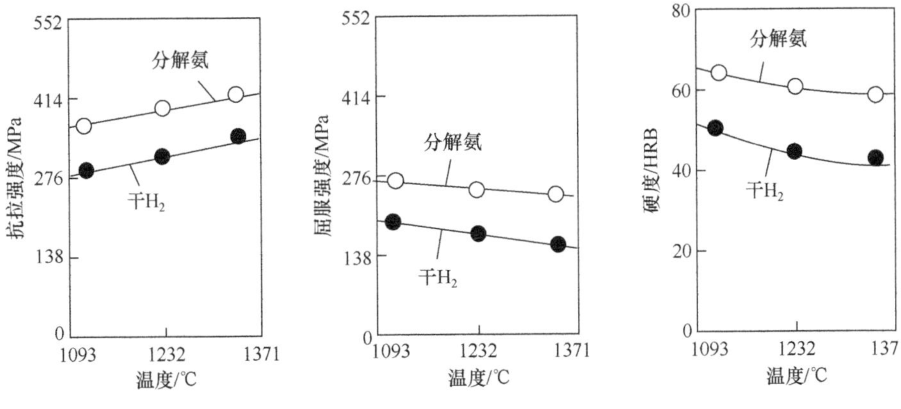

图 3-30　烧结温度对 316L 不锈钢力学性能的影响

为了提高奥氏体不锈钢的抗腐蚀能力,可进行热处理,包括固溶处理、消除应力处理和稳定化处理。固溶处理是使碳化物充分溶解,使钢在常温下成为单相奥氏体组织。固溶化温度高于 1000℃,它与碳含量有关,随碳含量增加而增高。固溶处理后应快冷,避免析出 α 相,因为两相组织易引起电化学腐蚀,同时由 α 相中产生的 σ 相会引起钢的脆性。消除应力处理是在冷加工后在较低温度下进行,一般为 250～425℃。稳定化处理对含钛、铌的奥氏体不锈钢是必要的,因为固溶化加热时,大部分钛和铌的碳化物均溶解,钛和铌就不能夺取碳化铬中的碳,不能起到阻止贫铬区形成的作用,使晶间腐蚀倾向增加。固溶化后进行时效处理,保证 Ti、Nb 的碳化物形成。稳定化工艺是:850～900℃保温 2h(含 Nb 钢)和 4h(含 Ti 钢)。马氏体不锈钢的淬火温度需超过 950～1000℃,温度太低,不能使碳化物充分溶解;温度过高,淬火后,铁素体增多,马氏体针状组织变粗。回火温度视硬度要求而定,可以低温(200～250℃)回火或高温(600～750℃)回火。

3.11 粉末冶金高速钢

高速钢是一种高合金钢,用铸锭合金(IM)法生产时难以消除其中合金元素(主要是碳化物形成元素)的偏析或聚集,因而在选择合金元素及其加入量时常受到一定的限制。20 世纪 60 年代末,美国的 Crucbile 坩埚公司及瑞典的 ASEA 和 Stora Koppaberg 公司开发了粉末高速钢制造技术,使性能成倍提高,今天有许多粉末高速钢产品已大量进入市场[16]。随淬心温度的升高,粉末冶金高速钢的硬度、红硬性增高,但韧性下降[17];粉末冶金高速钢的热变形行为表明,其流变应力随变形温度的升高和应变速率的降低而降低,且流变应力在经历加工硬化阶段后表现出加工软化,最后出现稳态流动特征[18];按照母合金精炼+氮气雾化制粉+热等静压+精锻的工艺路线,获得了晶粒度大于 1 级,碳化物尺寸 2～4m,硬度 67HRC,抗弯强度 4400MPa 的 T15 粉末冶金高速钢[19];通过分析大规格 M2 高速钢中不同淬心温度下碳化物的溶解与长大趋势以及奥氏体晶粒的长大情况,判定了 ϕ180mm 规格高速钢的热处理工艺[20];采用 SPS 烧结制备了 M42 粉末冶金高速钢,纤维组织均匀,晶粒细小,无碳化物偏折,硬度比普通高速钢提 HRC 1～2[21]。

高速钢是制造各种工具、模具的主要材料。尽管硬质合金的硬度、红硬性、抗压强度更高,但是高速钢的成本低,韧性和可加工性好,因而在刀具材料的总消耗量中,它仍占 66%。

高速钢是在 21 世纪初由碳素工具钢发展起来的合金工具钢,含有较多的钨、钼、铬、锰、钒、锆等合金元素,不仅在室温下具有高的硬度、强度、耐磨性和一定的韧性,而且在热处理后,能在 600℃以下的温度保持 HRC60 以上的硬度。因此,它适合作高速切削工具，高速钢也因此而得名。

3.11.1　高速钢的牌号

世界各国的高速钢牌号有数十种，分属于钨系高速钢（含 W 超过 12%）、钼系高速钢（含 Mo 超过 8%）和钨钼系高速钢（W%＋Mo%＝5%～18%）三大类。钨系高速钢以 W18Cr4V 钢为代表，其突出优点是通用性强，但热塑性低，不便于热成形。W9Cr4V 和 W9Cr4V2 钢也属于这一类型；钨钼系高速钢以 W6Mo5Cr4V2 为代表，其主要优点是由于钼的存在降低了碳化物偏析程度，提高了热塑性。它的缺点是淬火加热温度范围窄，易产生过热，同时也易发生脱碳。高钒高速钢以 W12Cr4V4Mo 为代表，由于有 VC 型碳化物存在，增加了硬度和热硬性，比 W18Cr4V 钢提高 2～3 个硬度单位，具有较高的耐磨性。它的主要缺点是可磨削性能差，加工困难。此外，还有高钒高碳高速钢和高钴高速钢等特殊牌号，而且不断推出加 S、N、Ti、Al 甚至稀土元素的新牌号。

我国的高速钢从 1952 年 2 个牌号已增加到现在的 9 个牌号，其中三个属钨系，其余为钨钼系：W18Cr4V、9W18Cr4V、W12Cr4V4Mo、W14Cr4VMn 和 W6Mo5Cr4V 等。值得指出的是，6-5-4-2 钨钼高速钢已基本上取代了最老的 18-4-1钨高速钢。

美国 AISI 和 ASTM 标准中共有 27 个牌号，日本 13 个，苏联 14 个。美国按钼系（M）和钨系（T）分类，而且 M 已逐渐取代 T，占总量的 90%以上。对大多数国家，M 系的主要优点是可降低 40%成本，因为用钼代钨按原子分数计算是 1∶1，但按质量计算则是 1∶2，故使钢的质量减轻，而且两类高速钢的性能和应用均大致相同。

3.11.2　合金元素的作用

高速钢是一种高合金钢，其强度比碳素工具钢和低合金工具钢提高 30%～50%。高速钢中主要合金元素的含量范围是：碳 0.7%～1.6%，钨 0%～20%，钼 0%～9.0%，铬 3.8%～4.4%，钒 1.0%～5.0%，钴 0%～12%。

1）钨

钨是造成高速钢红硬性高的主要元素，而且是强碳化物形成元素。钨形成多种碳化物——WC、W_2C，$(Fe、W)_6C$，而以$(Fe、W)_6C$ 为主。钨部分固溶于基体，而且与碳原子的亲和力强，能提高回火马氏体的分解温度；同时钨的原子半径比铁大，能提高铁的自扩散激活能，从而改善钢的回火稳定性。

钨的碳化物在淬火加热时很难溶解，对晶粒长大起阻碍作用，所以可采用高的淬火加热温度以提高奥氏体的合金度。回火过程中，从奥氏体中析出碳化物，弥散在马氏体基体内，与碳化钒一道，造成钢的二次硬化效应。部分碳化钨留在回火 α 相中，提高钢的红硬性和抗回火性。钨的不利影响是大大降低钢的导热性和增加碳化物的不均匀分布。

2）钼

钼与钨是同一族元素，晶体结构与原子半径也相近，化学性质相同，所以在钢中起的作用也一样。钼是强碳化物形成元素，能提高钢的硬度和红硬性，造成二次硬化。可以钼代钨，国外许多牌号高速钢的钼含量高达 10%。含钼钢的最大特点是碳化物偏小。但是，由于主要碳化物（Fe、Mo)$_6$C 溶于奥氏体的温度比（Fe、W)$_6$C 的低，钢在淬火加热时易出现晶粒长大，过热敏感性高；同时钼高速钢的氧化物脱碳倾向也大。

3）铬

铬的主要作用是提高淬透性，含量大都为 4%左右。铬主要生成 $Cr_{23}C_6$ 型碳化物，而且与钨、钼生成复式碳化物。后者可防止钨、钼的碳化物转变为稳定的 WC 和 MoC，使其以 $Cr_{23}C_6$ 型碳化物存在于钢中。$Cr_{23}C_6$ 在淬火时易溶于奥氏体，提高钢的合金度，从而增强二次硬化效应和钢的红硬性。铬几乎全部溶于奥氏体，提高其稳定性和淬透性。铬还能提高钢的抗氧化、脱碳和抗腐蚀能力。当铬含量超过 4%时，将增加残余奥氏体量(由于降低 M_s 点)，使淬火后硬度降低。高铬钢的残余奥氏体回火稳定性好，增加了回火工作的困难。

4）钒

钒是造成钢的红硬性好的主要元素之一，因为它形成稳定的 VC，回火后以细弥散质点析出，硬化作用比钨更强，而钨是靠溶于固溶体中来提高马氏体回火稳定性的。此外，VC 的显微硬度高，对提高耐磨作用显著。超硬性高速钢含有较多的钒，如 W12Cr4V4Mo。钒能降低钢的磨削性能，这是其最大的不足。

5）钴

钴不形成碳化物，绝大部分溶入固溶体中。钴能提高莱氏体熔化温度，使形成碳化物元素更多地进入奥氏体，增大合金度，从而显著提高钢的硬度和红硬性。钴还能促使钢在回火过程中析出弥散度高的碳化物，提高回火硬度。有资料认为，钴能与 Fe、W 形成金属间化合物，提高回火硬度和热硬性。但是，钴降低钢的淬透性，而且增加钢的脆性，脱碳倾向也大。

6）碳

碳不仅与合金元素形成碳化物，同时还对钢起固溶强化和提高淬透性的作用。对高速钢的碳含量必须加以控制：碳低，不能形成足够数量的碳化物，降低淬火加热时溶入奥氏体的碳与合金元素含量，从而产生钢的硬度、红硬性不足；碳高，增加碳化物的不均匀性，降低钢的塑性。高速钢的碳含量是按回火时形成的碳化物来

计算的，称为平衡碳，见表 3-21。所以平衡碳量计算公式为

$$C\% = 0.033W\% + 0.063Mo\% + 0.06Cr\% + 0.2V\% \tag{3-1}$$

有时为了改善钢的热塑性，常控制实际碳含量低于计算的平衡碳量。但当前的趋势是增加碳量，发展高碳型高速钢，目的是获得极高的硬度和耐磨性。

表 3-21　1%合金元素形成相应碳化物所需的碳量

合金元素	回火时形成的碳化物类型	每 1%元素形成碳化物所需碳量/%
W	Fe_4W_2C, W_2C	0.033
Cr	$Cr_{23}C_6$	0.060
Mo	Fe_4Mo_2C, Mo_2C	0.063
V	V_4C_3(VC)	0.20

实际上碳含量低于按平衡碳的计算值，例如，W18Cr4V 钢的平衡碳为 1.034%，而其标准只有 0.7%～0.8%，其目的是改善钢的塑性。

3.11.3　铸态高速钢的组织特点及热处理

高速钢的铸态组织对热机械加工、热处理及使用性能影响极大。当液相钢缓慢冷却时，首先从液相析出含碳与合金元素量很低的 α 固溶体（δ 相），到达包晶反应温度，发生包晶反应 $\delta + L \rightarrow \gamma$，得到碳与合金元素含量较高的奥氏体。被 γ 相包围的 δ 相要靠碳与合金元素从液相通过固相 γ 扩散而逐渐转变为 γ。由于扩散速率低于实际冷却速率，包晶反应难以深入 δ 相心部，而在铸锭中保留部分 δ 相。继续冷却至 1300℃，剩余液相通过共晶反应 $L \rightarrow \gamma + C$ 生成主要由含钨的复式碳化物和 γ 相组成的骨骼状共晶体，即莱氏体，它呈网状包围 γ 固溶体。继续冷却，由 γ 相中析出二次碳化物；当冷至 800～700℃以下，γ 相转变为珠光体。因此，完全冷却的平衡组织是由珠光体＋转变了的莱氏体＋碳化物构成的。在实际生产的冷却速度下，还存在由包晶转变不完全而保留下来的由 δ 相析出的细碳化物，称为索氏体-屈氏体混合物（黑色组织）和 γ 相来不及共析分解完全而转变成的马氏体（白色组织）。当然，莱氏体中的 γ 也部分转变为马氏体和残余奥氏体，但其中的碳与合金元素含量要比白色组织低得多，性质上也有区别。

高速钢铸态组织和化学成分都是很不均匀的，而且有网络状莱氏体和大量共晶碳化物（一次碳化物）存在，使正常的淬火发生困难，即碳化物不能完全溶入奥氏体。网状和不均匀分布的共晶碳化物还对铸态钢的力学性能和热处理性能产生不利影响。

高速钢铸锭不宜直接进行热处理，要先经过锻压等热加工，将共晶碳化物打碎分散，破坏网络状碳化物组织。热加工可使化学成分均匀化。

锻后高速钢退火是为了降低硬度和便于机加工，并为淬火做组织准备。退火温度为 $A_{C1}+30\sim50$℃，即 870～880℃。退火组织为索氏体基体加合金碳化物，大部分合金元素均存在于各类碳化物中。

高速钢淬火加热温度高，目的是使碳和合金元素最大限度地溶入奥氏体中，但应控制晶粒不致过分长大。对于 W18Cr4V，为 1260～1300℃。

由于大量合金元素存在，过冷奥氏体非常稳定，钢的淬透性很好。一般采用油淬和分级淬火、等温淬火及冷处理。淬火要防止二次碳化物析出和发生珠光体转变。

高速钢回火产生明显的二次硬化现象，是造成红硬性的主要原因。采用560±10℃三次回火工艺。回火过程中，从马氏体中析出合金碳化物弥散相，同时残留奥氏体向二次马氏体转变。多次回火是为了减少残留奥氏体。

3.11.4　粉末冶金高速钢的性能

粉末冶金高速钢的成本比普通的铸锭高速钢约贵 50%，但性能优异，因此其用途仍不断扩大，主要用于切削工具、特殊成形模具以及耐磨结构零件，如铣刀、钻头、铰刀、螺纹攻与扩孔刀、齿轮滚刀等以及各种异型耐磨零件。在属于高合金钢的高速钢的相图中，固相线与液相线之间的温度区间宽，铸造时易出现合金元素和碳化物偏析。加之铸锭中心冷却慢，易产生宏观的组织和成分的不均匀性。为了破坏莱氏体组织中的网状碳化物，必须采用大变形量的热加工或重熔，这必然增加了能耗和制造成本。粉末冶金高速钢采用预合金钢粉作为原料，雾化冷却凝固时，使偏析限制在相当于粉末粒度的尺度内。用预合金粉制得的高速钢坯，消除了组织和成分的不均匀性，碳化物粒子大大减小。而且，粉末高速钢在淬火加热时，合金元素和细小碳化物重新溶解十分容易，使成分均匀性明显提高，从而可缩短加热时间，减小奥氏体晶粒长大的趋势。预合金粉末所具有的细而均匀的碳化物分布和较高的奥氏体化合物含量，均对粉末钢的最终性能产生良好的影响。

粉末冶金高速钢的优异性能表现在材料和加工性能均优于铸锭高速钢：①碳化物粒子细，如一次碳化物平均尺寸为 2μm，不存在偏析，因而热处理的加热时间缩短，提高淬硬性和回火后的硬度；②抗弯强度、红硬性和冲击韧性均提高；③热处理变形小，仅为铸锭高速钢的 1/10；④热塑性好，加工性改善，提高成材率；⑤被削磨性能明显改善，为铸锭高速钢的 2～3 倍；⑥刀具寿命比铸锭高速钢提高 2～4 倍。特别值得指出的是，利用雾化制粉的工艺特点，扩大了合金元素的选择及合金元素的用量，能生产不同于铸锭高速钢的新钢种，例如，提高钒、钴、碳的含量，发展高钒、高钴和高碳的粉末冶金高速钢。要制得优质的粉末冶金高速钢坯锭，雾化高速钢粉的粒度分布必须处于一定的范围之内，粉末的含氧量要很低。

3.11.5　粉末高速钢制造工艺

粉末高速钢已建立了自己的系列和牌号，属于高性能高速钢。粉末冶金高速钢的制造工艺以瑞典的 ASP(Asea-Stora Process)和美国的 CPM(Crucible Particle Metallurgy)为代表，由瑞典 StoraKopparberg 和 ASEA 公司与美国 Crucible 公司在 1970 年首先采用。

1. ASP 工艺

ASP 是 Asea-Stora Process 的简称。ASP 工艺是将高速钢首先在惰性气体中雾化成粉末，然后将粉末振实、装入包套进行冷等静压制，再于高压、高温下将冷等静压后的坯料热等静压至完全致密。固结后，按常规的塑性成形方法将钢坯加工成所要求的尺寸。其工艺路线是气体雾化(Ar 或 N_2)→高速钢预合金粉→干燥→过筛→装包套→密封(抽真空，400～500℃)→冷等静压(400MPa)→热等静压(1100℃，100MPa)→坯锭。热等静压制造粉末高速钢锭可达 1t 重(ϕ60cm×300cm)。

雾化球形粉经干燥，过筛后，装入薄钢板焊接的圆筒包套内，振动至尽可能紧密。加热抽真空后封口并焊接包套。在 40MPa 压力下冷等静压制，最后在 1100～1500℃和 100MPa 热等静压制 1h 至全致密。粉末钢锭可用普通锻造和轧制方法加工成所需尺寸。

ASP 高速钢的碳化物分布均匀，无偏析，且无论材料尺寸多大、合金元素含量多少，钢的组织均是均匀的，不存在冶金缺陷，从而使粉末高速钢在提高耐磨性的同时不会降低其韧度，因此，韧性和屈服强度明显改善。碳化物尺寸小使钢的可磨削性和热处理后的尺寸稳定性均得到改善。

这种方法生产的粉末高速钢，按其合金成分不同，可分别用于：制造冷加工用的工具；对高温硬度有要求的切削工具；切削大多数不锈钢和高温合金的刀具；高速切削的场合以及切削极难加工的工具材料等。ASP 高速钢共有三个牌号：ASP23、ASP30 和 ASP60。后一种属于高碳、高钒牌号，仅能用粉末冶金方法制造。其成分和应用范围见表 3-22。

表 3-22　ASP 高速钢的牌号、成分和应用

牌号	成分/%							应用范围
	C	Cr	Mo	W	V	Co	Fe	
ASP23	1.27	4.2	5.0	6.4	3.1	—	余量	红硬性不作为主要要求的多数切削工具和冷加工用模具
ASP30	1.27	4.2	5.0	6.4	3.1	8.5	余量	要求红硬性好的切削工具。适于加工多数不锈钢和高温合金;适于作高速切削工具和磨损严重的冷加工用模具
ASP60	2.30	4.0	7.0	6.5	6.5	10.5	余量	要求红硬性和耐磨性极好的切削工具。特别适于高韧性材料——高硬的钛材和钢锻件的切削

ASP 钢的热处理同普通的铸-锻高速钢相同,唯有加热温度有差别。热处理步骤分为:预加热→奥氏体化→淬火→回火。工艺参数分述如下。

(1) 软化退火。加热至 850~900℃,缓冷(10℃/h)至 700℃。退火后硬度值(HB)分别为:ASP23 的为 HB260,ASP30 的为 HB300,ASP60 的为 HB340。

(2) 消除应力。在 600~700℃保温约 2h,随炉冷至 500℃。

(3) 硬化淬火。分两阶段加热,先加热至 450~500℃,然后再加热至 850~900℃。在 1050~1180℃进行奥氏体化处理(表 3-23)并淬火。最好在中性盐槽中加热。

表 3-23　ASP23 奥氏体化处理温度

硬度值(HRC)①	淬火温度/℃②	盐槽/(min/cm)③	其他加热炉/min④
58	1010	5.9	30
60	1050	4.7	25
62	1090	3.9	20
64	1135	3.15	15
66	1175	2.4	10

①560℃下三次轧压,硬度值波动±1%;②如采用真空炉或马弗炉加热,温度提高 13℃;③预热后在盐槽内的停留时间;④达到指定温度后的保温时间。

(4) 回火。三次回火,温度为 500℃或更高一些,时间 1h。三次回火后冷却至室温。

热处理后 ASP 高速钢的硬度变化见图 3-31。在不同淬火温度下,ASP23、ASP30、ASP60 三种高速钢均表现出随回火温度升高硬度先上升后下降的趋势。

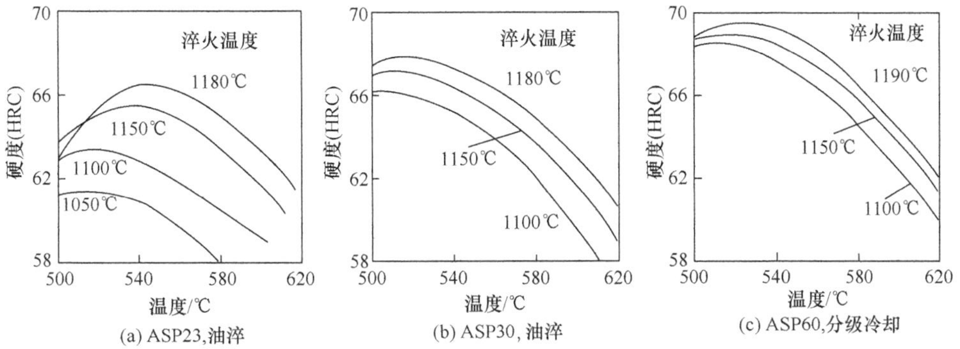

图 3-31　ASP 高速钢淬火——三次回火(1h)后的硬度值随淬火温度的变化

2. CPM 工艺

美国 Crucbile 坩埚公司于 1967 年公布了被称为制造粉末高速钢的工艺(Crucible Particle Metallurgy,CPM)。CPM 工艺是将高压气雾化的预合金颗粒装入包套后进行热等静压,使之完全致密化,然后用常规的塑性成形方法将钢坯加工成所要求尺寸的坯料和棒料。其工艺路线是感应炉熔化→惰性气体雾化→预合金粉末过筛→包套→HIP 全致密化→坯锭。这种工艺能将合金工具钢中的合金偏析减至极小。

CPM 粉末高速钢的一切优良性能均归结为其细而均匀的碳化物分布。图 3-32 是用定量金相法测定的碳化物尺寸的分布。可见,CPM T15 钢的 MC 型碳化物的尺寸分布宽度小于 3μm,并且多数低于平均尺寸 1.4μm;而普通 T15 钢的碳化物中有一半超过 6.2μm,最大为 34μm,特别是 MC 型的 VC 在大尺寸(达 34μm)的碳化物中占多数。

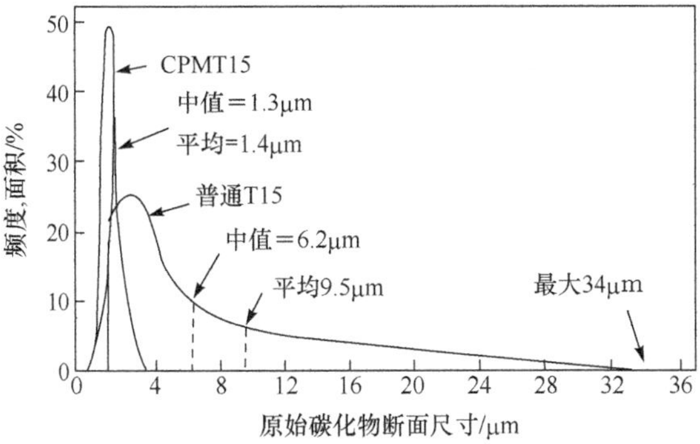

图 3-32　CPM T15 和普通 T15 钢的碳化物尺寸分布

T15(1.55C-4Cr-5V-12.25W-5Co-72.2Fe)是最常见的一种粉末高速钢,是航空工业中用来加工普通方法难以加工的高温合金和钛合金的主要切削工具钢,也是耐热性和耐磨性最高的一种钨高速钢，但是采用常规熔铸方法难以生产这种高碳高合金钢。T15 粉末高速钢只有使用 CPM 方法之后才使得这种工具钢的生产成为可能。表 3-24 还列举了其他 CPM 工具钢的牌号和成分，它们都是用熔铸方法所不能或难以生产的。CPM 10V 是在含 Cr 热加工模具钢 H-11 的基础上将 C 和 V 的含量提高的牌号。先将 H-11 钢熔化，再补加 C 和 V 待其熔化后雾化成预合金粉末。HIP 锭坯经加热机械加工后再热处理。钢中碳化钒呈球形粒子均匀分散在高韧性的合金钢基体内。该牌号在室温至 480℃范围内，耐磨性和韧性的综合性能好，适于制作粉末压制模具以及普通模具和刀具，以代替昂贵的硬质合金工具。

表 3-24　CPM 工具钢的成分　（单位：%）

牌号	成分							
	C	Cr	V	W	Mn	Mo	Co	Fe
CPM10V	2.4	5.3	9.8	0.3	0.5	1.3	—	余量
CPMRex76	1.5	3.75	3.0	10.0	—	5.25	9.0	余量
CPMRex42	1.1	3.75	1.1	1.5	—	9.5	8.0	余量
CPMRex25	1.8	4.0	5.0	12.5	—	6.5	—	余量
CPMRex20	1.3	3.75	2.0	6.25	—	10.5	—	余量

CPM Rex76 是一种富钴高速钢，其红硬性、耐磨性好，使用寿命很长，用于难切削材料的加工。与钼高速钢 M42 相当的 CPM Rex42 同 CPM T15 一样，具有很好的热加工性能，主要用来切削高温合金和钛合金。

CPM Rex25 是一种无钴高速钢，是 T15 或 CPM T15 的理想代用牌号，它们具有满意的室温和高温硬度以及抗回火性。表 3-25 和表 3-26 对 CPM Rex25 抗回火性和红硬性同 CPM T15 作了比较。

表 3-25　CPM 钢的抗回火性（HRC）

牌号	1230℃淬火+550℃ 3 次回火(2h)	淬火		淬火	
		595℃ 回火 2h	595℃ 回火 2+2+4h	650℃ 回火 2h	650℃ 回火 2+2+4h
CPMRex25	68	66.5	66.5	62.5	55
CPM T15	67	66.5	64.5	61	54.5

表 3-26　CPM 钢的红硬性（HRC）

牌号	室温（试验前）	540℃	595℃	650℃	室温（试验后）
CPMRex25	67.8	57.8	54.0	48.4	64.3
CPM T15	66.7	57.1	54.2	48.2	63.4

表 3-27 是 CPM 工具钢同普通工具钢的力学性能对比。磨削比值代表磨去的工具钢体积和磨轮损耗的体积之比，其值高意味着修整刀具容易和磨轮寿命长。由表 3-27 可知，粉末工具钢的韧性，特别是磨削性能高于相同成分的普通工具钢。

表 3-27　CPM 同普通工具钢的力学性能

牌号	硬度（HRC）	韧性 肖式 C-缺口冲击值/J	抗弯强度/MPa	磨削比值
CPMT15	67	19	4750	2.2
普通 T15	66	5	2180	0.6
CPMM4	64	43	5430	—
CPMM4	65	32	5460	2.7
普通 M4	64	14	3640	1.1

工具钢耐磨性的提高主要取决于合金元素含量的提高，特别是 MC 型 VC 含量的增加。T15 的合金元素总量达到 27.8%，V 为 5%，这实际是熔炼工具钢的合金含量极限。粉末工具钢已突破了这个极限，如优质粉末工具钢的 V 含量已提高到 6.5%，相应地 C 含量也增加到 2.2%。Rex76/6V 就是在 Rex76(3%V)的基本成分上发展起来的优质粉末高速钢，它与瑞典的 ASP60 相当（表 3-28）。

表 3-28　优质粉末高速钢的成分　（单位：%）

牌号	C	Cr	W	Mo	V	Co	Fe
CPMRex76/6V	2.2	4.0	10.0	5.3	6.5	8.5	余量
ASP60	2.30	4.25	6.5	7.0	6.5	10.5	余量

3. 高温烧结工艺

ASP 和 CPM 粉末高速钢坯料，都需先经热加工（锻造或轧延）成材，再机械加工成各种刀具或耐磨零件。加工屑和废料使成品的价格提高，而且贵重的合金元素也被浪费。因此，从 20 世纪 70 年代初开始，有人研究用冷压-烧结工艺制造粉末高速钢产品，但由于不加外力的烧结很难达到全致密，残留孔隙（1%～2%）降低材料韧性和使用寿命。直到 1975 年，被称为“Fuldens”的高温烧结问世，才使廉价地大量生产粉末高速刚的复杂刀具得以实现。

Fuldens 粉末高速钢的工艺流程包括水雾化制取合金粉、CIP 或模压加真空烧结。水雾化预合金粉末具有不规则的颗粒形状，显微组织为马氏体，质硬而脆，不适于直接冷压成形。粉末要先经过高温软化退火，温度同普通工具钢相同。退火粉末颗粒表面平整，光亮，有碳化物析出，平均粒度约为 0.4μm。退火粉末含氧量降低到 1000ppm 以下，压制性很好，不规则粒形又有助于提高压坯强度。双向模压和冷等静压制得密度变化曲线如图 3-33 所示。压力范围分别为 450～750MPa 和 400～600MPa。压坯致密度一般可达到 80%（理论密度为 8.11g/cm^3）。模压的形状精确，但模具费用较高。

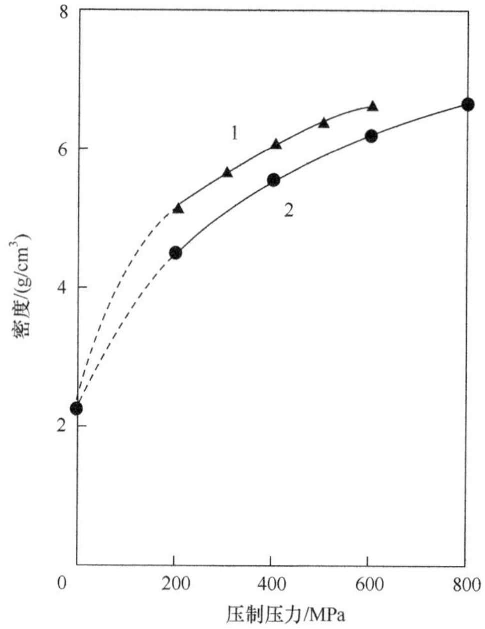

图 3-33 双向模压和冷等静压高速钢的退火粉末的压制曲线

1-冷等静压制（不加润滑剂）；2-模压，润滑模壁；$h/D=1$

Fuldens 粉末高速钢的牌号和成分如表 3-29 所示。

表 3-29 Fuldens 粉末高速钢的名义成分 （单位：%）

AISI 牌号	C	Cr	W	Mo	V	Co	Fe
M2	0.85	4.5	6.3	5.05	1.85	—	余量
M3-2 型	1.20	4.10	6.00	5.00	3.00	—	余量
M4	1.28	4.5	5.5	4.5	4.00	—	余量
M35	0.92	4.15	6.35	4.95	1.85	4.75	余量
M42	1.10	3.75	1.50	9.50	1.15	8.00	余量
T15	1.57	4.00	12.50	0.50	5.00	5.00	余量

Fuldens 工艺的材料利用率为 85%～95%，而普通工艺高速钢的材料利用率仅为 20%～50%，因此，该工艺具有明显的经济效益。

高速钢粉末的烧结温度十分接近固相线；有时烧结温度还会高于固相线5.5～

11℃，进行超固相线液相烧结，该烧结过程在颗粒内部和颗粒间同时进行，大大促进了烧结进程。烧结过程中，除致密化，还发生游离碳的溶解、碳化物的溶解、成分均匀化以及晶粒长大，孔隙收缩和最后消失。下面着重分析合金元素对烧结过程的作用。

1）碳

增加碳含量使合金固相线温度降低，故应相应地降低烧结温度。尽管碳溶解速度快，高于 980℃时扩散和均匀化十分迅速，但当混合料中过剩碳量超过 0.15%～0.20%时，会引起碳分布不均匀和烧结密度不均匀。

2）氧

氧会造成合金烧结时脱碳。真空烧结时，脱碳反应使氧含量降低到 200ppm 以下。按 1000ppm 氧含量可使碳降低 750ppm 计算应外加的石墨量。

3）形成碳化物元素

随着钢中 W、Mo、V 的含量提高，C 含量也必须增加。其中尤以 V 最明显，因为 VC 最稳定，在烧结温度下不溶于基体，故 VC 能有效地阻止烧结时晶粒的长大。因此，在提高 V 含量并相应有与之平衡的碳含量存在时，对烧结是有利的。含 3%或更高 V 的高速钢(M3-2 和 T15)，能烧结至全致密，而且保持细晶粒组织。Cr 由于其碳化物不如 W、Mo、V 的碳化物稳定，对烧结过程影响不大。

真空烧结的典型工艺制度如图 3-34 所示，包括一次低温保温和一至多次高温保温。

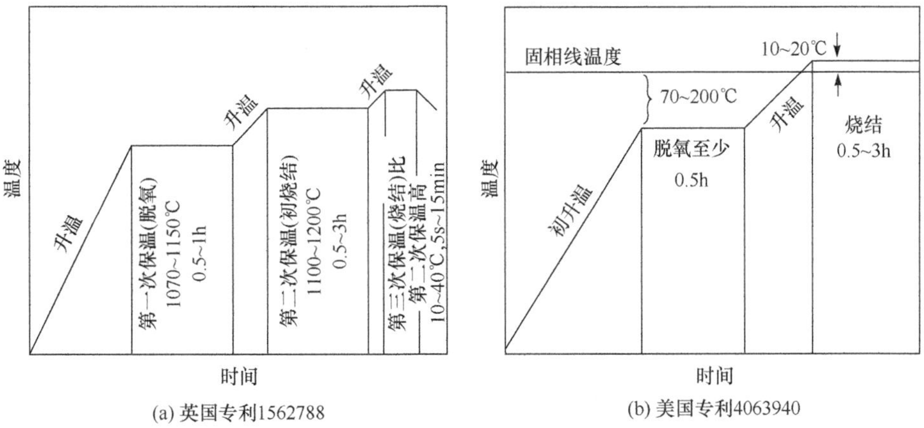

图 3-34　全致密烧结高速钢的烧结制度

第一次保温(脱氧)前的升温速度不太重要。为缩短烧结时间，可提高初升温速度。对于间歇作业的真空炉，可充入惰性气体或氢气(压力可达到 64kPa)，这也有助于加热均匀。

脱碳是靠氧与碳生成CO被抽走而完成的。氧、氮和其他吸附气体必须在烧结坯内形成闭孔之前排净，否则会使产品鼓泡。脱氧保温阶段也有使物料受热均匀的目的，要求炉内温度变化不超过±9℃。

第二次升温至烧结温度要求缓慢，应严格控制在0.5～5.5℃/min。

烧结保温阶段包括等温烧结和极缓慢的升温过程(3～30℃/h)。各种牌号的烧结温度见表3-30。

表3-30　几种粉末高速钢的名义成分和典型烧结温度

牌号	烧结温度①/℃	成分/%							相对烧结性②
		C	Cr	Mo	W	V	Co	Fe	
M2	1245	0.85	4.2	5.0	6.3	1.9	—	余量	3
M2(高碳)	1240	1.00	4.2	5.0	6.3	1.9	—	余量	3
M3-2	1255	1.20	4.1	5.0	6.0	3.9	—	余量	2
M4	1260	1.32	4.5	4.5	6.5	4.0	—	余量	3
M35	1225	1.15	4.2	5.1	6.4	2.0	5.0	余量	4
M42	1220	1.10	3.8	9.5	1.5	1.2	8.0	余量	5
T15	1265	1.60	4.4	—	12.5	4.8	5.0	余量	1

①退火粉末在830MPa压力下冷压成形；②相对烧结性分1～5级，1级最容易，5级最难。

烧结后冷却通常是越快越好。为此，向真空炉内反充入惰性气体或采用强制对流冷却，以减少炉子工作时间。气体强制冷却后的高速钢的硬度值一般为HRC50～60，低于热处理后的硬度(HRC55～65)。因为前者有过剩的残留奥氏体保留下来。

通过金相组织检查来鉴别高速钢的烧结质量。烧结态的显微组织应比奥氏体化的组织更均匀，碳化物更细，不出现晶界上的网状碳化物，而且没有孔隙或仅有极小的孔隙存在。将烧结态高速钢进行退火并加热到奥氏体温度淬火，很容易获得更细的显微组织。烧结质量差的高速钢的明显标志是晶界上出现大的块状碳化物，如果烧结温度过高，还会产生局部熔化现象，冷却后生成共晶物。

3.11.6　粉末高速钢的热处理特性

粉末高速钢的热处理同普通高速钢无太大的差别，在成分相同时，淬硬性也大致相同。由于粉末高速钢的碳化物细、分布均匀，淬火前加热所得奥氏体的晶粒也细小和均匀得多，所以可相应缩短加热时间，淬透性好，同时热处理后的变形也小(图3-35)。

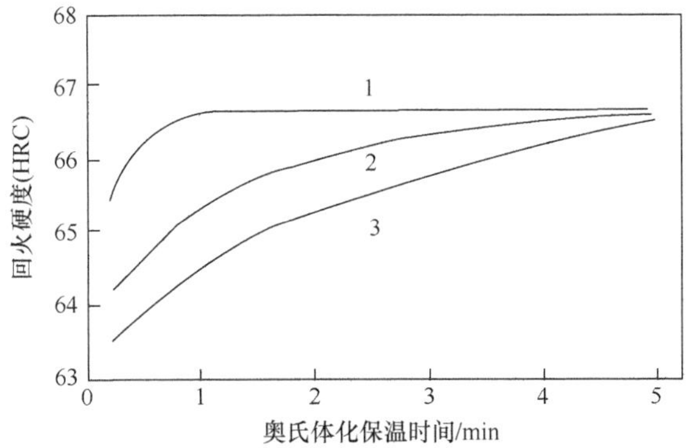

图 3-35 M2S 工具钢棒淬透性的比较

1200℃加热,油淬;三次回火(550℃,2h);硬度由棒的中心部位开始测量;

1-P/M 棒材,ϕ125mm;2-普通棒材,ϕ19mm;3-普通棒材,ϕ125mm

粉末高速钢的热处理工艺的制定,仍以钢的化学成分作为主要依据。为消除加工后的应力和软化组织便于进一步加工,必须进行退火。标准的 W18Cr4V 粉末高速钢退火是加热至 850℃保温 1～2h 后随炉降至 750℃再保温 3h,再随炉冷至 500℃出炉。

粉末高速钢的回火特性见图 3-36。可见粉末钢同普通钢的二次硬化峰值均在 540℃附近,而含氮粉末高速钢则在 550℃附近,且回火硬度超过 HRC66。

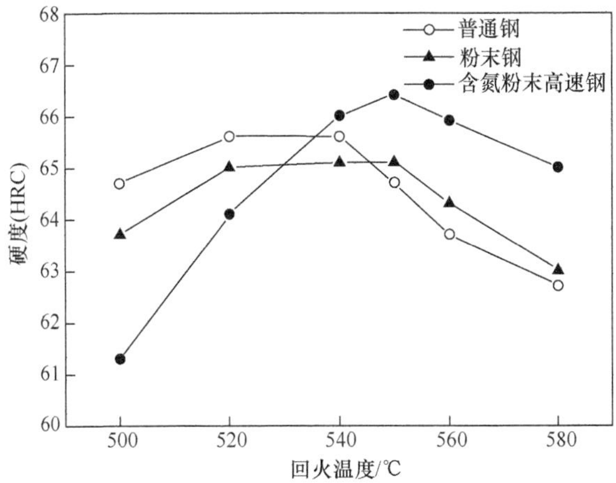

图 3-36 回火温度对粉末高速钢硬度的影响

图 3-37 是 M2 和 T15 粉末高速钢的回火曲线与淬火加热温度的关系。在 1180℃和 1230℃的淬火温度下,随着回火温度的升高,M2 和 T15 粉末高速钢均表现出硬度先升高后降低的趋势,最佳回火温度在 540～550℃范围内。M2、M35

和 T15 粉末高速钢热处理后的性能如表 3-31 所示。

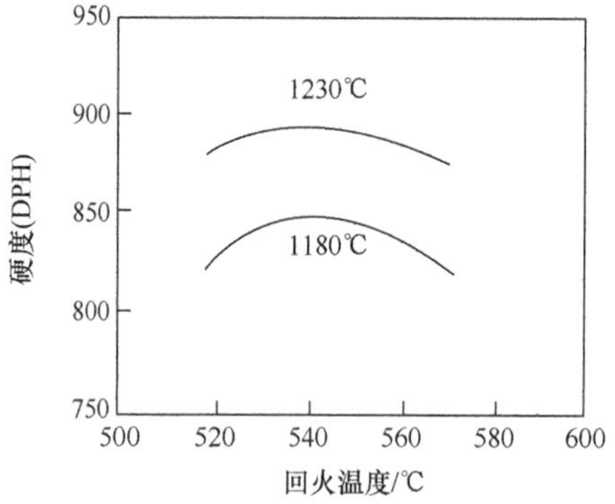

(a) M2

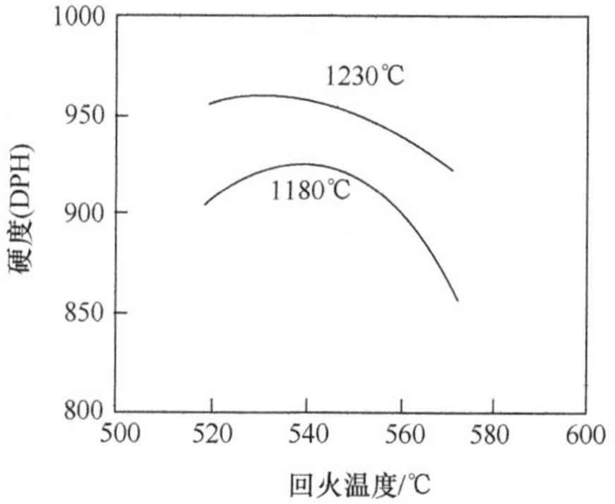

(b) T15

图 3-37　粉末高速钢的回火曲线(不同淬火温度下)

表 3-31　粉末高速钢的典型性能

性能	牌号		
	M2	M35	T15
密度/(g/cm^3)	8.05～8.20	8.05～8.20	8.15～8.30
σ_b/MPa①	750～800	770～820	770～830
δ/%	12～14	6～9	3～6
σ_b/MPa②	750～2000	770～2000	770～2000
硬度(HRC)	62～65	63～66	64～67

①完全退火;②热处理后。

3.12　展　　望

铁基粉末冶金结构材料是我国国民经济发展的重要支撑材料,其发展首先应加强与钢铁粉末制造企业紧密合作。铁基粉末冶金结构材料与铁粉、钢粉等一些粉末原料的生产密不可分。经历半个多世纪的发展,我国已跻身为世界重要的钢铁粉末生产基地,为开拓应用铁基粉末冶金材料创造了条件。但在高性能钢铁粉末的制备上仍与国际一流水平存在差距,例如,20 世纪 80 年代我国开始生产水雾化钢铁粉,但在应用到高密度铁基粉末冶金机械零件中时,发现与国际上制粉企业的水雾化钢铁粉存在差异。在我国经济发展需与国际接轨的情况下,钢铁粉末不但需在产量、品种上与国际品种相当,而且还需性能更加优质和稳定。每批钢铁粉末的稳定性很重要,因为铁粉的选择决定了产品的压制和烧结工艺,直接影响产品的最终性能[22]。这也说明，在开拓粉末冶金新产品中，铁基粉末冶金制品企业应与钢铁粉末企业深入合作，共同制定产品应用标准，保障铁基粉末冶金材料产品的长期稳定性。

铁基粉末冶金结构材料的发展还应与用户企业密切联系，特别是汽车制造企业。铁基粉末冶金结构材料是汽车制造业的优质选择配件，其在汽车行业的应用已深入人心。但还需进一步开发铁基粉末冶金结构材料的新体系、新工艺，突破汽车传统观念的束缚，使汽车制造企业接受新产品，开拓新产品的应用领域。汽车工业作为国家的支柱产业，我国汽车工业发展引领了社会经济变革，也带动了粉末冶金工业的发展，铁基粉末冶金结构材料的发展与应用也必将为汽车工业及国民经济的进一步发展作出重要贡献。

思 考 题

1. 试结合实例提出两种提高粉末冶金结构材料力学性能的方式。

2. 粉末冶金高速钢的强度、冲击韧性、红硬性以及耐磨性能均优于相应的铸造钢，切削寿命则可提高2～4倍，试分析其中的原因。

3. 烧结钢热处理的工艺特点及注意事项有哪些？

4. 烧结钢合金化的特点是什么？

5. Fe-Cu-C系烧结时Cu、C含量对铜钢尺寸的影响是什么？

6. 钼、镍、锰、铬在烧结钢中的作用及工艺注意事项有哪些？

7. 简述磷钢的烧结机制。

8. 粉末冶金热锻对粉末冶金原料的要求有哪些？

9. 简述不锈钢中合金元素的种类及作用。

参 考 文 献

[1] 孙世杰. 2010年北美地区粉末冶金工业发展报告[J]. 粉末冶金工业，2010，20(6)：50-52.

[2] Kamga H K，Larouche D，Boumane M，et al. Mechanical properties of aluminium-copper B_{206} alloys with iron and silicon additions[J]. International Journal of Cast Metals Research，2012，25(1)：15-25.

[3] 韩凤麟. 中国模具工程大典(第六卷)：粉末冶金零件模具设计[M]. 北京：电子工业出版社，2007.

[4] 毛志强. 粉末冶金零件在汽车上的应用[J]. 粉末冶金工业，2003，13(1)：8-11.

[5] 于洋. 烧结钢生产过程中的尺寸变化及其控制[J]. 粉末冶金技术，2003，21(1)：46-52.

[6] 夏亚山. 碳、铜、镍含量对铁基粉末冶金材料性能的影响[D]. 苏州：苏州大学，2008.

[7] 刘芳，周科朝，李志友. 渗铜量对颗粒强化铁基材料显微组织的影响[J]. 材料科学与工艺，2006，14(1)：50-53.

[8] 杨传芳，王士平，胡焕芝，等. 含碳量对烧结铜钢尺寸与性能的影响[J]. 粉末冶金工业，2010，20(2)：32-37.

[9] Lee T H, Kim Y O, Kim S J. Crystallographic model for bcc-to-9R martensitic transformation of Cu precipitates in ferritic steel[J]. Philosophical Magazine, 2007, 87(2): 209-224.

[10] 李祖德，赵慕岳，罗述东，等. 含锰高强度低合金烧结钢(Ⅰ)——成分系列[J]. 粉末冶金材料科学与工程，2008，13(2)：63-69.

[11] 胡磊，肖志瑜，付文超，等. Mn 含量对 Fe-Cu-Mn-C 系烧结合金组织和性能的影响[J]. 粉末冶金材料科学与工程，2013，(6)：821-826.

[12] 武迎麦，马志英，罗威，等. 铬和硅含量对铬系冷轧辊钢耐磨性及淬透性的影响[J]. 上海金属，2010，32(5)：30-34.

[13] 陈进添. 磷元素对粉末烧结铜合金-钢复合材料性能的影响[J]. 上海有色金属，2010，31(2)：74-77.

[14] 何朋，王均安，徐新平. 粉末冶金制备不锈钢的研究及发展[J]. 金属热处理，2004，29(7)：1-5.

[15] Liu Z H, Zhang D Q, Sing S L, et al. Interfacial characterization of SLM parts in multi-material processing: Metallurgical diffusion between 316L stainless steel and C18400 copper alloy[J]. Materials Characterization, 2014, 94(8): 116-125.

[16] 吴元昌. 第三代粉末冶金高速钢[J]. 粉末冶金工业，2005，15(5)：55-56.

[17] 刘佐仁. 淬火温度对高速钢力学性能的影响[J]. 钢铁，2001，36(7)：54-57.

[18] 刘延辉，姚泽坤，宁永权，等. 粉末冶金高速钢的热变形行为[J]. 材料热处理学报，2014，35(4)：62-66.

[19] 卢广锋，方玉诚，金成海，等. 粉末冶金高速钢 T15 工业制备技术[J]. 粉末冶金工业，2008，18(5)：1-4.

[20] 李娜，秦茶，尤佳. 热处理对大规格 M2 高速钢组织和性能的影响[J]. 热加工工艺，2014，(12)：216-218.

[21] 文小浩，陈胜，丁小芹，等. SPS 烧结 M42 粉末冶金高速钢的显微组织与性能[J]. 粉末冶金技术，2010，28(1)：39-42.

[22] 崔建民，李松林，袁勇. 钢铁粉末[M]. 长沙：中南大学出版社，2012.

第4章 硬质合金与工具材料

硬质合金俗称“工业的牙齿”，是以难熔金属碳化物（WC、TiC、TaC、NbC等）为基体，以铁族金属（Co、Ni、Fe）作黏结剂，用粉末冶金方法制造的一种多相复合材料。

硬质合金是在20世纪20年代问世的。1923年德国人K. Schroter用粉末冶金方法研制成WC-Co硬质合金，并以专利形式公告于世。1926年德国克虏伯（Krupp）公司开始工业生产并以商标“维迪亚”（Widia-N）出售WC-Co合金。随后，欧美、俄罗斯和日本相继研制和生产了硬质合金。我国是一个钨资源大国，硬质合金的产量在2013年已达到26000t，稳居世界第一。

硬质合金作为工具材料具备一系列优越性能：①硬度高、耐磨性好，常温下硬度可达HRA93～94，高温下的红硬性好，600℃时超过高速钢，1000℃时超过碳钢的常温硬度值。②机械强度高，抗压强度可高达6000MPa，900℃时抗弯强度仍可有1000MPa以上。③弹性模量高，通常为400～700GPa，在常温下刚性较好，无明显的塑性变形。④耐腐蚀性和抗氧化性好，耐酸、耐碱，600～800℃时不发生明显氧化。⑤线膨胀系数小，电导率和热导率与铁合金相近。其中，最主要的是高的硬度、耐磨性与高温硬度。硬质合金的上述特点，使得它在现代工具材料、耐磨材料、耐腐蚀和耐高温材料等方面都占据着重要地位。硬质合金的出现，使切削加工速率成10倍地提高，引起了金属切削加工工业的技术革命，它被看成工具材料发展中，继碳素工具钢和高速钢之后的第三阶段的标志。

硬质合金按其应用范围可以分为硬质合金切削刀具、硬质合金模具、硬质合金量具与耐磨零件、矿山石油地质用硬质合金四大类。一般来说，WC-Co类合金主要用于铸铁、有色金属及其合金的切削刀具、金属拉伸模具、冲压模具、耐磨零件、量具以及矿山石油地质工具；WC-TiC-Co类合金主要用于钢材切削加工；WC-TiC-TaC(NbC)-Co类合金主要用于难加工材料的切削加工。除上述硬质合金，TiC基合金主要用作切削工具，目前已推广到耐磨零件和耐磨工具等方面；钢结硬质合金最初主要应用于各种冲压模、冷镦模、成形模、拉伸模以及耐磨零件等，现也扩展到常温甚至高温、腐蚀介质、氧化气氛和高应力等工况条件的各种材料和零件。

其他工具材料包括金刚石工具、陶瓷工具和立方氮化硼，这些都是新出现的一类有竞争力的工具材料。它们的强度高、硬度高、韧性好，可以加工用硬质合金刀具难以加工的材料。Al_2O_3陶瓷工具出现在20世纪30年代，金刚石工具出现在20世纪70年代初期，立方氮化硼的出现则在20世纪70年代末期。

4.1　碳化钨基硬质合金

WC-Co、WC-TiC-Co 系硬质合金的制造工艺过程如图 4-1 和图 4-2 所示，这类

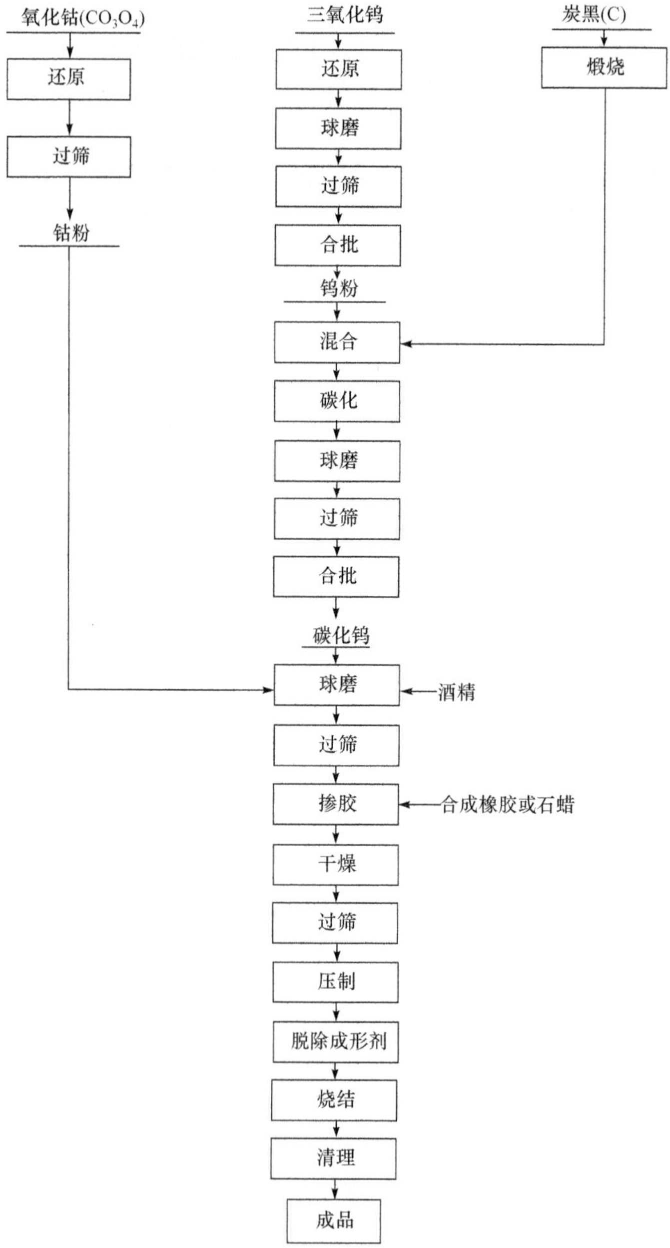

图 4-1　烧结 WC-Co 系硬质合金制造工艺流程图

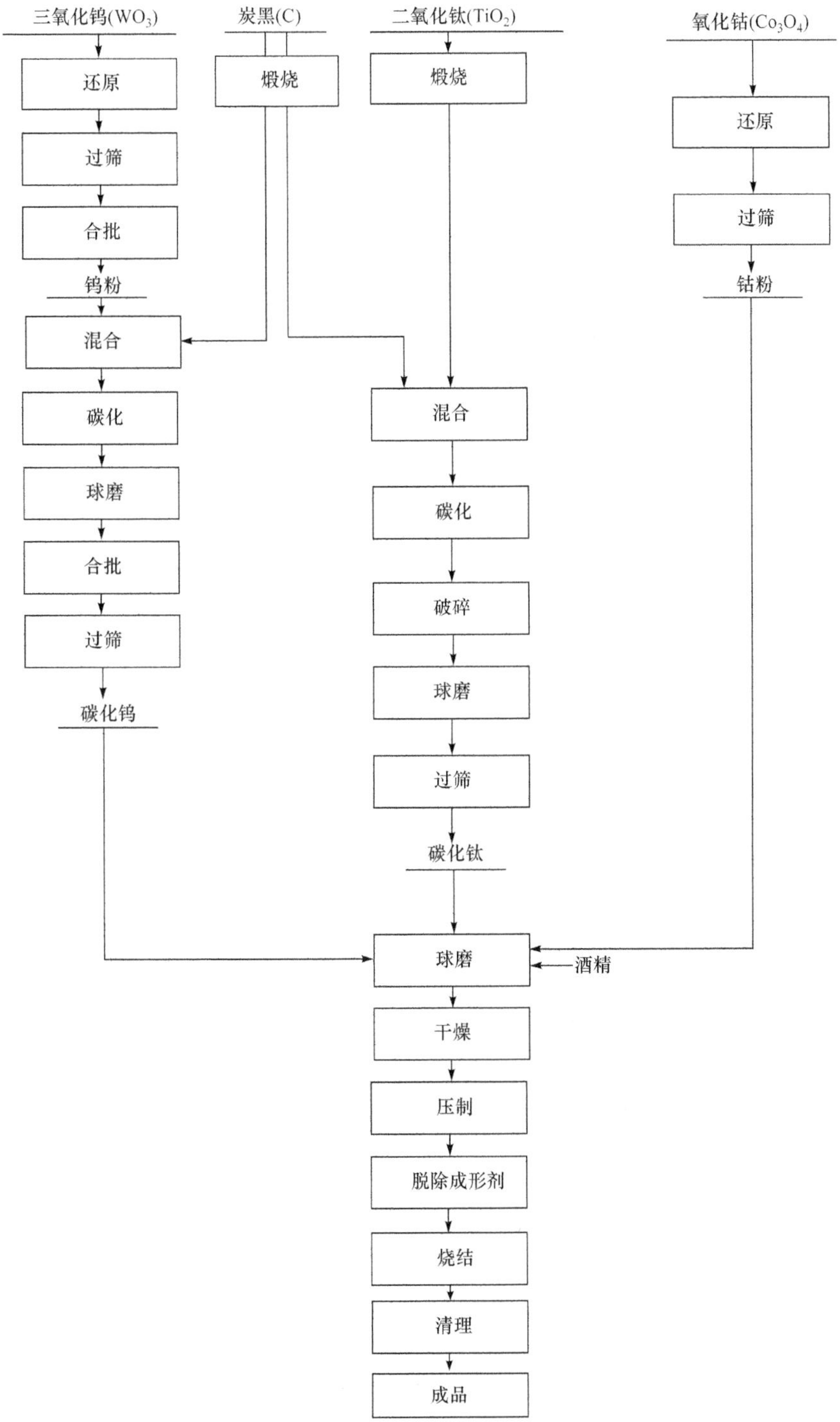

图 4-2 烧结 WC-TiC-Co 系硬质合金制造工艺流程图

合金由碳化钨或碳化钨与碳化钛和黏结剂的复合物——碳化钨和碳化钛在钴中的固溶体组成。碳化物组元与黏结剂组元的相互作用程度在很大程度上取决于碳化物的分散度:碳化物组元的晶粒越细,与黏结剂的相互作用越充分,黏结组元就越能被碳化物所饱和,从而导致硬度及耐磨性的提高,但同时也使其脆性增大。硬质合金的化学成分列于表 4-1 中。

表 4-1 硬质合金的化学成分

类 别	牌号	化学成分(质量分数)/%			
		WC	TiC	TaC	Co
钨钴类合金	YG3	97	—	—	3
	YG6	94	—	—	6
	YG8	92	—	—	8
	YG15	85	—	—	15
钨钛类合金	YT5	85	5	—	10
	YT15	79	15	—	6
	YT30	66	30	—	4
通用合金	YW1	84～85	6	3～4	6
	YW2	82～83	6	3～4	8

在硬质合金牌号的符号中,字母 Y 表示硬质合金;字母 G 表示钴,其后缀数字表示硬质合金钴的质量分数;字母 T 表示钛,其后缀数字表示硬质合金 TiC 的百分比。

WC-Co 硬质合金的性能在很大程度上取决于其化学成分和制备工艺。采用微波烧结技术制备了呈层状结构的 WC-8%Co 的硬质合金,该合金在 N_2 和 N_2+H_2 气氛中烧结时脱碳,但在 CH_4 气氛中渗碳[1];WC 粒度对 WC-15Fe-5Ni 硬质合金的组织与性能具有显著影响,随 WC 粉末粒度的减小,合金的 WC 晶粒尺寸减小,抗弯强度和硬度升高,断裂韧性降低,耐磨性能提高,耐腐蚀性能变差[2];在不同的含碳气氛中,WC-Co 硬质合金中 WC 的晶粒尺寸及分布与碳的活性密切相关[3];在 WC-Co 硬质合金中同时加入少量的 VC 和 Cr_3C_2,其界面结构与性能会发生相应改变[4]。WC-Co 型烧结硬质合金的组织由固溶体黏结的碳化钨晶粒组成。WC-TiC-Co 系合金的组织则由固溶体和黏结共晶体(Ti、W)C-Co 组成。硬质合金已在各个工业部门中得到了广泛应用,主要用于材料的切削加工和压力加工以及各种类型的凿岩。此外,还用硬质合金制造一些特殊类型的制品。烧结硬质合金的性能及主要应用范围列于表 4-2 中。

表 4-2　烧结硬质合金的性能及应用范围

牌号	性能			应用范围
	密度/(g/cm^3)	抗弯强度/MPa	硬度(HRA)	
YG3	14.9～15.3	≥1180	≥90.5	适合铸铁、有色金属及其合金与非合金材料连续切削时的精车,半精车,并能对钢、有色金属及其线材拉伸,也适合于喷沙用喷嘴
YG3X	15.1～15.4	≥1300	≥91.5	
YG6X	14.8～15.1	≥1560	≥91.0	适合冷硬铸铁、合金铸铁、耐热钢、合金钢的加工,也适合普通铸铁的加工
YG6A	14.7～15.1	≥1580	≥91.0	
YG6	14.7～15.1	≥1670	≥89.5	适合铸铁、有色金属、合金与非合金材料的精加工与半精加工,也用于钢、有色金属线材的拉伸,地质用电钻、钢钻钻头等
YG8	14.6～14.9	≥1840	≥89	适合铸铁、有色金属、非金属材料的粗加工,钢及有色金属、管材的拉伸,地质用各种钻头、机器制造用工具及易磨损零件
YG15	13.9～14.1	≥2020	≥86.5	适用于坚硬岩层凿岩,压缩率大的钢棒、管材拉伸、冲压工具,粉末冶金自动压机模具的柱芯等
YT15	11.1～11.6	≥1180	≥91.0	适用于碳素钢和合金钢连续加工时的粗加工和半精加工、精加工
YT14	11.2～11.8	≥1270	≥90.5	适用碳素钢和合金钢不平整面的粗加工,间断切削时的半加工
YT5	12.5～13.2	≥1430	≥89.5	适用碳素钢和合金钢不平整面与间断切削时的粗加工
YW1	12.7～13.5	≥1180	≥91.5	适用耐热钢、高锰钢及普通钢和铸铁的加工

硬质合金的生产工艺按照一般粉末冶金法过程进行。原料为钨、钛、铌等的氧化物,经还原、碳化后制成金属碳化物粉粒,与黏结剂金属粉粒按配方比例进行混料,压制成形,然后烧结。混料一般采用湿混工艺,在球磨机中进行。混料必须保证均匀。硬质合金的压制压力一般为 100～150MPa,由于金属碳化物粉粒硬度高,成形性差,在料粉中混入少量橡胶或石蜡以增加成形性。烧结在氢气或真空中进行,碳化钨型硬质合金的烧结温度为 1380～1490℃;碳化钛型硬质合金的烧结温度为 1480～1560℃。热压法、熔渗法也都能有效地用于硬质合金的生产。

4.1.1　碳化钨与复式碳化物的制造

WC 是难熔金属碳化物中的一种,是硬质合金的重要组分,可溶解于多种碳化物中,形成复式碳化物,如 WC 与 TiC 可生成 TiC-WC 固溶体;TiC 和 TaC(NbC)

可生成 TiC-TaC(NbC)固溶体等。

1. 碳化钨粉的制取

钨粉(或三氧化钨)与炭黑的混合物在炉中加热至一定温度后便可生成碳化钨,这种工艺过程称为“碳化”。碳化可在石墨管式电炉或高频(中频)感应电炉中进行,碳化时,可以通氢气、分解氨气或在真空保护下进行,它的生产工艺流程如图 4-1 所示。

钨粉的碳化过程主要是通过与含碳的气相发生反应来进行的,它的总反应式为

$$W+C = WC \tag{4-1}$$

在通氢的情况下,氢气首先与料中的炭黑起反应,在低温下形成碳氢化合物(主要是甲烷),甲烷在高温下(如 1400℃)全部分解为碳和氢气,此时,离解出的碳活性较高,沉积在钨粉颗粒上,并向钨粉颗粒中扩散,从而使整个钨粉颗粒逐步碳化。分解出来的氢气又继续与料中的炭黑反应生成甲烷,如此反复循环,直至碳化过程全部终结。因此,在通氢碳化时的实际反应式如下:

$$C+2H_2 = CH_4 \tag{4-2}$$

$$W+CH_4 = WC+2H_2 \tag{4-3}$$

由此可见,氢气只起着碳的载体作用。

在不通氢情况下进行碳化与通氢时相似,但此时的还原剂为 CO。在 1000℃以上温度,碳与氧只能以 CO 形式存在,碳化反应为

$$W+2CO = WC+CO_2 \tag{4-4}$$

生成的 CO_2 又与碳发生反应,即

$$CO_2+C = 2CO \tag{4-5}$$

在此情况下,二氧化碳和氢气一样起着载体作用。实际表明,钨粉的碳化反应在 830℃左右就已开始,在 1300℃以上显著加速,如图 4-3 所示。碳化时,碳氢化合物(或 CO)的浓度和碳向钨粉颗粒中的扩散速度随着温度升高而增加,它们都对碳化过程有直接的重要影响,由图 4-3 可知,化合碳含量随着温度升高而增加,直至饱和。

影响碳化钨粉粒度的主要因素有 W 粉原始颗粒的大小、碳化温度及时间、某些杂质或添加剂。一般来说,在碳化工艺相同时,由粗颗粒钨粉可制得粗的碳化钨;钨粉的颗粒越细,所得的碳化钨粉也越细。碳化前后粉末粒度的变化情况如表 4-3 所示。

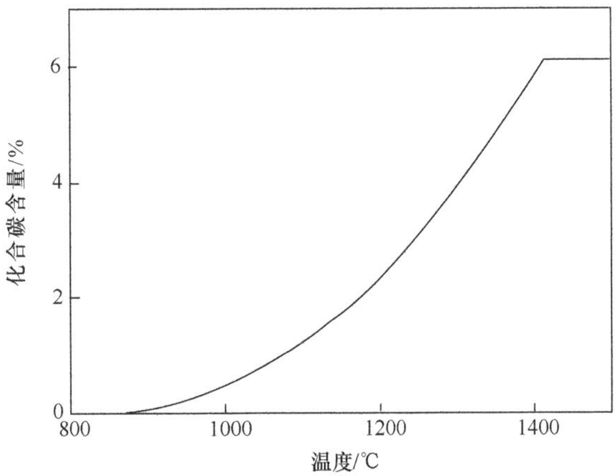

图 4-3　钨粉碳化时碳含量与温度的关系

表 4-3　碳化前后粉末粒度的变化

类别	平均松装密度/(g/cm³)		平均粒度/μm	
	钨粉	碳化钨粉	钨粉	碳化钨粉
细颗粒	1.80～2.50	<2.50	0.30～0.80	0.40～1.20
中颗粒	3.20～4.00	4.00～5.20	1.50～2.50	3.0～5.0
粗颗粒	10.30～11.50	7.50～8.30	40～50	20～30

温度和时间对碳化钨粉的粒度影响较大，在高温或长时间的碳化情况下，由于碳化钨粉颗粒间的烧结或聚集再结晶使其颗粒长大。长大速率随着钨粉粒度的增大而下降，细颗粒钨粉碳化时的长大尤为明显；中颗粒钨粉的碳化温度即使提高200℃，对颗粒长大的影响也不明显；对于粗颗粒钨粉，粉末粒度不因提高碳化温度而增大。

钨粉中钠是常见的杂质，它对碳化钨粉粒度的影响极大。少量钠的存在将会抑制碳化钨晶粒的长大；当钨粉粒度大小不等或含有相当多的假共晶时，少量钠的存在将导致碳化钨粉粒度更均匀；钠在碳化后可被完全排除，对烧结合金质量无不良影响。钙和钡对碳化钨粉粒度的影响作用与钠类似；而杂质硅和硫则有相反作用，它们将使晶粒长大。利用添加元素的影响才可制造某种特殊用途的碳化钨粉，如在氧化钨粉末中添加 $CaCl_2$，碳化后可得到碳化钨的单晶或近似单晶体，甚至在球磨 48h 后仍可保持单晶状态。用这种含钙钨粉制得的碳化钨所生产的硬质合金作矿山工具时，其寿命和韧性比一般硬质合金好。

近来，对于用钨的蓝色氧化物(蓝钨)作为原料来制取钨粉和碳化钨粉的工艺已引起人们的极大关注，并对它进行了许多研究。用蓝色氧化物粉作为原料，在

750℃和1000℃进行还原，在所有情况下均发生如下的四个转变阶段：

$$WO_{2.9x} \longrightarrow WO_{2.9} \longrightarrow WO_{2.72} \longrightarrow WO_2 \longrightarrow W \tag{4-6}$$

这些转变阶段的特点不仅是颜色发生变化（由浅蓝→深蓝→深紫→褐色→灰色），而且还发生晶体形态的复杂变化，如表4-4所示。从$WO_{2.9}$到W的所有转变都是借助钨的化学气相迁移发生。扫描电镜研究指出，从$WO_{2.9}$到W的所有中间相均形成完整的小晶面晶体。

表4-4　不同形态的钨氧化物

钨氧化物类型	存在范围	密度/(g/cm³)	颜色
W_3O	$W \sim WO_{1.9}$	14～19	灰（金属灰）
WO_2	$WO_{1.99} \sim WO_{2.02}$	11	棕
$W_{2.72}$	$WO_{2.664} \sim WO_{2.786}$ $WO_{2.65} \sim WO_{2.76}$	7.7	红-紫
$W_{2.90}$	$WO_{2.88} \sim WO_{2.92}$ $WO_{2.90} \sim WO_{2.94}$	7.15	蓝-紫
WO_3	$WO_{2.95} \sim WO_3$	(7.33) 7.13	黄 （绿-蓝）

热力学研究指出，$WO_2(OH)_2$是单体氧化钨的水合物，它是W的氧化物在较高温度下同水蒸气接触而生成的，是挥发性最强的W-O-H三元化合物，如图4-4所示。

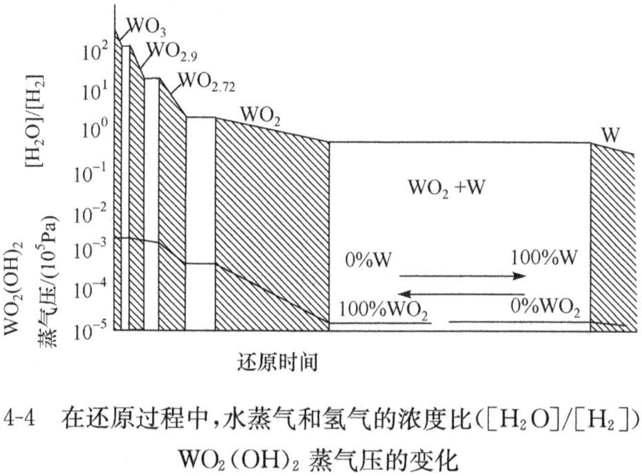

图4-4　在还原过程中，水蒸气和氢气的浓度比（[H_2O]/[H_2]）及$WO_2(OH)_2$蒸气压的变化

所有的反应常数都是根据反应热焓和平衡常数计算的，表4-5列出了在750℃和1000℃下的四种平衡式，同时列出了能控制这些平衡式的氧分压及[H_2O]/[H_2]的相应值，如图4-5所示。

表 4-5 $WO_2(OH)_2$ 的计算平衡压力和相应的$[H_2O]/[H_2]$比

平衡式	1000℃		750℃	
	$WO_2(OH)_2/(10^5Pa)$	$[H_2O]/[H_2]$	$WO_2(OH)_2/(10^5Pa)$	$[H_2O]/[H_2]$
$WO_3+WO_{2.8}$	1.75×10^{-3}	10.5	3.65×10^{-5}	5.5
$WO_{2.9}+WO_{2.72}$	1.36×10^{-3}	16.3	3.20×10^{-5}	4.76
$WO_{2.72}+WO_2$	4.63×10^{-4}	1.58	1.16×10^{-5}	1.30
WO_2+W	1.62×10^{-6}	0.42	5.08×10^{-5}	0.155

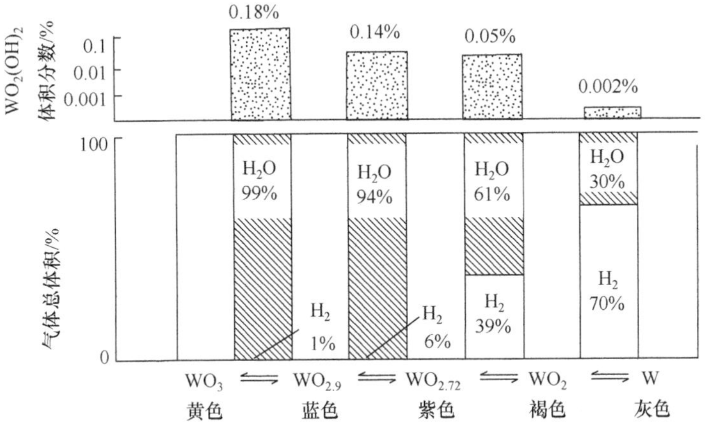

图 4-5 在 1000℃下 WO_3 还原成 W 粉时气氛中 H_2、H_2O 和 $WO_2(OH)_2$ 平衡浓度的示意图
百分数表示在气体总体积中的 H_2、H_2O 和 $WO_2(OH)_2$ 的相应体积

通过上述热力学研究，得出如下结论：

(1) 在 $WO_{2.9}$还原成 W 的各个中间转变阶段都是气相迁移化学反应。

(2) 通过气相迁移产生的易挥发性 W 的化合物均为 $WO_2(OH)_2$。

(3) 还原过程中各个阶段均受$[H_2O]/[H_2]$所控制。

(4) 在该气相混合物中的水蒸气分压只有在较高价的氧化物完全还原后才能降到下一个较低价的还原阶段。

由上述分析可知，还原温度变化时，钨粉粒度受 $WO_2(OH)_2$分压与温度之间关系的影响。如果氢气中水分含量增高，或者向炉中送入温度高的氢气，或者氧化物料层厚度使其中保持较高的水蒸气浓度时，都可以明显使钨粉粒度增大。换言之，为了制得微细钨粉进而制取微细碳化钨粉，必须用干燥氢气还原。

工业生产中，钨氧化物的粒度和松装密度以及各种还原工艺参数对钨粉粒度的影响如图 4-6 所示。

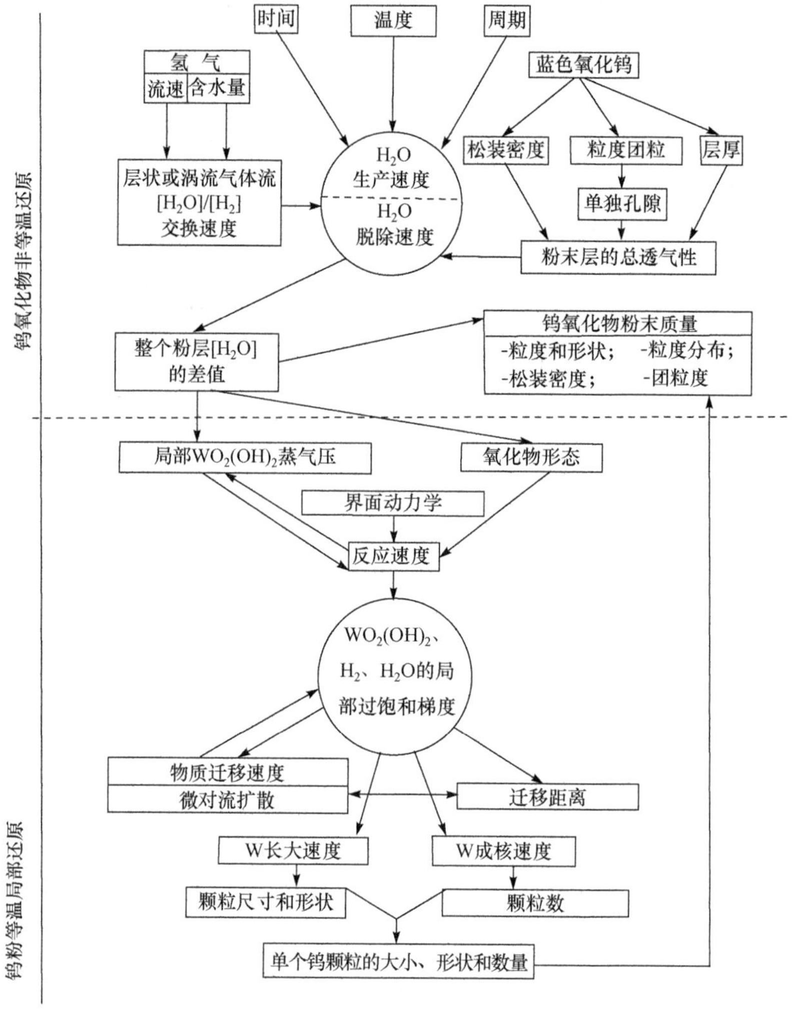

图 4-6　不同还原工艺参数对钨粉粒度长大的影响示意图

2. 复式碳化物的制取

TiC-WC 复式碳化物的制取方法主要有四种：

(1) 将 WO_3、TiO_2 和炭黑的混合物在 1700～2000℃温度下于 H_2 中直接碳化。

(2) 分别制取 TiC 和 WC，然后将其混合物在 1600～1800℃温度下于 H_2 中碳化。

(3) 将钨粉、TiO_2 和炭黑的混合物在 1700～2000℃温度下于 H_2 中碳化。

(4) 将 WC、TiO_2 和炭黑的混合物在 1700～2300℃温度下于 H_2 中碳化。

在上述方法中,第四种工艺所制得的固溶体质量稳定,生产效率高,因此在工业上广泛应用。

TiC-WC 复式碳化物生成过程的基本反应如下:

$$TiO_2+3C \xlongequal{} TiC+2CO\uparrow \tag{4-7}$$

实际上,这一反应过程分为三个阶段进行,即

$$2TiO_2+C \xlongequal{} Ti_2O_3+CO\uparrow \tag{4-8}$$

$$Ti_2O_3+C \xlongequal{} 2TiO+CO\uparrow \tag{4-9}$$

$$TiO+2C \xlongequal{} TiC+CO\uparrow \tag{4-10}$$

在 TiC-WC 系中,由于 TiC 不溶于 WC 中,所以 TiC-WC 固溶体的形成过程实质上是钨原子由 WC 向 TiC 晶格的单向扩散。也就是说,TiC-WC 复式碳化物是 WC 在 TiC 中的固溶体,其形成过程为 WC 向 TiC 晶粒内扩散,开始形成一层 WC 在 TiC 中的固溶体外壳,随时间延长,WC 向 TiC 中心扩散,最后形成固溶体。如果时间不足,则形成环状结构,外壳 WC 饱和,中心 WC 未饱和成纯 TiC。

WC 中的 W 在 TiC 和 TiC-WC 固溶体中的扩散系数如表 4-6 所示。

表 4-6　WC 中的 W 在 TiC 和 TiC-WC 固溶体中的扩散系数

温度/℃	在下列成分溶剂中的扩散系数 $D/(cm^2/d)$			
	TiC	TiC-WC(60 : 40)	TiC-WC(40 : 60)	TiC-WC(35 : 65)
1600±5	8.3×10^{-8}	7.7×10^{-9}	32.6×10^{-10}	21.1×10^{-10}
1550±5	4.2×10^{-8}	4.6×10^{-9}	17.8×10^{-10}	7.4×10^{-10}
1500±5	1.6×10^{-8}	2.3×10^{-9}	6.35×10^{-9}	2.0×10^{-10}
1450±5	—	0.9×10^{-9}	1.9×10^{-10}	0.7×10^{-10}

从表 4-6 可以看出,WC 中的 W 在 TiC 和 TiC-WC 固溶体中的扩散系数并不大,这是难熔碳化物的特点;扩散系数与温度的关系很大,WC 在 TiC 中的溶解速率随温度的升高而急速增大,温度每升高 100℃,WC 中的 W 向 TiC 中的扩散速率可增大 5 倍。影响 TiC-WC 复式碳化物粒度的因素主要有碳化温度、碳化时间和原料粉末的原始粒度,具体如下:

(1) 碳化温度。碳化温度越高,原子活性越强,颗粒长大速率越快,粉末颗粒越粗;反之,则粉末颗粒越细。

(2) 碳化时间。碳化时间长，颗粒增粗；反之，时间越短，则颗粒越细；在高温下，碳化时间对粒度的影响不及碳化温度的影响大，因此，在制取细颗粒固溶体时，可采用较低的碳化温度并适当延长时间。

(3) 原料粉末的原始粒度。由于固溶体颗粒是在 TiC 颗粒的基础上形成的，所以，在其他条件相同时，原料粉末的粒度对固溶体的最终粒度有直接影响。TiC 颗粒越细，则得到的 TiC-WC 固溶体颗粒也就越细；而采用细粒 WC 时，由于它隔离 TiO_2 和炭黑的作用比粗颗粒 WC 要大，所以生成的 TiC 颗粒也就越细；反之，则可制得粒度较粗的固溶体颗粒。

制取 TiC-WC 复式碳化物的碳化设备与制取 WC 的设备相同。

真空碳化法制取 TiC-WC 固溶体最早出现在 20 世纪 30 年代，直到 50 年代后，美国、日本、德国等才有工业生产规模，现在已迅速发展到几乎取代氢气碳化法的地步。真空碳化制取的复式碳化物纯度高，杂质含量少，且可精确地控制化学成分，有利于提高合金质量。

真空碳化制取 TiC-WC 固溶体通常有四种配料方式：①TiC＋WC；②W＋TiO_2＋C(WC＋TiO_2＋C)；③WO_3＋TiO_2＋C；④TiC＋W＋C。美国较普遍采用 W＋ TiO_2＋4C 配料，而俄罗斯通常采用 TiO_2＋WC＋3C 配料。

用 X 射线衍射强度的方法，研究了 W-TiO_2-C 系中(W，Ti)C 的形成过程，如图 4-7 所示。由图可知，在 1400～1600℃时，W_2C 趋向于变为 WC；在 1600℃以上，WC 的衍射线强度变弱；TiC 的衍射线在 1400℃时开始出现，随着温度的升高而迅速变强。从图中衍射线强度的变化还可以看出，TiC-WC 的固溶是从 1400～1600℃开始的，并且 W→WC 是在 TiO_2→TiC 反应之前进行的，其具体反应过程如图 4-8 所示。

在 TiO_2-W-C 系中，1400℃时首先从 W 颗粒开始碳化，生成 WC-W_2C-W 三层，接着是 W 颗粒周围的 TiO_2 碳化；1600℃时，在已形成的 WC 外围既形成 TiC，还形成(W，Ti)C；1800～2000℃，在 WC 颗粒外围发现断面呈环状的(W，Ti)C 固溶体。

影响(W，Ti)C 复式碳化物质量的因素有碳化温度与时间、粉末纯度与粒度、TiC 的饱和度(缺碳程度)、气体杂质含量及有无铁族金属等。

固溶体粒度受原始 WC(或 W)和 TiC 粒度的影响较大。如果原始 WC 粒度粗，则所得的(W，Ti)C 粒度也粗，反之亦然。一般认为，WC 粒度越细，则其对固溶体晶粒长大的阻碍作用也越大，所形成的固溶体粒度就越细。

WC 在 TiC 中的固溶体的晶粒长大主要通过吸附再结晶方式发生。当有少量铁族金属(如 Co)存在时，1400℃下就会有液相出现，在 WC 粒外围有环状(W，Ti)C 相生成，而 WC 粒内部残存的 WC 从 Co 中溶出。由于固溶体晶粒间接触的改

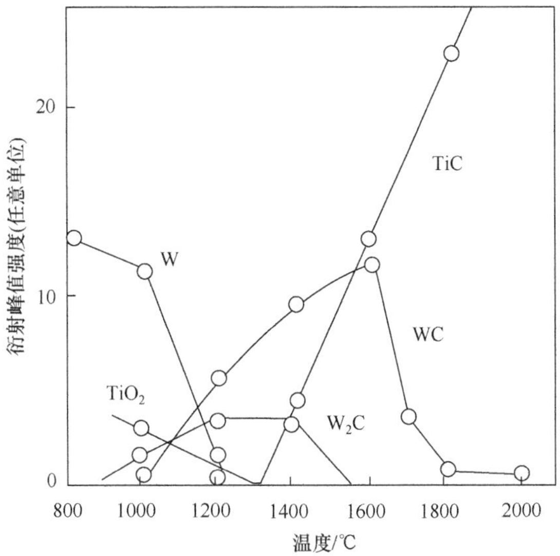

图 4-7　W-TiO_2-C 系中碳化温度对 X 射线峰值强度的影响

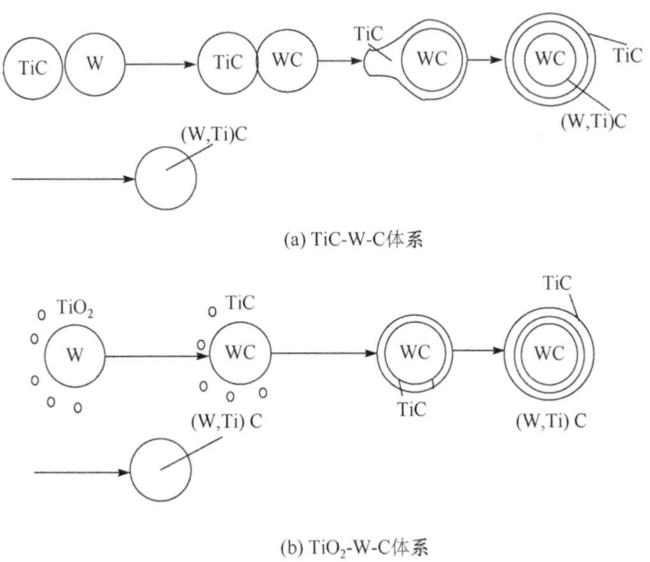

图 4-8　(W，Ti)C 的形成过程示意图

善和烧结体孔隙减少，显著促进再结晶进行，使晶粒急剧长大。

固溶体粒度随着 TiC 缺碳程度的升高而逐渐长大，这是因为 TiC 缺碳时，引起固溶体中 WC 溶解度提高，使固溶体晶格常数缩小，固溶体晶粒长大。

真空碳化法与氢气碳化法所得到的固溶体化学成分与晶格常数有所不同，如表 4-7 所示。

表 4-7　真空中与氢气中碳化制取的 WC-TiC 固溶体的比较

固溶体	碳化类型	碳化条件（真空 mmHg 或氢气）	碳化物化学成分/%				晶格常数/kX
			总 碳	游离碳	化合碳	Ti	
TiC-WC	真空碳化	3×10^{-1}	10.18	0.27	9.91	22.99	4.3116
		3×10^{-1}	10.78	0.66	10.12	23.18	4.3118
		3×10^{-1}	11.5	1.7	9.8	23.05	4.3112
		3×10^{-1}	11.8	2.0	9.8	23.12	4.3114
		10^{-3}	10.20	0.3	9.9	23.17	4.3114
		10^{-3}	10.58	0.58	10.00	22.22	4.3114
		10^{-3}	11.35	1.6	9.75	23.04	4.3104
		10^{-3}	11.9	2.0	9.9	22.95	4.3112
TiC-WC	氢气碳化	H_2	9.5	0.1	9.4	23.0	—
		H_2	8.84	0.64	9.21	23.5	4.3036
		H_2	10.38	0.96	9.42	23.26	4.3090

由表 4-7 可知，真空碳化法制取的复式碳化物的化合碳量比在氢中碳化时要高 0.4%～0.7%；提高真空度对化合碳影响不大。

除了 TiC-WC 复式碳化物，硬质合金中还常用 TiC-WC-TaC(NbC) 固溶体。近年来的试验结果表明，碳化锆铪和碳化锆铌作为硬质合金中 TaC 的代用品有很大的潜力，它们除了固有的高硬度和高耐磨性，还能产生亚稳均相分解，从而使硬质合金具有细晶粒结构。

TiC-WC-TaC(NbC)固溶体同样可以用真空碳化法来制取，例如，将 TiO_2、$Ta(Nb)_2O_5$、WC 和炭黑在球磨机中混合后在真空中于 1600～2200℃碳化 2h 可得此复式碳化物。

目前，可用的碳化设备有真空碳管炉、中高频感应真空碳化炉、连续式真空碳化炉等。

4.1.2　碳化钨基硬质合金的制造工艺和性能

WC-Co 和 WC-TiC-Co 类硬质合金的生产工艺流程分别如图 4-1 和图 4-2

所示。

硬质合金生产的主要工序是混合料制备、成形和烧结，对于某些特殊用途的产品也有采用热压或热等静压工艺。现仅介绍主要工序和几种先进工艺。

1. 粉末混合料的制备

该工序的作用是将各种金属碳化物（如 WC、TiC 等）和黏结金属（如 Co 等）按所要求的比例配置成均匀混合物。目前使用的设备主要是球磨机，根据球磨介质的不同，球磨可分为干磨（通常是空气）和湿磨。湿磨所用的液体介质通常用酒精、丙酮、汽油，也可用水、四氯化碳、苯和其他有机物溶液。对这些液体介质的要求是：与物料不发生反应、沸点较低、易挥发、表面张力小，而且价格便宜。实践表明，采用酒精作湿磨介质既能保证粉末混合料的质量，又便于大规模工业生产，因此被广泛应用。

湿磨不仅能使各种组元混合均匀，而且能使粉末颗粒变细，因此，它通常还是调整粉末粒度、控制合金晶粒大小的重要手段。

影响湿磨过程的基本因素有磨筒转速、研磨时间、球料比、球的大小和装球量等。球磨筒转速对硬质合金性能的影响如表 4-8 所示。

表 4-8　球磨筒转速对硬质合金性能的影响

球磨筒转速与临界转速之比/%	合金的物理力学性能				切削寿命系数
	密度/(g/cm^3)	硬度(HRA)	抗弯强度/MPa	矫顽力/(kA/m)	
45	11.09	90.8	1230	12.6	1.71
60	11.21	91.0	1250	13.2	1.95
75	11.15	90.9	1250	13.3	1.80

工业生产中通常将磨筒转速选为临界转速的 75%左右为宜。

目前，国外已普遍采用搅拌球磨机来制取硬质合金混合料。在搅拌球磨机中，球是由搅拌器来驱动的，球在筒内做连续相对运动，使其产生相互摩擦来研碎粉末，所以又称摩擦球磨机，它不受临界转速的限制，可比滚动球磨机的研磨效率高数十倍。

搅拌球磨机有磨筒内壁带齿和不带齿两种类型，后者较简单，在硬质合金工业中使用广泛。

德国聂茨（NETZSCH）公司生产的搅拌机型号如表 4-9 所示。

表 4-9 德国聂茨公司搅拌球磨机(内壁不带齿)型号与规格

型号	01	03	1S	10S	15S	30S	60S	100S
磨筒容积/L	0.75	1.0	5.0	80	150	250	400	600
研磨料体积/L	0.2～0.4	0.3～0.4	2.2～2.4	35～40	60～70	100～120	150～180	250～300
搅拌器转速/(r/min)	59～530	45～405	80～400	50～150	15～150	70,90,110	70,90,110	70,90,110
搅拌器功率/kW	0.12	0.18	1	10	10	13.5	17.5	24
搅拌电机转速/(r/min)	1500	1500	1500	1500	1500	1500	1500	1500
泵电机功率/kW	—					1.1	1.1	1.1
泵电机转速/(r/min)	—					1500	1500	1500

日本东芝坦葛洛依公司所用的搅拌球磨机叶片上镶有硬质合金，每次可装料350kg，用5～10mm硬质合金球作研磨体，球料比为1∶1，介质为丙酮，球磨时间仅需1.5～4h。这种内壁不带齿的搅拌球磨机研磨浆料时，靠近筒壁的浆料先向上流动，然后向下流入中部，从而形成垂直方向的搅拌作用，使料成分更加均匀。搅拌球磨机中，物料受压缩应力和扭转应力的联合作用，从而使颗粒破碎，这对于研磨1μm级的颗粒是非常重要的。

2. 干燥

干燥的作用在于把混合料浆中的液体(如酒精、丙酮等)分离出来。

干燥的方法可采用电热烘烤、蒸汽干燥、蒸汽加热振动干燥和喷雾干燥法等。大规模生产通常使用后两种方法。

由于硬质合金湿磨介质是酒精或丙酮，需要回收，且物料应避免氧化，所以喷雾干燥设备是一套以氮气作加热气流且封闭循环的系统。

与普通干燥相比，喷雾干燥法有许多优点，即干燥时间短、物料不易脏化、自动化程度高、成本低等。而其独特的优点是将干燥和制粒两道工序合并在同一设备中完成，制得的混合料颗粒均匀，流动性好，便于在自动压力机上压制，而且压坯单重和尺寸易控制，可避免出现“未压好”等常见废品现象。

喷雾干燥工艺简述如下：将料浆经过振动过滤后送入搅拌槽内加入石蜡粉并

搅拌均匀，然后将它用压力为 1MPa 的氮气输至喷雾塔内进行喷雾，由于酒精或丙酮的表面张力作用，料浆呈球状液滴、遇到从塔顶不断送入的 90～120℃热氮气而干燥，形成的细小球形或梨形颗粒落入干燥塔的锥底流入料桶，排出的氮气和酒精或丙酮蒸气通过旋风收尘器送至洗涤冷凝装置回收，氮气送入加热器内加热再循环使用，粉末的实收率可达 99%，喷雾塔内的全部过程可在控制室内进行观察和调节。

3. 成形

硬质合金的成形方法有普通模压、振动压制、挤压、粉末轧制、粉浆浇注、注射成形和等静压制等。近年来，世界各国都在进行硬质合金成形的设备和工艺的研究。

硬质合金模压成形工艺过程为：加成形剂（掺胶或掺蜡）-制粒-压制-压坯的干燥-加工和清理。硬质合金模压成形剂主要包括橡胶和石蜡，加成形剂的目的是：改善混合料颗粒之间的结合状态；改善混合料的流动性及压制性能，提高压坯密度及密度均匀性；保证必需的压坯强度。

橡胶和石蜡一般都以汽油为溶剂，橡胶汽油溶液浓度根据橡胶用量及混合料的松比来调整，一般为 8%～13%。橡胶汽油溶液加入量一般为0.6%～1%，橡胶用量随混合料松比的降低而增加，生产中一般是每 20kg 混合料加 1800mL 的橡胶汽油溶液。

生产中的石蜡汽油溶液的浓度一般为 20%～30%，石蜡汽油溶液配制时，为了提高石蜡的溶解度，通常将石蜡加热熔化后倒入汽油内，并立即使用。石蜡汽油溶液加入量一般为 1%～2%。石蜡的用量通常比合成橡胶高 1 倍以上，而且随含钴量的增加而增加。生产中一般是每 20kg 混合料加 20%～30%的石蜡汽油溶液 1800mL。

压制工序包括称料、装料、压制和脱模四个步骤。以橡胶作成形剂时，为了完全排除压坯中残留的汽油和水分以提高压坯强度，以及消除压坯内部的应力，压坯必须经过干燥。用石蜡作成形剂的压坯则不应干燥，因为石蜡熔点较低，它会在干燥过程中渗到压坯表面，反而降低压坯的强度。干燥一般在蒸汽干燥箱或电热干燥箱中进行，干燥温度一般为 100～130℃，干燥时间为 12～48h，为了提高效率，也可采用红外线干燥，此时可采用较高的温度（150～200℃）及较短的时间（0.5～1h）。

有的硬质合金产品不宜一次直接压成产品形状，这就需要在干燥后对压坯进行加工（如倒角、斜棱和圆角等加工）。

等静压制就是将粉末或压坯施以各向大致相等压力的压制，它可以分为冷等静压制和热等静压制两种类型。用液体（油或水）传递压力在室温下进行的压制属于冷等静压制。冷等静压是一种先进的粉末成形方法，该成形方法与传统的模压成形方法相比有以下优点：粉末在软模中全方位受压，压制时间可任意控制；可消除钢模压制时压力梯度对压坯密度的不利影响；避免了压坯中由密度差引起的预裂纹；同样的粉末，在相同的单位压力条件下，冷等静压压坯的强度高于机械压制压坯的强度；大尺寸硬质合金材料的成形常采用冷等静压。

4. 烧结

烧结是对硬质合金的组织和性能起着决定性影响的工序，此时会发生下列变化：烧结体致密化；碳化物晶粒长大；黏结相成分的改变和合金组织的形成等。WC-Co 合金的相图如图 4-9 所示。

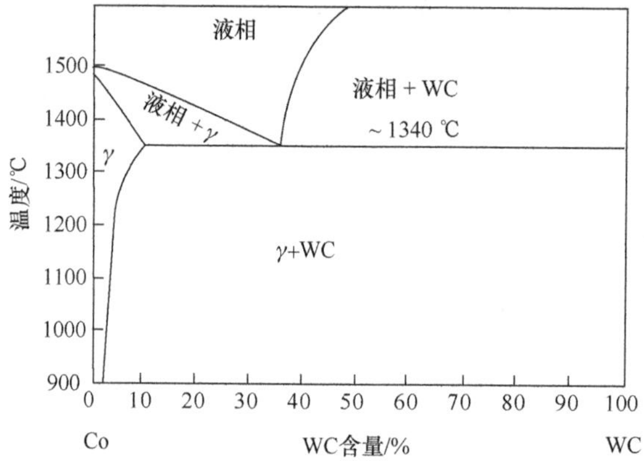

图 4-9　WC-Co 伪二元系状态图

一般认为，室温下 WC 在 Co 中的溶解度小于 1%，而 Co 不溶于 WC。随着温度的升高，WC 在 Co 中的溶解度逐渐增大，1000℃时为 4%，1340℃(有的资料报道是 1320℃)达到共晶温度，溶解度为 10%左右。当达到烧结温度(如 1400℃)并保温时，烧结材料由液相和 WC 组成。冷却时，首先从液相中析出 WC，降至共晶温度时，形成 WC+γ 二元共晶，最后得到 WC+γ 两相组织的合金。

WC-Co 合金的烧结大致可分为三个时期。

(1) 低温烧结(预烧)：在 1000℃以下发生。这时，黏结剂(石蜡、橡胶)逐渐被排出，粉末颗粒表面的氧化物颗粒被还原，粉末颗粒上的应力逐步消失，粉末颗粒之间的接触区域产生某些“焊接”，坯块具有一定的强度，可满足机械加工需要。

(2) 高温烧结：在 1000℃至烧结温度区间发生。此时，WC 在 Co 中的溶解度增大，钴相颗粒间的焊接作用加强；温度进一步提高，烧结体中出现液相，液相流动促使颗粒重排现象发生，烧结体发生剧烈收缩，烧结过程迅速完成。

烧结过程出现液相后的致密化可用大多数人承认并采用的 Kingery 理论来解释，即分为三个阶段：

① 颗粒重排。由于液体表面张力和毛细管力的作用，液相产生流动，碳化物颗粒向更加紧密的方向移动，使孔隙的大小和数量逐渐减少，出现碳化物颗粒重新排列的必要条件是

$$\sigma_{固\text{-}液} < \frac{1}{2}\sigma_{固\text{-}固} \tag{4-11}$$

式中，$\sigma_{固\text{-}液}$为固液相间界面能（表面能）；$\sigma_{固\text{-}固}$为固固相间界面能。

② 溶解-析出。细颗粒 WC 因其化学位较高，在液相中的溶解度较大，优先溶解，然后从液相中析出并沉淀在大颗粒 WC 表面上，特别是在表面突出尖角处。结果，接触点优先溶解，使得碳化物颗粒的中心距离缩短，从而使烧结体发生收缩。

③ 形成骨架。碳化物晶粒通过溶解-析出后沿结晶学上有利的位向聚合，降低碳化物的晶界能及相界能，彼此接触的晶粒形成连续的骨架，此时，碳化物的晶界能（$\sigma_{固\text{-}固}$）小于固液之间的相界能（$\sigma_{固\text{-}液}$），即

$$\frac{1}{2}\sigma_{固\text{-}固} < \sigma_{固\text{-}液} \tag{4-12}$$

（3）冷却：从烧结温度降到室温。冷却时，首先从液相中析出 WC，当降到共晶温度后形成 WC＋γ 二元共晶。合金的结构是原始 WC＋从液相中析出的WC＋共晶（WC＋γ）。也就是说，合金的最终结构总是 WC＋γ，与冷却速度无关。但是，当烧结体内的实际成分和相图中比例有出入时，情况不再相同，见图 4-10。

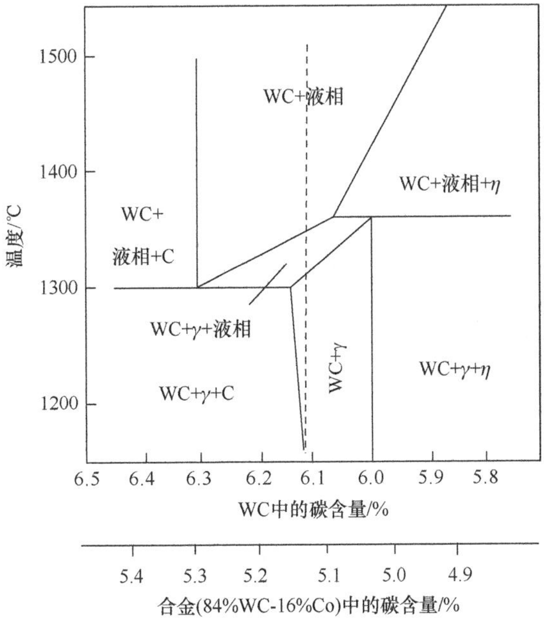

图 4-10　WC-Co 系状态图（16％Co 时）

由图 4-10 可知，烧结体中的碳含量不仅影响液相数量，而且影响出现液相的温度。当碳含量为 WC 理论碳含量(6.125%C)时，Co 完全转变为液相的温度为 1340℃；当 WC 中碳含量降到 6.00%时，则出现液相的温度升高到 1357℃，且由于包晶熔化形成 η 相(W_3Co_3C 或 W_6Co_6C)，此时，使 η 相中 Co 完全转变为液相的温度升高到 1400℃；如果烧结体中的碳含量降到相当于 WC 中的碳含量 5.90%时，则合金的稳定结构为 $WC+\gamma+\eta$，此时，η 相中的 Co 完全转变成液相的温度需升到 1500℃。而且，转变温度随烧结体中碳含量的降低而不断升高。当碳含量过剩时，则有石墨相析出，如烧结体中碳含量相当于 WC 中碳含量的 6.3%时，Co 完全转变成液相的温度为 1300℃，冷却后形成三元共晶 $WC+\gamma+C$。由于 η 相和石墨相都会影响合金的性能，所以在生产实践中对碳含量的控制需特别注意。

硬质合金的烧结大多采用氢气或氮-氢混合气体作为保护介质，到 20 世纪 60 年代才逐步发展出真空烧结。目前，真空烧结工艺已成为制造高质量硬质合金的主要方法，这是由于采用氢气介质容易生成脆性的氢化物相，从而使合金的切削性能下降。此外，在氢气烧结时，炉内还会发生脱碳或增碳反应，使合金块出现脱碳或增碳，导致合金质量下降。使合金坯块出现脱碳的原因是氢气中通常含有水分，当温度达到 800℃以上时，则发生下列反应：

$$WC+H_2O \xlongequal{} W+H_2+CO \tag{4-13}$$

当温度在 950℃以上时，此反应激烈进行。生产实践中，WC 和 Co 的混合料在球磨机中都经过了不同程度的强烈研磨，并且 Co 起着加速碳和氢之间反应的触媒作用；同时，C 在 WC 和 Co 的固溶体中更加容易扩散，所以，在通常工业生产中当 H_2 中含水量为 $0.16g/m^3$ (露点 -40℃)时，脱碳反应激烈进行。对于 WC-TiC-Co 系合金，除了发生上述脱碳反应，还会发生下列反应：

$$TiC+H_2O \xlongequal{} TiO+H_2+C \tag{4-14}$$

氢气流量越大，或者氢气含水量越高，上述反应越易向右进行，即对合金烧结体的脱碳作用越强烈。

导致合金坯块增碳的主要原因是成形剂(石蜡、橡胶)所产生的碳氢化合物分解。石蜡的沸点一般在 370℃以上，加热时完全变为碳氢化合物气体而进入炉内；丁钠合成橡胶加热到 300℃左右时发生裂化，分解出氢气、甲烷、乙烷、乙烯、丙烯和碳。其中的碳氢化合物一部分随氢气排出，一部分随炉气进入烧结体，使合金增碳。

增碳的来源除了成形剂，还可以从石墨舟皿本身和石墨填料中而来。

烧结体的增碳量随着成形剂加入量的增加而增大。但是，当炉内气体中碳氢化合物的浓度高时，其来不及分解便被氢气带走，所以对于成形剂用量，其相对增碳率随其加入量的增加而减小，如图 4-11 所示。

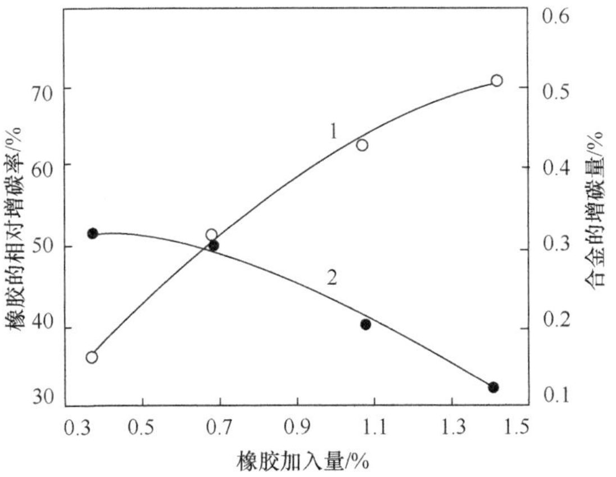

图 4-11　橡胶加入量与合金烧结后增碳量的关系

1-合金增碳量;2-橡胶的相对增碳率

硬质合金在氢气气氛中容易发生脱碳或增碳反应,合金质量难以控制。另外,硬质合金中大量应用的 TiC、TaC、NbC 等添加剂和新型 TiC-Ni-Mo 系合金中的钛和钽对氧有很高的活性。氢使 TiC-Ni-Mo 系合金的主要成分 Mo 产生催化作用,所以,真空烧结技术在硬质合金中得以广泛应用。

钛和钽具有较高的吸气能力,故含钛和钽的混合料在球磨机的空气介质中混合使粉末颗粒吸附的氧量增加,将在烧结过程中造成烧结体明显的氧化和脱碳。WC-TiC-Co 合金在真空烧结和氢气烧结时物理力学性能的变化如表 4-10 所示。由表可知,真空烧结与氢气烧结相比,可改变合金的显微结构,无石墨夹杂和 η 相,合金的密度、硬度和切削时耐用度系数均有所提高,仅抗弯强度略有下降。

表 4-10　在真空和氢气中烧结的 WC-TiC-Co 合金的物理力学性能对比

介质	物理机力学					显微结构										
	密度/(g/cm³)	硬度/HRA	矫顽力/(kA/m)	抗弯强度/MPa	切削耐用度系数	孔隙度/%(体积)	孔隙尺寸/μm	尺寸大于50μm的空隙数量		石墨含量/%(体积)	晶粒分布					
											1	2	3	4～5	6～7	8～9
氢气	11.18	90.4	12.9	1284	1.76	0.1	5～10	51～100	>100	0.2	18	30	31	16	51	—
								1～60	—		26	38	31	4		—
真空	11.35	91.6	12.9	1222	2.11	0.1	5	—	—	无	25	31	28	9	7	1
											27	28	27	10	—	—

与氢气烧结相比,真空烧结的主要特点是:有利于烧结体内气体的解吸和排除;可大大减少气相和固相之间的反应,从而缩小气体介质的影响,工艺易控制;可以显著改善液相钴对 WC 或 WC-TiC 固溶体的润湿性,加速烧结体的收缩,促进

致密化。

真空烧结时,应注意如下两个主要问题:

(1) 钴的蒸发损失。真空烧结时,钴的蒸发损失与烧结温度、烧结时间和真空度有关。当温度分别为1400℃和1460℃时,钴的蒸气压分别为1mmHg和1.25mmHg。在温度一定时,炉内压力越高,钴蒸气的分压越小,损失越小,如果炉内的剩余压力与钴的蒸气压相等,则钴便沸腾。在1550℃烧结YT15时,保温1h炉内压力为0.1mmHg下,钴含量由8%降至4%;当压力为1mmHg时,则钴的蒸气相应减少,仅由6%降至5%;而当炉内压力为10mmHg时,钴不发生明显的蒸发。生产实践表明,在烧结温度为1400~1450℃时,炉内压力为零点几毫米汞柱的情况下,只要在混合料中将钴的含量增加0.5%左右,就可以保证得到所要求的合金成分。在其他条件相同时,保温时间越长,钴的蒸发损失越大。

(2) 脱碳。真空烧结时,混合料粉末的表面氧化物被碳还原,加上炉内还有少量剩余空气,氧要与碳发生作用,所以烧结体中的碳含量有所降低。脱碳反应主要发生在1000℃以下,碳的损失随炉内压力的提高而增大。当炉内剩余压力为0.1~0.5mmHg时,混合料的碳含量应比常量高出0.2%左右,即可得到正常组织的合金。

目前,工业生产中使用的真空烧结炉主要有间隙式和连续式两种,并且已经出现了把制品的脱蜡(脱胶)、预烧和烧结几道工序合并在一个炉中进行的新型真空烧结炉。

按照制品脱蜡时的气氛不同,这种炉子又有两种类型:一种是在真空中脱蜡的单室真空脱蜡预烧结炉;另一种是在保护气氛(H_2、Ar)中脱蜡的单室H_2(或Ar)脱蜡预烧真空烧结炉。

将粉末、压坯或烧结体在高温下施以各向大致相等压力的压制则称为热等静压制(HIP)。HIP的成功应用使硬质合金的质量明显提高,目前,它已成功地制造了耐磨工具和零件,如轧辊、柱塞、冲击凿岩钻头、工具柄(长镗杆、研磨轴)、顶锤和各种模具(拉丝模、冷挤压模、冷镦模)。此外,HIP还用来制造大型且形状复杂的硬质合金制品。

HIP工艺流程如下:

混合料(WC-Co或WC-TiC-Co)→模压成形或冷等静压成形→中间烧结→机加工→烧结→HIP处理→硬质合金。HIP技术制备硬质合金具有如下优点:

(1) 合金密度高,甚至可以达到无孔隙程度。一般认为,通过HIP可使合金孔隙度最低降至0.0001%。如硬质合金顶锤用普通工艺制造时,表面的可见凹陷有3~71个/6.45dm^2,而采用HIP后可全部消除。HIP合金的孔隙只有普通烧结合金的1/200~1/100,为热压工艺合金的1/15~1/4。

(2) 合金强度高。由于热等静压消除了大量孔隙，缺陷减少，从而提高了材料的疲劳强度和使用可靠性。试验指出，WC-10%Co 合金的抗弯强度可达到 4100MPa。HIP 对合金材料强度的影响随钴含量的降低而提高，如对 WC-25%Co 合金提高约 7%，对 WC-6%Co 合金提高约 30%，对 WC-3%Co 合金提高约 1 倍。用于拉丝、拉棒、冷挤压模的低钴热等静压合金比普通合金的寿命至少提高 1 倍以上，HIP 顶锤的寿命可增加 5～6 倍。

(3) 适合异型制品成形，可制取大型或形状复杂的制品，而且产品表面光洁度高，成分和性能均匀。

瑞典的 ASEA 昆塔斯热等静压机是世界上较先进的设备，已形成系列化，按高压容器的尺寸和压力大小分型号，其主要参数如表 4-11 所示。

表 4-11　ASEA 昆塔斯热等静压机系列(工作温度:1450℃)

有效直径/mm	有效高度/mm	压力/MPa		
		100	160	200
225～230	800～1700	—	QIH_{25}	QIH_{32}
260～270	800～1700	QIH_{20}	32	40
300～310	800～1700	25	40	50
350～370	750～2300	32	50	63
415～440	750～2300	40	63	80
475～500	700～2250	50	80	100
550～580	700～2250	63	100	120
635～670	700～2250	80	125	160
730～770	650～2200	100	160	200
880～920	650～2200	125	200	250
970～1020	650～2200	160	250	320
1140～1210	600～2150	200	320	

此外，市场上已有 QIH_{16} 型热等静压机，其工作温度可达 1750℃，压力为 320MPa，热工作室温可控制在±10℃之内，近来已朝着大型化方向发展。

HIP 技术的发展趋势是：①热等静压设备的大型化、自动化；②缩短生产周期，提高生产效率；③高压和低压烧结-热等静压新工艺的应用。

20 世纪 80 年代新出现的烧结-热等静压法与普通热等静压法相似，只是将烧结和热等静压装置装于压力容器内的同一炉中联合进行，烧结-热等静压法可以在烧结阶段完成后直接加压，从而省去了附加部分的控制，消除了温度循环和可能的制品脏化。烧结-热等静压法的工艺制度如图 4-12 所示。

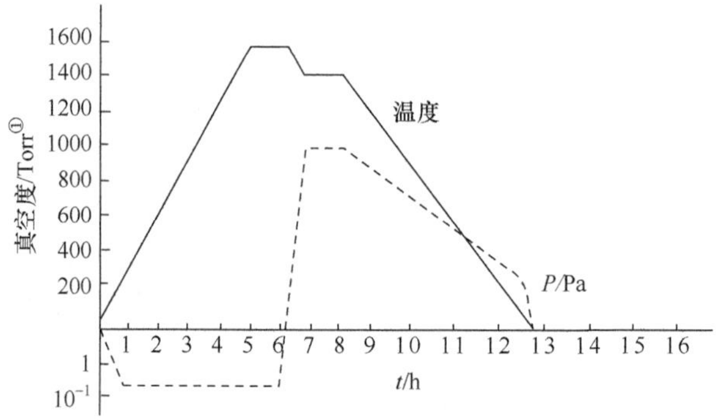

图 4-12 烧结-热等静压工艺制度

目前,这种烧结-热等静压方法有如下两种。

(1) 在 100MPa 下烧结-热等静压:脱蜡后未烧制品装入热等静压炉中在真空中进行烧结,接着在 100MPa 和 1400℃左右进行热等静压。

(2) 低于 10MPa 的烧结-热等静压:最新研究表明,对于某些 WC 基硬质合金制品,使用 10MPa 或更低(2MPa)的低压烧结-热等静压处理,将脱蜡-烧结-热等静压三道工序合并为一道工序,可比前一种方法的成本降低 25%。

烧结-热等静压工艺的热等静压操作可通过压力、温度和时间三个主要参数进行控制,它的致密化机理被认为是塑性流动、高温蠕变和分子扩散。

5. 添加剂的作用

硬质合金中加入某些添加剂是提高合金性能的有效途径。常用的一些碳化物性质如表 4-12 所示。

表 4-12 碳化物的性质

名称	晶格类型	理论密度/(g/cm³)	显微硬度(HV_{50})/MPa	弹性模量/MPa	热导率/[W/(m·K)]	理论碳含量/%	熔点/℃	沸点/℃	热膨胀系数/(10^{-6}/K)
WC	六方	15.7	(0001)22000 (10$\bar{1}$0)13000	710000	19.7	6.13	2900	6000	5.2 7.3
TiC	立方	4.94	30000	460000	36.4	20.05	3147±50	4300	7.7
Cr_3C_2	斜方	6.66	14000	380000	19.2	13.33	1750	3800	10.3
Mo_2C	六方	9.18	15000	544000	6.7	5.89	2410±15	—	7.8
TaC	立方	14.5	18000	291000	22.2	6.23	3880±150	5500	6.3

① 1Torr=1.333×10^2Pa,下同。

续表

名称	晶格类型	理论密度/(g/cm³)	显微硬度(HV_{50})/MPa	弹性模量/MPa	热导率/[W/(m·K)]	理论碳含量/%	熔点/℃	沸点/℃	热膨胀系数/(10^{-6}/K)
NbC	立方	7.80	20000	345000	18.4	11.45	3800	4500	6.7
VC	立方	5.71	29000	430000	39.3	19.08	2810	3900	7.2
HfC	立方	12.76	26000	359000	29.3	6.30	3890±150	5400	6.6
ZrC	立方	6.56	27000	355000	41.8	11.64	3530	5100	6.7

在美国、日本、法国、德国和瑞典等国家，切削用硬质合金中均添加有少量 TaC，而在俄罗斯、东欧和我国仍以 YT 合金为主。

TaC(NbC)和 TiC 之间可以形成连续固溶体，使 WC 在 Co 中的溶解度随着 TaC(NbC)含量的增加而减少。当合金中 WC 含量超过其在 TiC-TaC(NbC)-WC 固溶体中的极限溶解度时，合金出现 WC 相、TiC-TaC(NbC)-WC 相和 Co 相的三相组织。当合金中 WC 含量低于其在这种固溶体中的极限溶解度时，则只出现 TiC-TaC(NbC)-WC 和 Co 的两相组织。

工业生产 WC-TiC-TaC(NbC)-Co 合金时，固溶体成分多在两相区的低 TaC(NbC)含量区选择，如图 4-13 所示。

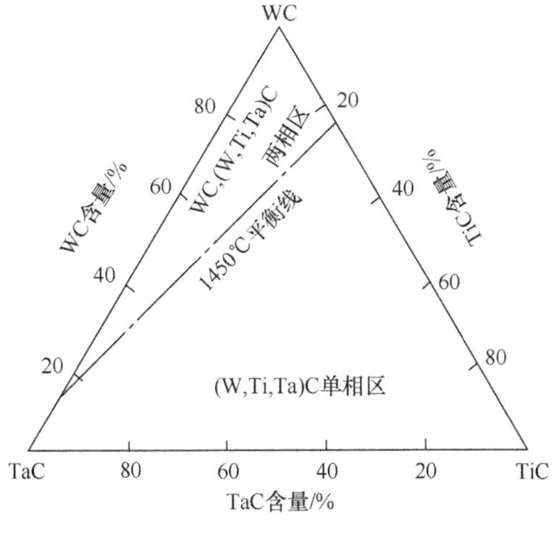

图 4-13　在 1450℃下的 WC-TiC-TaC 系状态图

在 WC-TiC-Co 合金中，由于 TaC 的加入改善了 Co 对碳化物相的润湿性，起着抑制晶粒长大的作用，使合金的强度有所提高，而且大大地提高了合金的耐热震性和抗氧化性，减少对热裂纹的敏感性，高温下的抗塑性变形能力也有所改善。

TaC 的加入方式通常以 WC-TiC-TaC(NbC)固溶体形式比较好。

当碳化物添加剂在 Co 相中呈饱和状态时，抑制 WC 晶粒长大的效果随着它在液相中溶解度的增加而变大，这种抑制作用的顺序如下：

$$VC > Mo_2C > Cr_3C_2 > NbC > TaC > TiC > ZrC \approx HfC \tag{4-15}$$

当碳化物添加量低于在液相中的饱和量时，即对于 Co 量(摩尔分数)，添加约为 1.5%(对 Mo_2C 为 0.75%，对 Cr_3C_2 为 0.5%)时，抑制效果的顺序变为

$$VC > NbC > TaC > TiC > Mo_2C > Cr_3C_2 > ZrC \approx HfC \tag{4-16}$$

由上述可知，VC 的抑制效果最好。VC 对 WC 晶粒长大的抑制作用主要由 VC 与 Co 之比决定，而不是由 VC 与 WC 之比决定。这种抑制作用还与原始 WC 粒度有关，当原始 WC 粒度>0.3μm 时，VC 的加入反而会使 WC 晶粒异常长大。

添加 VC<1%、TaC(NbC)<5%、Cr_3C_2<2.5%、Mo_2C<1%时，对 WC-TiC-Co 合金中的 WC 相和固溶体相均有细化晶粒的作用。

WC-TiC-TaC(NbC)-Co 合金又称通用合金，它既可以加工铸铁和有色金属，又可以切削钢材和各种高合金钢、耐热合金、特硬铸铁、合金铸铁等难加工材料，是切钢合金中十分重要的一类工具材料。

6. WC-Co 与 TiC-WC-Co 合金的组织

WC-Co 合金的组织由 WC 粒子(又称 α 相)和 Co 基黏结成分(称为 γ 相)组成。α 相是呈三角形、四边形或棱柱状的 WC 晶粒；γ 相则呈网状分布在 WC 晶粒周围。WC-Co 合金的金相组织如图 4-14 所示。

图 4-14 WC-Co 合金的金相组织(放大 1350 倍)

由图 4-9 可以看出，在 WC+γ 的伪二元系区域中，含 16%Co 的合金碳含量的上限是 6.13%～6.15%，接近 WC 的理论碳含量 6.125%，然而，碳含量的下限是 6.00%～6.01%。图中虚线表示钴含量为 4%时碳含量的上限与 16%Co 时基本

相同，而下限却上升为 6.08%～6.09%。在钴含量一定时，当碳含量比 WC+γ 的伪二元系区域高时，则析出游离碳（石墨）；当碳含量偏低时，则析出 η 相（W_3Co_3C 或 W_4Co_4C），钴的含量越少越容易析出 η 相。

对于碳含量为 6.00%～6.20%的 WC+γ 两相区域，Co 黏结相中的钨含量随着碳含量的增高而降低。当碳含量小于 6%时，出现 η 相；当碳含量大于 6.22%时，则析出游离碳。当碳含量在上限（6.20%C）附近时，其抗弯强度可达到最大值；随着碳含量的减少，WC 溶于 Co 相中的量增加，韧性降低，特别是超过两相区域出现 η 相之后，使韧性及抗弯强度急剧下降。反之，当碳含量增加时，WC 相和 η 相虽没有变化，但游离碳的含量增加，使黏结性逐渐减弱，也使抗弯强度逐渐降低。

对于一定浓度的 WC-Co 合金，W 溶于 Co 相中的数量将随着温度的升高而增加。当合金在 900～950℃长时间退火时，由于析出 Co_3W，其合金强度显著增加。

综上所述，当合金的碳含量处于两相区内时，合金组织中才不会出现其他相。通常认为，WC+γ 两相区的高碳方面的边界与 WC-Co 截面的几何线相吻合，而低碳方面的边界与合金中钴含量有关，且其宽度随钴含量的增多而增大。例如，合金采用合成橡胶作成形剂并在氢气中烧结时，原始 WC 允许的总碳范围如下：

钴含量为 25%时，碳含量允许范围大于 0.5%；

钴含量为 20%时，碳含量允许范围是 0.4%；

钴含量为 8%时，碳含量允许范围是 0.16%；

钴含量为 6%时，碳含量允许范围是 0.12%。

可见，合金钴含量越低，WC+γ 两相区的碳量范围越窄，因为越难获得两相组织的合金。

实践表明，向 WC-Co 合金中加入少量的 TaC，可使 WC+(Ta，W)C+γ 三相区的碳含量范围变宽，降低合金的相组成对其碳含量的敏感性。

WC-TiC-Co 合金的烧结过程一般都认为与 WC-Co 合金基本类似，典型的 YT 类三相合金为 α 相（WC）+β 相（WC-TiC 固溶体）+γ 相，YT14 合金的金相组织如图 4-15 所示。

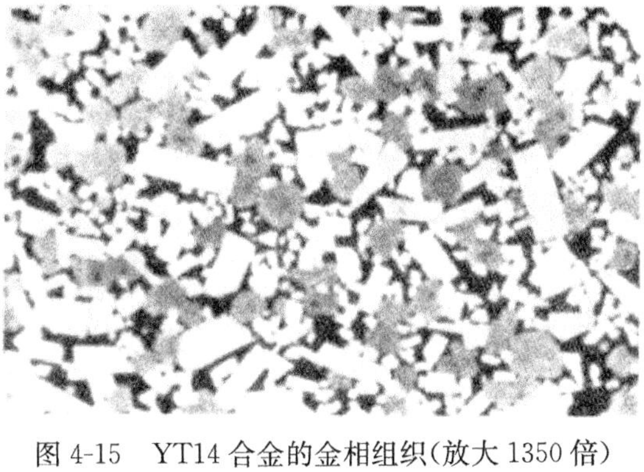

图 4-15　YT14 合金的金相组织（放大 1350 倍）

研究指出，WC-TiC-Co 合金的相组成对其碳含量的敏感性远远不如 WC-Co 合金强烈，并且这种敏感性随着钛含量的提高而降低。YT15 合金中，TiC-WC 复式碳化物的总碳含量比理论值低 20%，在合成橡胶作成形剂处于氢气中烧结时也不会出现 η 相。只有 YT15 合金在比较严重缺碳时才有 η 相出现，这主要是由于 TiC-WC 相有一个碳含量范围相当宽的均相区，并且，当固溶体中钛含量越高时，合金的两相(或三相)区的碳量范围越宽，如图 4-16 所示。

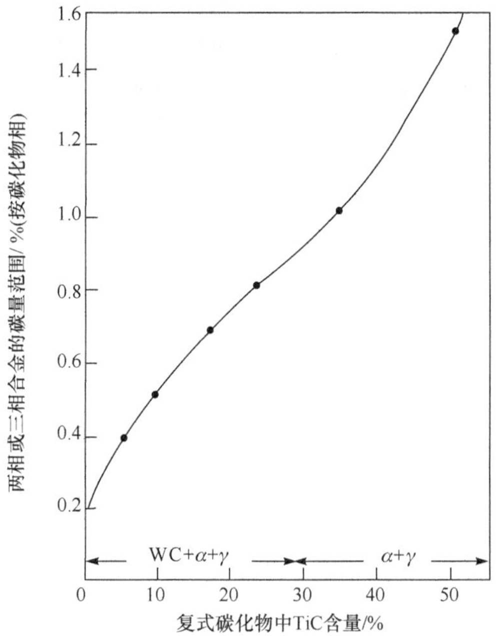

图 4-16 TiC 含量对含钴量为 10%的合金两相(或三相)区宽度的影响
(图中 α 相即 TiC-WC 固溶体)

工业生产的 WC-TiC-Co 合金中，常常出现“包覆结构”的晶粒，这是由固溶体晶粒的均匀化过程不充分而形成的一种特殊结构。WC 的显著浓度梯度使晶粒中心和外层存在一个明显的界限，这种“包覆结构”的中心部分随加热时间的延长而缩小，如果将 YT 合金退火，则“包覆结构”随退火温度的提高而很快消失。

4.1.3 硬质合金的成分、相与组织

硬质合金的主要成分为金属碳化物。按照用途与性能要求的不同，加入碳化物的种类与数量也不同。硬质合金中主要的金属碳化物是碳化钨，其次是碳化钛。通常碳化钛不单独使用，而是配合碳化钨一起使用。金属钴在硬质合金中主要起黏结作用，以保证硬质合金具备必要的力学性能，一般钴加入量为 3%～30%。在烧结过程中碳化物形成骨架，并部分溶于钴中形成固溶体，此时三元共晶体呈液

相，加强了碳化物晶体间的结合。碳化钨在钴中的溶解度可达 22%。在硬质合金组织中，对碳化物晶体起胶合作用的实际上是溶有 WC、TiC 的钴的固溶体。钴含量的多少对硬质合金的力学性能有较大的影响，这将在 4.1.4 节讨论。

除化学成分，硬质合金的力学性能与相结构及显微组织关系十分密切。为了充分了解硬质合金的结构与组织，曾有不少人对硬质合金的状态进行了研究。图 4-17 是 W-Co-C 的三元状态图。从图中可以看出，除液相，还有如下几个相态。

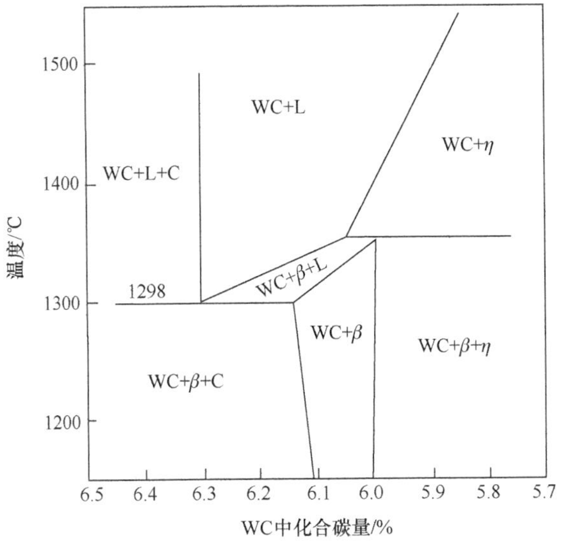

图 4-17　W-Co-C 三元状态图的截面图（16%Co）

（1）WC 相（即 α 相）：显微组织中的碳化钨晶体称为 α 相。正常的 α 晶体一般呈现细小的多边形，硬度高，耐磨性好。烧结过程中碳化钨的一部分固溶于钴中，冷却时再从钴中部分析出，通过液相的析出过程造成 α 晶体长大，称为重结晶，经过重结晶不仅改变了 α 晶体的大小，也改变了 α 晶体的形状。经过重结晶后，硬质合金的硬度下降，韧性提高。根据重结晶程度的不同，又有 α_1 与 α_2 之分，长大了的 α 晶体称为 α_2。

（2）β 相：是 WC、TiC 溶在钴中的固溶体。

（3）η 相：WC 中的碳量不足时出现 η 相。η 相的组成为 W_3Co_3C 或 W_6Co_6C，一般混杂在 WC 颗粒之间。出现 η 相时，使硬质合金硬度下降，脆性增高，应引起注意。图 4-18 为 WC 中化合碳量与力学性能之间的关系。

当硬质合金中含有 TiC 时，理应采用钨-钛-钴-碳四元合金状态图以正确地反映出相的组成，但目前尚不存在这种状态图。实际上，当含有 TiC 时，在烧结过程中，通过碳化物的互相溶解，各相之间成分也在不断变化。TiC 在 WC 中几乎是不溶解的，而 WC 在 TiC 中的溶解度相当大，在 1400℃时为 74%，2000℃时为 82%。

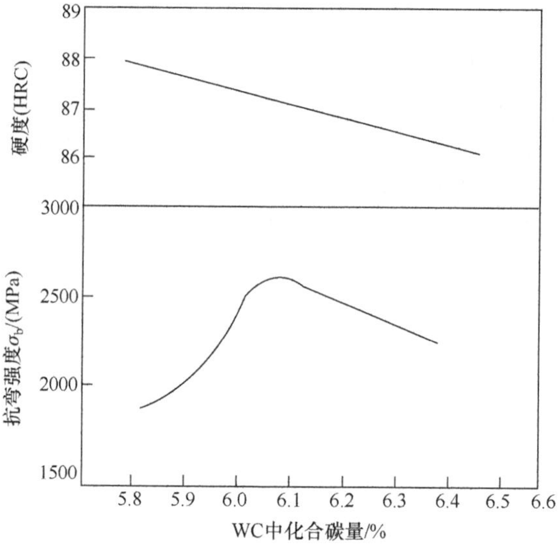

图 4-18 碳化钨中的化合碳量与力学性能之间的关系

4.1.4 硬质合金的力学性能

硬质合金的力学性能主要是硬度、耐磨性、强度及韧性等。决定硬质合金性能的主要因素是：①WC 颗粒的硬度；②WC 与 WC 颗粒间界面的强度；③WC 与钴间界面的强度；④钴颗粒之间界面的强度；⑤钴颗粒本身的强度。

硬质合金属于液相烧结，烧结时各个相之间发生成分变化。碳化物在钴中溶解度的大小对烧结合金的密度、强度与韧性都有十分重要的影响。表 4-13 中列出了在 1250℃时各种碳化物在铁族元素中的溶解度。溶解度大小也是选择黏结金属的一个重要依据。

表 4-13 碳化物在铁族金属中的溶解度(1250℃)　(单位：%)

碳化物	Co	Ni	Fe
WC	22	12	7
TiC	3	5	<0.5
TaC	3	5	0.5
NbC	3	5	0.5
Cr_3C_2	12	12	8

WC 的溶解度大小以钴、镍、铁为序递减，因此，WC-Co 合金的韧性最好。

在其他条件已定的情况下，黏结金属的量直接影响 WC-Co 硬质合金的力学性能。钴含量增加则合金硬度下降，耐磨性差，但韧性呈直线升高，抗压强度最大值可达 6000MPa。由于硬质合金的抗弯强度还受碳化物颗粒大小的影响，所以难以得到十分精确的抗弯强度的变化曲线。一般认为钴含量为 30%时，抗弯强度曲线上出现峰值。当钴含量小于 30%时，随着钴含量的增加，抗弯强度提高，钴含量超过 30%时，则随钴含量增加抗弯强度不断下降。对于这个问题的解释是：硬质合金的显微组织特征是硬质相嵌于软基体相中，凡是这类结构的合金强度主要取决于硬质分散相平均自由程大小，对于硬质合金，就是黏结相的层厚。黏结相相对量大，则平均自由程大，由于黏结金属的强度比较低，因而高黏结相含量的硬质合金的强度也低。若黏结相相对量过小，虽然硬质相的剪切强度高，但由于黏结相呈不连续态，也会因早期脆性断裂而降低强度。硬质合金中碳化物颗粒的微细化能够提高合金的强度与耐磨性。颗粒大小可通过工艺过程进行控制，硬质合金中加入少量碳化铬、碳化钒、碳化钽有利于颗粒的细化。

4.2　碳化钛基金属陶瓷

4.2.1　概述

WC-Co 基金属陶瓷作为研究最早的金属陶瓷，由于具有很高的硬度(HRC 80～92)、极高的抗压强度(6000MPa)，已经应用于许多领域。但是 W 和 Co 资源短缺，促进了无钨金属陶瓷的研制与开发，TiC 基金属陶瓷便应运而生。TiC 基金属陶瓷出现于 1929 年，主要用作切削工具。20 世纪 50 年代之后，为了研制喷气发动机的叶片用高温材料，试验了碳化物、氮化物、硼化物和硅化物等金属陶瓷，发现 TiC-Ni 系合金具有优良的高温力学性能和比重小的特点。但是 TiC-Ni(Co，Fe)合金在烧结时由于 Ni 不能完全润湿碳化物，发生 TiC 颗粒聚集长大，所以 TiC-Ni 基合金的韧性低。1956 年，发现在 TiC-Ni 基合金中添加 Mo 或 Mo_2C 可改善 Ni 对 TiC 的润湿性，使 TiC 晶粒变细，合金强度大大提高，这一发现是制造 TiC 基金属陶瓷的重大技术突破。20 世纪 70 年代，在原有 TiC 基合金中添加数量较多的 WC、TaC 等并适当降低 TiC 含量，发现可大大扩展 TiC 基金属陶瓷切削工具的适用范围。

TiC 基合金最初是用来填补 WC 基硬质合金和陶瓷工具材料之间的空白，适于做高速精加工的工具。后来，由于 TiC 合金的韧性得到改善，它就不仅能满足钢材精加工，而且能够进行钢材和韧性铸铁的半精加工、粗加工和间断切削加工。

金属陶瓷的发展日新月异。1971 年以后，又出现了含氮的金属陶瓷工具材料，它的各种性能都有明显提高。由于 Ti、Mo、Ni 原材料比 W、Ta、Co 金属容易获得，所以对 TiC 基金属陶瓷的研究特别多，而且含氮的金属陶瓷作为工具材料也有广泛应用。采用激光烧结技术制备了 TiC-Ni 系金属陶瓷，随烧结时间延长，TiC、WC 和 Mo_2C 相将逐渐消失，并通过溶解再析出方式形成(Ti、W、Mo)C 完全固溶体[5]；采用热压工艺制备了 WC-TiC-TaC 无金属黏结相硬质合金，其固相烧结致密化机制为 W 原子与 Ta、Ti 原子之间的非平衡扩散机制以及高温高压下物质的黏性/塑性流动机制[6]；通过微波辅助的氮化烧结，可在 TiC 基金属陶瓷表面形成一层抗磨损的梯度层[7]；TiC-ZrC-Co-Ni 系金属陶瓷可通过真空烧结制备，其抗热震性能可通过压痕-急冷法研究，10%ZrC 的试样热震裂纹稳定性最好[8]；采用 β-Co 为黏结相制备了超细 Ti(C,N)金属陶瓷，fcc 结构的 β-Co 能优化金属陶瓷的微结构，进而提高其力学性能[9]。

4.2.2 碳化钛基金属陶瓷的制造工艺

WC 基金硬质合金是迄今为止能保证材料高的综合力学性能(高韧性、高硬度等)的经典示例。在碳化物基金属陶瓷中，TiC 基金属陶瓷的研究相当成熟，其应用也很广，其金属相有 Ni、Ni-Mo、Ni-Mo-Al、Ni-Cr、Ni-Co-Cr 等。

TiC-Co、TiC-Ni、TiC-Cr 等金属陶瓷可做成切削刀具、高温轴承、量具等；由于 TiC 陶瓷的熔点(3250℃)高于 WC(2630℃)、耐磨性好、密度只有 WC 的 1/3，抗氧化性远优于 WC，且都能被 Co 润湿，可用来替代目前广泛使用的 WC-Co 基硬质合金而大大降低成本，故引起了人们的极大兴趣。

Ti(C,N)基金属陶瓷是近年来发展较快的一种刀具材料，它是在 TiC 基金属陶瓷基础上发展起来的一种具有高硬度、高强度、优良的高温和耐磨性能、良好的韧性以及密度小、热导率高的新型金属陶瓷刀具材料。其主要成分是 TiC-TiN，以 Co-Ni 作为黏结剂，以其他碳化物为添加剂，如 WC、MoC、(Ta,Nb)C、Cr_3C_2、VC 等。Ti(C,N)基金属陶瓷的力学性能可在一定的范围内调整。

由于加入了各种碳化物添加剂，并以 Co-Ni 作为黏结剂，大大改善了金属陶瓷的综合力学性能。加入一定量的高熔点 TaC、NbC 可改善合金的抗塑性变形能力，VC 可提高合金的抗剪强度，改善合金的力学性能。MoC 可提高 Co-Ni 黏结剂的强度，并在碳化物、氮化物和黏结剂之间起连接作用。在相同的切削条件下，Ti(C,N)基金属陶瓷刀具的耐磨性远远高于 WC 基及涂层硬质合金。

1. TiC 基金属陶瓷的制造原理和工艺

TiC 基金属陶瓷的制造工艺与 WC-Co 硬质合金基本相似，都采用液相烧结法。TiC-Ni(Co)合金的制造工艺大致是：将 TiC 粉末和 Ni(Co)粉按一定比例置于球磨机中进行湿磨，然后将料浆干燥，掺入成形剂，在 150～200MPa 压力下成形。压坯在 760～870℃下预烧结，最后在 1250～1900℃进行真空烧结。

TiC-Ni 合金的二元相图如图 4-19 所示。TiC-Ni 系合金由 TiC 和 Ni 两相组成，从 1270℃开始烧结出现液相。加入 Mo 或 Mo_2C 后，能与 TiC 形成非平衡的 TiC-Mo_2C 固溶体，它与 WC-TiC 固溶体的包覆结构相似，晶粒内部是 TiC，而外

围是 $TiC-Mo_2C$ 固溶体，把这种形态的碳化物固溶体相称为“包覆结构”。它的形成是由于 Mo_2C、TiC 向液相中溶解和在粗 TiC 颗粒上再析出。如果向合金中添加 Mo_2C 的同时添加 WC、TaC、Cr_3C_2，也可形成类似的组织。

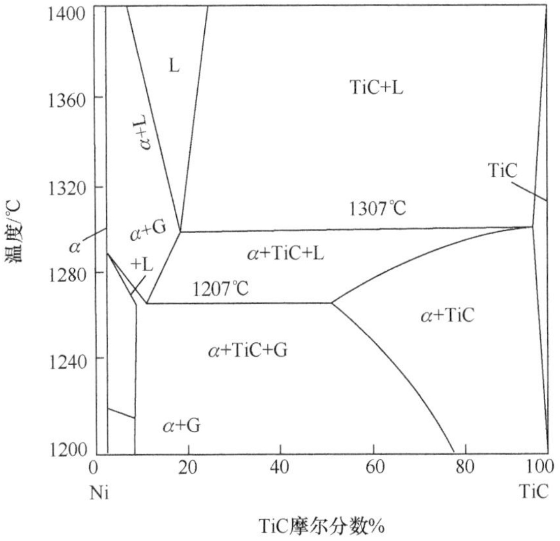

图 4-19　TiC-Ni 合金的二元相图

L-液相；G-石墨

研究表明，TiC-Ni 合金由于 Mo_2C 的加入，在生成包覆结构的同时，可使碳化物晶粒细化。这是由于添加 Mo_2C 使 TiC/Ni 间的润湿性得到改善，并抑制了 TiC 晶粒长大。但是，又有研究证明这是由于烧结初期生成的包覆结构有阻碍 TiC 晶粒合并的原因。关于碳化物组织另有见解认为，当 Mo_2C 分布不均匀时，出现个别 TiC 颗粒异常长大现象，TiC 晶粒成为板状；而包覆结构内部的 TiC 即使经过高温长时间烧结也是稳定的，碳化物粒度保持为 2～3μm；越是高碳合金，TiC 颗粒越细化。$TiC-Mo_2C-Ni$ 合金中黏结相的两相区的位置随 Mo_2C 含量的增加向低碳侧移动，且其宽度扩大。现已查明，两相区的位置不随原料 TiC 粉末的化合碳含量(18.64%～19.55%)而变化(烧结时碳化物的碳含量发生变化)，两相区的宽度为 1%～2%C，与 WC-Co 系合金的宽度(0.1%～0.5%C)相比明显增宽，这是由于 TiC 与 WC 不同，是非化学当量成分的化合物。越是高碳合金，黏结相(γ)的晶格常数越小，而碳化物相的晶格常数越大，原因是 γ 相中的 Ti 的固溶量减少和化合碳量增加。

2. 工艺条件对 TiC 基合金性能的影响

1) 烧结温度的影响

烧结温度对 TiC-Ni-Mo 系合金性能的影响如表 4-14 所示。

表 4-14 烧结温度对 TiC-Ni-Mo 系合金性能的影响(真空中)

性能	烧结温度/℃					
	1200	1250	1300	1360	1400	1430
密度/(g/cm^3)	5.09	5.39	5.60	5.57	5.57	5.55
硬度(HRA)	86.0	90.7	92.8	92.7	92.7	92.9
抗弯强度/MPa	750	1190	1350	1380	1090	1250

TiC-Ni 伪二元系的共晶点是 1270℃，故在 1300℃下烧结 TiC-Ni-Mo 合金，已有足够的液相量使烧结体收缩而达到理论密度。当温度继续升高时，由于少量 Ni 挥发导致合金密度降低，同时使合金晶粒长大，晶粒化学成分的不平衡状态减少，因而合金的抗弯强度降低。表中数值还说明，烧结温度对合金的硬度影响不大。

2) 烧结气氛的影响

TiC-Ni-Mo 合金在氢气和真空中烧结后的性能如表 4-15 所示。由表可知，TiC-Ni-Mo 合金在氢气中烧结比真空烧结后的性能差，这是由于在 H_2 中烧结时温度较高，减少固溶体中成分的不平衡状态，降低了黏结相对碳化物相的润湿性；但真空烧结有利于石墨和氧的消除，大大改善了黏结相与碳化物相的润湿性。

表 4-15 烧结气氛对 TiC-Ni-Mo 合金性能的影响

气氛	填料	烧结温度/℃	保温时间/h	密度/(g/cm^3)	硬度(HRA)	抗弯强度/MPa	切削寿命系数
H_2	Al_2O_3+C	1510	2	5.58	91.7	1000	1.40
H_2	Al_2O_3+C	1530	2	5.57	91.8	520	—
H_2	石墨粒	1530	2	5.60	92.5	920	1.90
真空	石墨粒	1380	2	5.56	93.0	1150	3.60

3) Mo 或 Mo_2C 加入方式的影响

添加 Mo 能改善黏结相对 TiC 的润湿性。例如，用 TiC-Mo_2C 固溶体制造合金，由于固溶体成分已完全平衡，反而降低了黏结相对碳化物相的润湿性，使所得合金变脆。因此，制取 TiC-Ni-Mo 合金一般不预先制成 TiC-Mo_2C 固溶体，而是向 TiC 中直接加入 Mo 或 Mo_2C 制备合金混合料。在烧结过程中，依靠 TiC 扩散溶入 Ni 相时离解出的 C 与 Mo(或 Mo_2C)作用形成 MoC，它再溶于 TiC，在其外层上形成一种不含石墨、成分不平衡的 TiC-MoC 固溶体，这个过程改善了黏结相对碳化物相的润湿性，使合金的强度提高。例如，在 TiC-Ni 中添加 10%Mo 就能完全润湿 TiC，使润湿角为 0°。有关 Mo 的加入改善润湿性的机理，有人认为是 TiC 中游离碳和氧的消除所致，也有人认为与固-液界面的扩散梯度有关，碳化物颗粒不出现聚集再结晶长大。

此外，在烧结过程中 Mo 还向 TiC 扩散，取代 TiC 晶格中的 Ti，在 TiC 颗粒表面上形成(Ti-Mo)C 固溶体，减少纯 TiC 颗粒间的接触，防止它们聚集。

关于 Mo 的添加方式的研究已为许多厂家所重视。如前所述，以 TiC-Mo_2C 固溶体形式将 Mo 添加到 TiC-Ni 系中，所得到的 TiC-Ni-Mo 合金的性能较差，因此一般都是以 Mo 或 Mo_2C 的形式加入，试验结果如图 4-20 所示。

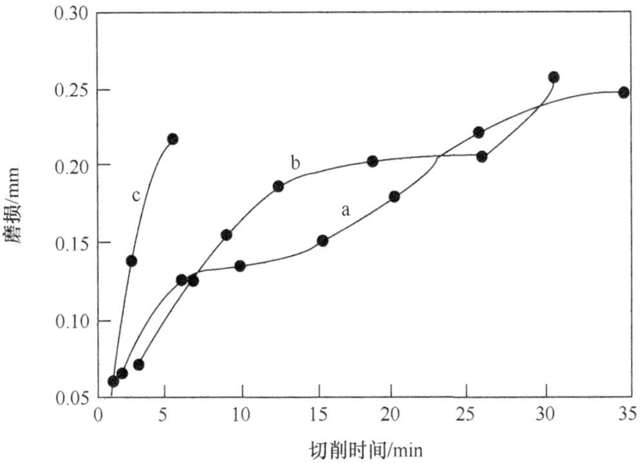

图 4-20　Mo 的加入方式对合金切削性能的影响

a-80%TiC-10%Ni-10%Mo-0.6%游离碳；b-80%TiC-10%Ni-10.6%Mo_2C；c-(80%TiC/10.6% Mo_2C)固溶体-10%Ni

切削试验表明，以 a、b 两种形式(图中曲线 a、b)加入 Mo 的效果相近，但以 a 形式加入时，合金的耐磨性稍好。对于 TiC-Ni-Mo 合金中 Ni 与 Mo 的合理比例问题，尚未取得统一认识，Ni 与 Mo 的比例以从 1∶0.5 到 1∶7，但是，多数情况下为 1∶1。如 TiC-12.3%Ni 合金的 Mo 含量为 10%～20%时合金达到最高的使用寿命；当 Mo 含量为 20%(体积分数)时，由于抑制碳化物晶粒长大的作用强烈，此时合金的强度最高，如图 4-21 所示。

Mo 在 TiC 基合金中的分布情况如下：在 12.3% Ni 的 TiC-Ni-Mo 合金中，Mo 主要溶解在 TiC 相中；当 Mo 量增加时，黏结相中的 Ti 与 Mo 含量也增加，如表 4-16 所示。

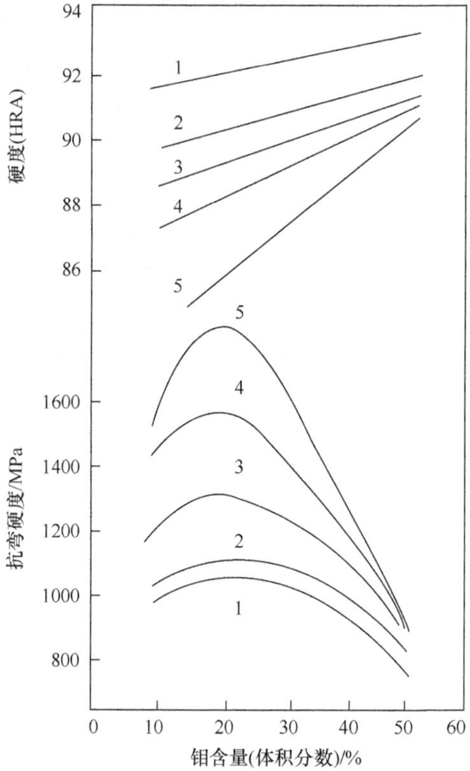

图 4-21　TiC-Ni-Mo 合金强度、硬度与黏结剂中 Mo 含量的关系

黏结剂的体积含量：1-12％；2-19％；3-26％；4-32.4％；5-40％

表 4-16　TiC-12.3%Ni-Mo 合金中的成分分析

Mo 在碳化物中的含量/％	黏结剂成分/％		
	Ni	Ti	Mo
0.81	12.3	0.30	0.06
4.48	12.3	0.79	0.06
8.77	12.3	1.17	0.12
12.76	12.3	1.67	0.30
16.79	12.3	2.37	0.40

4）添加剂的影响

TiC-Ni-Mo 合金中可添加 WC、TaC、NbC、Cr_3C_2、VC、ZrC、TiN、ThO_2、Al_2O_3、TiO 和金属 Cr、Cu、Ru、Ni 等来改善性能。

加入 WC 或 WC-TiC 固溶体可以提高合金的韧性及抗塑性变形能力，而耐磨性稍有下降。

加入 TaC、NbC 和 WC 的作用相同，可以提高抗热震性，也有抑制碳化物晶粒长大的作用，这种合金更适合于间断切削。

加入 Cr_3C_2、VC 和 ZrC 的主要作用是抑制晶粒长大，提高合金的耐磨性，添加量一般是 0.25%～3%。如果添加 5%的 ZrC 或 VC，还可以提高 TiC 合金的抗崩刃性。

加入 0.05%～5%的 ThO_2 能提高合金强度，此合金适合制作自动车床上的切削刀具，以及拉丝模、喷嘴、透平叶片及航空机械上用的耐热和抗氧化部件。

加入 TiB_2 可大大提高合金的硬度及耐磨性，而韧性降低不多。

加入 Al_2O_3 并不会增大合金的热裂倾向和脆性，反而会使合金的各种性能提高。

碳化物的添加方式对合金性能有很大影响(表 4-17)。由表 4-17 可知，添加陶瓷粉的合金性能最好。例如，成分为 10% Al_2O_3、85% TiC 和 5%(Ni-Mo)的热压合金的抗弯强度为 1200MPa，硬度为 HRA94。

表 4-17　碳化物的添加方式对 TiC 基合金性能的影响

添加方式	合金成分/%							性能		
	陶瓷粉	TiC	WC	TaC	WC-TiC (50/50)	Ni	Mo	密度 /(g/cm³)	硬度 (HRA)	抗弯强度 /MPa
单纯碳化物	—	30	46	—	12	10	2	8.79	90.5	1460
碳化物固溶体	—	38	30	6	12	12	2	8.55	89.7	1170
陶瓷粉	40		56	—	4	—	—	8.86	91.1	1860

3. TiC 基合金的性能

1) TiC 基合金牌号及性能

国内外工业生产的 TiC 基合金性能如表 4-18 和表 4-19 所示。

表 4-18　我国工业生产的 TiC 基合金性能

合金牌号	化学成分/%				性能		
	WC	TiC	TaC(NbC)	Ni-Mo	密度 /(g/cm³)	抗弯强度 /MPa	硬度 (HRA)
YN10	15	62	1	Ni-12 Mo-10	6.2～6.4	1100	92
TH7	—	余量	—	Ni-7 Mo-14	5.56	800～950	93.3
TH12	—	余量	—	Ni-12 Mo-10	5.6	1200～1300	92.5

表 4-19　国外某些厂家生产的 TiC 基合金性能

牌号	制造厂家	化学成分/%				性能		
		TiC	Ni	Mo	其他	密度/(g/cm^3)	硬度(HRA)	抗弯强度/MPa
5H	美国 Ford	73.5	17.5		0.5C	5.63	92.0	1650
7G	美国 Ford	67	22.4		0.5C	5.80	91.0	1900
VR65	美国 VR/wesson	75	(Ni+Mo)25			5.90	92.1	1400
VC-83	美国 Valenite Metals	72	10	6	12W	6.1	92.7	900
VC-85	美国 Valenite Metals	78	8	10	1W,3TaC	5.8	93.0	900
WA-870	美国 Walmet						92.1	1750
Tungtic TC_1	日本东芝坦葛洛依	90	5	5	—	5.3	92.5～93.5	800～900
Tungtic TC_2	日本东芝坦葛洛依	80	10	10	—	5.6	92～93	1000～1200
Tungtic TC_3	日本东芝坦葛洛依	75	15	10	—	5.8	91.5～92.5	1200～1300
X_{407}		50	Mo_2C+Ni+Co=30%			6.5	91～92	1400～1600
F_{02}	瑞典 Coromant 瑞典赛可工具公司	60TiC 3TaC 2NbC	10	2	$5Cr_3C_2$ 余 WC	6.5	93	700
		80	10	10		5.4	92	<1000
TizitF_{05}T	奥地利 Metal	75(TiC+TaC)25(Ni+Mo)				6.0	HV 1700	1400
TizitF_{10}T	奥地利 Plansee	70(TiC+TaC)30(Ni+Mo)				6.0	HV 1700	1700
TM	俄罗斯	90(TiC-NbC)	5	5		5.7		750～800
THM-20	俄罗斯	80	10	4		5.5	91	1150

2) 影响 TiC 基合金性能的因素

影响 TiC 基合金性能的因素有 Ni 含量、Mo_2C 含量、碳化物相和 γ 相的成分(合金碳含量)、碳化物粒度、组织缺陷及其尺寸等。

(1) Ni 含量的影响。在 TiC-Ni-Mo 合金中，Ni 含量的影响与 Co 对 WC-Co 合金的影响相似。当合金中 Mo 含量一定时，合金的抗弯强度随着 Ni 含量的增加而增大，硬度则下降，如图 4-22 所示。这是因为当 Mo 含量一定时，Ni 含量增加，则 TiC 含量降低，即韧性和强度增加，硬度下降。

(2) Mo 含量的影响。当 TiC-Ni-Mo 合金中 Ni 含量保持一定时，合金的抗弯强度随 Mo 含量的增加而提高，对于含 10%Ni 的 TiC 合金，含 10%Mo 时的抗弯

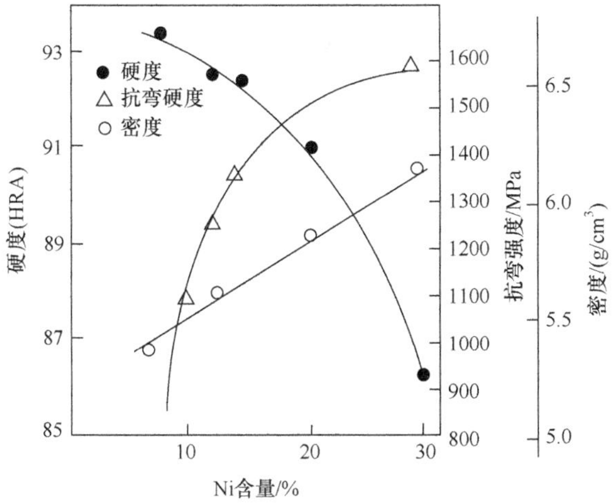

图 4-22　Ni 含量对含 10%Mo 的 TiC 基合金性能的影响

强度最高。10%Ni 的 TiC-Ni-Mo 合金中的硬度随 Mo 含量的变化也有类似的关系(图 4-23),这同样是由于 Mo 改善了黏结相对 TiC 的润湿性。

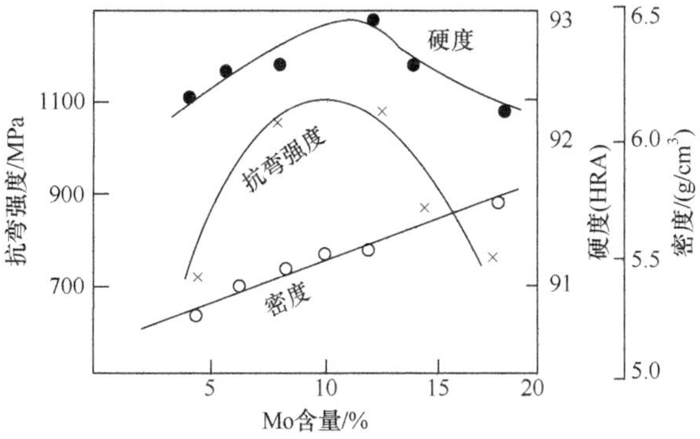

图 4-23　Mo 含量与含 10%Ni 的 TiC-Ni-Mo 合金性能的关系

Mo 含量对 TiC-Ni-Mo 合金中刀具寿命的影响如图 4-24 所示。由图可知,Mo 含量为 12%时,工具寿命最好,这是由于随着 Mo 含量的增加,碳化物晶粒细化,硬度升高;但是当 Mo 含量超过 12%时,因为包覆结构层的厚度增加,碳化物变粗,使合金的硬度降低。

(3) 碳化物的影响。TaC、NbC、Cr_3C_2、VC 等碳化物对 TiC 基合金性能的影响有许多共同点,即它们都是晶粒长大的抑制剂,使黏结相对碳化钛的润湿性降低。因此,它们的加入不仅对合金硬度提高不明显,而且使合金强度显著降低(图 4-25)。

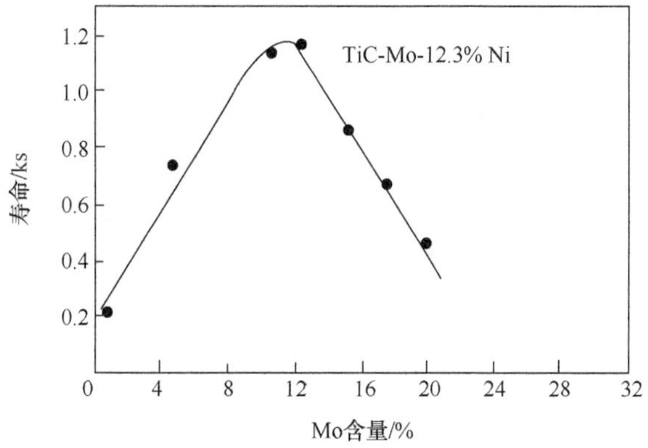

图 4-24 Mo 含量对 TiC-Ni-Mo 合金刀具寿命的影响

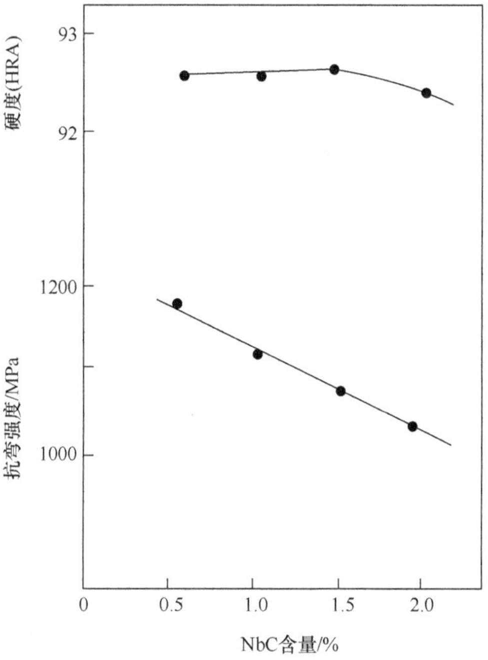

图 4-25 NbC 含量对 TiC 基金属陶瓷性能的影响

加入 WC 使合金强度升高而硬度稍有降低，如图 4-26 所示。这也是由于 WC 的加入改善了黏结相对碳化钛的润湿性，使合金强度提高；同时由于使碳化物相晶粒变粗而导致硬度下降。

(4) γ 相和碳化物粒度的影响。γ 相的平均自由程和碳化物内的 TiC 晶粒度对 TiC-Mo_2C-Ni 合金抗弯强度的影响如图 4-27 所示。在 γ 相平均自由程约为 0.3μm 时，有最大的抗弯强度；TiC 颗粒越细，强度越好。

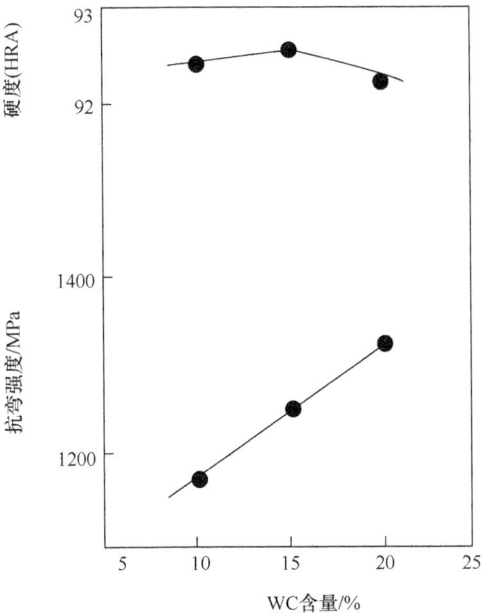

图 4-26　添加 WC 对 TH12 合金性能的影响

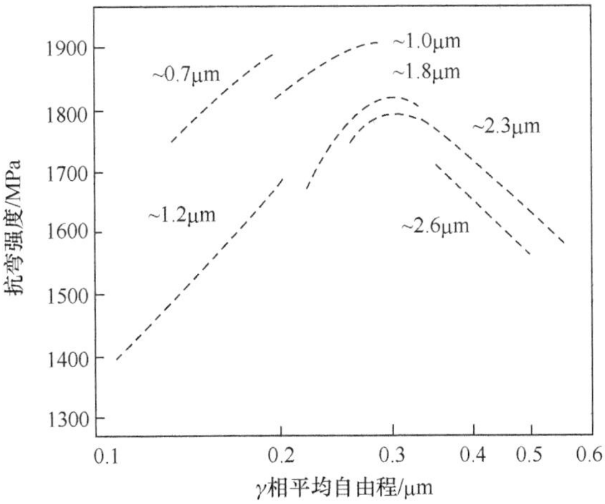

图 4-27　γ 相平均自由程和 TiC 粒度对 TiC-Mo_2C-Ni 合金抗弯强度的影响
图中数字为碳化物内部 TiC 粒度

(5) TiC 基合金的强度及组织缺陷。TiC 基合金和 WC-Co 合金相同，都是由合金内部的组织缺陷(孔洞、Ni 池、碳氧化物聚集体)引起脆性断裂。所以，合金的断裂强度受缺陷位置和尺寸的影响。这类合金的 σ_0 值也取决于碳化物粒度、Mo_2C 含量和 Ni 含量一般在 2000～3000MPa 范围内(日本工业标准)，比 WC-10%Co 合

金的 σ_0 值(约 8000MPa)要低得多。添加 Mo_2C,使组织细化或烧结时液相数量增加,故微孔难以形成;与此同时,粗粒碳化物的生成受包覆结构的抑制,使得合金强度提高。

研究指出,当原料 TiC 粉末中杂质 S 含量在 0.02%以上时,合金组织中将生成板状的 $Ti_xS(x\gg1)$,合金强度下降。另外,如果是低碳合金,γ 相粒度越大其强度下降越多;添加其他碳化物也降低强度。

3) 添加 N 的 TiC-Mo_2C-Ni 合金的各种性能

含氮的 TiC 基合金是 20 世纪 70 年代出现的 TiC 基金属陶瓷。这类合金中的氮是以 TiN、Ti(C,N)或(TiC-TiN)固溶体形式添加的,即使是以 TiN 形式加入,它也与 TiC 反应生成 Ti(C,N)。

添加 N 的合金在真空烧结时会发生脱氮,所以,最好在氮气中烧结。但应该注意,如果这种金属是在碳氮化合物的平衡离解压以上的氮气压力下烧结,则会产生增碳,在合金组织中出现游离碳,这类合金的碳氮化合物的平衡离解压不仅受含合金中 N 含量的影响,而且还与烧结温度、合金碳含量、Mo_2C 含量等有关。真空烧结含 N 合金时,由于脱氮发生在试样表面,可观察到包覆结构消失。

真空烧结时,添加 TiN 量对 TiC-Mo_2C-Ni 合金力学性能的影响如图 4-28 所示。由图可知,添加 15%TiN 时,合金的本征强度 σ_0 最大。而实际强度则随 TiN 量的增加而降低,这是由于称为断裂源的 TiN 尺寸增加。

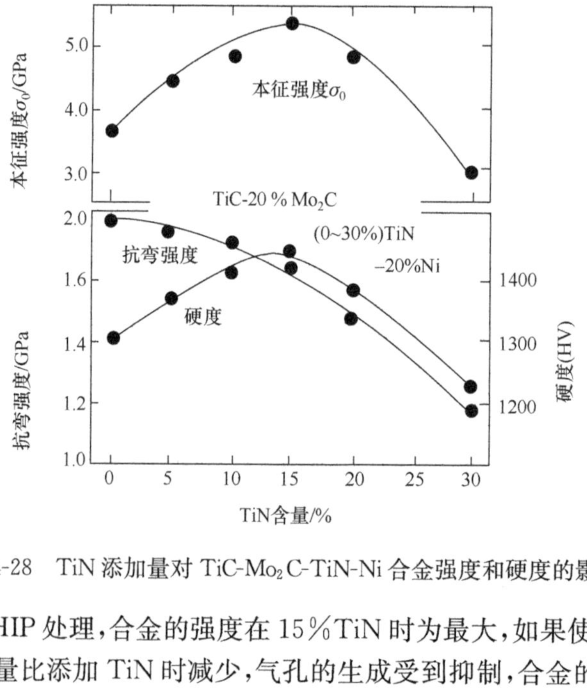

图 4-28　TiN 添加量对 TiC-Mo_2C-TiN-Ni 合金强度和硬度的影响

如果进行 HIP 处理,合金的强度在 15%TiN 时为最大,如果使用 Ti(C,N)固溶体原料,脱氮量比添加 TiN 时减少,气孔的生成受到抑制,合金的断裂韧性由于添加 TiN 而上升。

图 4-29 表示切削时刀尖的变形量由于添加 N 而明显地减少，这可能除了与添加 N 抑制了高温变形有关，还与改善合金的热导率有关。此外，如果向含 N 的合金中再添加 Al、VC，那么刀尖变形可得到进一步抑制。

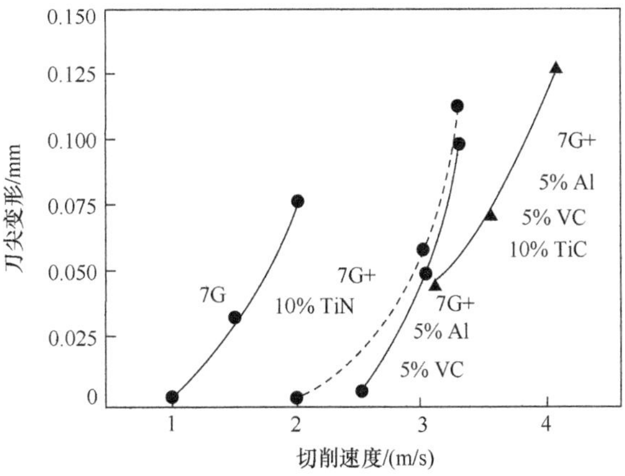

图 4-29　添加 TiN、Al、VC 的 TiC-Mo-Ni 合金的刀尖变形量与切削速度的关系

添加 N 的 TiC 基合金的抗氧化性明显改善，这是由于存在下列反应：

$$TiC_{0.7}N_{0.3}+2O \longrightarrow TiO_2+(7/10)C+(3/10)N \tag{4-17}$$

合金表面的氧化层由内外两层所构成，反应生成的 N 通过外层扩散，再由试样表面逸出，因此，在内层与合金的界面上使上述反应受到抑制。添加 N 的效果在添加 Mo_2C 的合金和 WC-β-Co 的合金中也被发现过。

综上所述，添加 N 对改善合金性能极为有效。最近已出现具有高硬度、高韧性的 Ti(C,N)-Mo_2C 和 WC-TiC-TiN 合金。

4.3　不重磨刀片与涂层硬质合金

加工时可采用不重磨刀片，当硬质合金刀刃磨钝后只需转位，便可继续使用，故称为不重磨刀片。这种刀片制成多边形，其每一个边都是切削刃。由于刀片可以转位，可使同一个刀片在不进行重磨的情况下多次使用。采用不重磨刀片，可获得很可观的经济效益，因为它可使切削加工材料的生产率提高 5%～15%，加工费用可降低 18%～42%。

几种不重磨硬质合金刀片的一般形式如图 4-30 所示。

整体工具的制造工艺可有两种方案。第一种方案为：硬质合金混合料与合成橡胶汽油溶液（浓度 8%～10%）进行掺和，其溶液加量按每公斤混合料 150～

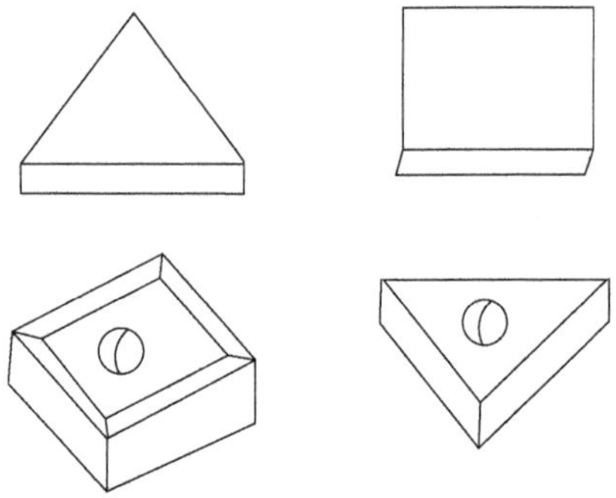

图 4-30　硬质合金不重磨刀片的一般形式

200cm^3 计算。掺和后的混合料进行干燥，擦碎过筛，压制成相应的毛坯并在650～750℃下进行预烧。这样制得的毛坯用石蜡浸渍，并用机械加工的方法将毛坯制成相应的工具，再缓慢加热到 200℃进行排蜡，然后按该牌号硬质合金所用的工艺制度进行最终烧结。第二种方案为：这种方案与第一种方案的区别就在于工艺过程中没有浸蜡工序。掺和橡胶溶液的混合料，用挤压的方法成形，即将混合料通过一定形状的挤压模进行挤压。用这种方案可制造麻花钻头、圆柱铣刀等。

近来研制成功一种用硬质合金制造各种扁平铣刀类型工具的工艺，即将粉末混合料轧制成带材，随后从带材切割成工具制品，然后再进行烧结。这种工艺可获得很可观的经济效益。

为了将硬质合金刀片固定在钢刀杆上，可采用各种环氧树脂胶。采用聚乙烯胺、六乙二胺作胶的冷固化剂，而对于热固化则采用邻苯二甲酸酐或甲基四氢化酞酸酐作固化剂。采用氧化铝、波特兰水泥、陶瓷粉等作填充剂。热固化剂具有很大的黏结强度（抗剪切性能），其值可达 50～80MPa。

涂层硬质合金刀具的出现是刀具发展史上的一个重要里程碑，它是在强度和韧性较好的硬质合金基体上，涂覆一薄层耐磨性好的难熔金属（或非金属）化合物而成。涂层作为一个化学屏障和热屏障，减少了刀具与工件间的扩散和化学反应，从而减少了月牙洼磨损。涂层具有很高的硬度和耐热性，降低了刀具与工件间的摩擦系数，因此，涂层刀具比未涂层刀具可显著地提高使用寿命，通常涂层刀具的寿命可比未涂层刀具高 2～5 倍。往氮化铬涂层中渗入碳可制备 Cr(C,N)涂层，随着设碳含量的增加，涂层表面粗糙度和晶粒尺寸都会减小[10]；类金刚石薄膜(DLC)具有热导率高、热膨胀系数小、化学稳定性好、硬度和弹性模量高、摩擦系数小、耐磨性好等优点，是硬质合金刀具理想的表面改性涂层材料[11]；在 WC-Ti(C,N)-Co 金属陶瓷中，扩散和热力学性能是其涂层梯度结构形成的主要影响因素[12]；采用化学气相沉积方法制备了 TiC、TiN 和 Al_2O_3 多层涂层硬质合金，Al_2O_3 的加入进一步提高了抗氧化性能、硬度、隔热和阻碍氧扩散的作用，通过提高涂层硬质合金抗氧化性能和硬度可提高其切削性能[13]。此外，涂层硬质合金通用性广，一种牌号的涂层硬质合金刀具常可胜任几个等级未涂层刀片的切削工作，从而可简化刀具管理。

目前涂覆在不重磨刀片上的各种耐磨涂层日益得到应用。耐磨涂层可采用碳化钛（TiC）和碳氮化钛（TiC-TiN）。这种涂层可使工具的耐磨性提高数倍。在瑞典山特维克公司出产一种碳化钛底层上涂有氧化铝（Al_2O_3）的硬质合金刀片，美国通用电气公司也生产这种涂层刀片。

涂层硬质合金的涂层厚度都很薄，不大于 5～7μm。因此，尽管合金基体与涂层的线膨胀系数差别很大，但不产生裂纹。这类涂层主要是采用气相沉积方法制得的。

硬质合金刀具涂层制备技术通常可分为化学气相沉积（chemical vapor deposition，CVD）和物理气相沉积（physical vapor deposition，PVD）两大类。客观地讲，CVD 和 PVD 是两个平行发展的方向，各有其适用性，难以完全取代对方。

化学气相沉积技术是硬质合金领域的一个重要技术突破，它借助一种或几种含有涂层元素的化合物或单质气体在放置有基材的反应室里的气相作用或在基材表面的化学反应而形成涂层，常见的 CVD 技术是以含有 C/N 的有机物乙氰作为主要反应气体，与 $TiCl_4$、H_2、N_2 在 700～900℃产生分解、化学反应生成 TiCN。

自 20 世纪 60 年代以来，CVD 技术被广泛应用于硬质合金可转位刀具的表面处理。20 世纪 80 年代末，Krupp Widia 开发的等离子化学气相沉积（plasma chemical vapor deposition，PCVD）技术达到了实用水平，其工艺处理温度已降至 450～650℃，有效控制了 η 相的产生，可用于螺丝刀具、铣刀、模具的 TiN、TiCN、TiC 等涂层，但迄今为止，PCVD 工艺在刀具涂层领域的应用并不广泛。20 世纪 90 年代中期，中温化学气相沉积（middle tempreature chemical vapor deposition，MT-CVD）新技术的出现使技术发生了革命性的变革。采用 MT-CVD 技术可以获得致密纤维状结晶形态的涂层，这种涂层结构具有极高的耐磨性、抗热震性和韧性，可适于在高温、高速、大负荷、干切削条件下使用，其使用寿命可以比普通涂层硬质合金刀片提高一倍左右。

物理气相沉积的主要方法有真空蒸镀、溅射镀、离子镀等。PVD 技术出现于 20 世纪 70 年代末，由于其工艺处理温度可以控制在 500℃以下，所以可作为最终处理工艺用于高速钢类工具的涂层。由于采用 PVD 技术可以大幅度提高高速钢工具的切削性能，所以该技术自 20 世纪 80 年代以来得到了迅速推广。工业发达国家从 20 世纪 90 年代初开始就致力于硬质合金刀具涂层技术的研究，90 年代中期取得了突破性进展：PVD 涂层技术已普遍应用于硬质合金铣刀、钻头、阶梯钻、油孔钻、铰刀、丝锥、可转位铣刀片、异型刀具、焊接刀具等的涂层处理。

根据涂层硬质合金的结构特征，可以将其分为如下五类。

1）单涂层

单涂层由某一种化合物或固溶体薄膜构成，理论上，在薄膜的纵向生长方向上涂层成分是恒定的，这种结构的涂层可称为普通涂层(图 4-31)。联系涂层技术的发展历程，过去相当长的时期内一直采用这种技术，其中包含众所周知的 TiC、TiN、TiCN、TiAlN 等涂层。随着市场要求的不断提高，人们也愈加认识到这种涂层的局限性，无论是显微硬度、高温性能还是薄膜韧性等都难以大幅度提高，但这种涂层在市场中仍占有一定比例。

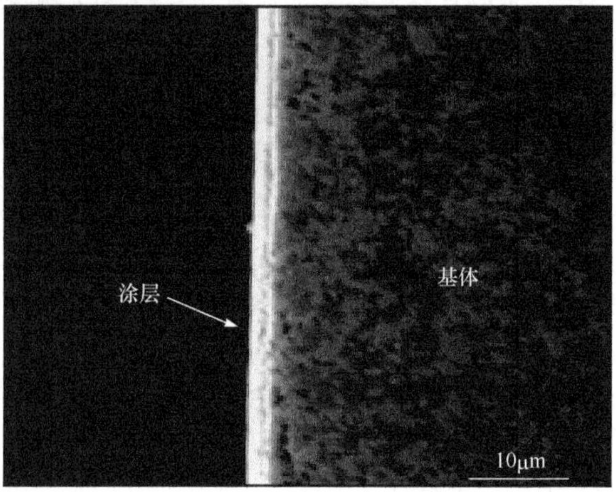

图 4-31　TiC 涂层/WC-Co 硬质合金截面图

2) 多层涂层

多层涂层由多种性能各异的薄膜叠加而成，每层膜化学组分基本恒定。常用的多层涂层硬质合金为 TiC-TiN、TiC-TiCN-TiN、TiAlN-TiN 等。与单层涂层相比，多层涂层可有效地改善涂层组织状况，抑制粗大晶粒组织的生长，此种涂层应用比较广泛。

3) 纳米多层涂层

纳米多层涂层结构的涂层与多层涂层类似，只是各层薄膜的尺寸为纳米数量级，又可称为超显微结构。与传统的单层膜或普通多层膜相比，此类薄膜具有超硬度、超模量效应，其显微硬度预计超过 40GPa，且在相当高的温度下，薄膜仍可保留非常高的硬度。因此这类膜具有良好的市场应用前景，其典型代表为 AlN-TiN、AlN-TiN-CrN 涂层等。

4) 梯度涂层

梯度涂层即设计多层涂层的成分呈梯度变化，是解决涂层与基体以及多层涂层之间热膨胀系数不匹配的有效途径之一，可提高涂层与涂层之间界面的结合强度，延长涂层硬质合金的使用寿命。

5) 超硬涂层

金刚石是目前已知最硬的物质。金刚石涂层是利用低压化学气相沉积技术在硬质合金基体上生长出一层由多晶组成的金刚石膜，由于金刚石膜具有优良的力学、热学、电学和光学性能，其硬度高达100GPa，它主要用于加工硅铝合金和铜合金等有色金属、玻璃纤维等工程材料及硬质合金等材料，刀具寿命是普通硬质合金刀具的50～100倍。金刚石膜层存在热稳定性差的缺点，在使用上有一定局限性。故近年来类金刚石涂层(DLC)也开始了商业应用。DLC硬度可达到20～40GPa，虽低于金刚石的硬度，但不存在与黑色金属起触媒效应的问题，其摩擦系数低，可用于加工钢铁材料，假以时日，这种新型的类金刚石涂层将会在切削领域得到广泛的应用。

除了金刚石涂层，还有一种最具代表性的超硬材料涂层，即立方氮化硼(CBN)涂层。它除了具有许多与金刚石类似的优异物理、化学特性(如超高硬度(仅次于金刚石)、高耐磨性、低摩擦系数、低热膨胀系数等)，同时还具有一些优于金刚石的特性。CBN对于铁、钢和氧化环境具有化学惰性，在氧化时形成一薄层氧化硼，此氧化物为涂层提供了化学稳定性，它在加工灰铸铁和高温合金时具有明显的优越性。目前已开发了一种超硬涂层刀具，即在硬质合金刀具上沉积了CBN-TiN涂层，涂层与基体之间结合紧密(图4-32)。车削试验表明：CBN-TiN涂层硬质合金刀具有非常好的抗月牙洼磨损性能，顶部的TiN涂层具有优良的润滑性。通过车削GJS-500-7铸铁发现：硬质合金刀具基体上CBN涂层的抗后刀面磨损性能明显优于TiAlN涂层，特别是切削速度v_c=60m/s时，前者的寿命是后者的2倍。由于CBN涂层具有高硬度、低磨粒磨损速率、低摩擦系数以及与硬质合金基体结合强度高等优点，所以它是一种非常有潜力的抗磨损超硬涂层。

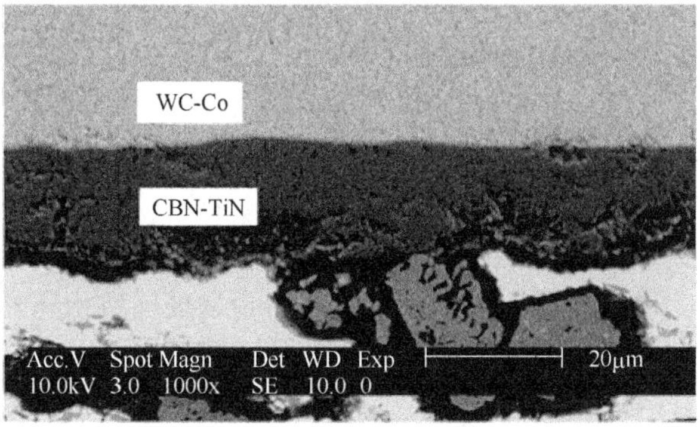

图4-32　CBN-TiN涂层硬质合金截面的SEM照片

涂层硬质合金刀具已广泛地应用于车削、铣削、钻削、镗削、切断与切槽和螺纹切削等切削领域，几乎可以高效地切削任何材料。据日本住友公司调查，经涂层后的刀具寿命延长2～3倍的占36%，3倍以上的占30%，提高加工效率(包括切削速度和进给速度)的占19%。此外，其通用性广，一种牌号的涂层硬质合金刀具常可胜任几个等级未涂层刀片的切削工作，从而可简化刀具管理。瑞典山特维克公司切削刀具材料发展部主任认为："当今切削刀具材料，涂层刀具居于统治地位，没有别的已知材料可以与之抗衡。"据统计，在一些工业发达国家，涂层刀具的使用量已占到刀具总数的 60%～70%，美国在数控机床上使用的刀具 80%～85%都是涂层刀具，瑞典和德国车削用涂层刀片已占 70%以上。在日本的硬质合金和陶瓷刀片生产总产量中，涂层刀片所占比例超过 40%。涂层刀具将是今后机械加工领域中的重要刀具品种，也是刀具技术的一个重要发展方向。

4.4 钢结硬质合金

钢结硬质合金是 20 世纪 50 年代出现的一种新型模具材料，它具备下面几个主要特点：①合金的基本组成是碳化物加合金钢，而从结构上看是通过钢来黏结碳化物，或者是大量的一次碳化物分布在钢基体上的一种金属基复合材料；②由于钢的组成物在显微组织中占有一定的百分比，所以钢结硬质合金具有一定的锻造、焊接、热处理及机械加工等工艺性能，尤其是通过不同热处理可以使某一成分的合金在一定范围内表现出不同的力学性能；③在力学性能上不仅保持了合金钢与硬质合金的基本特性，而且还有不同程度的发展。钢结硬质合金不仅具备高硬度与良好的耐磨性，还有一定的抗冲击能力。若配制成不锈钢、耐热钢钢结硬质合金，还表现出良好的抗腐蚀及耐热性能。

鉴于上述特点，钢结硬质合金问世之后便引起人们的重视，首先在美国，后来在德国、荷兰、日本、法国、俄罗斯等国家相继使用[14-17]。我国在 20 世纪 60 年代开始试制钢结硬质合金，发展十分迅速，目前已广泛用作工模具与结构零件，并收到良好的效果[14]。采用 FeAl 预合金粉末和普通液相烧结法制备了 TiC-65%(Fe-Cr-Mo-Al-C)钢结硬质合金，随 Al 含量的增加，淬火＋回火态合金的硬度增加，断裂韧性、抗弯强度在 Al 含量为 1.54%时最佳[15]；热等静压和锻造工艺可减少和消除 TiC 钢结硬质合金中的残留孔隙等缺陷，促进硬质相颗粒弥散分布，提高合金致密度与力学性能[16]；目前，钢结硬质合金呈现硬质相和黏结相多样性、相成分拓宽以及制备技术不断丰富的发展特点[17]。

4.4.1 钢结硬质合金的成分与组织

最早在美国出现的一种钢结硬质合金的牌号是 Ferro-TiC-C，其化学成分为 33%TiC、0.4%Cr、2%Mo，余量为 Fe。这种成分的合金适用面比较广，主要用作高硬度、高耐磨性的冷作模具。各国也开始引用此牌号，以后根据资源与其他方面的性能要求进行了改进，不断有新牌号的钢结硬质合金出现。目前国内外钢结硬质合金所使用的碳化物主要是碳化钛与碳化钨，可采用单一或复合型。有时也加入少量的钼、铬、钽、铌、钒的碳化物，其作用类似于钨钴型或钨钛钴型硬质合金。碳化物在合金中的相对体积分数为 30%～50%。作为黏结剂的钢的化学成分则以合金钢为主，很少采用碳钢。常加的合金元素有钼、铬、钒、镍、铜等。各种元素加入量的幅度较大。国内外生产与试制的几种典型牌号钢结硬质合金的化学成分列于表 4-20 中。

表 4-20　国内外生产与试制的几种典型牌号钢结硬质合金的化学成分

碳化物类型	碳化物量/%	成分/%						备注
		钢中元素量						
		Fe	C	Cr	Mo	W	Ni	
碳化钨型	50	余量	0.8～1.0	1.25	1.25	—	—	
	50	余量	1.0	2.5	2.5	—	—	
	50	余量	0.8	1.1	0.3	—	0.3	
	50	余量	0.5	1.0	0.5	—	—	
	35	余量	0.9	4.0	3.0	3.0	—	高速钢型
	45	余量	0.6	4.0	3.0	3.0	—	高速钢型
碳化钛型	35	余量	0.9	3.0	3.0	—	—	
	33	余量	0.3	3.0	3.0	—	0.9	
	45	余量	0.65	3.0	3.0	—	—	国外牌号
	45	余量	0.85	10.0	3.0	—	—	国外牌号
	40	余量	0.40	5.0	5.0	—	0.5	国外牌号
	45	余量	0.75	17.5	5.0	—	—	国外牌号

钢结硬质合金化学成分的设计主要取决于合金的性能与用途，另外还应该考虑如下几个因素。

(1) 钢基体对碳化物的湿润性。由于钢结硬质合金的碳化物量多，所以合金脆性大，黏结材料与碳化物的湿润性对合金力学性能的影响很大。铁基合金对碳化钨或碳化钛的湿润性不及钴对碳化钨或镍对碳化钛的湿润性效果。尤其是碳化钛在铁中的溶解度十分小。这些因素都影响了碳化物与基体的结合强度。目前对于钢结硬质合金有关湿润性的报道资料很少，研究工作还不透彻。但是，由于钢结硬质合金中钢基体所占体积分数比较高，这一问题的重要性就不是那么突出。若能充分利用钢结硬质合金具备可塑性这一特点，可利用塑性变形来改善碳化物与钢基体的结合，将大大弥补湿润性的不足。

(2) 充分考虑工艺性能。钢结硬质合金具备的锻、焊、热处理与机械加工等工艺性能是合金的一个重要特征。合金工艺性能的好坏一方面取决于碳比物的数量，同时直接受基体化学成分的影响。钢基体中的碳与合金元素含量低，无论对热加工或机械加工工艺性能都有好处，具体表现为锻造温度范围宽，压下量大，焊接与热处理应力小。另外，退火后硬度低，二次碳化物量小，有利于切削加工。当合金的一次碳化物类型与数量相同，而钢基体的化学成分不同时，退火后硬度相差HRC6～8。

(3) 经济性。我国目前所生产的钢结硬质合金有碳化钛与碳化钨两种类型。碳化钛型价廉，比重轻。钨是我国富产元素。由于这两种碳化物在铁基合金中的溶解度差别比较大，在湿润性上也有明显不同，要求烧结气氛也不同。对于碳化钨型钢结硬质合金，采用氢气保护烧结；而碳化钛型要求真空烧结。真空中含氧少有利于烧结。

钢结硬质合金的生产工艺与使用设备基本上与普通硬质合金相同，其基本工艺包括配料、混料、压制(压力为150～600MPa)及烧结(烧结温度1270～1310℃)。烧结坯料经退火后再加工使用。

烧结冷却后的钢基体组织，按照不同的化学成分可能是索氏体、屈氏体或马氏体，经球化退火后则为粒状珠光体。

钢结硬质合金的显微组织中常存在下面几个缺陷，应引起关注。

(1) 由于钢基体对碳化物的湿润性差，所以在显微组织中往往出现碳化物偏聚现象。这是因为同类相的聚集，其自由能比较低，这是组织上的不利因素。碳化物偏聚对力学性能不利，通过反复锻造可以获得明显改善，采用细小颗粒粉末也可取得减少偏聚的效果。

(2) 碳化物相与基体相的相互溶解必然引起各个相的成分、形态与相对量的变化。根据合金化原理，无论是哪种碳化物，或者钢基体中的任何元素，在高温液相烧结时必然相互溶解。钢基体中的合金元素溶于一次碳化物中将促使稳定碳化物转变为稳定性较差的复合碳化物，比较容易溶解于基体中。一次碳化物发生球化过程时，钢基体的成分与组织也发生变化。最近有人通过电子探针试验已证实过此结论。

(3) 钢基体中碳与合金元素含量高时，显微组织中将有二次碳化物出现。若二次碳化物沿着一次碳化物周围析出，将引起碳化物进一步聚集与长大的现象。

4.4.2 钢结硬质合金的热处理

正确地对钢结硬质合金进行热处理，对于提高铜钢结硬质合金的力学性能、更好地发挥钢结硬质合金的使用效果是十分必要的。一般来讲，不锈钢作为黏结相的硬质合金需要进行热处理，而高速钢、耐热钢等作为黏结相的硬质合金可以进行热处理。通过退火可以降低硬度，改善切削加工性。通过淬火、回火可以提高强度、硬度与耐磨性。

钢结硬质合金在烧结以后的全部过程中，由于钢基体与碳化物的相互溶解析出，影响钢基体成分的改变，因而就不能以原配方中钢基体的化学成分作为制定合金热处理工艺的依据。根据钢结硬质合金的奥氏体分解转变曲线（C 曲线）制定热处理工艺是比较可靠的。

1. 退火

钢结硬质合金的退火处理最常用的是球化退火工艺，可采用连续冷却退火或等温退火法（图 4-33）。正确的退火组织应该是索氏体加一次碳化物（碳化钨或碳化钛）。退火硬度因合金成分不同而异，一般在 HRC33～45 范围内。正确地控制退火工艺也是非常重要的。退火过程处理不当，可能引起碳化物聚集、组织粗大，降低淬火效果与产品质量。退火不足硬度过高，不利于切削加工。根据铬钼钢钢结硬质合金的 C 曲线，珠光体转变终了时间为 2～3h。操作时按照图 4-35 所示的退火工艺进行，正确地控制等温温度与时间，保证奥氏体充分分解，就可以获得弥散度适当的索氏体组织。

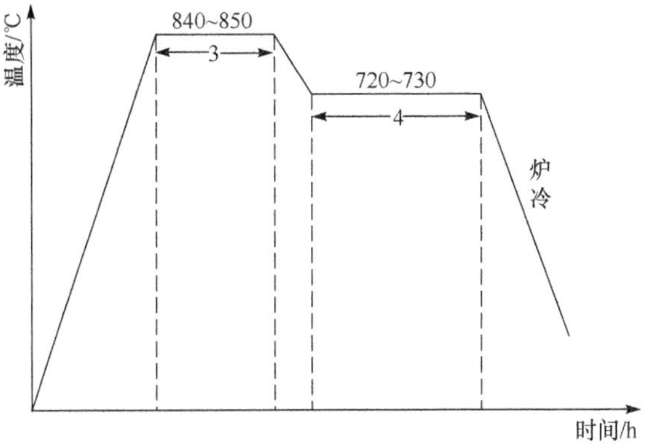

图 4-33　铬钼钢结硬质合金球化退火工艺曲线

2. 淬火

钢结硬质合金由于本身热传导性能稍差，淬火加热过程中应注意采用预热等一系列措施，而正确决定淬火温度尤为重要。由于钢结硬质合金本身的结构特点，若单纯从硬度要求出发，则淬火温度范围相当宽。显而易见，这是片面的。淬火加热过程中合金中二次碳化物的溶解是十分重要的。为了防止由于过多的二次碳化物的存在而引起碳化物聚集、连接以致造成韧性下降的现象，目前普遍经验是采用提高温度淬火的方法。经高温淬火后（一般采用淬火温度为 1020～1050℃），碳化物的分布状况会有明显改善。

钢结硬质合金的淬火变形小，淬透性好，淬火过热倾向也小，表现出良好的热处理工艺性能。一般采用盐浴加热淬火。淬火加热保温时间稍长于普通工具钢，以保证碳化物充分溶解。淬火冷却工艺可参照高合金工具钢，可以在热油中直接淬火，也可根据零件截面大小及形状采用分级或等温淬火。采用马氏体等温淬火法可明显地提高冷挤压模的耐磨性。

3. 回火

钢结硬质合金回火的目的不仅能消除淬火应力，稳定组织，而且可以适当地调节组织与性能。通过系统的回火试验，发现经不同温度回火后，合金的硬度、强度与韧性都发生了相应的变化。回火基本过程包括：马氏体的分解、ε-碳化物的析出、渗碳体 Fe_3C 的析出、合金碳化物的析出与残留奥氏体转变等几个阶段。

图 4-34 为回火温度对 50%WC 高碳铬钼钢钢结硬质合金力学性能的影响。在低温与高温回火阶段韧性比较高些，同时也出现了回火脆性与二次硬化峰，在选择回火工艺时应加以注意。试验发现，若钢基体中碳与合金元素量降低，则高温回火阶段的韧性值要高得多。此阶段的韧性与二次碳化物在高温回火阶段的析出量有密切关系。

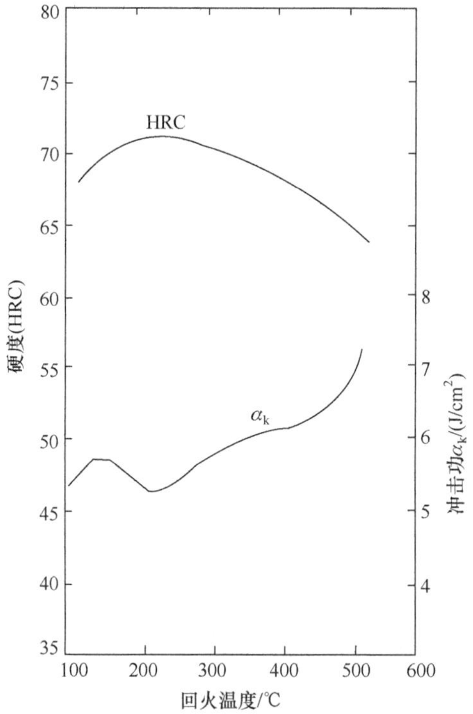

图 4-34　回火温度对 50%WC 高碳铬钼钢钢结硬质合金力学性能的影响

冷变形工具在工作过程中因摩擦热而引起组织变化，因此若回火温度过低也会产生不良后果，采用 200℃回火效果较好。用于热变形模具的钢结硬质合金则采用高温回火。根据工作温度的要求，回火温度甚至可以超过二次硬化温度。

4.4.3 钢结硬质合金的力学性能

钢结硬质合金的力学性能取决于其化学成分、显微组织与热处理。大量碳化物相的存在保证了合金的高硬度与耐磨性。调整钢基体的化学成分及改变热处理工艺，可使合金的力学性能在比较大的幅度内变化，从而满足各种类型的工、模具与机械零件的要求。

一种中碳低合金的碳化钨型钢结硬质合金经不同的淬火、回火处理后的硬度、强度与冲击功分别示于图4-35与图4-36中。合金经淬火与低温回火后，基体是回火马氏体组织，硬度为HRC66～69。其韧性虽低于普通合金钢，但比一般金属陶瓷材料好。

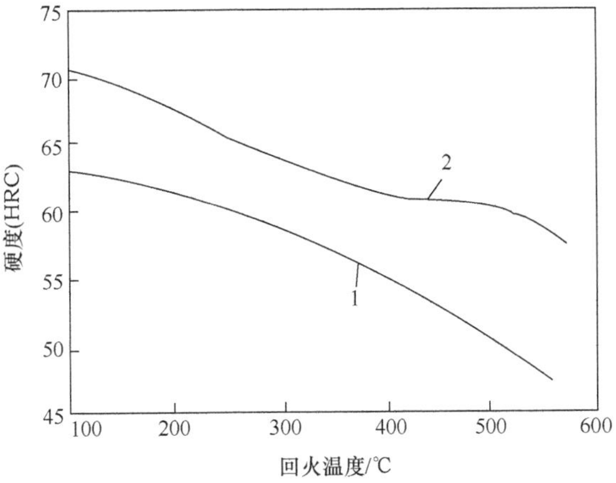

图4-35 中碳低合金碳化钨型钢结硬质合金淬火、回火温度与硬度的关系

1-840℃淬火；2-1020℃淬火

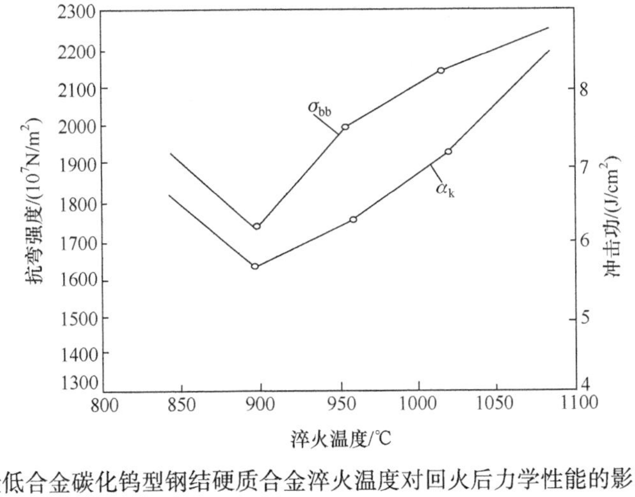

图4-36 中碳低合金碳化钨型钢结硬质合金淬火温度对回火后力学性能的影响(560℃回火)

钢结硬质合金实质上是一种粒状的金属陶瓷型复合材料。对于这类材料，各个相之间除了在结构与化学成分上具有一定联系，在力学性能上相互间也保持一定关系。不能把钢结硬质合金的力学性能简单地看成碳化物相与钢基体性能的机械混合。例如，由于钢结硬质合金本身结构上的一些特点而表现出摩擦系数小、有一定延展性与热疲劳性能等一系列特点，因而即使从减摩性来看，钢结硬质合金也往往比普通硬质合金好。超硬的碳化物颗粒具有耐磨及抵抗咬合的能力，同时还有保护基体的作用。而基体除了提供韧性、延性、特殊的物理与化学性能，还能安全地支撑碳化物。

钢结硬质合金淬火后采用不同的温度回火，钢基体的组织与性能发生变化。通过对不同硬度的冷挤压模进行试验，发现钢结硬质合金的耐磨性不完全取决于合金的平均硬度。从图 4-37 中可见，在一定硬度范围内其耐磨性不变。有人认为钢结硬质合金的耐磨性主要取决于其组织中碳化物的数量。适当地调整基体的结构，可在保证耐磨性的基础上提高合金的韧性与延展性。

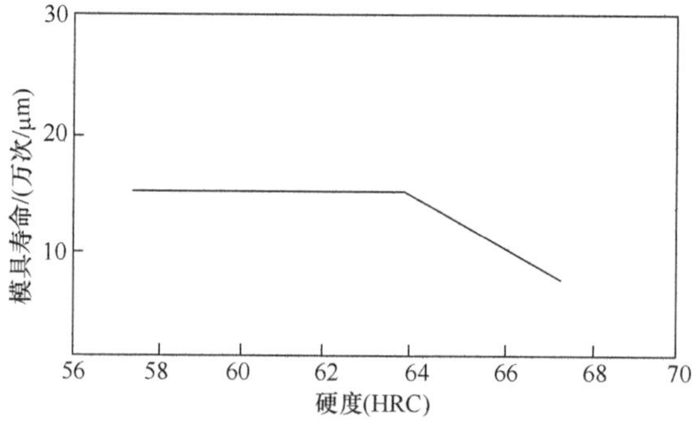

图 4-37　硬度与模具寿命的关系

钢结硬质合金用作各类耐磨材料时表现出优异的耐磨性，同时具有较低的摩擦系数及抵抗冷焊合与黏着磨损(咬合磨损)的能力。目前用作冷变形模具的实例极多，寿命显著提高。例如，钢结硬质合金用作冷镦模，寿命可高达 200 万次；又如，钢结硬质合金用作高负荷冷冲模时，由于具备一定韧性，较原用钨钴硬质合金提高寿命 50 倍以上。

钢结硬质合金究竟是脆性材料还是韧性材料，目前尚无肯定说法。为了考察这个问题，曾对一些合金进行了断口分析，分析结果证明，钢结硬质合金的断口组织特征与普通高强度钢类似，淬火、低温回火态为准解理断口，表现出脆性断裂。而退火与淬火再高温回火态却是韧窝状的韧性断口，表现出韧性断裂。目前钢结硬质合金已用于制作要求刚度大、耐磨性好的机械零件，如轴、镗杆、导轨等。

钢结硬质合金中存在的大量碳化物具有良好的热稳定性与高温硬度。准确地控制化学成分与热处理工艺可使基体具备一定的红硬性与高温力学性能，所以钢结硬质合金可适合用作热作模具与切削工具。经试验，用作大尺寸钢球热冲模时，寿命较 $3Cr_2W_8$ 材料提高数十倍；用作热作模具时必须进行高温回火，一般经 650℃回火后，硬度仍保持 HRC55～60。

高速钢钢结硬质合金具备良好的红硬性，为用于形状复杂的切削工具创造了条件(表 4-21)。

表 4-21　高速钢钢结硬质合金的红硬性 (35%WC，65%高速钢($W_3Mo_3Cr_4V_2$)，硬度(HRC))

淬火态(1180℃淬火)	回火次数(600℃回火，1h，空冷)			
	第一次	第二次	第三次	第四次
51.5	63～67	67～69	66～68.5	65～67

4.5　超硬工具材料

超硬工具材料包括金刚石、立方氮化硼等，它们是新出现的一类具有竞争力的工具材料，正引起人们极大的兴趣。虽然目前使用的超硬刀具数量甚少，但预计在不久的将来，不仅在金属切削工业，而且在钻孔、凿岩采石和木材加工等方面会有大的增长[18,19]。

4.5.1　金刚石

金刚石是碳的一种同素异形体，是自然界中最硬的物质。天然金刚石(JT)资源稀少，价格昂贵，所以工业上使用不多。人造金刚石(JR)是以石墨为原料，经高温、高压处理而成，可满足制造切削刀具的要求，我国 2013 年人造金刚石的产量已达到 135 亿克拉，占世界总产量的 90%。现在人们已成功地采用粉末冶金方法将细颗粒或粉末状的人造金刚石或合金基体组成复合金刚石材料，其性能不亚于天然的大颗粒金刚石工具。现在，人们已成功地在高温高压下合成出硬度是天然金刚石的 2 倍的“纳米孪晶结构”的金刚石块材。金刚石的性能如表 4-22 所示。

金刚石刀具有以下三类：

(1) 单晶天然金刚石刀具，主要用于有色金属及非金属的精密车削。在选择刀具的刃磨方向时，应考虑到其结晶方向性。

(2) 聚晶金刚石刀具，将金刚石微晶用高压烧结制成尺寸较大的聚晶直接镶焊在刀杆上使用。聚晶金刚石无方向性，可按需要任意选择刃磨方向。

(3) 复合金刚石刀具(又称金刚石压层刀片)，它是在基体表面经高温高压烧结一层聚晶金刚石(一般厚度为 0.5mm)而形成的。刀片强度较好，能承受冲击负荷，允许切削较大断面，并可进行间断切削；刀片无方向性，材质稳定，可经多次重磨后使用。这种刀具有广泛的发展前景。

表 4-22　金刚石的性能

硬度		莫氏硬度 10
密度/(g/cm^3)	JT	3.515～3.252
	JR	2.800～3.500
热导率		2000W/(m·℃)
电性		不良导体
热膨胀系数		$0.9\times10^{-6}\sim1.18\times10^{-6}$(0～100℃)
结晶	JT	等轴晶系，有劈开现象
	JR	非晶质
弹性模量		900GPa
压缩率		$0.14\times10^{-6}\sim0.18\times10^{-6}$cm/kg
化学性质		耐酸、耐碱，在空气中于 300℃氧化燃烧，1200℃可粉化

用粉末冶金制造复合金刚石刀具时，金刚石的加入量可因用途而异，一般占总体积的 15%～40%。胎体材料可分为四类，如表 4-23 所示。

表 4-23　粉末冶金法制造复合金刚石工具的胎体

系列	组成
Cu 系	Cu-Sn(90:10)，Cu-P，Cu-Sn-Co，Cu-Sn-Co，Cu-Sn-Ni，Cu-Sn-Ag(-Fe)，Cu-Ag-Co，Cu-Ni-Fe-Mn，Cu-Sn-Ni-Ag-Co-Cd(-Be)
Fe 系	Fe-Ni，Fe-Ni-Cr，Fe-Ni-Cu，Fe-Ni-Ag，Fe-Sn-Pb-Sb，Fe-Ni-Be
W，Mo 系	W-Cu-Ni，W-Cu-Ni-Mn，Mo-Cu-Co
WC 系	WC-Co，WC-Ni，WC-TiC-Co，WC-Ag-Co，WC-Cu-Ni-Mn，WC-Cu-Ni-Zn-Fe

俄罗斯相关研究指出，Cu-Sn-Ti-Ni 四元合金是一种较好的胎体材料，当Ti-Ni 共晶成分和 Cu-Sn 包晶成分各占 50%时，在 900℃下的液相量最多，可得到最高密度的工具材料。

日本还研究了用铸铁切屑粉作为黏结材料。由于铸铁粉含硅和通过烧结处理后石墨球化，所以它比青铜作为胎体时的强度高，并且由于其含有石墨，可防止工具在磨削过程中的烧焊，能保持工件表面干净，提高工件表面光洁度。另外，如果再添加 20%～30%(质量分数)的羰基铁粉，则可降低铸铁粉的碳含量，并且提高铸铁粉的烧结性和对金刚石的黏结力，能更有效地固定金刚石颗粒，从而使工具材料的韧性更高。

美国进行了以石墨粉为媒介，在高温高压下使金刚石黏结在硬质合金胎体中的研究。由于金刚石易产生局部石墨化，可将金刚石和金刚石-石墨粉的混合料烧结在 WC-Co 合金胎体中。

日本在金刚石工具的组织结构方面进行了深入研究，他们采用不同粒度等级搭配的金刚石作为原料，可使金刚石耐磨性和韧性得到提高，工具寿命延长 5～10 倍，加工表面光洁度也提高，而且还可以制成电火花加工用的复杂工具。

制造金刚石工具有三种粉末冶金工艺：普通烧结法、热压法和熔浸法。

以 Cu 系和 Fe 系合金作为胎体材料时，一般采用烧结法或热压法，热压压力通常为 50～60kPa，温度为 1300～1500℃，此时，黏结材料熔浸到金刚石颗粒之间，使金刚石部分颗粒溶解，通过再析出，使金刚石颗粒烧结长大，颗粒之间黏结，得到强度高耐磨性好的烧结金刚石工具。所用的金刚石粒度一般是 80～100μm，金刚石粒度越粗，则强度越低，而耐磨性越高。

以 W、Mo 及 WC 系作为胎体合金时，通常采用熔浸法。所用的加热设备与常规粉末冶金用炉相同，但需要在还原性气氛或真空中进行某种处理。在高温（高于 1300℃）加热时，还需防止金刚石的石墨化。

金刚石刀具的特点如下：

(1) 极高的硬度和耐磨性，加工材料越硬，此特点越突出。

(2) 刀具表面粗糙度很低，与金属的摩擦系数比其他刀具材料低，能进行高精度切削。

(3) 刀刃锋利，能切下极薄的切屑，加工冷硬现象较少，可用于精密加工。

(4) 导热性好，热膨胀系数低。

(5) 耐热性差，切削温度不宜超过 700℃；强度低，脆性大，对振动敏感，只宜进行精加工。

(6) 与铁有强的化学亲和力，能形成 Fe 的碳化物，在加工过程中会发生扩散磨损，故不适宜于加工黑色金属材料。

粉末冶金复合金刚石工具已在研磨、切断、穿孔、钻孔、整形、车削、拉丝和硬度计压头等方面得到广泛应用。

4.5.2　立方氮化硼

立方氮化硼（CBN）是由六方氮化硼（白石墨）在高温高压下加入以碱金属或碱土金属及其氮化物或硼化物作催化剂转变而成的。CBN 复合材料既可以是黏结在硬质合金上的多晶 CBN 复合体，也可以是不用任何金属支承体的多晶 CBN 复合体。在有支承材料的情况下，多晶 CBN 层是在第二次合成过程中黏结到硬质合金上的。在常压和低于 1200℃时，多晶 CBN 不能恢复到六方结构。多晶 CBN 是一种随机取向、相互生长的微细 CBN 晶粒组成的材料，不容易发生解理断裂。

在合成过程的极高压力下，CBN 晶体之间的接触区会发生 CBN 颗粒明显的塑性变形，也可导致生成镶嵌式的亚晶结构，这种亚晶结构是该复合材料具有较高韧性的一个重要原因。

多晶 CBN 非常适合于作切削、磨削刀具[20,21]，其主要特点如下：

(1) 有极高的硬度和耐磨性，硬度仅次于金刚石，达到 HV8000～9000，而且红硬性很好，在 750℃硬度仍维持等于氧化物陶瓷和硬质合金在室温下的硬度，如图 4-38 所示。

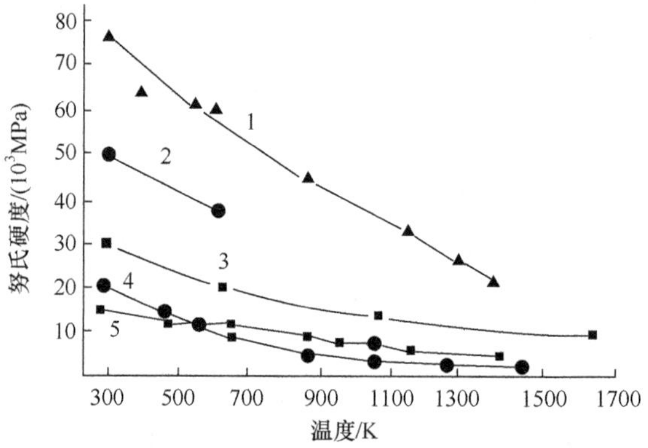

图 4-38　各种切削刀具材料的硬度与温度的关系

1-金刚石；2-多晶金刚石；3-多晶 CBN；4-硬质合金；5-陶瓷

(2) 耐热性很高，可达 1400～1500℃，可用于耐热合金的高速切削。

(3) 化学稳定性高，1000℃以下不氧化，在 1200～1300℃时也不易与铁、镍系材料起化学作用，但在高温时易与水起反应，故只宜于干式切削。

(4) 良好的导热性，其导热系数比 K10 硬质合金高 10%，其热膨胀系数比 K10 硬质合金低 15%。

(5) 较低的摩擦系数。

近年来制成了 CBN 与硬质合金双层复合刀片，其抗弯强度可达 1.47GPa，可焊接或多次重磨使用。

目前 CBN 工具已用于加工淬火钢(HRC60～67)、冷硬铸铁、耐磨白口铁、灰口铸铁等。

4.6　陶瓷工具材料

陶瓷工具材料也是一种新型工具材料，可分为氧化物陶瓷、氧化物-金属陶瓷、氧化物-碳化物陶瓷、氧化物-碳化物-金属陶瓷、氮化硅陶瓷和 SIALON 陶瓷等。

这些陶瓷工具材料中，Al_2O_3 氧化物陶瓷最具代表性，本节只介绍 Al_2O_3 陶瓷。

Al_2O_3 陶瓷工具在工业上应用的历史不少于 50 年，目前已占可转位刀片总耗量 4%左右。在 Al_2O_3 陶瓷材料中添加 0.1%～15%玻璃氧化物，如 MgO、Cr_2O_3、TiO_2 等，虽然可以降低烧结温度，防止晶粒长大，适当提高强度，但却会降低高温性能，故一般认为，纯 Al_2O_3 陶瓷的性能更好。添加少量碳化物(一般是 12%以内)的 Al_2O_3 陶瓷是最引人注目的新型陶瓷工具材料。添加的碳化物有 WC、TiC、Mo_2C、ThC、NbC 和 Cr_2O_3 等，其中以 WC、TiC 为主，它有助于提高 Al_2O_3 的强度。

4.6.1 Al_2O_3 陶瓷的特性

1) 硬度

Al_2O_3 陶瓷的室温硬度和高温硬度均比硬质合金 P10 高，900℃还保持高硬度值，如图 4-39 所示。

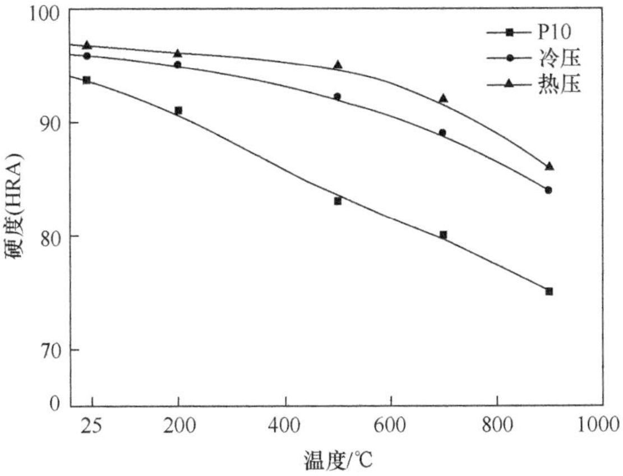

图 4-39 Al_2O_3 陶瓷的室温和高温硬度

2) 抗弯强度

Al_2O_3 陶瓷的抗弯强度随着温度的升高降低很少，如图 4-40 所示。热压 Al_2O_3 陶瓷抗弯强度(σ_b)与晶粒大小(G)和气孔率(P)之间存在如下关系：

$$\sigma_{b_{25℃}} = 142500e^{-11.83P}G^{-0.60+3.33P} \tag{4-18}$$

$$\sigma_{b_{1200℃}} = 73000e^{-11.83P}G^{-0.60+3.33P} \tag{4-19}$$

可见，当晶粒尺寸和气孔率减少时，均可提高陶瓷的抗弯强度。热压 Al_2O_3 陶瓷比冷压烧结的晶粒细，所以 σ_b 和硬度都较高。

热压 Al_2O_3 陶瓷存在如下两个问题：一是单向加热压缩时，烧结体晶粒有方向性，使得刀具具有各向异性，通过添加碳化物可以轻微改善该特性，但并不能完全

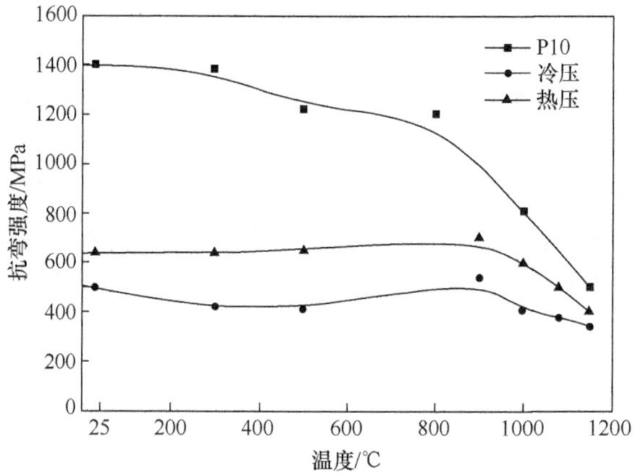

图 4-40　Al_2O_3 陶瓷的高温强度

消除；二是存在残余应力，在热压 Al_2O_3 陶瓷内部，其应力状态是不均匀的，用热压和冷压 Al_2O_3 陶瓷切削碳钢发现，前者在切削速度大于 500m/min 的高速范围内部有残余应力存在。

3）抗压强度

Al_2O_3 陶瓷的抗压强度与硬质合金的抗压强度相当，但它的高温抗压强度较高，在 1100℃时与钢在室温时的抗压强度相当。这表明 Al_2O_3 陶瓷在高温下有高的抵抗变形的能力，适于高速切削。Al_2O_3 陶瓷比硬质合金的脆性大，所以在使用时应使它处于受压状态，才能承受高的切削负荷。因此，陶瓷刀具常采用负前角结构。

4）热性质

Al_2O_3 的热导率约为硬质合金的 1/5～1/2；热膨胀系数为 8.0×10^{-6}/℃，比硬质合金大 10%～30%。故在高温切削时，热量聚集在切削刃上，从而防止工具整体热膨胀，有利于提高加工大型工件的精度。

Al_2O_3 陶瓷的抗热震性能较差，不适宜于进行湿式切削。

5）化学特性

Al_2O_3 陶瓷的抗氧化性非常好，工具刃部即使处于炽热状态下也能长时间连续工作。

Al_2O_3 陶瓷对大部分金属的润湿性差，难与金属焊着，Al_2O_3 与钢的焊着温度在 1538℃以上，所以 Al_2O_3 陶瓷的抗焊着性良好。

Al_2O_3 陶瓷有较高的化学稳定性，是工具材料中最耐腐蚀的一种。氧化物生成自由能的高低是判断其化学稳定性的标志，ΔG 越高，表示其稳定性越好。

4.6.2 Al_2O_3 陶瓷的发展趋势

(1) 改善材料的韧性，提高强度，这是发展 Al_2O_3 陶瓷工具的关键。改善韧性或强度的途径之一是提高 Al_2O_3 的纯度，用纯度为 99.9% 的 Al_2O_3 制成的 AD999 Al_2O_3 陶瓷，其硬度可达 HRC90～91，抗弯强度为 730MPa，抗压强度为 4550MPa。改变陶瓷材料内部结构和制取亚微细晶粒的 Al_2O_3 陶瓷是提高材料性能的又一条途径，Al_2O_3 晶粒越细，材料越致密，则刀片的硬度就越高，耐磨性越好。

(2) 开发新的陶瓷材料也是当前的一个重要趋势。Al_2O_3-TiC 陶瓷属于第一代陶瓷工具材料，其主要缺点是热导性较差，限制了它们在加工硬度大的工件和断续切削方面的应用。虽然添加 TiC 后可改善 Al_2O_3 材料的抗热冲击性能，但它需要采用热压工艺，从而使产品的形状和尺寸受到限制。

瑞典山特维克公司最近研制成功了三种新的混合型陶瓷材料，这种新材料主要添加 TiN，此外还有 TiC、ZrN 和 ZrO_2，如表 4-24 所示。

表 4-24　三种新型陶瓷刀具牌号及性能

项目	牌号		
	CC_{620} 氧化物陶瓷	CC_{650} 混合陶瓷	CC_{680} SIALON
成分	$Al_2O_3 \cdot ZrO_2$	$Al_2O_3 \cdot TiN$	$Si_3N_4 \cdot Y_2O_3$
颜色	白色	深棕色	灰色
密度/(g/cm^3)	≥3.98	≥4.32	≥3.21
硬度(HV)	1700	1800	1450
抗压强度/MPa	5500	5200	4400

用陶瓷工具加工时，工具与切屑接触面的温度为 1000～1200℃。由于 TiN 的热导性约为 TiC 的 2 倍，材料的抗热冲击性能大大提高。

Al_2O_3-TiN 陶瓷材料有较高的机械强度，可以解释如下：在两相材料中机械强度受两种相的热性能和弹性性能的影响，在不利情况下，可在相界面处引起裂纹。Al_2O_3 基体中的应力与烧结后冷却时的收缩率有关。Al_2O_3 与 TiN 的热膨胀系数与弹性模量比较接近，因此，两相在烧结后冷却时的收缩率也比较接近，这有利于提高机械强度。

(3) 改进制造工艺也是改善陶瓷材料的一项重要措施。目前除了在烧结或热压工艺方面的改进，还特别注意采用热等静压致密化来提高性能。采用烧结-热等静压工艺制造的 SIALON 陶瓷工具材料的特点是：晶界呈玻璃状、韧性好，抗裂纹能力强，抗氧化性能高。20 世纪 70 年代末期出现的 SIALON 陶瓷在技术和经济上均优于热压的 Al_2O_3＋TiC 陶瓷。热等静压陶瓷的现状和预测如表 4-25 所示。

表 4-25 热等静压陶瓷的现状和预测

陶瓷类型	现状	目前的用途	将来的试验研究
Al_2O_3	工业规模生产	切削工具，耐磨零件	电子工业应用的烧结-热等静压
SiC	试验研究	耐磨零件	烧结-热等静压工艺，改善性能
Si_3N SIALON	工业规模生产	汽车零件，工具耐磨零件，电子器件	减少添加剂，低于 1700℃烧结-等静压至完全致密
ZrO_2	试验研究	汽车零件，切削工具耐磨零件	烧结-在 O_2 超高压力下热等静压
PZT，PLZT	试验研究	传感器，扬声器	烧结-在 O_2 超高压力下热等静压
TiB_2	试验研究	耐磨零件，装甲	烧结-热等静压

4.7 展　望

硬质合金的发展是近代工具材料发展史中的划时代的变革，它对世界工业的发展起着重要的推动作用，使人类开发自然的效率得到成十倍甚至上百倍的提高，其触角几乎延伸到了国民经济的各个领域，已成为现代社会不可缺少的重要材料。

硬质合金由于具有高硬度、高耐磨性、高红硬性、高弹性模量、高强度、高化学稳定性、高韧性，被广泛用作切削刀具、冲击工具、耐磨耐蚀零部件等，在切削加工、地质勘探、矿山开采、石油钻井、机械制造等领域发挥着重要作用。

新中国成立 60 多年来，特别是改革开放 30 多年的快速发展，中国硬质合金工业发生了历史性巨变，综合实力大幅提升，国际竞争力显著增强，生产和消费量占据世界总量的 40%左右，已成为举世公认的世界硬质合金制造大国[22]。但我国生产的硬质合金品质远不如欧洲、美国、日本等国家和地区，附加值不高，高端硬质合金的研制与生产在我国需要迎头赶上。

基于协调耐磨性与韧性这对主要矛盾，硬质合金的主要发展方向包括均匀硬质合金、超细晶硬质合金、超粗晶硬质合金、梯度硬质合金、涂层硬质合金等。

思　考　题

1. 简述硬质合金的定义。
2. 硬质合金作为工具材料具备什么优越性能？
3. 硬质合金如何分类？
4. 硬质合金在粉末冶金材料中最具典型性，在其制备过程中有两个重要步骤，一个是 WC 粉的制备，一个是 WC-TiC 复式碳化物的制备，制备反应分别为

$$C+W \xrightarrow{H_2} WC$$

$$TiO_2 + WC + C \longrightarrow TiC - WC + CO_2$$

试分析在制备 WC 粉时为何需将舟皿中的 W 粉装得非常疏松，而在制备 WC-TiC 复式碳化物时需要将原料装得非常密实，甚至需要在压机下将舟皿粉末压实？

5. 钢结硬质合金的主要特点是什么？

参考文献

[1] Bao R, Yi J H. Effect of sintering atmosphere on microwave prepared WC-8wt%Co cemented carbide[J]. Journal of Refractory Metals and Hard Materials, 2013, 41(11): 315-321.

[2] 朱斌，柏振海，高阳，等. WC 粒度对 WC-15Fe-5Ni 硬质合金组织与性能的影响[J]. 中国有色金属学报，2016，(5)：1065-1073.

[3] Borgh I, Hedstrom P, Presson T, et al. Microstructure, grain size distribution and grain shape in WC-Co alloys sintered at different carbon activities[J]. International Journal of Refractory Metals & Hard Materials, 2014, 43(3): 205-211.

[4] Lay S, Loubradou M, Johansson S A E, et al. Interface structure in a WC-Co alloy co-doped with VC and Cr_3C_2[J]. Journal of Materials Science, 2012, 47(3): 1588-1593.

[5] 韩成良，谢劲松，阳杰，等. 激光烧结时间对 TiC-WC-Mo_2C-Ni 系金属陶瓷显微组织和抗弯强度的影响[J]. 硬质合金，2016，(2)：108-112.

[6] 张立，单成，陈述，等. WC-TiC-TaC 无金属黏结相硬质合金的热压致密化与晶粒生长行为[J]. 粉末冶金材料科学与工程，2011，16(5)：781-786.

[7] Tang S W, Liu D S, Li P N, et al. Formation of wear-resistant graded surfaces on titanium carbonitride-based cermets by microwave assisted nitriding sintering[J]. International Journal of Refractory Metals and Hard Materials, 2015, 48(48): 217-221.

[8] 章晓波，刘宁. TiC-ZrC-Co-Ni 金属陶瓷的抗热震性能[J]. 硬质合金，2009，26(1)：39-43.

[9] Deng Y, Deng L, Zou J P, et al. The effect of Co particle structures on the mechanical properties and microsfructure of TiCN-based cermets[J]. Materials Science & Engineering A, 2016, A675: 164-170.

[10] Tong C Y, Lee J W, Kuo C C, et al. Effects of carbon content on the microstructure and mechanical property of cathodic arc evaporation deposited CrCN thin films[J]. Surface & Coatings Technology, 2013, 231: 482-486.

[11] 郭风丽，彭文屹，冯亮，等. 硬质合金表面类金刚石涂层的研究进展[J]. 稀有金属，2014，38(4)：720-729.

[12] Ekroth M, Frykholm R, Lindholm M, et al. Gradient zones in WC-Ti(C, N)-Co-based cemented carbides: Experimental study and computer simulations [J]. Acta Materialia, 2000, 48(9): 2177-2185.

[13] 王志阳，曹伟，郭伟，等. TiC、TiN 和 Al_2O_3 涂层硬质合金结构和磨损研究[J]. 河南理工大学学报，2015，34(6)：845-849.

[14] 熊拥军. 高致密、高强度 TiC 钢结硬质合金的研究[D]. 长沙：中南大学博士学位论文，2011.

[15] 龙坚战，夏艳萍，陈冲，等. Al 含量对 TiC-Fe 钢结硬质合金组织与性能的影响[J]. 中国有色金属学报，2016，26(2)：383-391.
[16] 熊拥军，李溪滨，刘如铁，等. 新型 TiC 钢结硬质合金致密化技术[J]. 中南大学学报(自然科学版)，2009，40(6)：1563-1567.
[17] 范安平，肖平安，李晨坤，等. TiC 基钢结硬质合金的研究现状[J]. 粉末冶金技术，2013，31(4)：298-303.
[18] 姚学祥，张桂香. 超硬材料刀具研究现状和趋势[J]. 硬质合金，2001，18(3)：182-186.
[19] 崔景. 超硬材料加工技术及其发展趋势[J]. 科技展望，2015，12：102-103.
[20] 李志宏，袁启明，杨正方. 陶瓷结合立方氮化硼磨削工具材料制备研究[J]. 复合材料学报，2003，20(5)：39-43.
[21] Carius A C. Using CBN abrasives [J]. Tooling & Production，2000，66(12)：45-49.
[22] 羊建高，谭敦强，陈颢. 硬质合金[M]. 长沙：中南大学出版社，2012.

第 5 章　粉末冶金摩擦材料

粉末冶金摩擦材料又称烧结金属摩擦材料，是指利用材料摩擦特性，以提高摩擦磨损性能为目的，用于摩擦离合器与摩擦制动器的摩擦部分，实现动力的传递、阻断，运动物体的减速、停止等行为所用的材料。因此，对材料性能的要求是摩擦系数大，耐磨性、耐热性与热传导性好。粉末冶金材料用作摩擦材料制品特别有利于在高温条件下工作。

各种机器和机构的能力、速度和载荷在不断增大，因此，对摩擦材料的要求也不断提高。摩擦材料的基本要求如下：

(1) 具有足够高的摩擦系数和摩擦系数稳定性。实践证明，要想制造出有效的盘式、鼓式及带式刹车装置，摩擦副的平均摩擦系数应为 0.35±0.05。在某些场合下，规定最小摩擦系数为 0.22～0.25。同时，即使在有湿气、油及其他物质落入的场合，也能保证摩擦系数稳定。在刹车循环末期，摩擦系数不应小于平均值。在工作过程中，在滑动速度和压力变化的情况下，摩擦系数的变化不应超过±20%。

(2) 耐磨性好。干摩擦时，摩擦副零件的耐磨性一般根据比线性磨损来评定。对于轻工作条件，每刹车 1000 次，线性磨损不得大于 0.01～0.02mm；对于中等工作条件，每刹车 1000 次，线性磨损不得大于 0.04mm；对于重工作条件，单次制动线性磨损不得大于 0.007～0.01mm。湿式摩擦时，耐磨性是根据运转条件决定的，每一工作循环的线磨损为 0.001～0.002mm 到 0.10～0.15μm。

(3) 磨合快。从摩擦表面凹凸不平到能使用，这一期间就是摩擦副的磨合期。这一期间的特点是实际接触面积增大，在摩擦力矩增大的同时，温度从最高温度降低到某一稳定的中等温度，在摩擦区形成具有稳定使用性能(摩擦系数和耐磨性)的工作层。对摩擦材料要求尽快磨合。对于重载荷制动，刹车 5～7 次后，对于中等载荷的摩擦副，工作 500～700 个循环，对于油中工作的摩擦副，工作 1000 个循环后，摩擦力矩的变化均不超过±20%。此外，摩擦表面应当平滑，没有擦伤。

(4) 抗黏结性好。材料的抗黏结性在很大程度上影响摩擦系数的稳定性。摩擦副的工作表面不应当发生黏结，这种破坏会导致摩擦表面在工作过程中形成剥落、擦伤、焊接及其他毁坏性的破坏。

(5) 具有足够高的机械强度。要求材料保证摩擦零件在离心力、剪切力、压应力及其他安装和运转时产生的压力作用下而不发生破坏。在使用过程中，材料不得产生开裂、分层、从钢背剥离等。

(6) 热物理性能好。要求材料能抵抗频繁的热变化，也就是说能抗热疲劳。材料应具有相当高的导热性和尽可能小的线膨胀系数。

(7) 在制动过程中和制动后，材料及其磨损产物不应燃烧、冒烟及散发难闻的气味。材料应能在相应的气候条件下工作；长期处于－60～50℃下和潮湿气氛中具有足够的抗腐蚀性。

(8) 啮合和滑动平稳、无啸叫声。

在所有情况下必须保证三个基本条件：稳定的摩擦系数、必需的耐磨性和摩擦表面不发生黏结。

除了上面所列的基本要求，有时也提出一些补充要求，例如，良好的机械加工性，铆合能力，可在真空或可控气体介质中工作的适宜性等。

5.1 粉末冶金摩擦材料的分类

5.1.1 按材质分类

摩擦材料按材质分有石棉基摩擦材料、半金属摩擦材料、粉末冶金摩擦材料和碳-碳摩擦材料(碳纤维摩擦材料)四类。石棉基摩擦材料中的石棉具有致癌性，在欧洲、北美等已禁用，我国也已逐步禁用。半金属摩擦材料或称树脂基摩擦材料，以含40％左右的金属(不锈钢丝，还原铁粉等)经环氧树脂等固化而成。它可用于260～540℃温度，介于石棉基摩擦材料和粉末冶金摩擦材料之间。

粉末冶金摩擦材料按基体材料类型分主要有铁基和铜基材料[1]。铁基材料具有更高的硬度、强度、摩擦系数，在高温高负荷下具有优良摩擦性能，允许承变的工作比压和表面瞬时温度较高，适用于重负荷和干式工作条件。铜基材料具有更好的导热性、耐腐蚀性、小的磨损，工艺性能好，适用于轻负荷和干式工作条件。同时，在湿式工作条件下，铜基材料具有很高的耐磨性，故在油中工作的都是铜基材料。铜基材料的原料成本比铁基材料的贵，但其工艺成本比铁基材料的低，铁基材料烧结温度高，能耗大。因此，二者总体成本相差不大。铁基材料中Fe占60％，Cu占10％以下；铜基材料中Cu占60％，Fe占10％以下。铁铜基材料中Fe、Cu含量大致相等，都约为20％～30％，铁铜基材料结合了铁基材料和铜基材料二者的优点，实现了热膨胀系数、导热系数、强度、摩擦系数等的矛盾统一，提高了材料摩擦磨损性能。因此，目前粉末冶金摩擦材料主要是铁铜基材料。

粉末冶金摩擦材料的生产工艺与其他粉末冶金结构材料相同，经充分混料之后，压制成形并加压烧结。铜基材料与铁基材料的压制压力分别为200～300MPa和300～500MPa，烧结温度各为740～840℃与1040～1100℃；与传统的石棉基摩擦材料和半金属摩擦材料相比，其优点是摩擦系数较高，摩擦系数随温度、压力和速度的变化而产生的变化小，耐高温，抗咬合性好，磨损小，寿命长。

5.1.2　按工况分类

摩擦材料可应用于干式和湿式两种工作条件，因此粉末冶金摩擦材料按应用范围进行如下分类：①干摩擦条件的传动装置——轻载荷（农业机械、金属切削机床、飞机控制系统）和中等载荷（压印机、冲压床、工业运输工具）的传动装置；②干摩擦条件的制动器——中等载荷（自动压机、冲压机和压印机）和重载荷（飞机）的制动器；③油中工作的离合器——中等载荷（轻型自动传动装置、金属切削机床、拖拉机控制离合器）和重载荷（拖拉机动力传动装置）的离合器；④液体润滑下工作的制动器——中等载荷和重载荷（农用载重汽车）的制动器。离合器与制动器的区别在于动能传递持续时间不同，离合器约1s，而制动器为1～30s。作为离合器片的材料，以铜基材料应用较普遍，且绝大多数是在油中工作（湿式离合器）。铁基材料耐磨性好，可承受更大的载荷，因而在高速、重载机械上作为刹车片使用较多。

5.2　摩擦材料摩擦、磨损的理论基础

5.2.1　干摩擦理论

1. 黏着理论

最简单的情况是：在载荷的作用下，真实接触点上的接触应力很大，以致产生塑性变形，形成小平面接触直到接触表面积增大至能够承受全部载荷。对于理想的弹塑性材料，其真实接触面积与载荷的关系为

$$P=A_r\sigma_{sy} \tag{5-1}$$

式中，P 为载荷；A_r 为真实接触面积；σ_{sy}为压缩屈服极限。

摩擦的过程就是黏着与滑动交替进行的过程，摩擦力主要就是剪断材料黏结点所需的剪切力。当硬表面的粗糙凸峰嵌入较软金属表面，在摩擦时也会增加一点滑动阻力，但只占全部摩擦力的百分之几。因此，摩擦力可以近似等于剪断材料黏结点所需的剪切力。

2. 分子-机械理论

摩擦表面的真实接触部分，在很大的比压作用下，表面凸峰相互压入和啮合、同时相互接触的表面分子也有吸引力。摩擦过程就是克服亚微观表面凸峰的机械啮合和表面分子吸引力的过程，摩擦力就是这些接触点上由于机械啮合作用和分子吸引作用所产生的切向阻力的总和，即

$$F=\alpha A_r+\beta P \tag{5-2}$$

或

$$F=\beta\left(\frac{\alpha}{\beta}A_r+P\right) \tag{5-3}$$

式中，α 和 β 为系数，由摩擦表面的物理力学性能决定。

式(5-1)或式(5-2)称为摩擦二项式定律，可得出摩擦系数为

$$\mu=\alpha\frac{A_r}{P}+\beta \tag{5-4}$$

式中，β 是一个定值，它是根据纯机械啮合所确定的摩擦系数；$\alpha\frac{A_r}{P}$ 是一个变量，它是对纯机械啮合理论的修正。此定律不仅适用于干摩擦，也适用于边界摩擦。

影响固体摩擦的因素非常复杂，将影响固体摩擦相互作用的因素综合示于图 5-1 中。

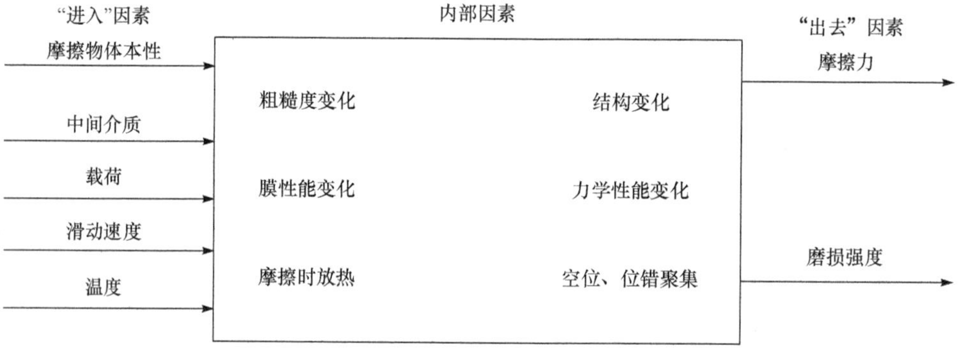

图 5-1 影响固体摩擦相互作用的因素图解

总体来说，可以认为摩擦系数是黏着和摩擦表面凸峰啮合大小及性质的函数。摩擦系数是黏着机理还是机械机理在很大程度上取决于温度、压力、滑动速度、润滑剂等因素。

摩擦时，通常脆性材料只能承受短时的热负荷，而塑性材料能承受热负荷的时间就长得多。热冲击作用时，在交变温度梯度影响下产生热应力。这种热应力也取决于热冲击的作用速度。抗热冲击能力取决于材料性能、热传导条件、摩擦制度、摩擦零件的形状和尺寸等。在热冲击作用下，摩擦副表面层的应力会促使形成裂纹，裂纹逐渐扩展能使材料严重破坏。

摩擦材料使用中的磨损或破坏是产生应力、变形及一系列物理和物理-化学过程进行的结果。下面讨论在施加的压力和使用过程中产生的应力的影响下的材料破坏机理。两个表面摩擦时，由于施加的外压力或摩擦零件因受热弯曲而引起

的应力，在各个接触部分都产生应力，当应力大于材料的屈服极限时，便发生塑性变形。材料变形和破坏分三阶段进行；第一阶段为弹塑性变形；第二阶段主要是塑性变形，并有非位错性的破坏变形发生；第三阶段为在破坏区内局部性破坏，即出现原始裂纹而引起材料的破坏。摩擦副摩擦过程的特征是应力状态复杂，即压应力、拉应力和剪切应力同时作用。关于破坏机理有表面层变形的位错机理、晶格变形机理、微观取向畸变机理等[2]。

广泛使用的粉末冶金摩擦材料的特点是随摩擦温度的提高，摩擦系数和磨损速率趋向减小。具体的摩擦材料如铜基材料、铁基材料的摩擦系数随温度、压力、制动速度的提高基本上都是减小的；磨损量随压力和起始制动速率的增加而增大，随温度和摩擦速度的提高而加大。随着摩擦速度和温度增加，金属摩擦转变为氧化物摩擦，继续提高温度，特别是增加摩擦速度，氧化层磨损速率随之增大。

5.2.2　摩擦副摩擦时表面层中发生的过程

摩擦时有些过程是不利的或者是不希望发生的，因为它们将引起摩擦表面破坏。例如，硬度和强度同时降低、大的塑性变形、疲劳裂纹的出现、黏结等。有些过程是属于有利因素，例如，加工硬化、产生在摩擦条件下稳定的新化合物、在工作表面出现活性工作层，这种活性工作层具有抗咬合性，可保护摩擦表面免于黏结。

烧结摩擦材料 MK-11 和铸铁摩擦副摩擦表面结构和磨损产物的 X 射线结构分析表明，氧化过程在 100～120℃时已经开始，随着摩擦温度升高而大大发展。氧化薄膜位置的顺序性符合普通铁在空气中加热时氧化物的顺序性，即外层由 Fe_2O_3 组成，其次是 Fe_3O_4 层，在与材料未氧化核心的交界处为 FeO。摩擦表面氧化膜的破坏是发生黏结的主要原因。

5.2.3　粉末冶金摩擦材料摩擦磨损机理

磨损过程大致可分为以下三个阶段。第一阶段为跑合(磨合)磨损阶段。在这一阶段中，磨损速率由快变慢，而后逐渐减小到一稳定值。这是由于新加工的零件表面呈尖峰状态，运转初期摩擦副的实际接触面积较小，单位接触面积上的压力较大，因而磨损速率较快。跑合磨损到一定程度后，尖峰逐渐被磨平，磨损速率即逐渐减慢。第二阶段为稳定磨损阶段。在这一阶段中磨损缓慢、磨损率稳定，零件以平稳而缓慢的磨损速率进入零件正常工作阶段。这个阶段的长短即代表零件使用寿命的长短，磨损曲线的斜率即磨损率，斜率越小磨损率就越低，零件的使用寿命就越长。第三阶段为剧烈磨损阶段。此阶段的特征是磨损速率及磨损率都急剧增大。当工作表面的总磨损量超过机械正常运转要求的某一允许值后，摩擦副的间隙增大，零件的磨损加剧，精度下降，润滑状态恶化，温度升高，从而产生振动、冲击和噪声，导致零件迅速失效。

按磨损机理及表面磨损状态，磨损主要分为磨料磨损、黏着磨损和疲劳磨损[3,4]。

磨料磨损，又称磨粒磨损，是指由于摩擦表面上的硬质突出物或从外部进入摩擦表面的硬质颗粒对摩擦表面起到犁削或刮擦作用，从而引起表层材料脱落的现象。磨料磨损是最常见的一种磨损形式，应设法减轻这种磨损。为减轻磨料磨损，除注意满足润滑条件，还应合理地选择摩擦副的材料，降低表面粗糙度值以及加装防护密封装置等。

当摩擦副受到较大正压力作用时，由于表面不平，其顶峰接触点受到高压力作用而产生弹、塑性变形，附在摩擦表面的吸附膜破裂，温升后使金属屑的顶峰塑性面牢固地黏着并熔焊在一起，在摩擦时促使摩擦表面进一步磨损。这种由于黏着作用引起的磨损，称为黏着磨损，如图 5-2 示。黏着磨损按程度不同可分为五级：轻微磨损、涂抹、擦伤、撕脱、咬死。例如，气缸套与活塞环、曲轴与轴瓦、轮齿啮合表面等，皆可能出现不同黏着程度的磨损。

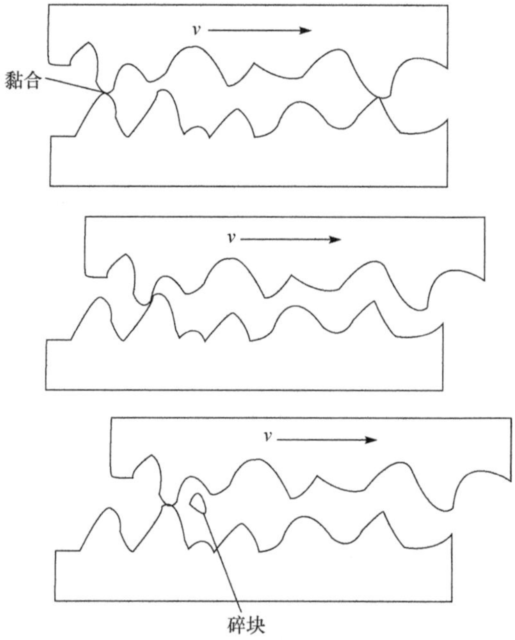

图 5-2　黏着磨损示意图

当两摩擦表面为点或线接触时，由于局部的弹性变形形成了小的接触区，这些小的接触区形成的摩擦副如果受变化接触应力的作用，则在其反复作用下，表层将产生裂纹。随着裂纹的扩展与相互连接，表层金属脱落，形成许多月牙形的浅坑，这种现象称为疲劳磨损，又称点蚀。

除以上三种磨损机理外，还包括冲蚀磨损、腐蚀磨损和微动磨损。冲蚀磨损是流体或含有固体粒子的流体冲击固体表面，或流动的液体中气泡破裂形成的冲击波使材料局部变形和损耗的磨损；腐蚀磨损是在磨损和腐蚀交变作用下，所导致的材料损耗或去除的磨损；微动磨损是当两个承载件的相互接触表面经受相对往复的切向振动时，由于振动所产生的循环应力的作用而导致材料转移或损耗的磨损。

在摩擦中，由于摩擦材料的多相性及一系列物理化学过程的进行，摩擦材料的变形和破坏是相当复杂的，单一的磨损机理仅仅在特殊条件下才适用，一般来说，磨损是各种磨损机理综合作用的结果。

5.3　粉末冶金摩擦材料的基体、润滑组元和摩擦组元

粉末冶金摩擦材料由三种组元组成：基体组元、润滑组元、摩擦组元。金属基体发挥良好的导热性并承受机械应力，润滑组元和摩擦组元的各种质点均匀地分布在连续的金属基体中，且各质点保证材料所需的摩擦学性能。

粉末冶金摩擦材料除基体组元(基本的和辅助的)、摩擦组元和润滑组元，还有孔隙。孔隙的大小、形状及分布对材料的性能有着重要的影响，特别是对油中工作的材料。基体的基本组元是铜或铁，辅助组元是那些加入后能保证在烧结时出现液相以及与钢背能牢固结合并能提高基体硬度的金属组元。

在评定组元的作用时，应考虑组元之间烧结时可能的相互作用。例如，锡在烧结过程中全部溶于铜，它在铜基材料中起合金元素作用。石墨不与铜组成合金，在铜基材料中只作润滑剂，但在铁基材料中，石墨在烧结过程中可能完全溶于铁而形成铁碳合金的珠光体组织，加入锡能促进珠光体生成。铁基材料中石墨含量超过2%～3%时，部分石墨将留在烧结产品中，成为润滑剂。

摩擦组元的行为也取决于工作条件：当温度不太高时，摩擦组元颗粒粗糙且刚硬，在与对偶表面进行滑动摩擦时，嵌入对偶表面深，产生的剪切力大，起到增加摩擦系数的作用。当工作温度较高(高于1000℃)时，摩擦组元就参与摩擦表面薄膜生成时的复杂物理化学过程。这些表面膜的厚度、力学和物理化学性能在很大程度上决定了摩擦材料的摩擦行为。

5.3.1　基体组元

摩擦材料中的这类组元形成材料的基体并促进形成一定的物理力学性能，一般为金属及其合金，用得比较广泛的是铁基、铜基和铁铜基。

1. 铁及铁合金

铁比铜的熔点高，强度也大，但是与对偶材料(铸铁、钢)属于同类材料的摩擦

会产生相当高的摩擦系数,容易产生黏结,这可通过加入合金元素降低铁的塑性,提高强度和硬度来克服,合金化还可提高材料的耐热强度和抗氧化性[5,6]。为了提高导热性,可加入铜。

表5-1和表5-2列出了一些合金元素对铁基摩擦材料摩擦性能的影响。由表可以看出,加入合金元素后,最大摩擦系数降低。Mn、Al、Co能提高材料的耐磨性;Al和Co降低材料平均摩擦系数;加Mo后因形成铁钼固溶体而阻止 Fe_2O_3 的形成,可降低制动中的振动和噪声;Cr可显著提高材料的耐磨性,但摩擦系数的稳定性较差。铁中铬含量达5%时对综合性能影响最好。铁中加入20%的钨可使摩擦系数从0.35(不含钨)提高到0.41。

表5-1 合金元素(4%~5.5%)对铁基摩擦材料摩擦系数和磨损的影响

合金元素	摩擦系数		单次制动线磨损/μm	
	$f_{平均}$	$f_{最大}$	烧结材料	铸铁
—	0.28	0.39	12.0	5.5
Cu	0.29	0.37	12.0	2.5
Mn	0.30	0.37	10.0	4.0
Al	0.24	0.36	3.5	4.5
Co	0.25	0.31	8.5	3.0
Mo	0.27	0.33	11.5	3.0

表5-2 铬含量对铁基摩擦材料摩擦系数和磨损的影响

铬含量/%	摩擦系数	摩擦系数稳定度	单次制动线磨损/μm
0	0.35	0.81	11.5
5	0.37	0.86	8.0
10	0.27	0.72	5.8
15	0.25	0.63	4.9
20	0.24	0.61	2.3

2. 铜及铜合金

铜基摩擦材料中铜含量占50%以上。铜的热导率高,这可保证将在摩擦过程中产生的热量导出。很少用纯铜作摩擦材料的基体。为强化铜,赋予其高的热稳定性和改进摩擦性能,在铜基摩擦材料中常添加各种合金元素。应用最多的合金元素是锡;铝也是强化铜基体的元素;为了降低成本,可用锌部分或全部取代锡;此外,还可用镍、铁、锑、铅、钨等来强化铜基体。采用粉末冶金技术制备了Al-Cu-Fe摩擦材料,该材料具有摩擦系数低,摩擦性能好等优点[7];在铜基粉末冶金摩擦材料中，以 Cr-Fe 为摩擦组元，可改善硬质相与基体的结合状态，与 Al_2O_3 陶瓷相作的摩擦组元相比，摩擦系数、稳定性均大幅提高[8]；Fe 和 SiO_2 在铜基摩擦材料中的磨损机理不同，Fe 降低磨损量，提高摩擦系数，而 SiO_2 是同时提高磨损量和摩擦系数[9]，通过加压烧结制备了 Al_2O_3-Fe-Sn-C/Cu 摩擦材料，在铜基摩擦材料中，摩擦组元表面镀铜可提高材料的综合性能[10]。

锡以粉末状态加入，数量为 4%～12%。铜-锡合金（锡青铜）属于摩擦条件下最有效的合金之一。铜粉加入锡后提高了压坯的强度，也提高了烧结制品的强度和硬度。不同锡含量的 MK-5 型锡青铜基摩擦材料的力学性能和摩擦性能如表 5-3 所示。烧结温度 780℃，随锡含量增加，抗压强度相应增高。材料在有润滑、不同单位压力和不变的滑动速度 8m/s 条件下的检验证明：降低锡含量使摩擦系数稍微提高。在单位压力 2.4MPa 和滑动速度 7.5m/s 条件下测定材料的磨损时，当锡含量从 10%降到 5%，材料磨损量增加不多。但如果锡全部去掉，磨损量将大大增加。

有时为了节约而用锌部分或全部地代替昂贵的锡，锌含量达 12%～15%。同时，加锌可显著强化烧结时的扩散过程。

表 5-3 不同锡含量的 MK-5 型铜基摩擦材料的力学和摩擦性能

锡含量/%	烧结温度/℃	抗压强度/MPa	硬度(HB)	不同单位压力下(MPa)摩擦系数			经 10 次制动后的磨损/μm
				0.5	1.0	2.0	
10	720	190	20.6	0.067	0.050	0.047	1～3
	750	160	21.3	0.070	0.050	0.046	
	780	250	27.3	0.071	0.052	0.049	
5	720	130	27.2	0.081	0.064	0.059	2～4
	750	125	27.1	0.078	0.060	0.052	
	780	145	26.8	0.076	0.056	0.053	
0	720	69	23.9	0.085	0.060	0.065	6～10
	750	73	23.9	0.090	0.070	0.064	
	780	74	20.6	0.080	0.062	0.054	

铝青铜是另一种具有高物理力学性能和减磨性能的铜合金，铝青铜已广泛用作滑动轴承及各种结构零件[11]。从物理力学性能和某些特殊性能综合来看，铜-铝合金在多数情况下超过了锡青铜。例如，在提高铜的强度上铝比锡更有效，特别是在铝含量为 7%～10%的范围内。铝是有效提高铜与钢黏结力的合金元素，这是用于摩擦材料的主要性能之一。铜-铝合金的耐热强度也比锡青铜高，例如，某些铜-铝合金 500℃时的机械强度高于锡青铜的室温强度。铝青铜室温和高温的抗腐蚀性大大超过了其他铜合金（青铜、黄铜）。铜-铝合金的上述优点使它能作为烧结摩擦材料的基体。铝含量对铝青铜基摩擦材料的力学性能的影响示于图 5-3 中。

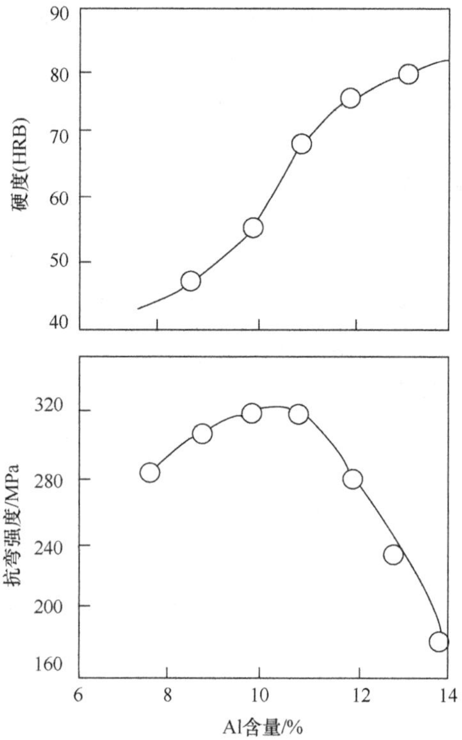

图 5-3　铝含量对铝青铜基摩擦材料力学性能的影响

摩擦材料中加入钨和钼，除强化铜，还有以下目的：钨和钼热容高，易于氧化，可吸收摩擦过程产生的大量热。材料中加 1%～10%的钼或钨可降低工作表面温度和稳定摩擦过程。

5.3.2　润滑组元

润滑组元加入摩擦材料中可改善抗咬合性，提高材料的耐磨性，改善润滑性。润滑组元在金属中有铅、铋、锑、镉等低熔点金属，在非金属中有石墨、二硫化钼、二硫化钨、硫化亚铜、氮化硼、滑石以及某些氧化物。铁基材料的润滑组元还有硫酸钡、硫酸亚铁等。得到广泛应用的主要是石墨、二硫化钼、氮化硼等[12]。

1. 铅和其他易熔金属

铅是烧结金属摩擦材料中常用的一种固体润滑剂。在无润滑摩擦工作过程中，当摩擦表面温度超过易熔金属熔点时，这些金属便熔化，并在摩擦表面形成润滑薄膜。薄膜降低了摩擦系数，结果也降低了表面温度，即所谓的自调节原理。摩擦表面温度降低，熔融金属又重新凝固，使得摩擦系数提高到原有水平。表面液体润滑膜的形成促使滑动平稳，这点在高温时特别重要，因为在高温下金属基体具有很大的黏结和卡滞倾向。

在某些专利中提出了用铋来代替铅，因为铋不溶于铜，具有良好的润滑性；铋的密度小（铅的密度为 11.34g/cm^3，铋的密度只有 9.78g/cm^3），并且无毒性。

易熔金属或合金的含量为百分之几到 15％～20％，在某些情况下可达 40％，它们在材料中最常见的含量为 3％～10％。

2. 石墨

石墨具有层状结晶构造，是摩擦材料中常用的一种润滑组分，它能降低材料的磨损，促进摩擦平稳。下面分铜基材料和铁基材料来讨论石墨的作用。

1）铜基摩擦材料

铜基摩擦材料的耐磨性随石墨含量增加而提高，在石墨含量大于 4％时铜-石墨材料具有较佳的耐磨性，铜-锡-石墨材料在石墨含量大于 5％时耐磨性最好，对于与淬火钢对偶工作的材料石墨含量必须要达到 10％。在铜-锡-石墨材料中使工作表面得到润滑的最佳石墨含量与锡含量有关，锡含量越高，也就是青铜基体越硬，则石墨含量要越高。加入石墨降低了材料的摩擦系数，但如果加入数量不多，其影响只表现在检验的最初阶段。为获得稳定的摩擦系数，石墨加入量必须达 5％～11％。石墨含量对 MK-5 型青铜基摩擦材料摩擦性能的影响列于表 5-4 中。摩擦盘的总磨损量（经 400 次制动）和摩擦系数随石墨含量增加（到 10％）而降低。根据上述研究和试验，可以得出一个规律：在青铜基摩擦材料中，在大多数情况下，最佳石墨含量为 5％～10％。当非金属添加剂的总含量不高于 20％时，材料的石墨含量下限（3％～6％）完全能满足要求；若材料中加入有润滑剂石墨、MoS_2、Pb 等，从获得令人满意的摩擦系数值的观点来看，固体润滑剂的含量不得大于 12％～13％。

表 5-4　石墨含量对 MK-5 型铜基摩擦材料摩擦性能的影响

石墨含量/％	不同制动次数的总磨损量/μm					摩擦系数	
	50	100	200	300	400	$f_{平均}$	$f_{最大}$
4	132	252	324	444	576	0.065	0.160
6	96	200	272	348	428	0.060	0.156
8	104	224	304	376	464	0.057	0.158
10	64	144	208	312	416	0.058	0.150

2）铁基摩擦材料

石墨对烧结铁基摩擦材料性能的影响，不仅与其加入量有关，而且还与存在状态有关。因为在烧结过程中，部分石墨溶解于铁，改变基体显微组织，强化了基体。实践证明，铁素体基体材料的耐磨性最差，而基体为珠光体或珠光体-少量渗碳体组织时，材料的耐磨性能好，由珠光体和起固体润滑剂作用的游离石墨相结合的组织最好。以质量分数为 13%铅、3%石棉和 3%二氧化硅的烧结铁基摩擦材料为例，随石墨含量增加，强度性能下降，但摩擦系数和耐磨性得到提高，石墨含量 9%时达最大值；继续增加石墨含量，会导致摩擦系数降低及磨损增加。综合各方面考虑，铁基摩擦材料中石墨含量范围一般为 5%～25%，但高石墨含量的材料强度低，为此，可采取各种工艺，如复压复烧、热压、热处理等克服上述缺点。

3. 硫化物和氮化物

硫化物如 MoS_2、WS_2 等和氮化硼也是一种层状结构的固体润滑剂。MoS_2 适用于工作温度高于 400℃的摩擦材料。MoS_2 含量对铁基摩擦材料摩擦性能的影响如图 5-4 所示，其检验条件为：压力 2MPa，速度 32m/s，对偶材料 30CrMoVSiA 钢。因 MoS_2 与石墨的作用不同，在铁基摩擦材料中，MoS_2 在增加耐磨性的同时会显著降低摩擦系数。MoS_2 与石墨配比对铜基摩擦材料摩擦性能的影响如图 5-5 所示，其检验条件为：压力 0.6MPa，速度 6m/s。MoS_2 和石墨总量为 9%。结果表明，摩擦系数 μ 从 0.20 增加到 0.37，磨损量 i 从 7.5μm/次增加到 14μm/次，总体来说，在铜基摩擦材料中，适当添加 MoS_2，有利于提高材料的综合性能。

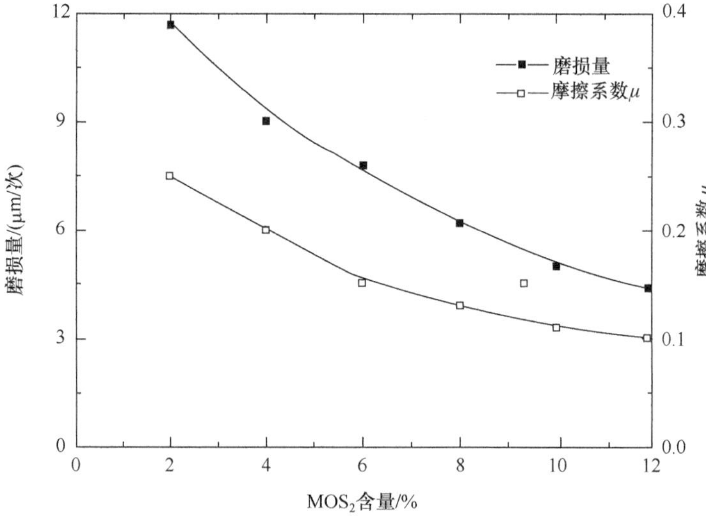

图 5-4　MoS_2 含量对铁基摩擦材料摩擦性能的影响

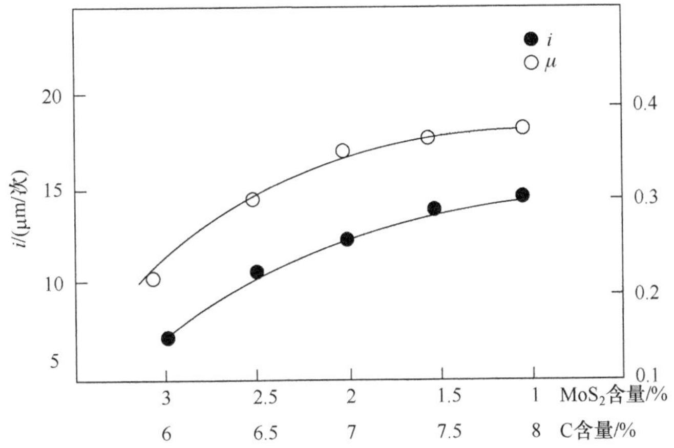

图 5-5　MoS_2 与石墨配比对铜基摩擦材料摩擦性能的影响

添加硫酸钡会对烧结铁基摩擦材料的密度、硬度和摩擦性能产生影响。硫酸钡含量从 2%增加到 10%，使材料硬度稍微降低，摩擦系数和稳定性得到提高，但耐磨性能降低约 3/5。由此可知，硫酸钡最佳含量应为 6%～8%。

硫酸亚铁的加入也会影响烧结铁基摩擦材料的性能。在材料成分为：铜 10%、石墨 8%、石棉 3%、碳化硅 5%、碳化硼 5%、其余为铁的烧结铁基摩擦材料中加入硫酸亚铁，当硫酸亚铁含量为 5%～7.5%时，材料综合性能最好，且具有足够的稳定性和耐磨性，还具有高的摩擦系数。

大量研究工作证实，应用氮化硼代替石墨和二硫化钼作为干式润滑剂是有前途的。与石墨和二硫化钼不同，氮化硼对真空热处理很敏感：在一定真空度下经 1000℃煅烧后，它的摩擦系数可从 0.18 提高到 0.5。表 5-5 列出了体积分数为 11%～28%的氮化硼对烧结铁基摩擦材料摩擦性能的影响。

表 5-5　烧结铁基摩擦材料摩擦性能与氮化硼含量的关系

氮化硼含量（体积分数）/%	$\mu_{平均}$	$\mu_{最大}$	$\mu_{稳定}$	单次制动磨损量/μm	
				烧结材料	铸铁
11	0.43	0.61	0.7	6.5	4.0
17	0.48	0.59	0.81	4.5	7.5
23	0.51	0.63	0.8	5.0	6.5
25	0.43	0.58	0.73	8.0	7.5
28	0.44	0.59	0.77	7.5	8.0

5.3.3 摩擦组元

固体润滑剂可减少材料的磨损，促进摩擦工作稳定，但降低摩擦系数。为了提高摩擦系数达到所要求的水平，摩擦材料中必须加入摩擦组元。摩擦组元除了提高摩擦系数，还应当消除摩擦表面上从烧结粉末片转移过来的金属，从而减少对偶表面的擦伤和磨损。因此，摩擦组元的主要任务是对对偶件无磨粒磨损，与对偶件工作表面具有最佳啮合和对偶件保持良好性能。选择摩擦组元时必须注意其与基体相近的硬度、颗粒形状和大小。与对偶对磨时，增加了摩擦滑动的阻力[13,14]。基体中适当分布一定的摩擦硬介质组元，尤其是在高温时，可防止基体流动，起到基石的作用，增强耐磨损性。它们的作用是补偿固体润滑组元的影响及在不损害摩擦表面的前提下增加滑动的阻力。此外，这类组元能促进形成多相组织，减少表面黏结和卡滞。对摩擦组元提出了如下要求：①熔点和离解热高；②在室温至烧结温度或使用温度的范围内不产生多晶转变；③与其他组分或烧结气氛不发生反应；④具有足够的强度和硬度，但也不能过高，因为硬质颗粒的硬度和强度过高时，其本身不易被破坏，而在相当大的程度上会磨损对偶件；⑤基体合金对摩擦组元组分的湿润性好等。金属氧化物、某些碳化物、硅化物、硼化物及难熔金属可满足上述要求。对用作摩擦组元的氧化物的补充要求是：形成氧化物的金属的标准电势比基体金属要负一些，否则，在烧结过程中氧化物将被基体金属还原。

1. 铁

用于青铜基摩擦材料中的金属摩擦组元首先是铁，还有难熔金属如铬、钨和钼等。

各种铁含量的铝青铜基摩擦材料测试结果表明，铁含量从2%增加到20%，其平均或最大摩擦系数都呈直线下降；材料磨损与铁含量的关系要复杂些，铁含量从2%增加到7%～8%时，磨损量急剧降低，随后铁含量增加到20%，磨损量仍然降低，但变化速度慢得多，如图5-6所示。总之，为了保证在适当摩擦系数下铝青铜材料具有高的耐磨性，加入10%～12%的铁比较适宜。

2. 石棉及其他矿物

石棉和莫来石($3Al_2O_3 \cdot 2SiO_2$)等矿物作为摩擦组元广泛用于铜基摩擦材料和铁基摩擦材料中。石棉、莫来石对MK-5型锡青铜基材料性能的影响如表5-6所示。加入4%的石棉后，在提高摩擦系数和耐磨性的同时，材料的综合力学性能有一些降低。继续增加石棉含量，强度急剧降低。与石棉不同，莫来石加入后，材料的力学性能有一些增高，摩擦系数增大更明显。

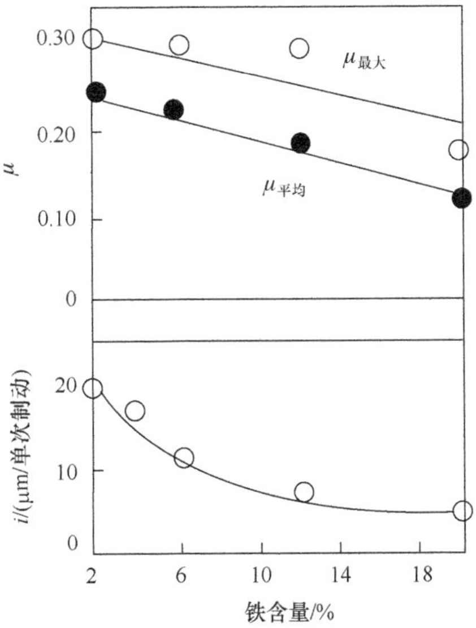

图 5-6　铁含量对烧结铝青铜基摩擦材料摩擦性能的影响

表 5-6　石棉和莫来石对 MK-5 型锡青铜基材料性能的影响

含量	抗压强度/MPa	硬度(HB)	摩擦系数(单位压力 MPa)			制动 10 次的磨损量/μm
			0.5	1	3	
石棉 0%	155	20.9	0.052	0.040	0.041	3～7
石棉 4%	160	21.3	0.070	0.050	0.046	1～3
石棉 9%	100	16.4	0.086	0.064	0.060	1～3
莫来石 0%	255	24.2	0.063	0.050	0.094	2～5
莫来石 2%	360	28.8	0.116	0.132	0.112	1～3
莫来石 3%	390	30.5	0.121	0.161	0.123	1～3
莫来石 5%	365	30.1	0.078	0.153	0.122	2～3

石棉含量 1%～10%对铁基摩擦材料摩擦性能的影响如图 5-7 所示。检验条件是速度 20m/s,制动 22s。当石棉含量大于 2.5%时,摩擦系数增大。在所研究的范围内,石棉含量对铸铁的磨损没有影响。烧结材料的磨损量因石棉含量增高而增大。对于铁基材料,石棉加入量一般为 2%～4%。

3. SiO_2 及其他氧化物

在烧结金属摩擦材料中,作为摩擦组元最早使用的是 SiO_2。在干摩擦下工作的锡青铜基材料中,加入 SiO_2 能提高和稳定材料的摩擦系数,特别是在高的摩擦温度下。在铜-锡-石墨材料中 SiO_2 的含量不应超过 6%,以免使对偶件强烈磨损。

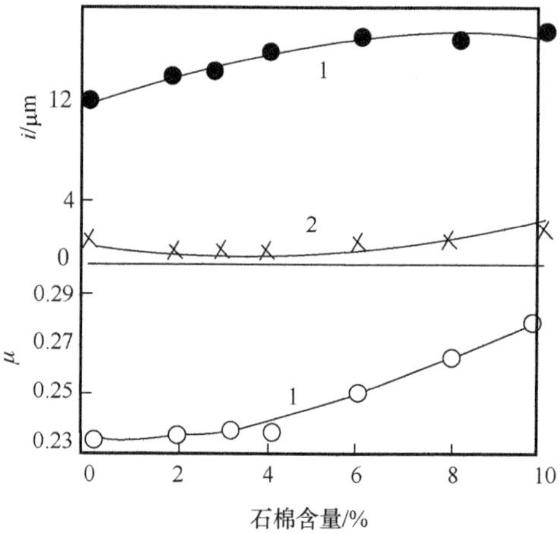

图 5-7　石棉含量对铁基摩擦材料和铸铁摩擦性能的影响

1-铁基摩擦材料；2-铸铁

SiO_2 含量对铁基摩擦材料的力学性能和摩擦性能有一定的影响，如图 5-8 所示。材料是含石墨 7%、铅 13% 和石棉 3%。测试条件为：速度 20m/s，压力 0.8MPa 下对铸铁进行试验。SiO_2 可在相当大的程度上降低材料的强度，稍许增高硬度。按照综合性能，首先是摩擦性能，SiO_2 的最佳含量为 2%～4%。

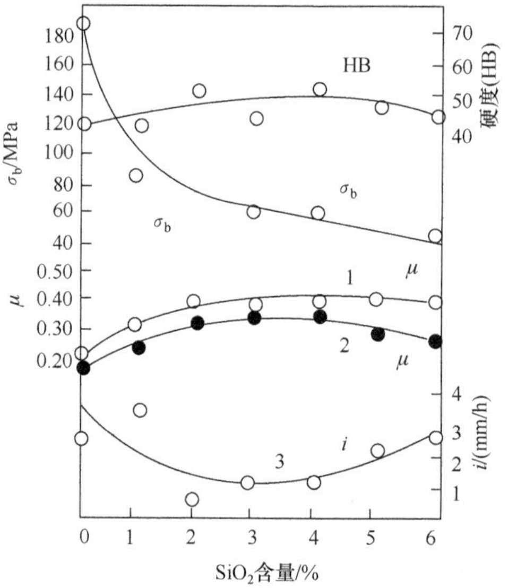

图 5-8　SiO_2 含量对铁基材料力学性能和摩擦性能的影响

1,3-0.5MPa；2-0.8MPa

其他氧化物用得比较多的是 Al_2O_3，此外，还有 MgO、MoO_3、Fe_2O_3、Cr_2O_3 等。铁基材料中加入 Al_2O_3 和 MgO 可降低材料的耐磨性，而 Cr_2O_3 则会提高耐磨性。各种氧化物对烧结材料磨损的影响与其属性、分散度、硬度和对基体材料的化学活性等有关。MoO_3 对铜基材料(8.9%锡，6.7%铅，5.5%石墨)磨损性能的影响研究指出，加入 MoO_3 到 8%可显著提高铜基材料的耐磨性能，如表 5-7 所示。

表 5-7　氧化钼含量对铜基材料摩擦性能的影响

氧化钼含量/%	摩擦系数	线磨损/μm
0	0.30	0.475
2	0.35	0.375
8	0.435	0.275

4. 碳化硅和碳化硼

一般在轻载荷和中载荷工作条件下，摩擦组元采用二氧化硅、石棉和氧化铝；在重载荷下，摩擦组元采用碳化硅和碳化硼。铁基材料在加入 1%～10%的碳化硅和碳化硼后密度会降低。碳化物含量增到 6%可促进材料与铸铁摩擦时的摩擦系数增加。进一步增加碳化硅含量，摩擦系数降低；而增加碳化硼含量，对摩擦系数影响不大。在稳定摩擦系数方面，碳化硅比碳化硼更有效。加入烧结铁基材料的碳化硅和碳化硼最佳含量为 4%～6%，如图 5-9 和图 5-10 所示。

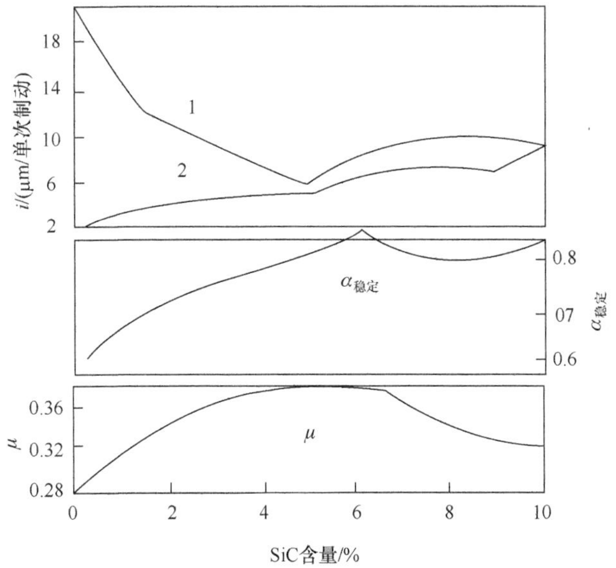

图 5-9　烧结铁基材料摩擦性能与碳化硅含量的关系

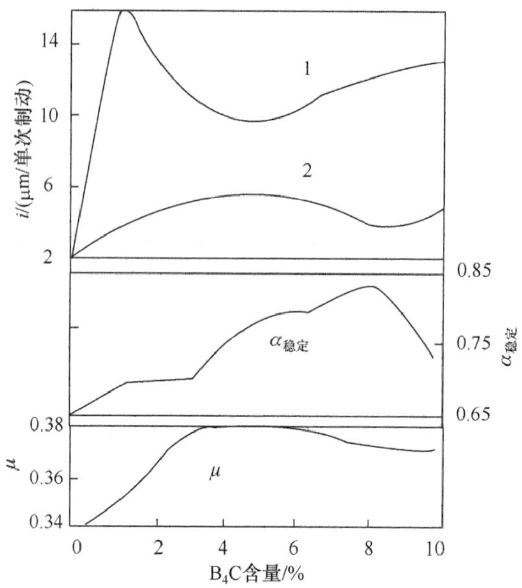

图 5-10　烧结铁基材料与碳化硼含量的关系

1-烧结材料；2-铸铁

5.4　粉末冶金摩擦材料的制造工艺

粉末冶金摩擦材料根据材料基体可分为铁基材料和铜基材料两类。摩擦零件的工作条件可分为干式摩擦和湿式摩擦两种情况。铁基材料一般用于中等载荷、重载荷以及干摩擦条件下；铜基材料一般用于轻载荷和中等载荷工作条件下，既用于干摩擦条件，又用于湿摩擦条件下。

粉末冶金摩擦材料是由金属和非金属粉末组成的复合物，其中非金属的体积往往达到 50%左右。高的非金属含量降低了金属基体的强度，恶化了粉末的压制性，因而要求烧结时施加压力(在有加压装置的钟罩炉中烧结)；由于烧结摩擦材料性脆，所以生产的制品通常都加有强度高的钢背，摩擦层烧结在钢背的一面或两面上。制造摩擦制品的工艺基本工序有：粉末和支承钢背的准备，混合料组分的混合，摩擦制品压坯的压制，制品在保护气体中加压烧结以及产品最后加工(切槽、磨削等)。下面以铜基离合器摩擦片和铁基制动器摩擦片为例，将基本工艺流程示于图 5-11 中。

铜基离合器摩擦片的支承钢背常用 20 号钢。先按图纸要求加工到所要求的尺寸精度，然后电镀一层均匀的铜(厚 10～15μm)和锡(厚 3～5μm)，镀铜前钢背表面应去油、酸洗以保证镀层致密牢固。铁基制动器摩擦片的钢背一般采用合金

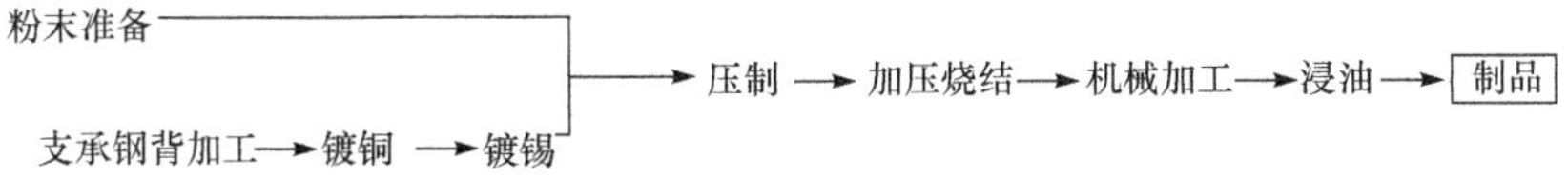

(a) 铜基离合器摩擦片

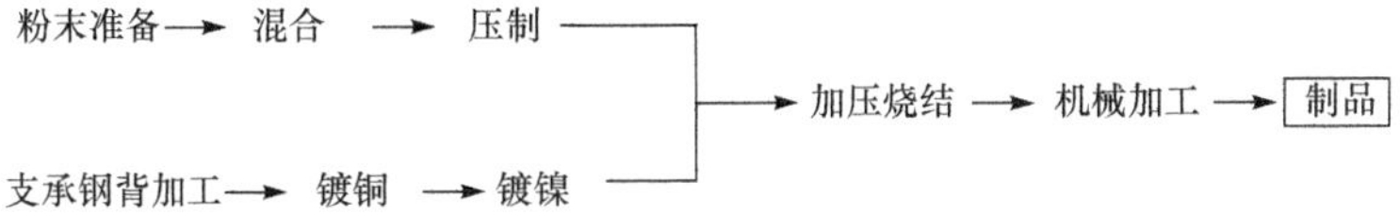

(b) 铁基制动器摩擦片

图 5-11　烧结摩擦制品生产工艺流程图

钢，要先镀铜，然后镀镍；也可采用直接电镀得到厚 15～20μm 的铜层，而无需再镀镍或锡。为防止镀层氧化，将镀铜的钢背放在稀铬酸中进行钝化处理，在使用前再用稀酸清洗以保证铜层新鲜。也有向钢背上涂覆硼酸基焊剂，再涂覆铜和锡混合粉，这样可改善摩擦层与钢背的黏结，并降低成本。

混合方式有两种：一种是将配料组分一起加入混料器中混合；另一种是将混料按Sn→SiO_2→Pb→Fe→Cu→石墨粉（铜基）或石棉粉→SiO_2→$BaSO_4$→Cu→Fe→石墨粉（铁基）的先后顺序逐级拌和后再加入混料器进行混合。实践证明，逐级混合方式的质量较好。

(1) 压制。将粉末料直接压在钢背上，多在很薄的离合器片上采用。压制铜基一般为 150～300MPa；铁基一般为 300～600MPa。一般有五种压制方案：①将粉末料压成平的粉末片坯（环形或扇形），将其与钢背组装在一起加压烧结后再机械加工。这种方案是压模简单，但生产率低，手工劳动强度大等。②由粉末料压制成一面带螺旋油槽的粉末片坯。在某些情况下，烧结后应再次复压以制得具有所需厚度及油槽的最终几何形状。③由粉末料压制成平的片坯，将其与钢背组装后加压烧结，同时借助成形钢环在粉末层上成形出油槽。④将粉末料压制在钢背（一面或两面）上，加压烧结再机械加工。此法适于比较小的零件。⑤将粉末料压制在钢背的两面，同时在粉末层上成形出油槽，随后用平的中间垫环隔开进行加压烧结。上述五个方案中的第五个方案最合理，但是模具结构较复杂。

(2) 加压烧结。施压过早（升温开始就加压）或太晚（保温时才加压）对摩擦片都不利，施压过早易使制品破裂，太晚则不能充分发挥压力对烧结的促进作用，一般在熔点温度（$T_{熔}$）的 40%～50%附近开始施压效果最好。压力大小，对铜基材料可逐步加大到 1MPa，对铁基材料逐步加压到 1.5～1.8MPa。铜基材料的烧结温度为 750～850℃，铁基材料的烧结温度为 1030～1100℃，有时也达到 1150℃。

5.5 液体润滑粉末冶金摩擦材料

粉末冶金摩擦材料广泛地用于浸油的摩擦装置中。这种材料又称湿式摩擦材料，一般都是铜基摩擦材料，由铜、锡、锌、石墨、二氧化硅等数种组元组成。

各国都在使用湿式粉末冶金摩擦材料。表5-8为一些国家在润滑条件下使用的摩擦材料成分。大多数湿式摩擦材料都以锡和(或)锌合金化的铜作为金属基体。固体润滑剂大多用石墨和铅。很多材料用二氧化硅和铁作为摩擦组元。表5-8中所列的某些铜基摩擦材料，无论是在润滑条件下还是在干摩擦条件下都能有效应用。表5-8中24～31为我国广泛应用的润滑条件下的铜基粉末冶金摩擦材料。我国部分铜基粉末冶金摩擦材料的物理力学性能和用途见表5-9。

表5-8 在润滑条件下使用的摩擦材料成分 (单位：%)

序号	Cu含量	So含量	P含量	C(石墨)含量	SiO_2含量	Fe含量	其他添加剂	国家
1	余量	12	7	4	1.5	0.5	硅铁0.5；石棉2；镍1	俄罗斯
2	73	9	4	4	—	6	皂土2；石棉2	俄罗斯
3	72	9	7	5	—	4	石棉3	俄罗斯
4	73.5	9	8	4	—	4	莫来石1.5	俄罗斯
5	68～76	8～10	7～9	6～8	—	3～5	—	俄罗斯
6	余量	3～9	6～7	6～7	—	—	滑石7～8	俄罗斯
7	余量	5～9	5～15	0.5～10	0.5～8	—	滑石1～16；石棉0.5～8	俄罗斯
8	68	8	7	6	4	7	—	美国
9	62	7	12	7	4	8	—	美国
10	50～80	—	0～10	5～15	0～5	0～20	Ti，V，Si，As2～10；$MoS_2$0～6	美国
11	余量	75	—	—	12	10	碳化硅3	美国
12	余量	73.8	—	3.5	9.7	10	碳化硅3	美国
13	72	7	6	6	3	3	三氧化铝4	美国
14	余量	4～8	—	25	—	5～15	Al_2O_3，刚玉，金刚砂或石棉5	德国
15	余量	4～5	—	20～30	—	3～30	刚玉，金刚砂或石棉3～10	德国
16	余量	—	—	25	—	5—15	Al_2O_3 5；Sb 4～8	德国
17	余量	5	4.7	17.5	—	—	—	德国
18	68	5.5	9	6	4.5	7	—	意大利
19	60～75	5.8	0～10	4～7	3～4	7	石棉3～4	波兰
20	60～75	5～15	—	5～8	2～7	5～10	锌5～10	波兰

续表

序号	Cu 含量	So 含量	P 含量	C(石墨)含量	SiO_2 含量	Fe 含量	其他添加剂	国家
21	62～72	6～10	2～6	5～9	—	4,5～8	硅 4～6	日本
22	62～72	6～10	6～12	5～9	4.5～8	4～6	—	日本
23	60～75	1～15	5～10	1～10	—	3～15	二硫化钼 1～10	日本
24	69	8	8	6	3	6	—	中国
25	75	3	5	5	4	8	—	中国
26	73	8.S	4	4	2.5	8	—	中国
27	72～76	7～10	5～7	6～8	1～2	3～6	—	中国
28	67～71	7～9	9～11	5～7	—	7～9	—	中国
29	63～67	7～9	3～5	7～9	2～5	9～10	其他 3	中国
30	70～75	3～5	2～5	5～8	2～3	4～7	—	中国
31	68～74	2～4	2～4	13～16.5	2～4	—	锌 4.5～75	中国

表 5-9 我国润滑条件下部分铜基粉末冶金摩擦材料的物理力学性能及用途

牌号	密度/(g/cm^3)	硬度(HB)	抗压强度/MPa	抗拉强度/MPa	用途
FM～101S	5.8～6.4	20～60	>200	>30	船用齿轮箱、拖拉机、载货汽车、工程机械等离合器
FM～102S	5.5～6.4	30～60	>200	>30	中等载荷液力变速箱离合器
FM～103S	5.8～6.4	20～60	>200	>30	大型柴油机半干离合器
FM～104S	>6.7	>40	>200	>50	转向离合器
FM～105S	5.0～6.2	20～50	>200	>30	喷撒工艺,用于调速离合器
FM～106S	5.0～6.2	20～50	>200	>30	喷撒工艺,用于船用齿轮变速离合器、拖拉机主离合器等
FM～107S	5.5～6.5	40～60	>200	>30	重负荷液力机械变速箱离合器
FM～108S	4.7～5.1	14～20	—	—	工程机械、高负荷住离合器、动力换挡变速箱

在矿物油(或合成油)润滑条件下工作的摩擦装置中,采用铜合金基摩擦材料,最初主要用青铜基的粉末冶金材料,现在已经研究出其他合金成分的材料,如铜-锌基体粉末冶金材料。铜-锌材料基体强度高,孔隙度更高,可存留更多的润滑油。与铜-锡材料相比,孔隙度较高的铜-锌材料具有较高的摩擦系数和较强的能量吸收能力。青铜和黄铜混合基材料兼有两种基体的特性,目前应用很广泛。

各国制造的材料往往在摩擦组元和含量方面具有各自的特点。摩擦组元在组分上名目繁多,显然是由于各公司力图避开现有专利,力争使自己的材料在一般组元含量上与众不同,或者含有新的摩擦组元,以便获得专利。国外专利提供的各种材料,因为材料的性能是在不同类型的检验设备上、用不同的试验参数、按各种方法进行测定的,所以在材料的摩擦和磨损性能以及使用范围方面,相互之间难以比较。

5.6 粉末冶金摩擦制品对偶材料

摩擦装置的工作能力和使用寿命,不但取决于摩擦材料,也取决于对偶材料。粉末冶金摩擦制品的对偶材料,一般用钢、铸铁,很少用铜,特殊场合也有的用粉末冶金材料。

5.6.1 钢

使用最广的对偶材料是碳钢(20 号钢、35 号钢、40 号钢、45 号钢)和 65Mn 钢。钢的优点是:热物理性能和力学强度高,便于机械加工;缺点是:在使用过程中不断加热和冷却引起强烈磨损,摩擦系数显著降低,更严重的是产生收缩和翘曲,造成摩擦副卡死,不能运转。

在湿式摩擦装置中的对偶件进行热处理,硬度为 HRC40～50。在干摩擦条件下,淬硬的钢对偶磨损减小 1/3,但是粉末冶金摩擦材料的磨损增加 50%。

干摩擦对偶采用低碳钢与采用高碳钢相比,粉末冶金摩擦材料的磨损要减小 2/3。含钨、铬、钼、锰、硅的合金钢价格高,在工业上使用受限制。在特殊重要场合可以使用,如高石墨铁基摩擦材料对偶,可采用淬硬的锰铬钢、钴锰钢或铬钼钒钢。

为了防止制动盘在强烈受热下(如飞机制动盘)产生黏结,摩擦对偶采用双层材料,第一层为钢带,其成分为:镍 0.5%～1.0%,铜 0.26%～0.6%,碳 0.10%～0.12%,其余为铁。第二层为难熔金属的粉末冶金层,其成分为:碳 3%～8%,钼 0.25%～0.75%,锰 0.15%～0.60%,镍 0.05%～0.15%,硅 0.05%～0.20%,铬 0.05%～0.20%,其余为铁。

也有采用表面喷涂钨层的钢作为高温工作的粉末冶金摩擦材料对偶。该摩擦副摩擦系数不低于 0.3(甚至在高温下),高于优质钢对偶的摩擦系数。

化学热处理(渗氮、渗铬、渗铝)的钢与粉末冶金摩擦材料摩擦副的摩擦性能不及未处理的粉末冶金摩擦材料的摩擦性能。

65Mn 钢对偶油淬后必须装入夹具回火,防止翘曲变形;变形产品可以在低于回火温度下进行加压热定形。钢对偶表面应加工到粗糙度$\overset{1.6}{\nabla}$以上,最好用圆盘磨机加工以得到同心的加工花纹。如果对偶为表面精度符合要求的冷轧钢带,可以省去磨削加工步骤。

5.6.2　铸铁

铸铁可以用来制造摩擦对偶。其优点是:价格便宜,加工性好,可以制成形状复杂的对偶,强度高且具有满意的耐磨性。在中等负荷的离合器和制动器中,皆使用 HT150、HT200 及其他牌号的珠光体铸铁,最好使用细晶粒灰铸铁。

铸铁组织主要为珠光体,还含有少量铁素体,石墨以细颗粒状均匀分布在珠光体基体中的铸铁与青铜基粉末冶金摩擦材料对摩时有很好的摩擦性能。组织中有粗大的石墨会降低铸铁的强度,促进热裂纹的发展。

普通灰铸铁热稳定性差,强度低,在高温下发生相变,在交变热负荷冲击下发生开裂,从而降低摩擦副的工作能力。例如,HT150 从 400℃起组织中铁素体含量就增加,所以当压力大于 0.6MPa 时,对偶的磨损率增大。

合金铸铁具有高的强度和热稳定性,虽然在高热应力下表面会形成裂纹,但它比普通铸铁和钢的工作性能好、寿命长,所以合金铸铁用来制作干摩擦对偶能满足重负荷工作的条件。

从提高耐磨性方面考虑,锰磷铸铁中锰和磷的含量比例较重要。下列成分的铸铁耐磨性最高,它含有石墨 2.8%～3.1%,磷 0.7%～0.9%,锰 1.6%～1.9%,硅 1.4%～2.1%及硫不大于 0.1%。

组织为珠光体加游离石墨的合金铸铁的摩擦性能最好。组织中存在铁素体会降低摩擦系数,并有与对偶体黏结的倾向,所以铁素体含量不允许超过 10%。珠光体和渗碳体的线膨胀系数不同,在使用过程中可能是热裂纹的形成源,所以游离渗碳体的含量不应大于 2%。通过调整化学成分和铸造后的冷却速度来控制铸铁的组织结构。

5.7　改善粉末冶金摩擦材料性能的途径

在摩擦制动和传动装置的结构不变和规定的使用条件下,要提高机器或机构工作的可靠性和使用的经济性就需要提高所应用的摩擦材料的摩擦、磨损性能,也就是说需要摩擦材料具有一定数值稳定的摩擦系数和高的耐磨性能,并且对对偶材料的磨损要小。下面讨论改善材料性能的途径。

5.7.1　改善干式摩擦材料性能的途径

在干式摩擦条件下工作的材料,其特点一般是摩擦表面温度很高,要求材料具有足够高的耐热强度和抗氧化性,且材料在高温下扩散的活性小,材料的黏结能力小,力学性能稳定,在压力作用下的晶格缺陷聚集速率较慢。耐热强度高的材料在高温下能保持较高的强度,表面接触微区很少,避免引起黏结和剥落而造成磨损。

在高温下，材料受到强烈氧化时，由于氧化膜通常的力学强度比金属基体低，容易碎裂和剥落，从而引起材料很快磨损。为了克服上述缺点，逐渐采用耐热强度较高的合金作为基体材料，因为耐热强度较高的合金具有较高的抗氧化能力。

摩擦副在工作过程中，当摩擦材料的摩擦表面相互滑动时，其表面凸出部分的接触部位受到压应力，随后受到拉应力，这样受到多次交变应力的作用，促使材料疲劳过程的发展，造成晶体缺陷和聚集，并汇合成很多微裂纹。为了提高材料的耐磨性，必须提高材料的疲劳强度。

摩擦表面的受热程度在很大程度上取决于摩擦过程中产生的热量排出的速度。除了从设计结构方面采取措施，使得能够尽快排出热量，为了提高材料的耐磨性，必须努力提高摩擦材料的导热性能。

选用在摩擦受热条件下不发生相变的金属和合金作为摩擦材料的基体也很重要。材料基体和添加组元在摩擦过程中受热会发生相变，从而产生内应力引起材料翘曲变形，出现热裂纹就会加剧磨损。

摩擦材料中使用的添加剂(包括固体润滑组元和摩擦组元)的各种性能，如硬度、粒度、密度、比表面积、化学组成、热性能、导热系数、热物理和热化学效应等与摩擦材料的性能具有密切关系，在诸多性能中，其硬度与粒度对材料的摩擦磨损性能影响最大，关系最为密切。

摩擦材料的添加剂硬度可以用莫氏硬度来表示(表 5-10)。莫氏硬度是材料抗刮伤能力的比较，可用一种材料去刮另一种材料的表面来进行测定，实质上就是两种材料表面质点摩擦时，彼此剪切强度的比较和反映。材料的莫氏硬度越高，其剪切强度也越高，故摩擦材料应用的各种添加剂的莫氏硬度越高，它与对偶摩擦时，具有的摩擦系数也越高。

表 5-10　摩擦材料添加组元硬度

莫氏硬度值	添加组元名称	相应的其他材料
1	石墨、滑石、蛭石、水云母	橡胶及部分软塑料
2	白云母、石棉、硫化铅、石膏、硫化锑	手指甲、塑料
3	方解石、黄铜、碳酸钙、硫酸钡、白云石、重晶石	塑料
4	氟石、霞石、铁、萤石、碳酸镁、菱镁矿	钢铁
5	玻璃、氧化镁、硅灰石、铬铁矿	
6	长石、金红石	
7	氧化铝、硅石	
8	黄玉、刚玉	
9	碳化硅	
10	金刚石	

在这里可以把比基体硬的添加剂称为摩擦组元，比基体软且起减摩作用的添加剂称为固体润滑组元。

下面讨论摩擦组元特征对摩擦磨损性能的影响。

根据摩擦理论，两物体表面相对滑动发生摩擦时，摩擦表面上的接触点被剪切断的阻力总和，即剪切项是构成摩擦力的主要原因。该项摩擦力 F 等于剪切面积（相当于真实接触面积）A 与材料剪切强度 τ 的乘积，即

$$F=\tau A \tag{5-5}$$

根据阿蒙顿和库仑定律把摩擦力 F 除以法向载荷 N 称为摩擦系数，即

$$\mu=\frac{F}{N}=\frac{\tau A}{N} \tag{5-6}$$

由式(5-5)可知，摩擦系数与摩擦组元的剪切强度有直接关系，即高剪切强度的摩擦组元具有较高的摩擦系数。

摩擦组元的颗粒大小、形状能够影响摩擦材料摩擦表面的特征即影响摩擦与磨损性能。一般情况，摩擦组元颗粒大、粗糙且刚硬，在与对偶表面滑动摩擦时，嵌入对偶表面深，产生的剪切力大，起到增加摩擦系数的作用大。也就是说，摩擦组元颗粒大、不规则、硬度大，则有利于提高摩擦材料的摩擦系数。另外，在摩擦过程中，嵌入对偶表面的摩擦组元受剪切作用过大时，颗粒会剥落，尤其是颗粒越大越容易剥落。由以上分析可知，在摩擦材料中使用的摩擦组元颗粒越大，材料的磨损也越大。

添加何种摩擦组元要根据基体和使用工况来决定。一般来说，基体硬度高，服役工况恶劣的材料应用高硬度的摩擦组元（莫氏硬度 8～10）；铜基摩擦材料一般添加莫氏硬度为 5～7 的摩擦组元。摩擦组元的用量过大和颗粒太大会造成过高的摩擦系数，刮伤金属对偶，并造成制动噪声。粉末冶金摩擦材料使用工况多变，陶瓷含量大，特别需要选择硬度适合的摩擦组元，有时应用多种摩擦组元，使材料具有较高而稳定的摩擦系数，材料自身耐磨性高，又不会把对偶磨损过大和损伤。

石墨、二硫化钼和其他低硬度的固体润滑剂（包括铅、锑、铋等低熔点金属）和金属对偶摩擦时，由于剪切强度低，因而表现出低的摩擦系数，并且磨损很小。

摩擦材料中使用的添加剂种类繁多，作用各异，各种影响因素错综复杂，很难精确定量估算出添加剂在摩擦材料中的作用效果，应该熟知各种添加剂的基本性能，通过大量基础试验了解其对摩擦材料各项性能的影响，再针对某种摩擦材料的性能要求进行系列配方试验，确定该材料配方中各种添加剂的规格和合理用量。

材料的孔隙度对材料耐磨性和承压能力有很大影响，孔隙降低了材质的力学强度和疲劳强度，因此，降低材料的孔隙度是提高摩擦材料耐磨性的有效途径之一。摩擦材料的密度也不是越高越好，密度适当，材料有适度的磨损性能并保持稳

定的摩擦系数;密度适中,强度降低,摩擦副实际接触面积大,摩擦系数大,磨损小。孔隙度的适合数值决定于材料具体的工作条件,轻负荷工作条件下允许较大的孔隙度,重负荷工作条件下要求低的孔隙度。

摩擦对偶也影响摩擦副的摩擦磨损性能,特别是粉末冶金摩擦材料的摩擦对偶需要仔细选择。

5.7.2　改善湿式摩擦材料性能的途径

湿式摩擦材料,由油冷却,工作温度低,对材料的耐热强度不像干式摩擦材料那样重要,只要求材料具有相当的强度水平,防止材料擦伤和黏结就能满足使用要求。实际生产中,用镍和锌强化的铜基体,特别适合于湿式工况。

铜基湿式摩擦材料中的孔隙度和石墨含量对材料的摩擦系数和能量吸收能力非常重要。当孔隙当量(PI)达到 50%～60%时(把石墨当作孔隙),材料的磨损量最小,而动摩擦系数和比吸收功率较高;PI 小于 50%的材料,摩擦系数和比吸收功率随 PI 的减小呈线性减小;PI 太小的材料,动摩擦系数偏低,使材料性能变差。

试验证明,湿式摩擦材料性能改进途径与干式摩擦材料有相当大的差别。湿式摩擦材料要求材料具有较高的孔隙度或者 PI 达 50%～60%,材料具有良好的摩擦磨损性能。材料中的孔隙含有冷却油,能把摩擦热很快带走。同理,石墨具有良好的导热和耐高温性能以及稳定的摩擦系数,它的导热性能超过钢、铁、铅等金属,能把摩擦热很快传导出去。孔隙和石墨的共同作用均能提高材料的摩擦磨损性能和比吸收功率。

材料的孔隙度和石墨含量的增加均会降低材料的强度,实际生产中需根据使用工况确定适合的石墨含量和孔隙度。

5.8　展　　望

20 世纪初,为克服早期棉基材料固有的易燃性,在汽车制动系统中使用了石棉织物的摩擦材料作为刹车片。石棉摩擦材料是以酚醛树脂为基体、石棉为主要增强纤维,再配合各种填料的多组元摩擦材料。酚醛树脂的特点和作用是当处于一定加热温度下先软化而后进入黏流态,产生流动并均匀分布在材料中形成材料的基体,通过酚醛树脂的固化作用,把纤维和填料黏结在一起,形成质地致密、有相当强度的且满足摩擦环境使用性能要求的摩擦材料,石棉增强纤维赋予材料足够的机械强度,使其能承受生产过程中的磨削和铆接加工的负荷力以及使用过程中用于制动和传动而产生的冲击力、剪切力和压力。在相当长的一段时间内,石棉摩擦材料因其高而平稳的摩擦系数、良好的耐磨损性能、制备工艺简单和成本低廉等显著优点，被广泛地应用于各种运动部件的制动中。

自 20 世纪 70 年代以来，由于国防工业、工程机械及交通运输等行业的飞速发展，大型军用民用飞机、高速列车、重载汽车对摩擦材料的高速与重载要求越来越高，摩擦材料吸收的能量也越来越大，摩擦材料工作表面温度迅速升高，导致石棉摩擦材料在高温下分解，摩擦系数急剧下降，出现制动失灵等现象。同时，国际医学界公认石棉粉尘和纤维有致癌作用，在欧美等发达国家相继出台禁止在制动摩擦材料中使用石棉成分的政策和法规。石棉摩擦材料已不能满足现代制动材料服役环境的要求，因此，相继出现了半金属摩擦材料、粉末冶金摩擦材料以及碳碳复合摩擦材料等新型摩擦材料。

半金属摩擦材料是以环氧树脂等为基体，钢纤维等为主要增强纤维，再配合各种填料的多组元摩擦材料，其性能介于石棉摩擦材料和粉末冶金摩擦材料之间，一般可以短时间在 500℃左右使用，在 150～260℃温度范围内制动性能非常稳定，并具有较好的耐热性、导热性和耐磨性，制造工艺简单，价格较低，因而在低速低载条件下是一种上选材料。但由于半金属摩擦材料中金属含量大，金属组元和替代石棉纤维的钢纤维容易生锈，锈蚀后易黏着对偶或损伤对偶，使摩擦材料和对偶材料磨损加剧，摩擦系数稳定性变差；有机基体的缺陷导致高温不稳定等问题无法得到克服，无法满足高速重载条件的使用要求。

粉末冶金摩擦材料是采用粉末冶金工艺制造的金属和非金属多组元复合的材料，由于该材料可以通过在相当大的范围内调整材料成分以适应各种不同的制动要求，因而可在不同工况下得到应用，先后发展了汽车用摩擦材料、船舶及工程机械用摩擦材料、列车制动用摩擦材料、航空用摩擦材料及航天用摩擦材料等。粉末冶金摩擦材料满足了大部分高能制动对摩擦材料的性能要求，但仍存在极高温工作条件下制动摩擦系数下降、磨损增大等问题，因此，在重量要求有限制的情况下，需发展新型摩擦材料，如低密度的碳碳复合摩擦材料等[15]。

碳碳复合摩擦材料是基于满足航空航天结构需求的碳碳复合材料的基础上发展起来的，是碳纤维增强碳基体的复合材料，碳基体由液相浸渍或化学气相沉积(CVD)工艺制得。这种材料具有低密度、优良的高温摩擦性能和热物理性能，但其制造工艺复杂、工艺周期长、成本高昂。因此，目前仅限于高速高能及对重量要求严格的条件下使用，如远程重载飞机和航天飞行器等。为了解决碳碳复合材料在湿态条件下摩擦性能下降和成本高等问题，在此基础上发展了陶瓷基摩擦材料，并在坦克等制动机构中获得应用[16]。

综上所述，工程技术的发展对摩擦材料的性能要求越来越高，为适用复杂苛刻环境的服役要求，科技工作者正不断开发新型高性能的摩擦材料。

思 考 题

1. 简述摩擦材料的定义。
2. 简述摩擦材料的分类。
3. 粉末冶金摩擦材料的组成有几部分，它们的作用分别是什么？
4. 简述低熔点金属用作润滑组元的自调节原理。
5. 简述粉末冶金摩擦材料的制造工艺。

参 考 文 献

[1] 任志俊. 粉末冶金摩擦材料的研究发展概况[J]. 机车车辆工艺，2001,(6):1-5.

[2] 曲在纲，黄月初. 粉末冶金摩擦材料[M]. 北京：冶金工业出版社，2005.

[3] 姚冠新，牛华伟. 镍对铜基粉末冶金摩擦材料摩擦磨损性能的影响[J]. 热加工工艺，2016,(8):121-124.

[4] 赵翔，郝俊杰，于潇，等. 半金属摩阻材料中铜纤维摩擦磨损行为的研究[J]. 复合材料学报，2015,32(2):451-457.

[5] Li X, Sosa M, Olofsson U. A pin-on-disc study of the tribology characteristics of sintered versus standard steel gear materials[J]. Wear, 2015, 340:31-40.

[6] Li J, Yin Y S, Ma H T. Preparation and properties of Fe 3Al-based friction materials[J]. Tribology International, 2005, 38(2):159-163.

[7] Zhang L M, Zhang H C, Zhou Q G, et al. Friction measurement on Al-Cu-Fe quasicrystalline and B2-type materials[J]. Wear, 1999, 226(2):784-788.

[8] 赵翔，郝俊杰，彭坤，等. Cu-Fe 为摩擦组元的铜基粉末冶金摩擦材料的摩擦磨损性能[J]. 粉末冶金材料科学与工程，2014,19(6):935-939.

[9] Yao P P, Xiong X, Shi-Peng L I, et al. Friction and wear behavior and mechanism of Fe and SiO_2 in Cu-based P/M friction material[J]. Wear, 2007, 262(9-10):1182-1186.

[10] 赵翔，郝俊杰，于潇，等. Al_2O_3 颗粒镀铜对铜基粉末冶金摩擦材料 Al_2O_3-Fe-Sn-C/Cu 摩擦磨损性能的影响[J]. 复合材料学报，2015,32(2):451-457.

[11] 邓正华，李万全，钱利霞，等. 铝青铜基粉末冶金摩擦材料组织及性能研究[J]. 热加工工艺，2015,(12):53-55.

[12] Ravindran P, Manisekar K, Narayanasamy R, et al. Tribological behaviour of powder metallurgy-processed aluminium hybrid composites with the addition of graphite solid lubricant [J]. Ceramics International, 2013, 39(2):1169-1182.

[13] Merie V, Candea V, Birleanu C, et al. The influence of titanium dioxide on the tribological characteristics of a Fe-based friction composite material[J]. Journal of Composite Materials, 2013, 48(2):235-243.

[14] Ait-Sadi H, Hemmouche L, Hattali L, et al. Effect of nanosilica additive particles on both friction and wear performance of mild steel/CuSn/SnBi multimaterial system[J]. Tribology International, 2015, 90: 372-385.

[15] 姚萍屏. 高性能粉末冶金摩擦材料[M]. 长沙: 中南大学出版社, 2015.

[16] Li G, Yan Q. Comparison of friction and wear behavior between C/C, C/C-SiC and metallic composite materials[J]. Tribology Letters, 2015, 60(1): 1-8.

第6章　粉末冶金减摩材料

粉末冶金减摩材料是用粉末冶金方法制造的，在相对运动的摩擦表面之间的摩擦系数较小的金属、合金或金属复合材料，又称烧结减摩材料。其优点是在无外注润滑油的条件下，使用寿命较长和可靠性较高。它能在润滑剂难以到达之处和难以补充加油或者不希望加油（如医药、食品、纺织等工业）的场合安全和无油污染地使用。粉末冶金减摩材料广泛应用于制造滑动轴承、止推轴承、多孔含油轴承、端面密封、支承衬套、导轨、活塞环、密封环、电器的滑动零件等。

在用粉末冶金方法制造减摩材料时，通常采用各种便宜的、易于得到的金属（铁、铜、铝等）作为材料的基体。通过合金化或加入减摩添加剂，使基体具有必要的减摩性能。

基体材料合金化导致材料结构、物理力学性能和减摩性能的变化。为了保证摩擦部件有很高的承载能力，必须采用具有高强度性能的材料，而为了降低摩擦系数值，则应该加入减摩添加剂，这样却又降低了材料的强度性能。

为了提高铁基粉末冶金减摩材料的强度性能，通常用碳、铬、镍、铜、磷、锰和钼等元素以不同的组合来使材料合金化。材料中加入石墨、硫、硫化物、硒化物、氟化物、银及其合金等，可改善铁基合金的减摩性能。

为了提高铜基粉末冶金减摩材料的强度性能，用锡、铁、镍、铝、磷和某些其他元素使材料合金化。而材料中加入石墨、铅、银、氟塑料（用向孔内浸渍的方法）等，通常可调节铜基复合材料的减摩性能。

改变材料的化学成分，可以在很宽的范围内调节材料的性能。在个别场合下，基体和合金化添加剂性能的选择取决于其工作条件。例如，在腐蚀介质中和在高温条件下工作的材料，应该是铬、镍含量很高的不锈钢型基体成分；在水中工作，主要选择青铜或镍-铜合金成分以及含镍量很高的镍-铁合金等。

6.1　铜基粉末冶金减摩材料

由于铜基减摩材料有很高的减摩性能、耐腐蚀性和导电性，因而得到广泛的应用。钢背-铜基自润滑减摩材料比常用 6-6-3 锡青铜减摩材料具有更好的减摩性能，且多组元固体润滑剂的协同作用比单一组元的减摩效果显著[1]；铜基粉末冶金减摩材料的基体强度与固体润滑膜的覆盖率，是影响其摩擦磨损性能的关键因素[2]；Cu-loSn-loPb 轴承材料在常温及 100℃以下时，磨痕表面铅固体润滑膜稳定，减磨性能好，磨损轻微，超过 200℃后润滑膜破损，磨损剧烈[3]；采用超音速等离子喷涂技术在 45 号钢上制备了 Ni/高铝青铜复合减摩涂层，高铝青铜的加入，显著降低了涂层的显微硬度和摩擦系数[4]；铜基粉末冶金减摩材料的减摩与力学性能和温度存在依赖关系[5]。铜基减摩材料的这些性能，保证了滑动集电器触头在电工机械和机构的摩擦部件中的有效应用。这些材料可分为以下几种：多孔青铜、合金化多孔青铜（含铅、磷等）、青铜-石墨、在钢背上压制和烧结无孔隙青铜层的材料、钢背上带多孔烧结青铜层的材料、在其孔隙中填充塑料的钢背上带多孔烧结青铜层的材料等。其中钢背上带烧结青铜层的材料、浸油的多孔青铜和青铜-石墨材料，已得到广泛的应用。

6.1.1　多孔青铜

多孔青铜一般含 6%～12%锡，其中，含 9%～12%锡的青铜有最佳的综合力学性能（图 6-1）。这样的成分，能保证形成具有很高强度的固溶体结构。青铜基减摩材料的孔隙度一般在 15%～35%范围内。

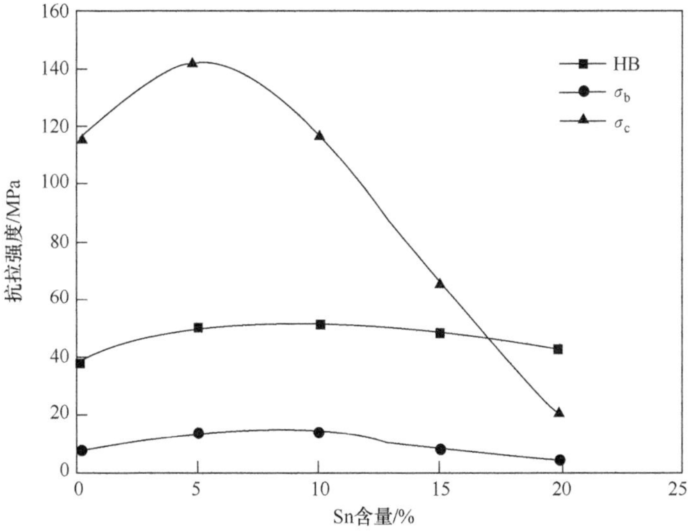

图 6-1　在 600℃下烧结 2h，孔隙度为 18%～20%的青铜的强度性能与青铜中锡含量的关系

用多孔青铜代替铸造青铜，可以大量节约有色金属。虽然多孔青铜的物理力学性能低于铸造青铜，但在滑动速度较小的条件下（约为 0.5m/s），多孔青铜，特别是细粉末制造的多孔青铜，其许用载荷高于铸造青铜，而且随着给油数量的增加，许用载荷不发生变化。滑动速度增加时，补充给油可以提高许用载荷。采用构成毛细管孔隙的较细粉末可以提高轴承的承载能力，因为在这种情况下，润滑油很难

从摩擦区域挤掉。

在有限润滑条件下，多孔青铜的 PV 值标准不得超过 1.6～2.5MPa · m/s。许用 PV 值在很大程度上取决于工作条件中的滑动速度和给油方法。在不利于润滑油的流体动力润滑膜形成的工作条件下（如在振动条件下，在频繁启动和停车时）应降低 PV 值。在保持孔隙总体积情况下，孔隙尺寸的变小可提高承载能力。

多孔青铜主要用来制造轻载荷条件下工作的轴承，如仪表轴承。这些轴承的工作特点是滑动速度低（低于 1.5m/s）和载荷轻（约 0.5～1.5MPa）。这种轴承在 3000～5000h 内不需要补充润滑剂，有低而稳定的摩擦系数（0.01～0.04）；噪声低，而且在－60～＋120℃的温度范围内能够可靠地工作。在补充润滑的条件下，多孔青铜的极限载荷在 V＝1m/s 时为 8MPa，随着滑动速度提高到 6m/s，载荷下降到 1MPa。

多孔青铜还用来制造在食品加工机械、需要防止污染的纺织机械、生活日用机械、小电动机、启动装置、钟表机构、精密工具、冷水泵、通风机、杠杆机构和活接头以及调节仪器上用的轴承。

6.1.2 青铜-石墨材料

由于石墨既不与铜也不与锡相互作用，可以把石墨看成起固体润滑剂作用的添加剂，根据材料的工作条件可加入 1％～25％的添加剂。青铜中的石墨在摩擦过程中，在对偶表面上逐渐形成石墨膜。在摩擦表面的个别部分受到损伤时，石墨膜也能随时恢复。

青铜-石墨材料的含油率为 2.5％～3.5％，含 8％～10％锡和 2％～3％石墨的青铜-石墨材料的线膨胀系数为（12～17）$\times 10^{-6}K^{-1}$。青铜-石墨的许用压力值在很大程度上取决于材料的孔隙度和滑动速度（表 6-1），青铜-石墨的承载能力随着孔隙度和滑动速度的提高而下降，而且滑动速度对摩擦系数值也有很大影响。

表 6-1 青铜-石墨及铁-石墨烧结轴承的极限压力值与孔隙度和滑动速度的关系

材料	孔隙度/%	滑动速度（m/s）对应的极限压力（MPa）					
		0.01	0.5	1	2	3	4
青铜-石墨（9％～10％Sn，1％～4％C，其余 Cu）	15～20	18	7	6	5	3.5	1.2
	20～25	15	6	5	4	3	1
	25～30	12	5	4	3	2.5	0.8
铁-石墨（1％～3％C）	15～20	25	8.5	8	6	4.5	1
	20～25	20	7	6.5	5.5	3.5	0.8
	25～30	15	5	5	4	2.5	0.6

据报道，成分含 87％～90％铜、9％～10％锡和 0％～4％石墨的材料，所推荐

的 PV 值为 2MPa・m/s，其最大承载能力为 6～8MPa。

石墨含量提高到 6%～10%，材料的强度性能急剧下降(表 6-2)。石墨对材料的减摩性能有特殊的影响：石墨含量越低，材料越适合在高载荷条件下工作；但石墨含量越高，材料越有希望在低载荷高摩擦速度下工作。

表 6-2　石墨含量对青铜-石墨(90%铜，10%锡)性能的影响

石墨含量 /%	σ_b /MPa	径向压溃强度 /MPa	硬度(HB) /MPa	线膨胀系数 /($10^{-6}K^{-1}$)
6	56.7	171.5	800	18
8	42.2	138.5	720	17
10	23.9	126.6	680	16

PV 值指标表明，在频繁停车、有润滑油条件下工作时，金属石墨材料比不含石墨的材料工作更加可靠。在介质被焦炭和煤的粉尘以及砂污染的条件下，青铜-石墨材料能很好地吸收落在摩擦表面上的固体颗粒。在非润滑的液体中，在热水、水油混合物的循环泵中，青铜-石墨材料可以与具有粗糙表面的对偶材料配对工作。

青铜-石墨同多孔青铜一样，可以用来制造各种仪器的滑动轴承。该轴承可以用于制造日用机械、纺织机械、电机、运输机、缝纫机、计算机、摩托车、拖拉机、小型减速器板、电动刮须刀和电吹风、包装机械和办公机械等，可以代替铸造锡青铜、黄铜和滚珠轴承。

6.1.3　铅青铜

铅青铜是具有良好磨合性和较低承载能力的软减摩材料。在钢背上涂覆薄的材料层时，支承能力会显著提高。合金中的铅含量可以在很宽的范围内变化(质量分数最高达 40%)。材料强度随着铅含量的提高而不断降低(图 6-2)。当铅含量约达 40%时，发现材料强度显著下降。为了保证较高的强度指标，应将铅量降到 10%～20%，并补充加入 10%的锡。

由于铜和铅彼此几乎不互溶，所以材料是由铅和铜晶粒组成的两相组织，晶粒的大小取决于烧结条件。

铜铅合金可在油中工作，但在停止给油的情况下铅开始发生作用，以薄膜覆盖对偶材料表面。铅青铜制品可用作薄壁轴承和薄壁衬套，其减摩层用烧结、液压、浸渍或其他方法涂覆在钢背上。

在较高的使用温度下铅青铜比巴氏合金硬，而在正常温度下两者的硬度相同。铅青铜工作表面的特点是不吸收落在表面的固体颗粒。因此在使用铅青铜轴承时，要求对油进行仔细地过滤。为了消除这一缺点，许多情况下，在轴承的工作表

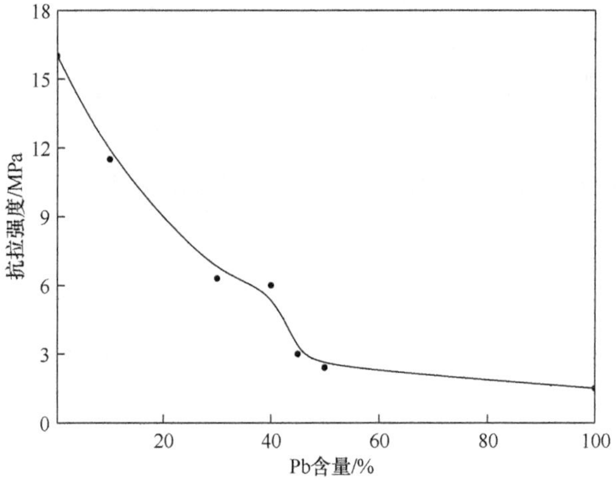

图 6-2　铜铅合金的抗拉强度与铅含量的关系

面上电镀一层很薄的铅锡或铅铟合金，它们能较好地吸附机械杂质，在减摩性能方面相当于巴氏合金，并且可以与钢背很好地结合在一起。

据报道，向含 30%铅的烧结铅青铜中加入锌、镍、砷、磷、铁、锡和锑，可不同程度地提高强度、硬度和抗疲劳应力，但摩擦系数变大。既要提高零件的减摩性能，又要考虑所承担的负荷，在青铜成分里加入锡和锑比较适合。

6.1.4　合金化青铜

以钛、镍、铅、锌、钴、铁、铝作添加剂，以及添加起固体润滑剂作用的物质使之合金化，可以大大改善青铜和青铜-石墨的性能。例如，经常采用以石墨和 2%铅为添加剂的锡青铜基减摩材料。某型号的特殊青铜含 2.4%镍、0.8%硅、0.3%磷，余量为铜。在 850℃温度水淬后再在 950℃下时效处理，可以改善这种青铜的性能。含 12%孔隙度的这种成分材料的强度极限为 350MPa，延伸率约为 1%，硬度 HRB35～40。这种青铜轴承在预先逐渐磨合后，在载荷为 16MPa 和滑动速度 9.4m/s（PV=150MPa · m/s）条件下试验 50h，未发现轴承和轴有明显磨损。

10%锡的青铜中加入 2.5%锌，可使材料在孔隙度为 25%～28%的情况下，极限强度达到 300～400MPa。在生产牌号 SGM-1、SGM-2、B910（美国）材料时，在含 9.5%～10.5%锡和 1.75%石墨的青铜-石墨中，通过加入 1%铁和达 0.5%～1.5%其他添加剂使之合金化。这种材料的密度 ρ=5.8～7.2g/cm^3，孔隙度为 7%～18%，σ=56～140MPa，δ=1%～3%。添加硼的数量相当于其在铜中的溶解极限(≈0.1%)，可极大地提高含 0.9%锡的锡青铜的收缩率、密度和强度特性，还可以阻止晶粒长大，在 $V=0.9$m/s 和 $P=2.5$MPa 条件下与 45 号淬硬钢对摩时磨损量低。

为了在重负荷的摩擦部件中工作，常使基体综合合金化，可用镍、铁、钼、钒、铬和钨代替传统的合金化添加剂锡、铅和石墨。加入以上合金元素可将锡含量降至 0.5%～6%。在铜基合金中加入铁含量为 0.01%～2%和 3%～5%、镍在 0.5%～18%、16%～27%、10%～15%和 4.5%～5%范围内，而铬为 3%～20%、0.2%～18%和 10%～20%。在材料成分中加入铬时添加磷(0.1%～3%)，加入镍时添加石墨，它们是铜-锡和铜-锡-铅复合材料的组元。

对于 Cu-Al、Cu-Al-Sn、Cu-Sn-P、Cu-Sn-Zn、Cu-Sn-Pb 型多孔青铜，用数量为 4%～15%的钛和 VII、VIII 族金属(Mn、Co、Ni、Fe)来强化。向含达 30%孔隙的锡铅青铜中加入大量合金化元素(Ni、Sn、Sb、As、P、Fe)可以起到强化作用，其中加入 6%锡或锑，同时加入锌及锡(3%～8%)和镍(2%～6%)，使材料性能改善最为显著。

B_4C 型难熔化合物可以大大强化 Cu-Ni-Sn 复合物基轴承合金。可用含 10%～15%下列氧化物如 SiO_2、Al_2O_3、Bi_2O_3、Cr_2O_3、V_2O_5、AsO_5、MoO_3、WO_3、Sb_2O_s、B_2O_3、TiO_2、SnO_2、P_2O_5、Fe_3O_4、Cu_2O 的铜或其合金基材料，制造轴承、活塞环和密封片。

6.1.5　烧结黄铜

烧结黄铜用来制造在润滑条件下、与青铜轴承特点相同的规范下工作的轴承。烧结黄铜由通过雾化法制备的含 10%～50%锌的锌黄铜粉末制造。在某些情况下还补充加入 1.5%铅和 0.25%～0.8%磷，可以提高合金的塑性和改善加工性能。这些材料的抗拉强度极限为 130～280MPa，$\delta=8\%\sim40\%$。

采用黄铜烧结零件受到局限的主要原因是很难准确调节烧结材料成分中的含锌数量。烧结黄铜零件的生产中用雾化粉末制造合金，如合金含 60%铜和 40%锌，该材料的密度为 7.8～8.0g/cm^3，硬度为(HB) 600～800MPa，$\sigma_b=250\sim300$MPa，$\delta=15\%\sim20\%$。美国采用牌号 SGM 3 黄铜，它含 77%～80%铜、0.3%铁、0.1%锡、1%～2%铅，余量为锌，密度为 7.2～7.6g/cm^3，孔隙度为 7%，$\delta=13\%$，$\sigma_b=169$MPa。

6.1.6　铜-石墨材料

铜-石墨材料主要用于制造固定接触的径向密封材料、端面密封材料和电刷，其成分取决于所要求的性能。在这些材料中，铜能保证传导性，而石墨能提高耐磨性和接触电阻。石墨含量及其性质和混合物的制备方法都影响材料的性能。为了改善电刷材料的性能，经常添加锡、铅、锌。锡和锌都能使材料强度提高，而铅使材料变软，改善磨合性和起润滑剂的作用。在电刷工作条件下的烧结铜-石墨材料比普通电刷材料的耐磨性有很大提高(图 6-3)。

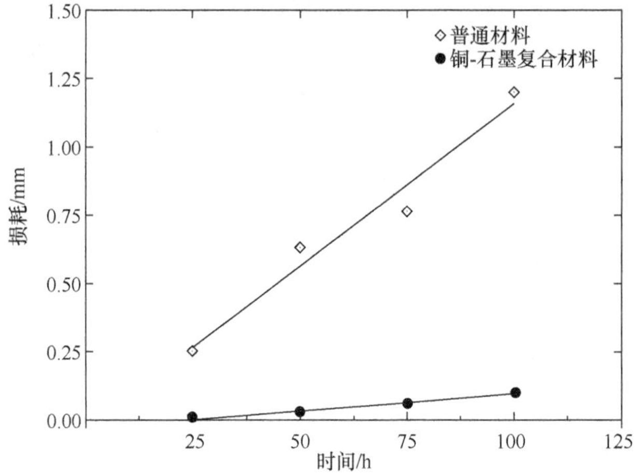

图 6-3 普通电刷材料和铜-石墨复合材料的耐磨性比较

像金属的硫化物、硒化物、氟化物以及易熔金属这样的起固体润滑剂作用的物质，不仅改善青铜和铜基合金的性能，而且和石墨一样改变这些合金的作用和用途。

在含 Cu 或含 10%Sn 的铜合金中加入 20%WS_2 可降低摩擦系数，并可降低在空气中和在达 600℃真空摩擦下的磨损，与此同时加入同样数量的 MoS_2 则达不到类似效果。当材料成分中含有 WS_2 时，介质(空气、真空)对材料有较大的影响。

在 Cu-4%～10%Sn-2%～15%Ni 的复合材料中加入达 25%WS_2 使材料有很高的抗磨损性，而且在达 400～450℃工作温度下具有自润滑能力。含 9%～18% Fe 和 10%～40%CaF_2、LiF_2 或 BaF_2 的铜基材料，在高温氧化条件下有良好的润滑能力，该材料的密度为 7.0g/cm^3，抗拉强度为 89MPa，冲击韧性为 0.68J/cm^2。

锡青铜石墨复合材料的强度性能比铅青铜材料高，但后者更适于在无润滑条件下工作。

向金属石墨复合物中添加石墨的方法和制造工艺对最终材料的结构和性能有很大影响。例如，在添加 30%(质量)石墨时，当石墨颗粒用电化学方法预先涂覆一层铜时，金属相构成连续骨架；与此同时，铜和石墨粉末采用机械混合时，则铜处于被石墨分隔开的颗粒状态；由镀铜-石墨颗粒制作的材料在强度性能和电导率方面比不镀铜的石墨颗粒高 3～4 倍。

6.2　铁基粉末冶金减摩材料

铁基粉末冶金减摩材料是应用普遍的烧结减摩材料，由于原料不稀缺，并且依靠合金化和加入不同的添加剂可以广泛地影响铁基材料的减摩性能。在 Fe-C-Cu-P 四元铁基减摩材料中，磷的加入有活化烧结的作用，还会削弱铜对烧结合金力学性能的负面影响[6]；在铁基粉末冶金材料减摩涂层中，石墨、二硫化钼两者有协同作用，复合黏结涂层具有良好的润滑减摩性能[7]；采用粉末冶金技术制备了 Fe-Mo-Ni-石墨复合减摩材料，在高温条件下，复合材料中的石墨与对偶表面生成的铁氧化物 $Fe_2O_3+Fe_3O_4+FeOCr_2O_3$ 对其减摩降磨至关重要[8]；随石墨含量增加，铁基粉末冶金含油减摩材料的显微组织由细片状珠光体向较粗片状珠光体过渡，晶粒长大，并出现网状渗碳体和针状渗碳体[9]；在 920℃ 的 H_2 气氛烧结 1h 制备了 Fe-Cu-Sn、Fe-Cu-Sn-P-Pb 等铁基粉末冶金减摩材料，均匀分布在基体中 Sn、Pb 是复合材料的减摩组元[10]；FeS/铜基复合材料在干摩擦和浸油干摩擦条件下均具有一定的减摩效果，随着 FeS 含量的增多，减摩性能提高[11]。所以铁基材料在与巴氏合金、青铜型铸造合金以及烧结青铜竞争时占有优势。这些材料有较高的耐磨性，并且能够在比青铜更高的载荷条件下工作。

以铁为基体，可以制取多种多样的烧结减摩材料，如浸润滑油的多孔铁，铁-石墨，铁-铜-石墨，硫化铁-石墨材料，以氟化钙或氟化钡作固体润滑剂的材料，熔浸铅或者熔浸以铜、锡、铅和其他添加剂为基的易熔合金的多孔材料，渗硫不锈钢，复杂合金化多孔材料等。在铁的合金中加入合金化添加剂，提高物理力学性能，可在有磨粒磨损的情况下使用，在较高的载荷和滑动速度和温度条件下或在有腐蚀气体和液体的条件下，确保材料的工作寿命，从而显著扩大了烧结减摩材料工作能力可能达到的范围及其应用领域。这样，每一种合金化添加剂都有一定的作用。

6.2.1　多孔铁

多孔铁是以铁素体组织和所含孔隙为特点的最简单的一种材料，这些材料的性能见表 6-3。

表 6-3　多孔铁材料性能

性能参数	密度/(g/cm³)	抗拉强度极限/MPa	弹性模量/GPa	相对延伸率/%	抗压强度极限/MPa	布氏硬度/MPa	冲击韧性/(J/cm²)
数值	5.1～6.6	100～220	75～145	5～13	650～700	350～800	3～10

给油充足时，载荷 2～2.5MPa、滑动速度 1～2m/s(PV=2.5～5MPa · m/s)

时,这种材料有较长的工作寿命。在自润滑规范下,随着滑动速度的增加,许用载荷值急剧下降,并且 PV 值不得超过 0.7～1.6MPa·m/s。

在较重的摩擦负载下,使用多孔铁工作温度受到限制,温度不应超过 70～80℃。虽然铁在 300～400℃温度下有很高的强度极限,但其承载结构作用的能力因塑性变形过程的发展、润滑油的分解、自润滑作用的消失而受到限制。所以轴承的使用寿命随着 PV 值的增加而大为缩短(图 6-4)。

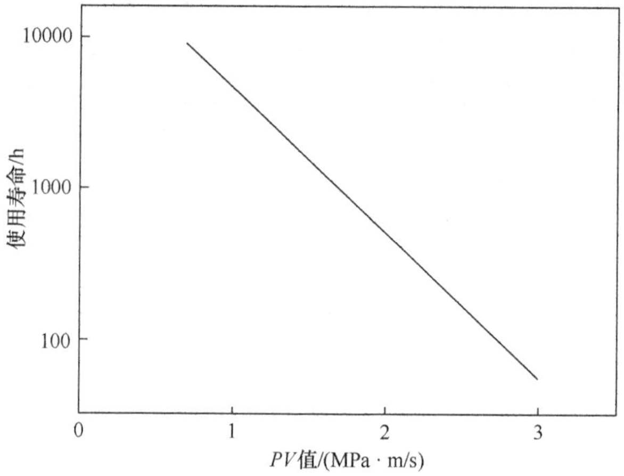

图 6-4　多孔铁轴承的使用寿命与 PV 值的关系

通过合理地设计轴承部件,使其能保证强化冷却和在压力下供油;通过加长磨合时间和选择适当的润滑油类型,则可以提高这种材料的极限许用压力和滑动速度。在这种情况下,轴承载荷达 7～10MPa、滑动速度达 5m/s 时,材料能够短时期工作。

在各工业部门用多孔铁制造滑动轴承,其孔隙通过浸油而使滑动轴承具有自润滑性能,如精纺机用轴承环、日用机械、仪表、计算机等用的精密轴承等,还可通过合金化方法来提高多孔铁的耐磨性。

6.2.2　铁-石墨材料

铁-石墨是应用最普遍的铁基粉末冶金减摩材料。添加 1.5%以下石墨可以使铁-石墨复合材料在补充给润滑油条件下或在自润滑规范下工作。但是在自润滑规范下的使用寿命短,其极限使用载荷和滑动速度较补充给油的情况下要低些。

材料中石墨含量大于 1.5%时,结构中的游离石墨,特别是在润滑条件下,对材料的减摩性能有良好影响。表 6-4 表明通过改变石墨含量和孔隙度可以调节铁-石墨材料的性能。

表 6-4　铁-石墨复合减摩烧结材料的性能

石墨含量/%（余量为铁）	孔隙度/%	密度/(g/cm³)	硬度(HB)/MPa	抗弯强度极限/MPa	冲击韧性/(J/cm²)	极限许用值		PV值/(MPa·m/s)
						载荷/MPa	滑动速度/(m/s)	
0.6～0.8	6～26	5.8～7.4	650～800	98～470	20～50	—	2	—
0.8～1.5	14～27	5.7～7.4	600～185	180～600	10～30	4～5	2～3	8
1.5～2.3	15～35	6.7	550～1300	80～355	0.6～6	4	2～3	8
2.3～3.0	17～35	4.5～6.0	300～1450	70～280	2～10	3～10	4	7～30
5.0	16～19	—	800～980	230～260	7～9	15	4	2.5
6.0	18～25	—	250～750	150～190	1.5～6	7	4	2
10.0	21～23	—	420～580	85～150	—	—	—	20

在 70～480℃温度范围内，这种材料的电导率约等于(5.00～1.10)$\times10^{-6}$S/m，它与孔隙度、石墨含量和试验温度有关，并且随着温度和石墨含量的提高而降低，而材料的热导率为 22.59～59.83W/(m·K)。材料的弹性模量为 1.1$\times10^5$～1.3$\times10^5$MPa。

铁-石墨材料具有珠光体-铁素体组织，铁素体组分的数量取决于石墨的原始含量和烧结条件，珠光体组织具有很高的耐磨性。铁素体组分含量允许达到 50%，这也取决于轴承部件的工作规范。

这种复合材料的减摩性能在很大程度上取决于工作条件和润滑剂的存在情况，在良好的润滑条件下，材料的摩擦系数在 0.005～0.09 范围内；而在有限润滑条件下，则等于 0.02～0.125。这种材料的 *PV* 值标准在不同条件下有如下值(MPa·m/s)：

在自润滑条件下(不补充润滑剂)为 1.4～1.6 以下；

在周期性和很少给油条件下为 2.5；

在充足供油条件下为 7～10；

在压力下给油时可达 40。

含 3%石墨、15%～20%孔隙度的材料有更高的性能。孔隙度增加到 28%～33%，则材料可在 1MPa 载荷条件下长期工作。在很小的滑动速度(0.1m/s)下，材料的工作载荷可达 15MPa。

含 0.8%～1%石墨的铁-石墨材料具有非常稳定的物理力学性能、工艺性能和组织结构。材料中存在的渗碳体可显著地提高 *PV* 值和抗咬合性。例如，材料组织中有 20%～25%渗碳体时，在边界摩擦条件下，*PV* 值可提高到 20～30MPa·m/s。但是随着石墨含量的增加，特别是存在渗碳体时，轴承的磨损提高。因此，确保这些材料工作能力的主要条件是提高配对轴的硬度(不低于 HRC45～50)，而且还应增加轴承的磨合时间，在 *PV* 值接近 5MPa·m/s 时，轴的磨合时间为5～12h。

铁-石墨材料的极限滑动速度为 2～3m/s，例如，在速度高于 2.5m/s 时，其摩擦系数在 0.54～0.125 范围内波动，也就是变得很不稳定，而当滑动速度为 4m/s 时，材料实际上失去工作能力。这与超过许用工作温度有关。该材料的许用工作温度为 100～130℃和 230℃(短时期)。

铁-石墨材料轴承的工作寿命取决于工作条件，一般不超过 3000～5000h。这种材料广泛地用于制造内燃机车(内燃机车的通风窗衬套)、农机(联合收割机、拖拉机)、缝纫机的摩擦部件，煤炭输送机、录音机、电影放映机、汽车的前悬挂臂及其他部件、钻床等用的衬套，输送机、轧制板材清理机构、耐油橡胶卷边轴等用的衬套，以及电气列车车厢的制动传动机构、电锯框架活动接头和其他用途的衬套。使用这些材料制造轴承的主要要求是：不断地或者经常地供给润滑油，没有强烈的冲击载荷，并且要使用淬硬钢轴。

6.2.3 铁-铜-石墨材料

铁-铜-石墨复合材料在工业上得到广泛的应用。铁基减摩材料中铜的添加量在 0.5%～20%的范围内变化。因为在室温下铜在铁中的溶解度很小，铁-铜合金一般是均质结构。铁中的铜含量达 3%～5%时，铜的夹杂具有的颗粒尺寸，在一般显微镜下不易区分。当铜的含量较高时，在显微镜下可以看到玫瑰色夹杂形式的铜。铜能极大地提高多孔铁的强度，对多孔铁的烧结性能有良好影响，它在烧结过程中调节收缩时尺小的变化，因而也就决定了作为合金化元素的铜，在两元和多元铁合金中得到广泛的应用。

制造轴承最好采用含 5%～9%铜的材料。与铜含量有关的铁-铜材料的性能列于表 6-5 中。这些材料的减摩性能与多孔铁和铁-石墨性能的差别很小，它们只应用在有润滑油条件下，很少在自润滑规范下应用。

表 6-5　铁-铜复合材料的物理力学性能

铜含量/%(余量为铁)	孔隙度/%	密度/(g/cm³)	硬度(HB)/MPa	抗弯强度极限/MPa	相对延伸率/%	极限许用值		PV值/(MPa·m/s)
						载荷/MPa	滑动速度/(m/s)	
2.0 以下	20～30	5.5～6.0	600～900	220～270	6	95	—	1.6
2.0～3.0	13～18	6.8～7.2	500～1100	180～320	2～5	—	—	—
5.0	16～22	5.5～7.0	250～1300	76～390	0.55～3	95	—	1.6
6.0～7.5	17～22	6.7～7.0	590～1280	210～450	0.45～0.8	100	0.5～3	—
10.0	25	5.9～7.1	600～1300	128～390	2.6	125	—	—
15.0	15～20	5.8	—	—	—	60	—	2.0
20.0	20	6.0	820～850	290～320	0.9～1	—	—	1.6

添加铜可以显著改善铁-石墨复合材料的性能。铜使碳在 α-Fe 和 γ-Fe 中扩散缓慢,防止形成渗碳体,改善材料的结构和力学性能,对显微硬度有明显提高。例如,用 5%铜合金化的多孔铁和多孔铁-石墨中,铁素体的显微硬度分别等于 1038～2035MPa 和 2709～5250MPa。随着铜含量由 1%增加到 11%,珠光体的显微硬度则从 3363MPa 增加到 8512MPa。这就决定了铁-铜-石墨复合材料比铁-铜复合材料有更高的性能水平。含 5%铜和 1%石墨、4%～8%铜和 1.5%石墨的材料有非常稳定的性能。在铁基烧结减摩材料中,铜的最佳含量推荐为 5%～9%。

铁-铜-石墨复合物的减摩性能可以与铁-石墨材料的性能相比较。例如,孔隙度为 20%～25%、硬度 550～750MPa 的材料在连续给润滑剂的条件下,PV 值达 7MPa · m/s 时仍能保证轴承的工作能力。结构中存在游离铜对减摩性能没有积极作用,稍微降低了轴的磨损。在某些摩擦条件下,游离铜的存在会引起咬合现象。

在有限润滑的条件下工作时,推荐采用石墨含量(4%～15%) 等含量较高的复合材料。

成分为 4%C、7%Cu 和 89%Fe 的 Fe-Cu-C 材料,在滑动速度为 0.94m/s、载荷 1～4.5MPa、摩擦系数 0.1 时,在自润滑规范下,能保证摩擦部件的工作能力,在滑动速度较大的条件下(>1.5m/s),必须增加石墨含量或者补充润滑剂。加入 20%铜时,铁-石墨的热导率提高 40%。

由于铁-铜和铁-铜-石墨复合材料有很高的物理力学性能,可以把它们应用在对轴承材料强度有较高要求的关键摩擦部件中。这些材料能承载达 60～290MPa 的静载荷。但在有限润滑时,这些材料的 PV 值标准不能超过 2MPa · m/s。

含铜量高于 10%(达 40%～70%)的铁-铜材料具有较高的抗腐蚀性能,其减摩性能不亚于青铜,并能成功地代替青铜。铁-青铜型材料由 70%铜、30%铁组成,在孔隙度为 20%时 δ=1%、σ_b=140MPa,这类材料或者含 31.5%铜和 3.5%锡(余量为铁),在孔隙度为 20%时 δ=3.5%、σ_b=246MPa。瑞典生产的 Fe-Cu-C 材料含 44.5%铜、4.5%锡、1%石墨和 50%铁,在孔隙度为 23%时,其 σ_b=220～370MPa,δ=1%,硬度(HB)为 600～1050MPa。

6.2.4 铁-铜-石墨-磷材料

添加磷使铁-铜-石墨材料合金化,在摩擦时可显著提高材料抗塑性变形能力,因此在可能增加载荷的情况下,不发生孔隙通道黏结现象。在应用 0.5%磷、1.5%铜、1.0%石墨、有 20%孔隙度的铁基材料时,也有类似效果。用该材料制造的汽车发动机、内燃机车发动机用的凸轮轴轴承,在载荷 3.5～4MPa、滑动速度 4～5m/s的条件下工作 240h(行程 1.5 万 km)。这种材料在有润滑剂时,可在载荷 7.8MPa、滑动速度 4m/s 的条件下工作。

以磷合金化的铁-石墨材料具有良好的烧结性能，收缩率很小，无润滑摩擦时有更高的耐磨性。含 0.2%～1.2%石墨和 0.2%～0.4%的铁基材料被认为是最佳材料。有 15%～20%孔隙度的这些材料的硬度稳定在 800～1000MPa 范围内，抗拉强度不低于 260MPa，相对延伸率为 1.5%～1.2%。

材料的耐磨性随磷含量的增加而提高，但是这种材料引起轴的较高磨损，并提高摩擦系数。

6.2.5 含硫、硫化物和硒化物的铁基减摩材料

硫对铁-石墨的物理力学性能和组织有良好作用，并能显著改善材料使用性能。采用硫合金化可以极大地改善铁-铜-石墨材料的物理力学、工艺及使用性能，在增加滑动速度时提高轴承的承载能力。在有充足润滑剂的油中工作时，这些材料的摩擦系数为 0.009，其弹性模量达 1.3×10^5MPa，在 50℃时的热导率等于 35W/(m·K)。采用 Fe-Cu-C-S 复合材料代替铸铁轴套，材料的使用寿命可提高数十倍。

硫在以各种硫化物形式加入时，它对材料的减摩性能同样有很大影响。存在硫化锌时构成细小弥散珠光体组织，这使材料有较高的耐磨性、承载能力和较好的磨合性。材料的孔隙度对这些性能也有很大影响。

在与淬硬钢摩擦条件下，添加硫化物后的 Fe-石墨材料的极限许用载荷大大提高，并达到 15～19MPa。例如，Fe-1%石墨-4%ZnS 复合材料在滑动速度为 2m/s、有限润滑条件下能承载负荷达 19MPa，这比含 1%石墨和 1%硫的铁基材料的极限载荷提高 1 倍，比含 1.5%石墨和 2.5%铜的铁基材料的极限载荷提高 2.5 倍。材料的承载能力随着滑动速度的提高而下降，但仍然高于工业中生产的其他铁-石墨材料的承载能力。用锡和硫使这种材料合金化，可保证含硫化物的铁素体-珠光体组织的形成，这在与标准钢对摩时，使材料的咬合极限压力提高到 4.8～10MPa（表 6-6）。含 1%Sn 和 1%S 的 Fe-C-Sn-S-ZnS 复合材料具有最佳性能，在与淬硬钢摩擦时，当载荷达 8～10MPa、滑动速度 6～7m/s 以及在高的滑动速度条件下（达 42～62m/s），材料仍能确保较高的工作能力。在用牌号 MK-22 航空油自润滑规范下，这种材料能在转速为 2×10^5～3×10^5 r/min 的电动锭子上工作。

表 6-6 含珠光体—铁素体组织的硫化铁-石墨材料(1.5%石墨)的成分和性能

材料成分/%							孔隙度/%	硬度(HB)/MPa	抗剪切强度/MPa	V=4.5m/s 时咬合极限压力/MPa	摩擦系数 μ
S	Sn	Pb	Cr	Mn	C	Fe					
—	—	—	1	—	1.5	余	19.5	763	183	1.2～2	0.040
—	—	—	3	—	1.5	余	19.0	107.0	230	1.2	0.030

续表

材料成分/%							孔隙度/%	硬度(HB)/MPa	抗剪切强度/MPa	V=4.5m/s 时咬合极限压力/MPa	摩擦系数 μ
S	Sn	Pb	Cr	Mn	C	Fe					
—	—	2	—	—	1.5	余	19.3	615	164	3.2～4.4	0.090
—	—	4	—	—	1.5	余	19.0	640	140	4.4～5.2	0.009
—	—	6	—	—	1.5	余	18.5	600	128	0.8～1.6	0.070
1.0	—	—	—	6	1.5	余	22.7	475	78	6	0.005
0.5	—	—	—	3	1.5	余	22.5	491	69	4	0.020
0.5	0.5	—	—	—	1.5	余	19.2	437	189	4.8～10	0.004
1.0	0.5	—	—	—	1.5	余	19.7	519	171	7.6	0.006
2.0	0.5	—	—	—	1.5	余	23.4	475	171	10	0.006
0.5	1	—	—	—	1.5	余	23.0	437	169	5.6～10	0.004
1.0	1	—	—	—	1.5	余	23.2	475	138	10	0.006
2.0	1	—	—	—	1.5	余	19.2	475	162	4～5.6	0.006

含 3%石墨和 4% ZnS 的材料在不同的使用条件下的工业试验表明，它优于其他铁-石墨材料和青铜。

不同类型材料的热导率和电阻与温度有一定的关系，硫化物的存在使热导率随温度的上升而降低并使电阻有所增加。含硫化锌的材料具有很高的物理力学性能。随着试验温度由 20℃提高到 200℃和 400℃，则材料的抗弯强度相应地由 181MPa 提高到 197MPa 和 191MPa，抗压强度极限由 714MPa 降到 607MPa 和 582MPa，带切口的试样的冲击韧性约为 0.87J/cm^2。无切口试样的冲击韧性值高一些，等于 7.3～11.5J/cm^2。10%和 20%孔隙度材料的弹性模量分别为 113GPa 和 89GPa。

硫化物的存在使热膨胀系数略有增加，有 20%孔隙度的纯铁在 50～200℃温度范围内的热膨胀系数等于 $12.35\times10^{-6}K^{-1}$，而在 50～500℃范围内等于 $13.7\times10^{-6}K^{-1}$。含硫化锌的铁-石墨材料比含 3%石墨的铁-石墨材料的抗腐蚀性略低一些(表 6-7)。这些材料在热带大气腐蚀条件的耐蚀性稍低于在盐溶液水蒸气中的抗蚀性。腐蚀时的重量变化在很大程度上取决于材料孔隙度，并且在材料浸渍油或石蜡时，材料的腐蚀重量变化随着孔隙度的降低而下降。硫化锌的加入，由于提高了有润滑或无润滑摩擦时的工作极限参数，更加扩大了铁-石墨材料的可应用领域。

表 6-7 某些铁基烧结材料在不同试验条件下的腐蚀速度

试验条件	腐蚀速度/[g/(m^2·h)]		说明
	铁-石墨(3%)材料	含硫化锌的铁-石墨(3%)材料	
大气腐蚀	0.035	0.028	实验室条件
水蒸气(湿度 98%,温度 40℃)	0.045	0.04	实验室条件
盐溶液蒸汽(3%NaCl)	0.057	0.052	实验室条件
热带大气腐蚀	0.304～0.320	0.262～0.263	在热带气候条件

装有铁基硫化烧结材料的摩擦部件,其寿命一般比青铜、巴氏合金以及青铜基烧结材料摩擦部件的寿命高几倍。用这种材料的滑动轴承代替纺织机械摩擦部件中的针状轴承,使用寿命可提高 7 倍。硫化还可以提高材料热稳性和抗磨粒磨损性能,特别是含 0.8%～1.5%石墨、1.5%铬、0.03%～0.2%锰、0.1%～0.4%硅的铁基材料。

添加数量为 2%～8%二硫化钼,使 Fe-(1.0%～1.8%)C-(0.5%～2.0%)Cu-(0.5%～1.0%)Ni 复合材料硫化,可以使材料耐磨性比 Fe-Mo-Cu 复合材料以及类似成分的 Fe-MoS_2 合金高 3～4 倍。这种材料有较高的强度,而高的孔隙度(密度仅为 6.0g/cm^3)可以使材料浸油,从而改善减摩性能。加铬(6.0%～9.0%)和二硫化钼(4.0%～8.0%)使铁基合金同时合金化,可以提高强度和改善材料的减摩性能。加钼(3%～7%)和硒(1%～1.25%)使铁合金化,所得材料在滑动速度为 0.8～12m/s 时,可在无润滑摩擦条件下工作。在铁基复合材料成分中加入 10%～20%WSe_2 可保证材料在 0.05～3m/s 滑动速度下,在无润滑空气条件下工作。

为了在自润滑条件下工作,还可采用以二硫化钨合金化的铁基材料,该材料含 1%～8%Sn 或 Zn、5%～15%Cu、10%～25%WS_2。

6.2.6 铁-石墨-钼减摩材料

在铁基减摩材料中存在钼,可大大改善材料的减摩性能,特别是在重载荷和苛刻的工作条件下。材料的韧性和疲劳强度增加。钼的影响还表现在结构的稳定性、对热处理的敏感性、降低磨损和摩擦系数上,特别在钼的添加量很大时(10%～15%)。例如,含 10%钼的多孔铁,在温度为 540℃、滑动速度为 46m/s 无润滑摩擦时,有很低的摩擦系数(0.075)。

在孔隙度较低的铁-石墨(3%C)中,当钼含量提高到 15%时,摩擦系数降低,磨损减小,而承载能力得到提高(表 6-8)。添加钼使材料合金化,可以改善材料的力学性能,特别是在较高的温度下的力学性能。

表 6-8　在 $V=12m/s$ 时，低孔隙度（3%）的铁-石墨材料中钼含量对性能的影响（无润滑与 45 号钢摩擦）

性能	钼含量/%			
	0	5	10	15
摩擦系数	0.35～0.40	0.25～0.35	0.20～0.33	0.20～0.26
磨损/10^{-6}	15	15	15	5～10
承载能力/MPa	0.8～1.0	1.8～2.0	2.0～2.4	4～5
布氏硬度/MPa	1700～1800	200～2200	2500～2800	3500

铁-石墨材料的热膨胀系数变化如表 6-9 所示。

表 6-9　铁-石墨材料的热膨胀系数与温度的关系

温度/℃	50～200	200～400	400～500	500～660
热膨胀系数/($10^{-6}K^{-1}$)	12.60	12.85	13.10	13.45

铁-3%石墨-15%钼复合物材料在自润滑规程、有限润滑和无润滑摩擦条件下，当滑动速度为 0.1～95m/s 时，能在 0.11～20MPa 这样宽的载荷范围内工作。这种材料的特点是摩擦系数随着速度和载荷的增加而下降，由于这一特性，材料的耐磨性超过锡青铜。

对材料表层的工作表面和磨损产物的 X 射线结构研究表明，以钼合金化保证在对偶材料表面形成均匀分布的薄膜区域，此薄膜由铁和钼的氧化物组成。局部光谱分析确定，在高滑动速度条件下试验后，由钢 Y9A 组成的对偶材料的表层含有 0.15%～0.2%钼。

摩擦过程中，表面上出现具有高显微硬度（$14\times10^3\sim17\times10^3$MPa）的碳化物光亮区，经抛光在基体表面上形成高光洁度区（基体表面的显微硬度等于 $2\times10^3\sim7\times10^3$MPa），它承受着切线应力。该区域的显微形貌以及与对偶表面相互作用时有低的黏着倾向，决定了其具有低的摩擦系数。

通过复合添加剂 0.8%～0.9%C、4.0%～5.0%Cr、2.0%～5.0%Mo、0.2%～2.5%Si 使铁合金化，可改善材料的减摩性能。

含钼的更复杂合金化的合金在较高温度下有高的抗磨损性，如含 5%～20% Mo 和 0.5%～1.5%C 的合金，还可以补充加入 1%～15%Ni、5%～25%Co、3%～25%Cr，2%～10%Mo 和 0.4%～2.0%C，0.2%～8%Mo、5%～15%Cr、5%～20%Co、2%～10%Ni、0.2%～2%C。

钼合金化材料的缺点是：在自润滑规范下的摩擦系数比较高（0.06～0.16），而且造价较高。在高的滑动速度和温度条件下，根据摩擦条件，这种材料的摩擦系数不算高，此值等于 0.06～0.25。由于这种材料有很好的使用性能，人们用它制造长时间（达 2000h）在 400℃温度下工作的电动机轴承，用它代替联合收割机主轴上支承滚珠轴承，收割机轴承在充满尘土和较高温度（高于 100℃）的条件下工作。

6.2.7　含氟化物的铁基减摩材料

以金属氟化物作固体润滑剂的铁基减摩材料，在无润滑或真空条件下，能够在较高的载荷和温度下工作。这种材料应用的具体实例是作加工石棉水泥用的热压车轴承（在达 250～350℃的蒸气介质中工作）以及连续铸锭设备轴承等。表 6-10 列出了含氟化物的某些材料的成分和性能，这些材料适于在较高温度的真空和空气介质中工作。

表 6-10　含金属氟化物的铁基减摩材料的典型成分

材料成分/%	孔隙度/%	硬度(HB)/MPa	抗压强度/MPa	冲击韧性/(J/cm²)
$94Fe\text{-}6CaF_2$	9.0～10.0	560	870	3.5
$91Fe\text{-}9CaF_2$	4.0～6.0	620	900	1.9
$79Fe\text{-}15Mo\text{-}6CaF_2$	2.0～3.0	1850	1100	3.0
$94Fe\text{-}5CaF_2\text{-}1C$	12.0～14.0	700～800	—	—
$88Fe\text{-}6Ni\text{-}5CaF_2\text{-}1C$	10.0～12.0	1000～1100	—	—

采用钼（达 15%）使氟化钙的材料合金化，可显著改善材料的性能：硬度提高 1.5～7.6 倍，抗弯强度提高到 600～700MPa，抗压强度在达 650℃的温度范围内提高到 700～1100MPa。冲击韧性随着氟化物含量的增加而下降。但是与非合金化材料不同的是，Fe-15%Mo-6%CaF_2 烧结材料的冲击韧性却显著提高。所以在达 650℃温度下工作时，采用这种材料。

在含 0.9%～1.1%石墨、4%～6%铬的铁中加入 4%～10%钼和 5%～7%氟化钙以及在铁中加入复合添加剂：0.5%～6.0%Cu、0.5%～2.6%Mn、0.5%～3.5%Ni、1.0%～1.5%C 和 0.05%CaF_2、4.0%CaF_2，可以改善材料的耐磨性和其他性能。

采用镍合金化可大大改善材料性能。在含 2%～5%铜和 1%～5%锰铁的铁基材料中加入 10%～18%氟化钡，可确保摩擦偶件在空气中无润滑摩擦条件下的工作能力。在这种情况下，当 $V=0.3$m/s、$P=5$MPa 时，摩擦系数等于 0.23，当材料与 45 号钢（HRC49～50）摩擦、$P=10$MPa 时，$\mu=0.2$。载荷为 5MPa 和 10MPa 的磨损分别为 17μm/(km · h)和 25μm/(km · h)。

6.2.8　硫化和硼化不锈钢减摩材料

在较高的温度下、液体和气体介质中，经常采用烧结不锈钢。通过硫化和硼化可以显著地改善材料的减摩性能，因而创制了牌号 X23H18、X18H 9、X18H15、X17H2 等新型的不锈钢基耐热、耐蚀减摩材料，并研究了材料的制造方法。使硫化与硼化或渗碳相结合，可显著提高材料的物理机械和减摩性能，从而有可能根据工作条件修正材料成分。由于硫、硫化物的存在，以及基体组元同加入的添加剂和饱和元素（硼、碳）在烧结过程中的相互作用形成的新相，可以制取具有多相结构的材料，这种多相结构在不同使用条件下保证良好的耐磨性和低的摩擦系数。同其他高合金化复合材料相比，这种材料的主要优点是：甚至在强烈磨损的条件下，也有良好的加工性和高的抗咬合能力。例如，在空气中无润滑摩擦时，硫化不锈钢可在载荷 5MPa（V＝1.5m/s）下工作，而牌号 Xl8B3 铸造硫化钢能承载的负荷（在 V＝1.1m/s时）不超过 1.4MPa。

在空气中无润滑摩擦的相似条件下，当 V＝0.28m/s 与 P-18 钢（HRC54～56）对摩时，成分中加入 10％和 20％二硫化钼可制取载荷达 5MPa 的材料。随着滑动速度和载荷提高到一定值，在磨损量不大时，发现摩擦系数稳定性有所降低。这种材料有很高的耐腐蚀性，因此它们能够在如下摩擦条件下工作：在水和某些腐蚀介质中、在高的滑动速度下、在较高温度（达 600℃）下无润滑摩擦时、在载荷达 1000MPa 和小的滑动速度下、在燃料燃烧产物介质中、在高达 60～75m/s 的滑动速度和无润滑时较小载荷下以及在有腐蚀气体和液体中等。

这种材料应用的主要范围是：用作泵的滑动轴承、汽轮发动机和化工机械端面密封材料、在水中工作的扬水泵和电动机摩擦部件用零件（止推轴套和加强轴套）等。

6.2.9　用铬、镍、钴和其他元素合金化的铁基减摩材料

近年来，出现大量复杂合金化的铁基减摩合金。添加各种组元的目的是力求加强减摩材料中的某种性能。例如，铬提高耐磨性、热稳定性、强度和耐腐蚀性。铬含量达 16％～20％时，合金断裂强度为 240MPa 和在相对延伸率达 6％时硬度大于 1000MPa。它有高的耐腐蚀性，并可以在较高的温度下工作。合金中添加铬和微量硼则可作热稳材料；添加钴和钼可提高合金抗磨粒磨损能力，热稳性可达 500℃；添加锡和铜能改善铁基减摩材料的摩擦性能。

6.3　带钢背的双金属减摩材料

带钢背的双金属减摩材料由于高的承载能力和生产上的经济效益，在汽车、拖拉机、飞机制造业以及其他工程领域内得到越来越广泛的应用[12]。这样的材料有三种：在钢带上烧结青铜多孔层、补充熔浸易熔减摩合金的材料、补充浸渍氟塑料材料或浸油的材料。

在钢带上烧结青铜多孔层材料广泛地用在汽车发动机上。它们由在钢背上涂覆的多孔减摩层，铅或锡基巴氏合金调和铝基合金组成。在大功率发动机中，巴氏合金不够坚固，因此偏重于采用铜（铜-铅或铅青铜）和铝（铝-锡）合金。

选用哪种材料取决于工作条件。通常要求轴承材料有高的疲劳强度和良好的减摩性能，而这两种性能不一定都兼而有之，因此不得不寻找一个折中的方案。巴氏合金有良好的磨合性，但疲劳强度不高。在表 6-11 中列出不同减摩合金的疲劳强度值，由表可见，降低巴氏合金层的厚度可提高其疲劳强度。铜基减摩合金强度也有很大变化(表 6-12)。

表 6-11　不同轴承材料减摩层的疲劳强度

材料	层厚/mm	化学成分/%					疲劳强度/MPa
		Cu	Pb	Sn	Sb	Al	
巴氏合金	0.38	4.0	—	87.0	9.0	—	11.3
	0.07	4.0	—	87.0	9.0	—	13.8
在铜-镍烧结合金上巴氏合金 0.07mm 厚	0.38	4.0	—	87.0	9.0	—	15.1
铜-铅(烧结合金)	0.38	60.0	40.0	—	—	—	18.9
带涂层的铜-铅	0.38	70.0	30.0	—	—	—	21.4
带涂层的铸造铅青铜	0.38	75.0	23.5	1.5	—	—	23.4
带涂层的烧结铅青铜	0.38	74.0	22.0	4.0	—	—	31.4
铝-锡合金	0.38	1.0	—	20.0	—	79.0	27.1

表 6-12　铜基轴承材料的抗拉强度与硬度

化学成分/%			σ_b /MPa	硬度(HV) /MPa
Cu	Pb	Sn		
60	40	0.18	64	320
70	30	0.45±0.05	78	370
74	22	4	109	500
80	10	10	164	700

含有铜-镍多孔层的材料是在钢背上烧结一层铜(60%)和镍(40%)粉末混合物，并熔浸巴氏合金，烧结层表面上巴氏合金厚度约 75μm。这类材料首先在美国得到广泛应用。自 1940 年起，这种三层材料用来制造汽车和飞机发动机以及柴油机的主轴轴承和联杆轴承。它可以在比最好的高锡及铅巴氏合金的载荷高 15%～20%的条件下工作。轴承的设计载荷为 14MPa。

含有铜-铅多孔层的材料是在钢背-铅青铜烧结层这类双金属轴承中，根据指定的工作条件，可以在很宽的范围内变化青铜层的成分。铅青铜减摩层的疲劳强度取决于铅含量和原始粉末的粒度。用每分钟弯曲频率 1000 次、振幅 14μm 的弯曲振动法对高度为 1.8μm、其中青铜层为 0.7μm 的扁平试样进行试验。疲劳极限的到来由减摩层中裂纹的出现来决定。

铅含量高于 32%～33%时，由三种粒度的粉末制造的试样的弯曲疲劳强度急剧下降。铅含量高时，发现由较大颗粒的粉末制造的试样有很好的疲劳强度。由于铅含量高，材料疲劳强度降低，人们有必要用锡使材料补充合金化，这还可以提高材料的承载能力。对于布氏硬度大于 300 的铸钢轴推荐含 30%铅和 1%锡的青铜；对于硬度较低的钢轴则推荐含 40%铅和 2%锡的青铜。含 10%铅和 10%锡或者 20%铅和 4%锡的青铜具有较大的承载能力。

为了改善减摩性能，铅青铜基双金属材料的表面常常涂覆一层薄的铅锡合金或类似的合金。这种合金具有良好的磨合性，由于合金中的锡含量高，所以耐腐蚀，并能防止铅和润滑剂的相互作用。这种材料作轴衬的工作稳定性是双层材料轴衬的 2～3 倍。

由于过载引起铜-铅层疲劳破坏的特性，垂直裂纹始于表面，到一定深度就改变方向，并与摩擦表面相平行，这就引起材料的剥落，轴承的工作条件决定了承载钢背和减摩层的厚度。例如，用带状双金属制造船舶发动机的半轴衬，其钢背镀层厚达 25μm，而铅青铜层厚达 8μm。

钢背上的多孔层浸渍配合物的材料是使承载钢带、烧结多孔层与填充氟塑料结合成一体的材料。其优点是：有较高的机械强度、热导率及高的耐磨性和承载能力，并能节约有色金属和氟塑料。在该材料工作时，在青铜颗粒裸露的情况下，由于青铜有较高的摩擦系数，所以表面上局部发热。因为氟塑料的热膨胀系数比青铜的大，在发热时它从青铜骨架的孔隙里溢出到表面上，从而使被破坏的氟塑料膜得到恢复。

这类材料最有代表性的是多孔层浸渍含填充剂（铅和二硫化钼）的氟塑料材料，以及浸渍缩醛共聚物的材料，前者主要用在无润滑摩擦时，而后者用在极少润滑剂的工作条件下（如只是在装配时才供给润滑剂）。为了保证最大孔隙度，以利于浸渍氟塑料悬浮体，并且保持高的强度，采用粒度组成范围较窄的粉末（－200～＋150μm、－150～＋100μm 和－100～＋75μm）。

由粒度为－200～＋150μm 锡青铜（11%Sn）制造的厚度为 1.0～2.4mm 的多孔层，在钢背磨损后的强度如表 6-13 所示。

表 6-13　多孔层在钢背磨损后的强度

孔隙度/%	50～53	46～49	43～46	39～42
抗拉强度/MPa	18.1	23.1	26.8	32.4

以细铅粉作填充剂的稠膏状氟塑料进入多孔层。表面上剩下一层很薄的含铅氟塑料膜，这层薄膜在干摩擦时有高的耐磨性。

以二硫化钼作填充剂的材料，得到越来越广泛的应用。通常用锻造法可生产双金属的金属氟塑料带制造轴套、止推轴承的环形支承面、有球形表面的轴承座等。这种材料有如下特点：基体为低碳钢带，上面有改善烧结用的底层，即一层由铜组成的薄层；多孔层由球形锡青铜颗粒（粒径约 0.1μm）组成，即厚度为 0.3～0.4μm，孔隙体积为 30%～40%；填充剂为含二硫化钼的氟塑料。浸渍后多孔层表面覆盖有氟塑料薄层。

这类材料可在－200～＋300℃的无润滑条件下工作，可在不同气候条件下、宇宙太空中、各种中性和侵蚀性介质、液体和气体中工作。它们应用在周期性往复运动机构中。当不能形成流体动力层时，为了减轻空气润滑或水润滑的高速轴承中的起动力矩，常采用这种材料。

6.4　聚合物基减摩材料

以含氟聚合物（氟塑料）、聚酰胺、乙酸盐塑料为基的材料，以聚酰胺、聚碳酸盐和其他塑料为基的聚合物材料，由于它们具有高的减摩性能，近年来在各种摩擦部件中得到广泛应用[13]。应用得最广泛的是氟塑料。但是，在具有良好滑动性能的同时，它也有机械强度低、耐热性和耐磨性差、热膨胀系数高等缺点，因此限制了它的应用。氟塑料的物理力学性能见表 6-14。

表 6-14　氟塑料的物理力学性能

<table>
<tr><th colspan="2">性能参数</th><th>数值</th><th colspan="2">性能参数</th><th>数值</th></tr>
<tr><td colspan="2">淬硬材料的密度
（结晶化程度约为 50%）
/(g/cm^3)</td><td>2.15</td><td colspan="2">断裂时的
相对延伸/%</td><td>200～500</td></tr>
<tr><td colspan="2">晶体熔化温度/℃</td><td>327</td><td rowspan="2">抗拉强度
极限/MPa</td><td>不淬火
氟塑料</td><td>14～25</td></tr>
<tr><td colspan="2">非晶部分玻璃化
（结晶化）温度/℃</td><td>120</td><td>淬火氟
塑料</td><td>16～31.5</td></tr>
<tr><td colspan="2">热分解温度/℃</td><td>高于 415</td><td colspan="2">抗弯强度/MPa</td><td>11～14</td></tr>
<tr><td colspan="2">热导率/[W/(m·K)]</td><td>(2.47～2.51)×10^7</td><td colspan="2">布氏硬度/MPa</td><td>30～40</td></tr>
<tr><td rowspan="2">线膨胀
系数/K^{-1}</td><td>20℃</td><td>2.3×10^{-4}</td><td colspan="2">冲击韧性/(J/cm^2)</td><td>10</td></tr>
<tr><td>100℃</td><td>1.4×10^{-4}</td><td colspan="2"></td><td></td></tr>
</table>

通过填充剂和强化，可以大大提高聚合物、其中也包括氟塑料的工作能力和承载能力，以多孔青铜为骨架，在其孔隙中填充带填充剂氟塑料所组成的材料，有良好的减摩性能。

加入填充剂的目的是提高材料的强度，它是靠增加氟塑料对压力下的流动抗力实现的。某些添加剂在高的工作压力和温度下还能降低摩擦系数。在实践中有时同时添加几种添加剂，如金属和石墨或者金属和二硫化钼。与纯氟塑料相比，加入铅粉可以将许用载荷提高 2～2.5 倍。对于氟塑料，采用不同的填充剂，无论在制造金属骨架基复合物时，或者在制造不用金属加强的填充氟塑料时都得到了应用。

下面研究三种主要类型的金属聚合物材料(以钢背强化的材料、浸渍氟塑料的多孔烧结制品、不用骨架加强的填充氟塑料的材料)的性能。

6.4.1　钢背加强的金属氟塑料减摩材料

这种材料同时有加强钢背的高强度和填充型氟塑料的良好减摩性能。填充型氟塑料被多孔青铜层牢固地保持在工作表面上。多孔青铜不仅起着保持氟塑料层的机构作用，而且使材料具有一定的减摩性能。工作时，含填料的氟塑料层局部被磨损，因此裸露出一定数量的青铜颗粒。在无润滑摩擦时，它使材料具有高的耐磨性。

金属骨架的存在使摩擦表面的热量散发得到改善，同时也提高了材料的承载能力。由多孔金属骨架和氟塑料填充剂组成的材料结构，可以保证在摩擦表面不断地产生聚合物膜。工作过程中金属颗粒表面裸露时，由于它们与对偶材料表面的摩擦，温度局部升高。由于发热，孔隙中氟塑料较激烈地膨胀，氟塑料的热膨胀系数超过骨架金属的热膨胀系数的 10～20 倍，使氟塑料从孔隙中挤出。因此，氟塑料重新开始加入摩擦过程，并在裸露的金属颗粒表面形成膜，这就降低了这部分的摩擦系数和温度。

制造金属/氟塑料增强材料方面的工作，在英国开始于 1949 年。英国公司制造的牌号 DP、DU 带材，是由铜背增强的材料的典型代表。DP 材料是钢带增强的多孔青铜，青铜孔隙中充填了氟塑料。DU 材料是 DP 材料较好的改性，它在氟塑料中加入 20%(体积)细铅粉。DU 材料的载重量比 DP 材料高 2～2.5 倍。用锻造和卷板的方法，可以将这种带材制造成轴套、带球面的支承轴承、供飞机和汽车的止推轴承用的环形支承面等。这种材料主要在无润滑的条件下使用，但是也能很好地在液体介质中工作，因为液体的循环可保证较好地散热。但含铅的 DU 型材料由于有铅毒，在食品工业等领域需谨慎使用。

在不高的滑动速度下有较低的摩擦系数(0.03～0.05)，以及摩擦系数与温度的关系不大，这保证了氟塑料在摩擦部件中的广泛应用。但是在高摩擦速度下，摩擦系数增加(达 0.3)，而且材料的磨损提高。

6.4.2　浸渍氟塑料的多孔骨架的减摩材料

用粉末冶金方法制造的锡青铜烧结粉末骨架通常是材料的基体。本节研究浸渍含铅氟塑料填充剂的多孔青铜轴承的寿命与载荷之间的关系。在干摩擦条件下对内径为15.6mm的轴承进行试验，在连续工作的条件下施加载荷，并与中碳钢作磨削和研磨轴配对摩擦，并根据PV值对轴承的工作能力进行评价。

浸渍含铅氟塑料的青铜轴承的摩擦系数在大多数工作条件下为0.1～0.2，而在较大载荷下降低到0.05。填充氟塑料的多孔金属骨架的减摩性能在很大程度上取决于骨架结构、制造骨架的金属粉末性能，还取决于孔隙的尺寸和形状。

通过研究由球形和非球形粉末创造的锡青铜多孔材料的减摩性能，该材料填充纯的和带填充剂的氟塑料(含30%石墨的氟塑料)。对如下数据进行了比较：

(1) 由铜和10%锡的非球形颗粒(在烧结过程中形成青铜)组成的试样，孔隙度为50%；

(2) 由非球形原始粉末(经造粒化后粒度为0.2～0.4mm)制作的试样，孔隙度为50%；

(3) 由球形青铜粉末制作的试样，孔隙度为30%。

在滑动速度为6m/s、压力为1～6MPa的条件下进行了摩擦试验(图6-5)。已证实，经过粒化的非球形粉末的试样具有最高的耐磨性，无固体润滑剂表面层的球形青铜粉的磨损最大。摩擦系数与载荷的关系列于表6-15。

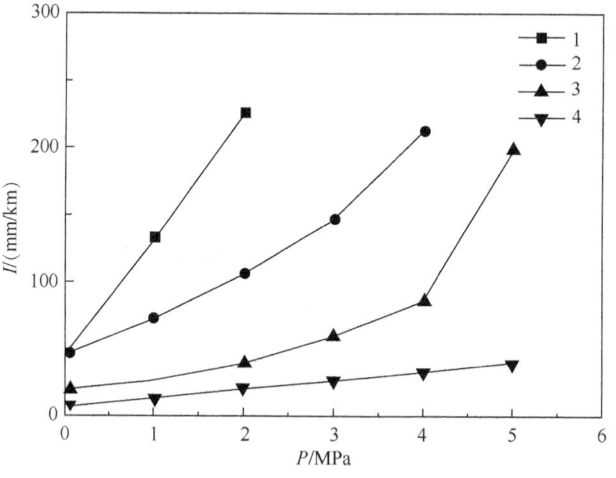

图6-5　球形和非球形锡青铜粉末基金属塑料材料的磨损与载荷的关系

1-由无固体润滑剂表面层球形粉末组成的多孔青铜；2-加填充剂的多氟材料；

3-由带固体润滑剂表面层的球形粉末组成的多孔青铜；

4-由无固体润滑剂表面层的非球形粒化粉末组成的多孔青铜

表 6-15　用不同方法制造的青铜以及填充氟塑料的摩擦系数与压力的关系

材料	在如下压力下(MPa)的摩擦系数					
	1	2	3	4	5	6
由不经过粒化的非球形粉组成的多孔青铜	0.28	0.27	0.27	0.25	0.24	0.22
由无固体润滑剂表面层的球形粉组成的多孔青铜	0.20	0.24	0.31	—	—	—
填充型氟塑料	0.13	0.13	0.13	0.12	0.11	0.11
由带固体润滑剂表面层的球形粉组成的多孔青铜	0.14	0.13	0.13	0.13	0.13	0.12
由无固体润滑剂表面层的非球形粒化粉组成的多孔青铜	0.16	0.16	0.15	0.15	0.15	0.14

上述数据指出，用经过粒化过程的非球形青铜粉可以制造高质量的减摩材料。在孔隙度 50%和没有表面润滑补充层的情况下，材料的耐磨性大大超过由球形粉末组成的青铜的耐磨性。因此，这些材料在无润滑摩擦部件中工作，例如，应用在食品和纺织工业设备的轴承上，用于压缩机和仪表制造业、真空技术、低温技术、化工机械制造以及其他部门，是很有希望的。

由铁粉组成的烧结试样浸渍纯的以及带石墨添加剂的氟塑料悬浮液。在真空和空气中的试验表明，其磨损和摩擦系数值实际上是一样的。浸渍有石墨添加剂的氟塑料的材料有最小的磨损和摩擦系数。用粒度小于 60μm 的非球形粉末制取的、有 40%～60%孔隙度的骨架，具有最佳的性能。这种材料在真空中以 6.0m/s 的滑动速度摩擦时，压力 0.5MPa 时的摩擦系数为 0.13，压力 5MPa 时的摩擦系数降到 0.08。

在确保增强聚合物可靠工作时，正确地选择对偶材料具有很大意义。对偶材料不应和孔隙中填充聚合物的轴承金属骨架材料发生咬合现象。

工业上广泛采用英国格拉西尔公司制造的一种材料。该材料是由青铜粉末制造的多孔烧结骨架浸以氟塑料。制品可以用球形或不规则形状的粉末制成，并使其整个壁厚或者只是表面浸渍氟塑料。这种轴承能保证可靠地工作 1000h。

在不能使用润滑剂的情况下，例如在生产塑料和压缩氯、氧以及其他腐蚀性气体的活塞及其他机械的摩擦部件时，就广泛采用金属-氟塑料基自润滑减摩材料来制造滑动轴承和密封元件。

6.4.3　填充型聚合物减摩材料

在制造有填充剂的氟塑料基减摩材料时，选择填充剂的类型和数量有重要意义。

为了研究添加到氟塑料中填充剂数量对氟塑料物理力学性能的影响，填充剂采用了氟塑料悬浮液和石墨、二硫化钼、硫化铅以及二硫化钼粉。加入大颗粒石墨对强度没有明显影响，而与此同时，粒度约为 10μm 的石墨随着含量增加到 30%，强度提高，超过这一含量则降低强度。加入70%(体积)铅和二硫化钼可大大增加氟塑料的强度。显然，这里表现出这些化合物具有较高强度的作用。由含硫化铅和二硫化钼的氟塑料制造的试样(孔隙度约为5%)的抗压强度分别是12.84MPa和16.51MPa；含二硫化钼和石墨的试样的强度分别为11.11MPa和10.50MPa。填充剂对抗剪强度的影响也相似。可见，石墨和二硫化钼有降低强度的作用。当同时把硫化铅和二硫化钼的含量增加到40%时，材料的强度上升。填充剂对氟塑料的温度性能的这种影响特性，可用结构与组成相互作用的某些机理来解释：填充剂的固体夹杂颗粒之间膜厚的降低使氟塑料本身强化；由于填充剂的硬质夹杂("刺针")的存在，依靠阻止变形而强化；在填充剂含量相当高时，由于接触的颗粒构成较牢固的骨架而强化。

与加强材料相比，无金属骨架的填充型聚合物材料的承载能力较低。其中含青铜粉填充剂的氟塑料具有较大的耐磨性，但是它的耐磨性只有在较低的温度下才能稳定。为了在高于室温的温度条件下工作，在含青铜粉末的材料中加入等量石墨(如加入体积分数20%的青铜和体积分数20%石墨)，取得了良好效果。由于从摩擦表面能较好地散热，这就改善了材料的热导率，并且提高了耐磨性。这种材料能在较低的摩擦速度下(小于0.3m/min)在 *PV* 值达0.35MPa · m/s的水中工作。

为了以较高的摩擦速度在干摩擦条件下工作，制取了一种含少量青铜粉末和红色氧化铅的材料。它在 *PV*=0.7MPa · m/s、摩擦速度为1.27m/s的条件下，工作1000h的磨损是0.025mm。但是这种材料不适于在水中工作。

格拉西尔公司的DQ材料，除了含氟塑料，还含约20%青铜、30%石墨和极少量的铅，可用它制造成棒状和管状毛坯，从而通过机加工的方法制成所需要的制品。含金属和二硫化钼粉作填充剂的材料，可用来制作滑动电触头。

有人提出了有下列成分的以填充型氟塑料为基的减摩材料(体积)：4%～24%Ag、1.6%～10%Cu，1.7%～10.2%Zn、2.6%～15.6%Cd、0.03%～0.20%Ni，余量为氟塑料。这种材料可用于重载荷条件下，在真空气氛中工作。

填充型氟塑料在压缩机活塞环的生产中，在蒸汽泵、浸蚀性介质中工作的机械等方面得到越来越广泛的应用。

6.5 特殊用途的复合减摩材料

由于机械和机构的摩擦部件工作条件各不相同，因而研制出大量各种用途的减摩材料[14,15]。减摩材料按工作条件可分类如下：在有润滑摩擦部件中工作的材料；在空气和真空中无润滑摩擦用的材料；在高温、高速摩擦条件下工作的材料；滑动电触头材料；端面和径向密封材料、活塞环等。

各个应用领域都要求研制具有特定综合性能的材料。究竟采用哪一种材料，首先取决于摩擦部件的工作条件，然后是考虑经济效果、材料是否稀缺以及其他因素。材料按用途分类，可以比较准确地指出一些主要要求，这些要求是指定工作条件的材料必须满足的，并可以说明为达到这一目的所研制的材料的特性。

随着机械、仪表制造业各部门的发展，随着摩擦部件具有特殊工作条件的新型机械与机构的出现，对材料的极限许用载荷、滑动速度、使用寿命等性能的要求也不断提高。例如，20 世纪 50 年代的任务是研制在有润滑的摩擦部件中工作、使用寿命达 5000h 的材料。60 年代使用寿命的要求增加到 10000h。而现在的任务是研制能工作 20000～30000h 且不更换的材料，即摩擦部件应该从根本上充分保证整个机构的工作寿命。

对在无流体润滑条件下工作的材料（如宇航设备摩擦部件）要求也在不断提高。

6.5.1　在流体润滑条件下工作的材料

机械和机构的大多数摩擦部件在润滑条件下使用，润滑油是从储油器加入、滴入或喷入的。因此，有润滑油时又分为两种类型的摩擦：流体摩擦和边界摩擦。

摩擦区供润滑油充足时发生流体摩擦。当供给有限的润滑油（用油芯给油、滴入、喷入等）、多孔轴承在自润滑规范下（润滑油储存在孔隙内）工作时，在增加载荷和滑动速度时以及在启动或停车时，常出现边界摩擦。

在实践中，流体摩擦常常转变为边界摩擦，这是摩擦区内润滑油量的严重减少引起的。边界摩擦导致磨损和摩擦系数的提高。结果是摩擦表面温度提高，使油失去润滑能力，并且常常是以咬合告终。为了防止这一现象，应向摩擦区加压给油，以确保流体摩擦条件的实现。

粉末冶金减摩材料的特点是有孔隙。孔隙是保持和供给摩擦表面润滑油的储油器。根据不同的工作条件，材料可以在很宽的载荷和速度范围内使用。由于采用了粉末冶金方法，研究和制造了在流体摩擦、有限润滑和在自润滑条件下工作的大量材料。

1）在流体摩擦条件下工作的材料

为在流体摩擦条件下工作，现在采用铁基或铜基复合材料。其主要用途是代替用有色和黑色金属制造的铸造轴承合金，还用来代替滚动轴承，以降低有色和黑色金属的消耗和提高轴承部件的工作寿命。

铁基（多孔铁、铁-20%铜、铁-7%石墨、铁-5%铜-2.5%石墨）和青铜型（含有达10%锡和 4%石墨）铜基烧结材料，在润滑油条件下，在轻型和中等摩擦规范下工作，可确保各种机械和机构摩擦部件的工作能力。

尽管烧结材料有孔隙和较低的力学性能，但其减摩性能高于铸造材料。

因为材料的使用寿命取决于具体的工作条件和轴承部件的结构特点，所以它通常比用铸造合金法制造的轴承在寿命上提高 0.5～2 倍，比滚动轴承的寿命提高 2～7 倍。

有时这种材料也可以在重摩擦条件下工作，在这种情况下材料的使用寿命降低，但仍然超过铸造合金的使用寿命。

烧结材料的使用寿命比铸造材料长的原因是：由于材料孔隙中含油，从而改善了摩擦的润滑条件。一般认为，最佳孔隙度等于 15%～25%。表 6-16 中列出了不同的烧结材料在重摩擦规范下比较试验的数据，它证明铁基烧结减摩材料的磨损量和摩擦系数低于巴氏合金和青铜。在相同的润滑条件(每分钟 80 滴)下，滑动速度为 2.2m/s 时，铁基减摩材料的承载能力高于锡青铜，但低于巴氏合金(表 6-17)。

表 6-16　在 V=10m/s、润滑油条件下不同烧结材料的试验结果比较

材料	P=2.5MPa，试转 2h		P=6MPa，试转 10h		工作 12h 后的磨损/μm	
	温度提高/℃	μ	温度提高/℃	μ	轴套	环
多孔铁	24.5	0.018	40.7	0.013	9.41	0.6
铁-1.5%石墨	26.6	0.026	36.2	0.014	0.34	0.4
铁-1.75%石墨	25.6	0.026	33.8	0.016	0.37	0.4
巴氏合金 B-83	26.8	0.057	33.1	0.033	9.00	2.5
巴氏合金 BH	28.7	0.042	35.7	0.014	11.00	0.1

表 6-17　铁-石墨材料与铜基材料的承载能力比较

材料	铁-石墨(用还原铁粉制造)	铁-石墨(用电解铁粉制造)	多孔青铜	铸造锡青铜	巴氏合金 B-83(铸造)
PV 值/(MPa · m/s)	8.4	10.9	3.9	5.3	22.2

材料的性能(如承载能力、摩擦系数和磨损量以及使用寿命等)取决于多种因素，如孔隙度、供给润滑油的质量和数量、轴承安装的质量等。

多孔铁的许用载荷随滑动速度的提高而降低(表 6-18)。在较小压力(1～3MPa)和机油润滑条件下，轴承的摩擦系数为 0.019～0.023，而且不完全取决于材料的孔隙度(当孔隙度的范围为 20%～30%时)。

表 6-18　不同滑动速度下多孔铁的许用载荷

轴旋转的圆周速度/(m/min)	慢速和中速	7.5～15	15～30	30～45	45～60
P/MPa	42.1	17.6	4.2	2.5	1.9

在每分钟给油 15 滴、流体摩擦条件下，铁-石墨复合材料的摩擦系数为 0.008～0.009。高于 30%的孔隙度会降低轴承的强度和承载能力，并提高孔隙中润滑油

的循环。孔隙度为 20%的烧结轴承，在重摩擦条件下工作时，向摩擦间隙供给润滑油，滑动速度为 4～5m/s，载荷为 3.5～4MPa。随着滑动速度增加到 5～12m/s 以上，滑动轴承则要求压力给油，以防止配对表面的强烈磨损。

正确选择润滑油，可以使铁基标准轴承的 PV 值从 1.8MPa · m/s 提高到 18MPa · m/s。一般采用在 50℃时黏度为 1.8～2.0E 的润滑油。因此可以认为，当速度大于 1.0m/s、摩擦系数等于 0.005 时，这一黏度是确保轴承工作能力的最佳黏度。

在循环给油条件下，当载荷达 3.5MPa、滑动速度达 4m/s、摩擦系数等于 0.009 时，孔隙度为 25%～35%的铁-石墨材料的 PV 值为 7～8MPa · m/s。在周期性给油条件下，当 PV 值小于 2.5MPa · m/s(P=2.5MPa、V=1m/s)，而无冲击载荷时，可采用这种材料。

从烧结材料的使用实践可知，烧结材料的磨合性，可以与青铜和巴氏合金型铸造材料的磨合性相媲美，烧结材料的磨合性取决于材料表面加工的质量、材料的孔隙度及其性能。例如，对于已精整表面，其磨合时间显著缩短。由于材料的孔隙度和成分不同，磨合时间为 2～6 h，而机加工表面的磨合时间为 4～10 h。磨合性随着孔隙度和原始粉末粒度的增加而变坏。配对摩擦表面硬度的提高使磨合时间缩短。

2) 有限润滑条件下工作的材料

润滑剂数量减少，增加了轴承材料的磨损和摩擦系数，降低了材料的承载能力，限制了许用滑动速度和温度范围，因为润滑油循环和从摩擦表面带走热量的可能性逐渐消失。所以在有限润滑条件下，许多铸造轴承材料不能稳定地工作。在有限润滑条件下，烧结复合材料有良好的使用性能，采用该材料在大多数情况下可去掉笨重的给油系统装置。

在有限润滑规范下工作，同样可采用在流体润滑条件下工作的铁基烧结材料。减少给油量缩小了铁基材料的许用载荷范围，但其载荷值仍然高于在同样工作条件下的铸造青铜。

由于多孔铁孔隙中有润滑剂，在有限润滑条件下，它比锡青铜可节能 1/2～2/3，而耐磨性比青铜和其他铸造减摩合金高数十倍(V=0.67m/s，P=0.6MPa)，如表 6-19 所示。

表 6-19　多孔铁与铸造减摩合金耐磨性比较

轴承材料	多孔铁，30%孔隙度	可锻铸铁(标准)	灰铸铁(铸件)	高强度铸铁(铸件)	高强度铸铁(冷硬铸铁，HRC48～52)
时间/h	970	27	13	24	18

正确地控制这种摩擦部件的结构、工作规范和所给润滑油的质量，可以确保烧结减摩材料轴承有较长的使用寿命。在轻的和中等工作规范和上述润滑条件下，

采用各种铁基复合烧结材料都很有效，如多孔铁、铁-铜(20%以下)、铁-石墨(3%～7%)、铁-铜(5%以下)-石墨(1%～3%)、铁-石墨(1%～2%)-硫(0.4%～1%)、铁-铜(2.5～3%)-石墨(1.5%以下)-硫(0.3%～0.8%)。

工业材料中，实际使用和工艺性能水平最高的是铁基材料。在润滑条件相同而要求轴承材料有较高的耐腐蚀能力时，可采用青铜型、青铜-石墨型材料，但是这些材料的许用载荷和滑动速度范围比铁基材料低得多。铜基材料可以代替不同的铸造轴承材料。

在重摩擦条件下的特点是载荷(大于 8～10MPa)和滑动速度(大于 3～4m/s)范围都很高，在这种情况下即使有润滑油往往也无济于事。边界摩擦的出现，导致配对表面磨损显著提高。所以在这种摩擦规范下，应采用有良好减摩性能的材料。烧结复合减摩材料中由于加入了起自润滑剂作用的固体物质，可以达到这一性能要求。

在有限润滑或缺少润滑油的规范下，多孔铁中加入 1%～3%石墨，其极限载荷可增加到 3～4.5MPa(如果原来为 1～2MPa)。在重载荷规范下(P=25MPa、V=0.108m/s 以硬度 HRC54～57 的 Y8 钢为对偶)，硫化后使含 20%孔隙度的多孔铁的磨损大约降低 4/5(表 6-20)。

表 6-20　多孔铁硫化前后耐磨性比较

材料	多孔铁	铁-石墨	青铜-石墨	硫化多孔铁
磨损量/(mm/h)	0.070	0.065	0.090	0.013

对于在有限润滑和强烈磨损条件下工作的摩擦部件，在较高载荷和滑动速度下，则使用复杂合金化强化材料，对该材料的密度和强度、物理力学性能的稳定性及材料结构都有更高的要求。在滑动速度高于 1.5m/s、有很大载荷的重工作条件下，应采用石墨含量大(达 4%)的 Fe-Cu-C 复合材料；材料的孔隙度减小到 7%。

复杂合金化铁-石墨基材料用来制造在冲击载荷条件下摩擦的制品，制品在油中工作，与有高硬度和耐磨性的钢对偶摩擦，通过退火、渗碳、淬火和孔隙中熔浸青铜，这些材料的物理力学性能，特别是冲击韧性得到显著的加强和提高。

3) 在自润滑规范下工作的材料

自润滑规范下的滑动轴承，是依靠烧结材料的孔隙中含油工作的，而油通过浸渍得到。采用多孔自润滑材料，可确保难以采取润滑措施的工作部件的可靠性，极大地降低维修费用和降低成本。所以在各种机械和机构的摩擦部件中，特别是在仪表、纺织机械、饮食设备、印刷工业、办公设备、家用电器和电影机械等方面，都广泛采用这类材料。

能制造在自润滑规范下工作的轴承材料多种多样，如多孔铁和青铜、铝基合金、含石墨达 3%～4%的铁-石墨和青铜-石墨、铁-铜和铁-铜-石墨复合材料(在复合材料中,石墨和铜含量范围分别为 0%～3%和 0.5%～5%)等。

自润滑轴承的使用寿命和极限参数取决于摩擦部件的结构参数以及所采用烧结材料的性能和工作条件。例如,多孔青铜轴承在较小的滑动速度(达 1～1.5m/s)和压力(达 0.1MPa)下,不补充润滑剂和在－60～＋120℃的温度下可工作 3000～5000h,噪声和磨损都很小。铜基和铝基轴承可用于腐蚀介质中。青铜-石墨轴承由于强度和硬度低,不主张用于高滑动速度和高载荷条件下。铝及其合金轴承用于工作比压低而又不适于或不能检修的机械摩擦部件中。

铝基轴承目前应用还不够普遍,但是在以降低摩擦部件的重量为主要要求的情况下,铝基轴承是大有希望的。因为它的比重约为铸造青铜的 23%。由于自润滑效果好,这一材料可制造旋转轴密封圈、端面密封环和其他零件。

浸油的铁基和青铜基自润滑轴承可承载达 160MPa(PV 值达 20MPa · m/s)的压力,并可以长时间在－40～＋130℃的温度条件下工作。

在 1～2m/s 的滑动速度或摆动条件下,与在流体动力学润滑规程下工作的铸造轴承相比,自润滑轴承承载更高的载荷。例如,用铜合金化多孔铁和青铜分别能载承 8.5MPa 和 13MPa 的载荷,而铸造轴承在同样条件下,只能承载 7～8MPa。

在较小载荷和滑动速度下,铁基和铜基自润滑烧结轴承可以使用很长时间,达到 10000h。自润滑轴承的工作寿命取决于孔隙中的含油量,其最大含油量等于 3%～3.5%(质量分数)或达 26%～28%(体积分数)。轴承工作时,油温越高,含油量减少越快,所以必须预先采取与轴承冷却相关的结构措施,这可通过轴或轴承外壳实现冷却。

决定轴承寿命的油耗取决于油的数量与质量、间隙大小,被加工表面光洁度、转速、多孔材料渗透性大小,油-金属-空气分离面上表面张力大小、表面层温度以及其他因素。

A. II · 莫什可夫得出自润滑状态的多孔材料的寿命(小时)取决于比压和速度的关系式 $N=1.67\times10^{-2}(1.4998—0.4993V)e^{9.81-0.435P}$,在条件变化情况下 $P=1$～7MPa,$V=1$～3.0m/s。

在重工作条件下,自润滑规范的烧结材料,尽管其力学性能比较低,但能承载很高的振动和使用载荷,能确保给定的耐磨性和寿命。

把铁-铜-石墨复合材料轧制成板材,可制造大型的摩擦部件。由于板材孔隙内有润滑油,能在滑动速度 0.28～1.27m/s 和比压 20MPa 下工作。与淬火钢配对工作时,这些材料的耐磨性是青铜和铸铁减摩材料的 1.5～3 倍。通过向青铜基轴承的工作层加入细粒度羰基镍粉或含铅的合金,即调节摩擦区的润滑,可显著地提高自润滑轴承的承载能力。

6.5.2 真空和惰性气体中无润滑减摩材料

根据用途和工作条件，仪器仪表、试验台、低温和宇航技术设备、化学和食品工业机械、压缩机、气体液化的许多摩擦部件工作时，不能供给流体润滑剂，对这些机构摩擦部件的零件，除了确保高减摩性能的一般要求，还要求有足够的抗氧化腐蚀能力。

上述材料的基体一般采用合金化铁、钢及其合金，镍、铬、钴、铝及其为基的合金，有时也采用难熔金属及其化合物。在加入润滑剂或固体润滑剂后，基体的减摩性能得到改善，材料的磨损或摩擦系数都有降低。

大多数以金属复合物为基制造的自润滑烧结减摩材料，在空气中无润滑摩擦时，有高的摩擦系数。其摩擦系数在很大程度上取决于摩擦规范和其他因素，一般在 0.16～0.6 范围内。摩擦系数一般随气体介质黏性的增加而降低。在真空中摩擦时有最高的摩擦系数，在氩气、空气、氮气和氢气中摩擦时摩擦系数下降。

在真空和惰性气体中工作的材料即在火箭、低温、宇航和真空技术中需要能在低温、高真空、惰性气体介质中工作的摩擦部件。在这种情况下，流体润滑剂就蒸发或固化。由于缺少空气，不能形成防止表面咬合的薄膜。

为了在真空中工作，选择既不升华、力学性能也不容易变差的材料，如钢、铁、钨、钼和铜。在低温下金属一般变脆，因此必须考虑金属低温性能的稳定性。例如，铝、铜、铅和镍（面心立方晶格）随着温度的降低而强化，它们的塑性随着温度的降低而提高（如铝约能提高 2 倍）。

在以上条件下，铁、钽、钼、钨和铌（体心立方晶格）的屈服强度提高而塑性降低，钢的冲击韧性下降，所以在该情况下应用需采用铜基、镍基和某些铁合金材料。例如，应采用添加 WS_2、MoS_2、CaF_2 和 BN 粉末的镍基合金作超高真空条件下工作的自润滑轴承材料。Ni-MoS_2 复合材料的 σ_b 为 70～120MPa、极限温度达 260℃。

为在真空中工作，可采用含 3%～10%MoS_2 的青铜基材料。为提高耐磨性，材料中加入了 12%～30%的 Ni-P 或 Co-P 型合金。为在低温下的真空中工作，可选用含 60%铜、30%氟塑料和 10%WSe_2 的材料，该材料的摩擦系数在 195℃时为 0.14，在 230℃时为 0.05。

为了制造在上述条件下工作的材料，从两个方面进行了研究：研制具有综合减摩性能的自润滑材料；选择加入摩擦区域的干润滑剂。

真空度对材料摩擦系数的影响如图 6-6 所示。摩擦系数随着真空度的提高而增加，这是由摩擦表面咬合引起的。氩气介质中由于氩气不够纯，发生明显表面氧化，其氧化程度与不高的真空度相适应，浸氟塑料的多孔青铜结果最好，它在 10^{-3} mm 汞柱的真空中工作，载荷速度达 0.7MPa，摩擦速度达 7m/s。

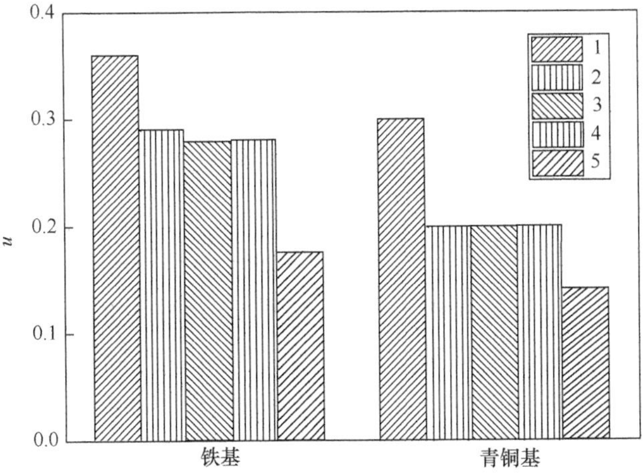

图 6-6　介质对铁基和青铜基减摩材料摩擦系数的影响

1-10^{-3}脱真空；2-氩气；3-10^{-2}脱真空；4-10^{-1}脱真空；5-空气

氟化钙作固体润滑剂的铁基材料在真空条件下工作很有前途。氟化钙摩擦时在表面上形成防止咬合的分隔膜，但这种材料的摩擦系数较高。

相关摩擦试验在专用摩擦试验机中进行，该摩擦部件安置在低温真空室内，按照试样与研磨的对偶片端面摩擦的原则工作，摩擦速度为 0.23m/s，比压从 10 阶梯式地增加到 15MPa，摩擦对偶为 45 号钢，钢处理后的硬度为 HRC55，试验时间为 45min。

试验证明，用镍合金化比不含镍的材料热处理效果更好。热处理不能提高材料的耐磨性。在试验的比压范围内，经过两次压制和烧结的材料比淬火和回火后的材料工作更稳定，磨损更小。

含 15%～28%钼、12%～20%银、5%～8%锌、8%～13%镉、5%～8.5%铜的镍基材料具有高的耐磨性和承载能力，该材料是用镍钼合金多孔骨架熔浸焊料制成的。该材料硬度(HB)2000～2200MPa、抗压屈服强度为 700～750MPa、抗拉强度 300～350MPa。在空气和真空中、干摩擦规范下工作时，可采用成分为 24%～36%Sn、13%～18%Pb、余量为铜的铜基合金。

各种金属的硫化物和硒化物(加二硫化钼和二硫化钨、二硒化钨等)可用作固体润滑剂。固体润滑剂加入材料成分中，或者涂覆成润滑薄膜，润滑薄膜是固体润滑剂和像 B_2O_3、ZnO、ZnO_2、Na_2SiO_2、BaO 这样的黏结剂结合在一起制成的。

固体润滑剂真空摩擦时的性能取决于它的成分和结构。摩擦系数值的变化表明，它与在空气中摩擦时的性能有显著差别(表 6-21)。在真空和还原气氛中，像石墨这样的固体润滑剂失去润滑性能。含石墨的材料能够工作的最小压力取决于周围的介质，建议采用某些银基和铜基合金作真空工作的减摩材料。

表 6-21 在空气和真空中端面摩擦时固体润滑剂的摩擦系数值($V=0.103\text{m/s}$，$P=1.8\text{MPa}$)

材料	摩擦系数		压力(真空)/mmHg
	空气	真空	
二硫化钼	0.20	0.07	2×10^{-9}
二硫化钨	0.17	0.05	8×10^{-9}

在真空和无氧化气体介质中无润滑工作时，由不锈钢组成的组合材料，不锈钢表面上分布着与滑动方向相垂直的槽沟，槽沟里充满起固体润滑剂的减摩合金。组合材料的平均成分如下：8.2%～16.4%Ag、3.12%～6.24%Cu、3.4%～6.8%Zn、5.2%～10.4%Cd、0.08%～0.14%Ni，其余为不锈钢。不锈钢和银基合金交替使用的体积是钢 65%～80%，银基合金 20%～35%。

在用易熔金属(铅、镓、铟和锡)和金属合金作真空(5×10^{-6}mm 汞柱)下工作的轴承固体润滑剂时，浸锡的多孔烧结锡磷青铜(10%Sn 和 1%P)的摩擦系数最低。

6.5.3 在较高温度条件下工作的减摩材料

现在对能在高温下工作的减摩材料的要求不断提高，这与涡轮机、飞机、火箭制造等工业技术领域的飞速发展分不开，也与冶金等工业过程的自动化和强化紧密联系在一起。

对能在较高温度和高温下工作的热稳材料和润滑剂的基本要求是：组元扩散过程有高的活化能、加热时的导热性和硬度高、热膨胀系数低、抗氧化性能高。现在正研制在 800℃温度条件下工作的材料，在不远的将来则需解决 1300℃以上的工作温度下能工作的新材料。

在研制能在较高温度下工作的材料时，必须能保证材料具有高的热强性、抗氧化性和良好的减摩性能。

铁基合金的耐磨性，与不同温度条件下在摩擦表面上构成的氧化物的性能有很大关系。在 200℃时铁的表面出现 α-Fe_2O_3 氧化物薄膜，在 200～340℃时转变成 γ-Fe_2O_3，而在 400℃时变成比低温相更疏松的 Fe_2O_4 氧化物。在 540℃时它又变成 FeO。从 180℃起到 250℃铁的摩擦系数显著提高。高于这一温度，摩擦系数下降。摩擦系数随着氧化物强度和氧化物层的厚度增加而下降。

较难熔的金属具有很小的磨损和摩擦系数。例如，在氩气和氦气中，在 $V=2.2\text{m/s}$、$P=0.25\text{MPa}$ 摩擦条件下，对锆、铌、钼、钨和镍减摩性能的研究表明，在氦中摩擦时，镍的磨损为 63μm，而钨的磨损为 2μm；在氩气中的磨损分别为 100μm 和 18μm。

铌、锆和钼的磨损量在镍、钨磨损量之间，不同条件下的摩擦系数如表 6-22 所示。

表 6-22　几种金属的摩擦系数

金属	Ni	Zr	Nb	Mo	W
氩气气氛	0.60	0.40	0.30	0.30	0.20
氦气气氛	0.40	0.38	0.13	0.12	0.11

在 480℃、空气中摩擦时，钼的摩擦系数等于 1.0，高于这一温度，即在 650℃时，其摩擦系数下降到 0.2，而在此之后摩擦系数又重新明显地提高。摩擦系数值的波动取决于氧化膜的形成和状态，氧化膜约在 500℃左右形成，而在 760℃时开始升华。钼在真空中室温摩擦时的摩擦系数等于 0.1，它随着温度的提升而增加，并达到 3～4。

在 1000℃以前碳化钨的摩擦系数仍然是稳定的。加入钴可降低摩擦系数值，并保证在 900～1000℃摩擦时，有较低的摩擦系数；高于 1100℃时摩擦系数增加。碳化钨在空气中的摩擦系数约为 0.2，在 1200℃时增加到 0.4。

钼的 $MoSi_2$ 涂层的摩擦性能随温度变化有很大变化（图 6-7），先随温度升高摩擦系数降低，到 600℃后，温度继续升高，则摩擦系数迅速升高，故钼的 $MoSi_2$ 涂层在 600℃表现出最佳摩擦性能，摩擦系数约为 0.5。

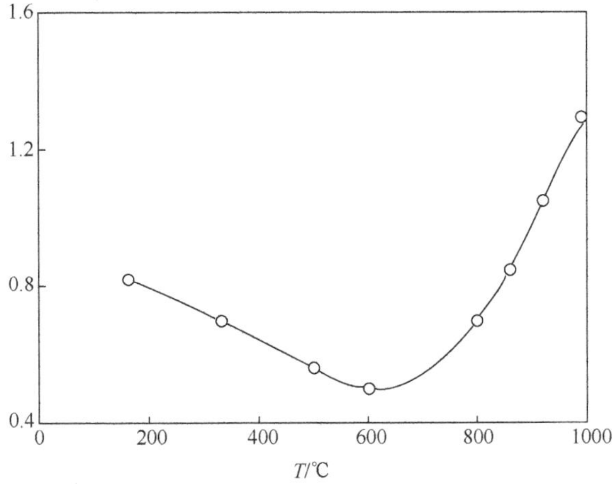

图 6-7　在空气中摩擦时钼的 $MoSi_2$ 涂层的摩擦系数与温度的关系

由此可见，金属基体、涂层的强度、抗氧化性和减摩添加剂等因素，在较高温度下严重影响减摩材料的性能。

在 450～500℃下工作的大多数材料是由铜基体和铁基体制成的。在 700～

800℃下通常用镍钴作基体。工作温度提高到1200～1300℃时，可采用难熔金属基合金。向孔隙或原始混合料中加入添加剂（石墨、硫化物、硒化物、氟化物等）可确保材料的减摩性能。用铬、镍、钼使铁基合金进一步合金化，可提高热强性和热稳性。

在较低温度下工作的材料，由于采用含金属或其他黏结剂的固体润滑粉末冶金复合涂层，短时间使用时，可以提高工作温度。

在－55～＋260℃温度范围内，广泛采用烧结青铜层的钢基带材，青铜层浸渍含或不含填充剂（二硫化钼）的氟塑料。当滑动速度为0.1m/s、载荷为284MPa时，该材料有低的摩擦系数（0.05～0.1）。与钢IIIX15摩擦时，随着速度（在V＝0.37m/s时，P＝0.5～1MPa）的增加，DU型材料的摩擦系数为0.26～0.35。其极限滑动速度为2m/s。温度提高至260℃，其承载能力下降一半。在室温摩擦以及在低速规范下周期性工作时，PV值等于240～360MPa·m/s。随着温度的提高，PV值降低到60～120MPa·m/s。加入填充剂后，当V＝3m/min时，PV值可提高9倍；而当V＝300m/min时，PV值提高17倍。

在500～540℃时，含CaF_2的镍基自润滑材料有很高的热稳定性。在400℃温度下无润滑摩擦时，铁-钼（15％）-石墨（3％）复合材料表现出很高的使用性能，由这种材料制作的精密电机轴承可工作2000h。

由硫化、硼化多孔烧结不锈钢X23H18，可在燃料燃烧产物的介质中工作。其摩擦条件是：温度为650℃，滑动速度为1m/s，载荷达100MPa。该材料在50～800℃温度范围内的线膨胀系数为$(13.2\sim16.08)\times10^{-6}K^{-1}$。

在20～400℃温度范围内，当V＝0.01m/s、P＝1MPa时，$TiC\text{-}TiB_2$、$ZrC\text{-}ZrB_2$和$HfC\text{-}HfB_2$系最低共熔成分的合金摩擦时有好的减摩性能。

特别是在温度高于800℃时，通过制造难熔金属（如钼、钨、钽、铌、钛）基合金，或者通过向合金中加入难熔金属的碳化物来提高减摩材料的耐磨性。

为了提高耐磨性，对含碳化钨和碳化钛的铁基材料进行淬火和退火处理，使硬度达到HRC55～70。这种材料称为铁钛材料，国外用来制造在300℃以上温度工作的快速旋转零件。这种材料含16％～34.5％TiC，还含铬、钼、铜、石墨和钨，其添加数量取决于材料牌号和具体用途。

在温度达1300℃条件下工作时，采用以二硫化钼、二硫化钽、二硫化钨为添加剂的难熔金属（钼、铌、钽、钨）基材料。由金属（铬、钼、钴、镍、钨）或其合金制成的制品，通过向制品孔隙里填充熔化温度低于合金工作温度的材料，如铅、锌、玻璃或萤石，可以明显降低在磨损条件下和不同气体介质中工作的材料的摩擦系数（在1200℃时达0.05）。

在1000～1100℃温度范围内，铬基材料、某些锆基材料和硅化物以及钨、镍和铌为基的材料都具有抗氧化和抗磨损的能力。

6.5.4 高滑动速度下工作的减摩材料

对在高滑动速度条件下工作的材料的基本要求是:在无润滑或边界规范下摩擦时有高的抗磨损性;具有很高的抗周围介质或抗工作介质作用的耐腐蚀性;具有高的机械强度、导热性和热强性;有一定的透过性或者没有透过性(当材料用作含气体润滑剂条件下工作的轴承或端面密封轴承时)。

用石墨基(碳/石墨、塑料/石墨复合物、硅化石墨等)材料可制备高滑动速度下工作的摩擦部件,但它们的机械强度低,这就促使人们在许多情况下用强度较高的金属基材料代替石墨基材料。

因为在较高和高滑动速度下,在摩擦表面会形成首先使局部、然后使全部表面层产生严重塑性变形的高温,所以常常采用在高温下工作的同类材料,这类材料具有抗塑性变形的能力,含有在温度强化时形成分隔膜的物质。例如,含有 17.5%石墨、5%锡、4.7%铅的铜-石墨材料在摩擦时的温度变化如表 6-23 所示。

表 6-23 含有 17.5%石墨、5%锡、4.7%铅的铜-石墨材料在摩擦时的温度变化

滑动速度/(m/s)	3	6	12	18	24	26
温度/℃	80～110	130～180	230～290	300～360	350～420	450～470

温度值取决于材料成分、热导率和减摩性能。材料在高速度下摩擦时的摩擦系数下降。例如,铜在 240m/s 和 500m/s 滑动速度下摩擦时,摩擦系数分别等于 0.4 和 0.22,而 100m/s 引起的折合磨损分别为 0.09μm 和 0.004μm。钢在 12m/s 和 30m/s 的滑动速度下的摩擦系数分别为 0.55 和 0.25。这表明,纯金属的摩擦系数随着滑动速度的增加而下降。难熔金属和化合物与钢和蓝宝石摩擦时,摩擦系数变化与上述情况相似。

Fe-C-Pb 和 Cu-Sn-Pb-C 复合物在无润滑摩擦时的性能与滑动速度(达 30m/s)、压力(达 1.8MPa)、温度(达 300℃)和外部介质(各种湿度的空气、氮气和氩气)的。研究表明,随着滑动速度的增加,摩擦表面的温度升高,而摩擦系数从 0.55 降低到 0.3,这时磨损急剧增加。两种复合材料的性能相类似,铜基复合材料的摩擦系数更低,在 0.4～0.2 范围内变化。两种材料的磨损随着滑动速度的加快而上升,摩擦过程的速度和温度越高,空气越湿,磨损越快。在氮气和氩气中摩擦也如此。在潮湿空气中摩擦时,铜基金属石墨复合材料的磨损量低于铁基。

铁-镍-石墨-硫化锌复合减摩材料在 11.5～51.5m/s 滑动摩擦速度下具有高的减摩性能。材料在空气中无润滑摩擦时的摩擦系数取决于所施加的载荷和滑动速度,等于 0.15～0.43,磨损比不含硫化锌的材料明显降低。

某些材料在类似的条件下的试验表明,密度高、含珠光体组织的材料有较稳定的性能和较低的磨损。例如,高合金化铁-石墨有良好的减摩性能,在无润滑高速

摩擦条件下工作时，比硫化处理的铁-石墨的耐磨性高一倍。

当 $V=12\text{m/s}$、$P=0.4\text{MPa}$ 时，随着原始粉末粒度降低 2/3，则无润滑摩擦条件下硫化铁-石墨材料的磨损平均降低 6/7，而摩擦系数降低 30%。采用粒度小于 60μm 的金属粉末，可获得最佳性能。

含珠光体、渗碳体（渗碳体达 15%）组织的材料，在较高滑动速度下无润滑摩擦时有最高的耐磨性。用硼作烧结镍的合金元素，在高的滑动速度（55m/s）和温度（400℃）作用下，可提高材料的抗塑性变形能力，从而确保材料良好的抗咬合能力。

6.5.5 在水中和腐蚀介质中工作的减摩材料

对在水中和腐蚀介质中工作的轴承材料有如下要求：在工作介质中抗腐蚀性能好；在液体流动速度大时，有很高的抗侵蚀和抗涡流冲刷磨损能力；有良好的磨合性；在半流体摩擦和不供给流体的规范中，有优良的耐磨性；因水流发生静载荷和冲击载荷时，具有高强度，当落入污染的工作介质时，有抗磨粒磨损的能力。

像涡轮机、泵、食品工业机组、纺织染色整理联合机组、生产化学纤维和各种薄膜用设备、原子反应堆等多种设备的摩擦部件，都在有活性液体介质条件下工作。由于介质使液体油很难润湿摩擦表面，并对被浸入的零件起作用，这使摩擦部件的工作条件严重恶化，因此在这种介质中的磨损和摩擦系数比在有油摩擦时提高数十倍。

为在水中工作，现在广泛采用石墨、酚醛夹布板、树脂石墨、氟塑料和金属塑料复合物等减摩性材料，但这些材料的主要缺点是成本高（氟塑料、碳石墨和树脂石墨）、有脆性（石墨）、因透湿性所引起的膨胀（酚醛夹布板）和较低的耐磨性。

去掉供给特殊润滑油的复杂系统，以简化机械结构，使采用工作液（用泵注入或在该机组上使用的液体）作摩擦部件润滑剂的问题变得更加简单。在制造以水为润滑剂的涡轮机轴承时，采用钢背由不锈钢制造而工作层由浸氟塑料的多孔青铜组成的组合构料。它是解决这一难题的方法之一。这种轴承的工作表面，在性能上接近于在油介质中工作的巴氏合金涂层的性能。

随着载水层厚度、润滑剂含量的消耗而变化的综合试验以及在无润滑条件下的工作寿命表明，在流体摩擦条件下，在润滑剂的低压和高压作用下，该材料都能够良好地工作。在这种情况下没有流体静力学效应，而流体动力学效应保证了承载膜的厚度。承载膜厚度为 8～10μm，但材料良好的磨合性确保了其稳定的流体动力学摩擦性能。

在水压从 0.7MPa 降至 0.01～0.02MPa、载荷为 0.5～0.6MPa、圆周速度达 50m/s 的情况下，轴承正常工作了 2h。在圆周速度低于 6m/s 的干摩擦规范下，轴承可以工作 5～10min，这颇具实践意义，因为无须专门装置向轴承预先给水就能使某些机械启动和停止。这类轴承的润滑水消耗不取决于载荷，而首先取决于转速和给水的压力。

液动止推轴承的材料试验证实，在高转速下，以水作润滑剂比油润滑剂有更高的承载能力。材料在热蒸馏水中和碱侵蚀条件下的腐蚀和侵蚀性试验表明，这类材料有良好的耐蚀性，它可以应用于以水作润滑剂的机床、仪表的高转速摩擦部件中，若与以扩散镀铬然后氮化的不锈钢配对摩擦时，载荷可达 13MPa，滑动速度可达 50m/s。

在滑动速度 60m/s、载荷 0.2MPa、水压 5×10^5 Pa 下，在专用试验台上对青铜/氟塑料组合轴承进行了试验。对偶是扩散镀铬然后氮化的钢轴。经过 4000h 试验后，轴承表面没有侵蚀和滑动磨损的痕迹。甚至在水压降至 0.1 大气压时，轴承在载荷 0.5MPa 条件下，仍能工作数小时而无明显的磨损。

图 6-8 列出了弓形板止推轴承在以青铜/氟塑料为工作层、以巴氏合金为镀层时极限承载能力的对比数据。以青铜/氟塑料为工作层的材料，比巴氏合金镀层材料的承载能力提高几倍。

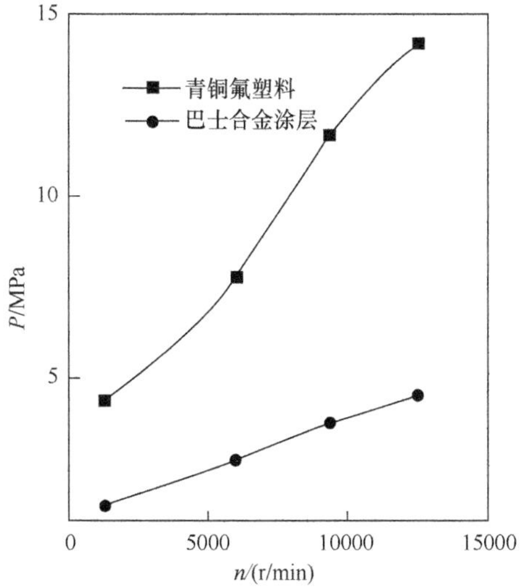

图 6-8　轴承直径 100mm、水压 5×10^5 Pa 时，其破坏性载荷与青铜氟塑料和巴士合金涂层转速的关系

对于化学、纺织和食品工业机械的各种摩擦部件，其轴承材料可能与浓的和稀释的酸、碱、氧化剂等物质接触。这种情况下可以采用耐腐蚀和耐磨的不锈钢基材

料，材料在烧结过程中进行化学热处理，即硼化或硫化、硼化处理。

表 6-24 列出了经过各种化学热处理的不锈钢轴承减摩性能对比试验的结果。试验条件是：摩擦速度 1.5m/s，用蒸馏水作润滑剂，以 4X13 淬火铬钢轴为对偶。由表可见，采用硼化和硫化、硼化处理，可明显改善不锈钢的减摩性能。其外部硼化层的硬度高，从而使轴承有很高的耐磨性。硼化 7h 的表层深度达 200μm。

表 6-24 浇蒸馏水条件下与 4X13 钢(HRC＝43～45)
摩擦时牌号 X23H18 材料的减摩性能与处理方式的关系

材料	在载荷(MPa)下的摩擦系数				处理方式
	10	20	30	40	
X23H18	0.077	咬合	咬合	咬合	未处理
X23H18KB	0.026	0.030	0.038	0.040	硫化硼化钢
X23H18B-1	0.025	0.046	0.057	0.062	硫化处理 3h 钢
X23H18B-2	0.019	0.026	0.049	0.052	硫化处理 7h 钢

不锈钢基硫化、硼化烧结材料比硼化不锈钢有更高的减摩性能和良好的磨合性。因此，使用这种材料能制造出不同品种的零件(如制造给棉花、葡萄浇水用的井下潜水扬水泵、喷水井给水泵的摩擦部件等)。止推和强化衬套可以在滑动速度约 3m/s、载荷达 2MPa、温度达 40～100℃的水中工作，水中可含 0.01%(质量分数)的沙子、淤泥等固体颗粒的悬浮体。上述零件在所指条件下有很高的使用寿命。

目前在流水生产条件下，在侵蚀性介质中工作的材料，如纺织工业的染色整理联合机组的摩擦部件用材料，是急待解决的问题。在这种情况下，滑动轴承座安装在与含酸、碱、苏打、过氧化氢、苛性钠、亚硫酸钠以及其他组元的冷热水接触的染色槽内；此外，在染色槽底部由于掉进砂子和其他杂质，轴承可能发生磨粒磨损。目前在纺织企业中采用的是塑料轴承、碳/石墨轴承和树脂/石墨轴承，其使用寿命(到完全磨损)为六个月。

金属/石墨材料在上述摩擦部件的工作寿命比其他轴承材料的高 1～5 倍。这种材料在较高滑动速度下(速度 4m/s 左右，$PV\approx 2\text{MPa}\cdot\text{m/s}$)用作泵的端面密封材料。

金属石墨材料在水中摩擦的比较试验表明，该材料的性能与基体材料、密度和对偶材料有密切关系。例如，与铬钢轴对摩时，用两次压制和烧结方法制造的金属石墨材料的极限许用载荷为 6.3MPa(在 $V=1.5$m/s 时)，用锻钢 4Xl3 代替铬钢，载荷可增加到 18MPa。

用一次压制和烧结以及两次压制和烧结两种方法制造的金属石墨材料，在水条件下与淬火硬度 HRC42～47 的 45 号钢摩擦，其载荷分别达 7MPa 和 12MPa。

铁镍合金基材料在酒精和煤油中摩擦时性能优良，而铜镍合金在汽油中使滚轴磨损较小，此合金在含氯介质和碱中有较大耐磨性。

在强化的水流或其他液流条件下，特别是在液流中含有磨料颗粒时，采用上述材料效果较差。在这种条件下用高度合金化的合金或淬火铬钢、难熔化合物、陶瓷等材料制造摩擦部件，或用耐磨涂层来保护摩擦部件。这些材料的特点是合金化添加剂的含量高，以确保必要的耐腐蚀性和抗磨性。

化工机械制造业的发展和原子能工程的急需，要求制造抗熔融金属和放射性作用的材料。铁基材料在 650℃温度下在钠熔液介质中 3000h 的抗腐蚀试验表明，与钢 X18H10T 摩擦，当载荷达 50MPa 时，材料仍然具有稳定性和抗咬合能力。

6.5.6　端面和径向密封材料

气体和蒸汽流通过机组的运动与固定部件之间的间隙常常漏气，降低漏气损失，可显著地提高涡轮机的效率，保证其他各机组如压缩机、泵工作的可靠性，并能提高效率。为此，可采用快速旋转轴的径向密封、端面密封材料。由于减少间隙，涡轮机的效率可提高 0.5%～1.5%，一个功率为 5 万 kW 的蒸汽涡轮因为消除了蒸汽损失和提高效率，每年可节约燃料 28000t。

1）端面密封材料

不同机械和机构中的端面密封材料能在很宽的摩擦速度（1～150m/s）、载荷（0.05～3MPa）和温度（－50～＋500℃）范围内工作。目前为止，仍主要采用石墨材料作固定端面密封环，而采用热处理钢、铸铁、青铜、陶瓷涂层等作旋转密封元件。

但是，石墨材料在许多情况下不能保证密封材料可靠地工作，这是因为石墨的强度低，在真空和中性气体中工作时磨损较大，还因为摩擦表面上的液体在滴状和膜状凝缩条件下，因振动作用受到破坏而形成引起石墨和金属强烈磨损的电解活化效应而影响其应用。

粉末冶金复合材料对制造端面密封元件很有前途。材料选择取决于摩擦部件的工作条件以及同材料接触的被密封液体和气体介质的性能。对于每种具体情况的密封材料，必须满足下述基本要求：摩擦系数低、耐磨性高、在工作介质中具有耐腐蚀性、良好的磨合性、足够的机械强度、密封性好。

端面密封材料由能在较高的滑动速度及温度下工作的材料制成，这种材料具有必要的抗腐蚀性和密度。外径 75mm、内径 65mm、厚 8mm 的密封环同硬度 60～62 的淬火钢 Y9A 作的钢环摩擦。多孔环浸渍变压器油和 MC20 油的混合油，摩擦时向摩擦副中供给润滑油（2L/h）。试验在 11m/s 滑动速度下进行，载荷从 0.03MPa 阶梯式增加到 0.35MPa。密封环摩擦表面摩擦系数与温度的关系示于图 6-9 中，由图可见，摩擦偶材料由于含石墨和硫化锌添加剂，具有低的摩擦系数，孔隙度降低到 8%～10%，可提高材料的耐磨性，并保证在滑移速度达 50m/s 时，有稳定的摩擦系数。

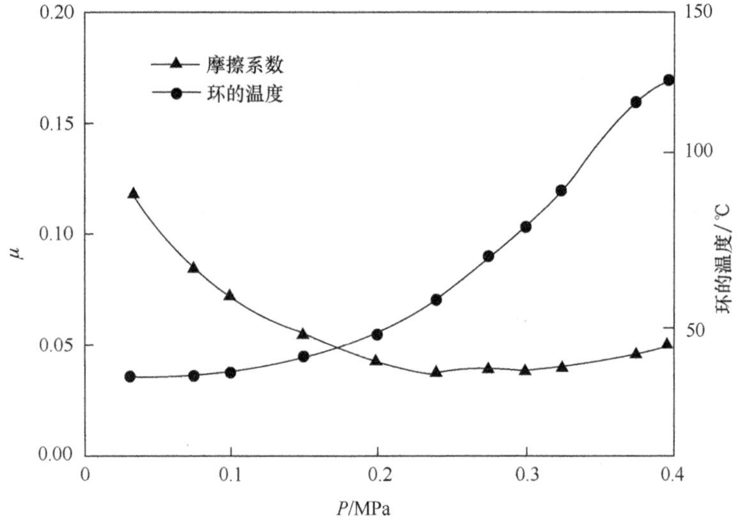

图 6-9 摩擦表面的摩擦系数和环的温度与比压的关系

添加 ZnS 的铁-石墨减摩材料在摩擦速度达 50m/s 和较小比压（0.1～0.15MPa）下工作。由于采用了细粒度原始粉末、提高密度、消除大孔隙和添加固体润滑剂，提高了材料的强度和承载能力，从而保证了密封材料工作的可靠性，扩大了材料的应用范围。

以上措施及材料结构的稳定性，即向硫化铁-石墨中加入 0.5%～2%锡或向铁-石墨中加入 13%～20%的钼，当比压为 0.1～0.3MPa 时，把烧结材料的工作速度提高到 95～100m/s。材料性能可通过调节孔隙度和制品的厚度来保证。

研制化工机械设备用端面密封材料是非常迫切的问题。制造烧结多孔不锈钢基材料，对材料进行硫化处理以及浸渍氟塑料，是其研究方向之一。可采用多孔不锈钢和浸渍氟塑料的镀铬多孔铁作密封材料。用热镀铬处理的不锈钢、纯铬和氮化钢旋转盘配对，在 3%硝酸溶液中进行摩擦试验，试验时比压为 0.5MPa，滑动速度为 1m/s。浸氟塑料的多孔钢和纯铬摩擦偶件具有良好的耐磨性，浸过氟塑料的材料工作 24h 后的磨损为 0.6μm/h；纯铬没有磨损，这种情况下的摩擦系数等于 0.0055。

硫化不锈钢用作燃料发动机和机组高速旋转轴的密封材料时有优良的减摩性能，该材料能在腐蚀介质中较高温度下工作，当载荷较小时，滑动速度可达 11～75m/s。

已成功地采用孔隙度为 20％的铁-石墨环作拖拉机滚轮平衡器密封材料。在密封部件中，摩擦副为多孔铁-石墨与多孔铁-石墨摩擦。这种密封环的制造方法是把铁粉与 1.5％石墨粉混合、压制，然后在 1130～1150℃温度下烧结。

由于端面密封材料的工作条件各不相同，所以提出大量不同类型的密封材料。制造耐磨材料的方向之一是向塑性金属（铜、镍、钴、铁）基体中加入强度高的化合物粉末——碳化物、硼化物等。

对于石墨含量高的这类密封材料，为了强化材料和降低脆性，在材料中加入塑性金属或合金，还采用含合金和减摩添加剂的铁基、镍基、铜基和其他金属基烧结材料作端面密封材料。这类材料主要用来密封高温度的气体和液体介质。

2）径向密封材料

燃气轮机和汽轮机的气体和蒸汽循行部分采用烧结密封材料，以防止转子旋转部件的磨损。这些材料在高温和高速气流下工作，在蒸气的音速和超音速条件下，涡轮机叶片刃或转子周期性地切入密封材料。

在燃气轮机中气流温度达 400～850℃以上，流速超过 100～200m/s，而在第一级喷射器中气体流速达 500m/s。气流还有氧化特性（含有过剩空气的液体燃料燃烧产物或成分为 74％N_2、14％CO_2 和 2％水的气体混合物）。汽轮机中的密封材料，在 500～585℃温度、90～240 大气压力下受速度为 200～250m/s 的蒸汽流的冲击。因为水蒸气在高温下分解为氢和氧，所以水蒸气能氧化密封衬垫材料，水蒸气的分压随着温度的提高而增大。

为了保证涡轮机在规定的使用寿命期间（其使用寿命有时为数千小时）能正常工作，衬垫材料或径向密封环应满足如下要求：在工作气流的介质中应具有抗氧化性和抗腐蚀性；应具有进行安装工作时的足够机械强度，并具有抗腐蚀能力；应具有高的减摩性能、低的摩擦系数和磨损、良好的磨合性和切削加工性、不损坏转子的部件、不与转子部件黏结，而且在涡轮机启动和工作时的摩擦过程中无咬合现象；衬垫材料和隔板的线膨胀系数应该相近似，以防止衬垫材料在热弹性应力作用下发生破裂。

径向密封工作条件决定了对材料基体的选择，现在大部分是用铜、镍以及铜、镍为基的合金作基体。为了提高密封材料的减摩性能，在材料成分中加入了填充剂对添加剂在耐磨性、抗侵蚀和抗腐蚀方面的要求与对基体材料的要求一样。但填充剂应有较低的硬度和强度，不与材料基体相互作用，并且在烧结时和工作过程中在化学成分和结构上是稳定的。对于铜和镍，符合这些要求的是石墨、氧化锌、滑石、氮化硼和云母。

用氮化硼、氧化锌、云母代替石墨可提高材料的热稳性。含石墨、滑石、氧化锌、氮化硼的镍基材料具有较低的孔隙度（不大于 13％～15％）、硬度（2.3～6.8MPa）和抗弯强度（30～50MPa）。用羰基镍粉代替电解镍粉可获得含 6％石墨的材料,该材料有更高的硬度(达 6.2MPa)和抗弯强度(200～300MPa)。铜基材料的硬度 HB=400～500MPa,σ_{bb}=250～350MPa,冲击功为 9～15J/cm^2,μ=0.03～0.1。

含8%氮化硼的镍基材料,在700～800℃下有令人满意的热稳性,在硫酸和氟氢酸中有可靠的强度。可用这种材料制造中温燃气轮机蒸汽循行部分的密封部件。

经过热处理的铁石墨基材料可用在工作温度达 950～1000℃的某些型号的涡轮机上,其优点是与切入的叶片表面无咬合倾向和对磨合无氧化影响。

6.6 展　望

经过一百多年的发展,粉末冶金减摩材料取得了长足的进步,已广泛应用于各行各业[16]。然而,现代工业的飞速发展对粉末冶金减摩材料提出了更高的要求。目前,粉末冶金减摩材料的发展方向主要集中在无铅化减摩材料、高温减摩材料和宽温减摩材料等方面。

软金属铅是固体自润滑材料中应用最为广泛的固体润滑剂,最早的应用可追溯到巴氏合金,但由于是软质低熔点材料,难以满足机械设备对滑动轴承提出的"高速、高温、重载"的高性能要求,由此铜合金材料逐渐取代巴氏合金而成为滑动轴承的主导材料,其中铅青铜和铜铅合金是最主要的铜合金轴承材料。现在市场上广泛使用的轴承双金属材料的轴瓦平均含铅量达24%～30%,而衬套用铜合金的铅和锡含量均在10%左右。然而,采用含铅的轴承、轴瓦在使用过程中会污染润滑油,维修及废弃时造成二次污染,对人们的生存环境造成巨大威胁。随着人们环保意识的提高和国际化无铅禁令的相继颁布,固体自润滑材料的去铅化是粉末冶金减摩材料发展的趋势之一。目前无铅化研究主要集中在石墨、磷、铋及多组元协同润滑上,已取得不少成果,但仍存在界面结合性能、强度、减摩效果等方面的问题,尚需进行更深入的研究。

传统的低温润滑材料无法满足高温环境下的工作要求,这促进了相应的高温自润滑材料的研制和发展。粉末冶金高温自润滑材料的高温性能取决于基体组织性质、固体润滑剂及摩擦过程中形成的润滑特性。一般认为,在450～500℃下采用铁基和铜基;在工作温度高于700℃以上时,采用镍基、钴基;当温度高达1200～1300℃时,则需采用难熔金属钨基、钼基等。高温固体润滑剂主要包括石墨、MoS_2、六方氮化硼、氟化物、PbO 等。石墨在大气压下540℃可短期使用,在426℃可长期使用;而 MoS_2 在大气压下399℃可短期使用,在349℃可长期使用,在高温真空条件下,MoS_2 表现出优异的润滑性能;氮化硼与石墨及 MoS_2 相比,具有极好的热稳定性,在900℃左右性能仍然稳定,表现出良好的润滑性能;CaF_2 和 BaF_2

在 500℃开始具有润滑特性，在高温下它们具有相当高的抗氧化能力，可以使用至900℃仍不发生氧化失效；PbO 在 370～480℃氧化成 Pb_3O_4，使摩擦系数提高，但在 480℃以后又变回到 PbO，因此，PbO 具有良好润滑性能的温度范围是 480～850℃。粉末冶金高温固体自润滑材料已广泛地应用于航空航天、机械工业等诸多领域，但人们对此类复合材料的高温摩擦学特性以及机理等方面的认识仍远远不足，尚需进一步探索和实践。

随着现代航空工业的发展，迫切需要开发从室温到高温都具有良好润滑性能的粉末冶金宽温减摩材料。目前，还没有找到一种润滑剂能够在从室温到高温的较宽温度范围内都具有良好的润滑性能，例如，石墨和 MoS_2 在 350℃以上的温度下润滑作用会减弱或失效；CaF_2 和 BaF_2 在高温下具有较好的润滑性能，但在500℃以下时不具备润滑效果。为了实现这一目标，多元固体润滑剂的复合使用是未来宽温粉末冶金减摩材料的一个重要发展方向。美国 NASA 研制的 PS212 材料中含有 Ag 和 CaF_2-BaF_2 共晶体，Ag 的加入保证了低温下的润滑效果，CaF_2-BaF_2 共晶体的加入则保证了高温下的润滑性能，因此，该材料在 800℃以下整个温度范围内有效。

此外，纳米粉末冶金减摩材料也是未来重要的发展方向。纳米材料具有比表面积大、扩散性高、易烧结和熔点低等特点，因此，将其应用到减摩材料中，不但可以在摩擦界面处形成一层易剪切的薄膜，降低摩擦系数，还可以对摩擦表面进行有效的填补和再修复，起到抗摩作用。

思　考　题

1. 粉末冶金减摩材料按照制造方法可以分为哪两类材料？并请简述其各自工艺路线。
2. 采用铜、锡元素混合粉为原料制备锡青铜合金，烧结时应注意哪些事项？
3. 锌黄铜烧结为什么优先采用合金粉，合金粉烧结时有哪些注意事项？
4. 烧结减磨材料常用的润滑剂有哪些？
5. 请简述烧结含油轴承自润滑的原理。
6. 请简述钢背-烧结铜铅合金双金属带材生产工艺。

参考文献

[1] 王连超，朱正色. 钢背铜基自润滑减摩材料干摩擦磨损性能的研究[J]. 机械工程材料，1997，21(2)：33-35.
[2] 陈淑娴，凤仪，李庶，等. 室温及气氛条件下铜基自润滑复合材料的摩擦磨损性能研究[J]. 润滑与密封，2009，34(6)：23-27.
[3] 尹延国，俞建卫，李卫荣，等. 铜铅轴承材料减摩耐磨性能及其温度的影响[J]. 金属功能材

料,2009,16(6):20-24.

[4] 路阳,杨晓伟,杨效田,等. 多元高铝青铜优化 Ni60 合金涂层减摩性能的研究[J]. 功能材料,2016,47(1):1097-1101.

[5] Ryabicheva L A, Nikitin Y N. Production and properties of copper-based powder antifriction material[J]. Powder Metallurgy & Metal Ceramics,2008,47(5-6):299-303.

[6] 齐秀梅,沈军,马学著. 合金元素磷对铁基烧结减摩材料组织性能的影响[J]. 材料科学与工艺,1999,7(增刊):38-40.

[7] 马少波,尹延国,焦明华,等. 铁基材料表面黏结润滑涂层摩擦学性能研究[J]. 润滑与密封,2008,33(12):36-39.

[8] 马文林,陆龙,郭鸿儒,等. Fe-Mo-石墨和 Fe-Mo-Ni-石墨的高温摩擦磨损行为[J]. 摩擦学学报,2013,33(5):475-480.

[9] 钱中良,盛伟. 石墨含量对铁基粉末冶金含油减摩材料组织性能的影响[J]. 机车车辆工艺,2003,2:11-14.

[10] Kostornov A G, Fushchich O I, Chevichelova T M. Structurization in sintering of antifriction powder materials based on iron-copper alloys[J]. Powder Metallurgy & Metal Ceramics,2007,46(11-12):589-594.

[11] 李吉宁,尹延国,张国涛,等. FeS/铜基复合材料摩擦磨损性能研究[J]. 轴承,2015,(12):34-37.

[12] 刘如铁,熊翔,陈福胜,等. 锡青铜-钢背双金属固体自润滑复合材料的摩擦性能研究[J]. 润滑与密封,2010,35(3):73-76.

[13] Burmistr M V, Boiko V S, Lipko E O, et al. Antifriction and construction materials based on modified phenol-formaldehyde resins reinforced with mineral and synthetic fibrous fillers [J]. Mechanics of Composite Materials,2014,50(2):213-222.

[14] 卢建红,旷亚非. 铅锡合金镀层的润滑减摩性能研究[J]. 材料保护,2007,40(9):12-13.

[15] 应丽霞,刘莹,刘冠男,等. 化学复合镀 Ni-P-SiC-WS_2 耐磨减摩镀层的制备及性能研究(英文)[J]. 稀有金属材料与工程,2015,(1):28-31.

[16] Mamedov A T. Reduction annealing for cast iron powder and its effect on sintered antifriction material properties[J]. Powder Metallurgy & Metal Ceramics,2003,42(3-4):202-205.

第7章　粉末冶金多孔材料

在冶金、化工等部门，往往需要高温和高压，相应地要求有耐高温、耐高压的过滤与分离材料；在催化反应中，需要有高比表面积的催化剂材料以提供尽可能大的反应接触面；为保证航空与液压系统安全可靠地工作，各种油类与工作气体要进行严格的精过滤；航空与火箭的高温工作部分要求有孔隙结构均匀的耐高温与抗热震多孔材料作发散冷却的基体；等等。常用的多孔材料，如一般的滤纸、滤布，由于强度小、过滤速度慢、使用温度低、难以再生，而且易于变形，难以保证过滤精度；通常的塑料多孔材料虽然可以用球形颗粒做成，具有很好的过滤性能，但工作温度一般不超过100℃，而且强度低，只适于低压差的工作条件；多孔陶瓷、玻璃等材料由于性脆、抗热震和透过性能差且不能焊接等也大大限制了它的应用；各种编织金属丝网与刻蚀网虽然强度大，透过性能好，但在高压下网孔易于变形以致影响过滤精度，而且制造工艺复杂，价格昂贵，一般只用于某些特殊部门。粉末冶金多孔材料在一定程度上弥补了以上各类多孔材料的不足，因此得到了迅速发展。

随着化工、冶金、原子能、航空与火箭技术的发展，近年来也研制出了大批耐腐蚀、耐高温、耐高压、高透过性的粉末冶金多孔材料[1]。目前已研制出的多孔材料有铁、铜、青铜、黄铜、镍及其合金、不锈钢、低碳钢、钛及其合金、银、铬、铝、钨、钼及其合金、钽、铌、锆和难熔金属的碳化物、硼化物、硅化物、氮化物等。常用的过滤器过滤精度为1～100μm。随着成形与烧结设备的发展，已能生产出各种大型多孔板材与管材。

7.1　粉末冶金多孔材料的特点

粉末冶金多孔材料一般是由球形或不规则形状的金属或合金粉末松装烧结或经成形与烧结制成的。根据不同的原料与工艺制度所制成的这种多孔体具有各种不同的孔隙度、孔径与孔径分布，孔道纵横交错，通向各个方向，有着如下一系列特点[2,3]。

(1) 优良的透过性能：适于制作过滤器、流体分布与渗透装置等。用作过滤器时，过滤速率大，如海绵钛粉所制作的过滤器在过滤供电解用的硫酸锌溶液时，其过滤速率为板框压滤机的8倍，为陶瓷过滤器的6倍；100～150μm粒级的蒙乃尔合金粉末冶金过滤器过滤葡萄糖生产工艺中的中和液时，过滤速率为板框压滤机的30倍；54μm以下粒级青铜粉末松装烧结过滤器装在东方红-54型拖拉机上精滤燃油时，流量为摺纸过滤器的 4 倍，为棉纱过滤器的 6 倍，而后两者的过滤面积比前者要大得多。

(2) 孔径与孔隙度可以控制：用于过滤时，过滤精度高；用于气体分离时，分离效果好；用于仪器、仪表时，可以比较精确地控制流体的流动等。因此，使用粉末冶金过滤器对于提高贵重产品的回收率、提高产品质量、降低废品率、降低设备的磨损等有着重要意义。如用过滤精度为 5～10μm 的钛过滤器过滤曲颈瓶的洗涤水，由于防止了绒毛、纤维及其他夹杂进入曲颈瓶，使葡萄糖溶液的废品率降低 2%；用沙滤过滤葡萄糖针剂需经三级四次过滤才能达到要求，而用 25～50μm 粒级的不锈钢粉末冶金过滤器只要一级一次过滤即达到要求；在 1110-1 型柴油机上采用 180～280μm 青铜粉末松装烧结过滤器代替棉纱过滤器精滤燃油，由于减少了固体粒子对机件的磨损，可使油嘴精密副偶件的寿命由 760h 提高到 5500h；离心压缩机的油路系统采用过滤精度为 40μm 的不锈钢过滤器代替金属筛网过滤，由于防止了较大固体粒子的侵入，零件的磨损降低到原来的 1/8～1/6，轴承的使用期提高到 10～20 年，为使用筛网过滤时的 3 倍以上。

(3) 比表面积大：可以为化学反应提供极大的接触面积，广泛用作催化剂、催化剂载体、燃料电池电极等，作热交换材料时可以提高热交换效果。

(4) 吸收能量高：可用作消音、防震和缓冲材料。

(5) 保持一定的金属与合金特性：粉末冶金多孔材料仍具有导热、导电、可焊接、易加工等性能，适于制作各种电极、热交换器、火焰阻止器以及各种形状复杂的多孔元件，并且具有一定的强度与韧性，可在高压条件下工作。

(6) 耐高温、抗热震、耐低温：适于高温、热冲击与低温条件下应用。

(7) 孔径、孔隙度、透过性能可以再生：由于具有可再生的特点，所以使用寿命长。

(8) 生产工艺简单，制作容易。

7.2 粉末冶金多孔材料的成形

多孔材料的成形方法可概括为三类：第一类为加压成形，即粉末在一定压力作用下成形，粉末产生一定的变形，压坯强度较高，如模压、等静压、挤压和轧制等；第二类为无压成形，包括粉浆浇注等；第三类则是一些特殊的成形方法，如喷涂、真空沉积以及其他成形新工艺等。金属多孔材料既有金属的性质，又因为孔的存在而具有一系列功能特性，诸如密度低、机械强度高、通透性好等，是一种性能优异的多功能工程材料，因而在工程中得到广泛的应用[4]；随着现代工业的进步，粉末冶金多孔材料正朝着孔隙结构梯度化、孔径微细化、材质合金化复合化、制备与应用研究一体化方向发展，是新材料家族中特别具有生命力的一类材料[5]。

7.2.1　模压成形

较小的片状和管状多孔材料都可用模压成形方法生产，这种成形方法使用的主要设备是压力机。在制备多孔材料时，首先根据其性能要求选定所需的粉末粒级，加入适量添加剂，然后在混料器中进行混合。混料时，粉末组分分布的均匀性及添加剂分布的均匀性直接影响制品的性能。混料常用的设备有锥型混料器、"V形"混料器等。

在成形过程中，所选用的添加剂应具有下列特点：具有适当的黏性，以保证压坯具有足够的强度；具有一定的润滑作用及造孔功能等；烧结后不残留有害杂质；常温下为液体或熔点较低，或有适当的溶剂将其溶解，以便与粉末均匀混合。

根据添加剂在成形过程中所起的主要作用可进一步分为润滑剂、黏结剂、造孔剂、增塑剂等。当然，这种分类并不是绝对的，因为在成形过程中，很难设想某种添加剂完全孤立地起着某一种作用。常用的润滑剂有油、甘油、凡士林、硬脂酸盐（硬脂酸锌、硬脂酸钙、硬脂酸锂等）、硫化物、氧化物、石墨等；常用的黏结剂有树脂、淀粉、聚乙烯醇等；常用的造孔剂有碳酸氢铵、碳酸铵、碳酸钠、各种有机纤维等；常用的增塑剂有石蜡、黄蜡等。这些添加剂通常与有机溶剂（汽油、苯、丙酮、酒精、四氯化碳等）配成溶液加入粉末中。

7.2.2　等静压制

等静压制可分为冷等静压和热等静压。对于制备多孔材料，一般不采用热等静压。冷等静压进一步可分为湿式和干式。冷等静压所使用的压力介质主要为水、油等液体介质。

等静压制与模压比较具有下列优点：模压通常都造成压坯密度的不均匀性，这是由于压制时，粉末颗粒间的摩擦及粉末与模壁间的摩擦所产生的压力损失而造成的。对于等静压制，这两种压力损失大幅度地减小，因而压坯密度较均匀。由于等静压制没有外摩擦，所以，与一般压制方法比较，单位压制压力低。等静压制也易于实现大型、较长压坯的压制。此外，其使用的模具简单、价廉。

等静压成形多孔管坯是把配有酚醛树脂的粉末装入弹性模内，然后置于高压缸中，由高压泵把压力介质加压到预定的压力。根据多孔材料性能要求的不同及不同材料在成形性上的差异，压制压力一般在 20～300MPa 范围内。

通常，等静压成形的缺点是生产效率低，压坯尺寸难于控制，为了得到最终的压坯尺寸，往往需要对压坯进行再加工，再加工后的返回料可重复使用。对于成形性能好的金属粉末，使用一次成形模具可直接获得最终压坯尺寸，从而提高了生产效率，降低了成本。使用这些模具能够生产直径为 50～100μm、长度为 300～800mm、厚度为 2～3mm 的多孔管材。

7.2.3 粉末轧制多孔带材

使金属粉末通过一对旋转方向相反的轧辊的间隙，依靠轧辊对粉末的压力把粉末压紧，这样就能连续地轧制多孔带材。粉末轧制原理如图 7-1 所示。

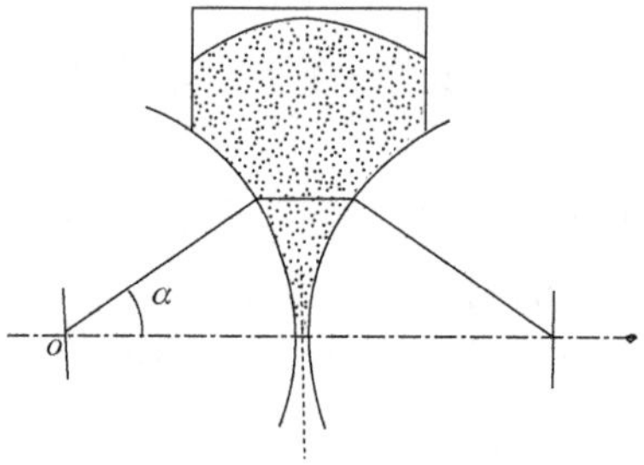

图 7-1　粉末轧制示意图

通常，粉末冶金钛板多孔带材多采用粉末冷轧制取，其轧制工艺流程如图 7-2 所示。

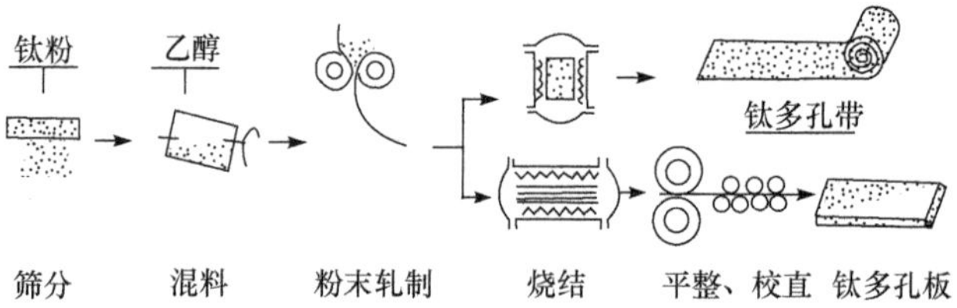

图 7-2　粉末轧制多孔钛带材料工艺流程

以重量不变为条件(粉末重量等于带材重量)，提出了计算带材密度 $\gamma_{带}$ 的方程式：

$$\gamma_{带}=\frac{\gamma_{粉}}{\tau}\left(1+\frac{\alpha^2 R}{h}\right) \tag{7-1}$$

式中，$\gamma_{粉}$ 为粉末松装密度，g/cm^3；α 为咬入角，rad；R 为轧辊半径，mm；h 为带坯厚度，mm；τ 为延伸系数，等于带坯轧出速率与粉末在与 α 角相应的截面上的速率之比。

由于难以测定延伸系数 τ，所以只能对式(7-1)的计算结果进行定性的分析。

在生产实践中，往往在一定的轧辊半径 R、粉末松装密度 $\gamma_{粉}$ 的条件下，要求在某一范围内控制带坯厚度和密度，甚至在带坯厚度一定的条件下，要求获得不同密度的带坯。从式(7-1)可知，改变咬入角 α 的大小，便可达到此目的。改变咬入角大小的方法有两种：一种是固定轧辊转速，控制供粉量(图 7-3)，即使供粉量仅保持在所需的 α 角所要求的高度；另一种是借助于插入由轧辊和粉末特性所决定的固有咬入角内的深度，从而调整 α 角，如图 7-4 所示。

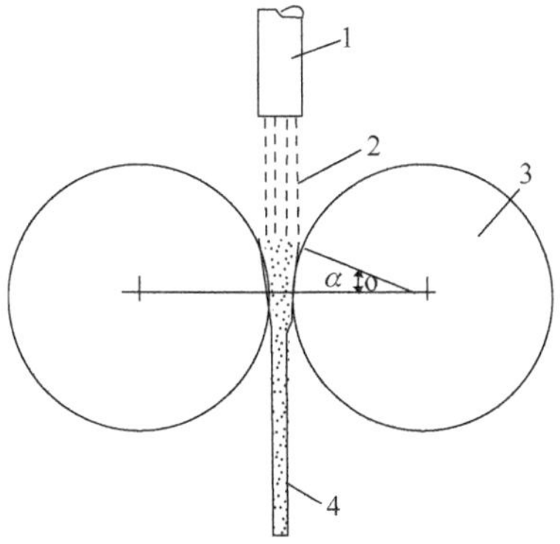

图 7-3　通过供粉量而改变咬入角大小

1-料斗；2-物料；3-轧辊；4-带坯

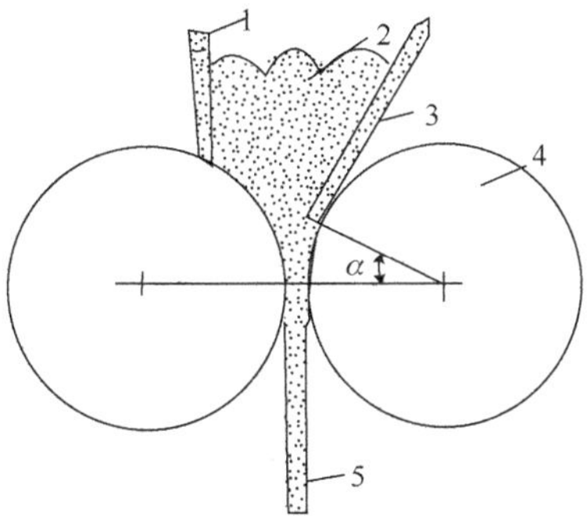

图 7-4　通过活动插板而改变咬入角大小

1-料斗；2-物料；3-活动插板；4-轧辊；5-带坯

通常，轧制的粉末带坯边部的密度要比中间低，为了克服这一缺点，可在轧辊两端采用一特殊装置，以克服静止侧板对粉末的摩擦力。

用粉末轧制的方法已生产了铁、镍、不锈钢、银、钛等多孔金属带材。

粉末轧制与一般的压制比较，具有下列优点：①轧制可以得到很薄且长而宽的制品；②对于同一尺寸的制品，所需轧机功率比压机的功率要小；③生产效率高。

7.2.4　多孔管材的增塑挤压

挤压成形设备分为立式和卧式；加压方式可以是液压的也可以是机械的。对于应用在大规模工业生产上的挤压成形工艺，采用自动或半自动方式进行，这样就要求支撑挤压坯的托带与其挤出速率相一致，否则，易造成断裂或拱桥。立式挤压成形可以借用一般的压机设备。

图 7-5 是挤压多孔管坯常用的模具示意图。设计挤压模具时，必须正确地选择挤压比及合理设计挤压嘴。挤压嘴是一种重要零件，主要是保证物料沿挤压嘴以均匀速率挤出。对于挤压管材，除了挤压嘴，芯杆也是重要零件。

挤压成形是制取长而细的多孔管材的一种有效方法，用这种方法成形的多孔材料纵向密度均匀。挤压成形比较容易实现自动化。这种方法的不足之处是粉末混合物中添加了大量增塑剂，因而使烧结过程复杂化。

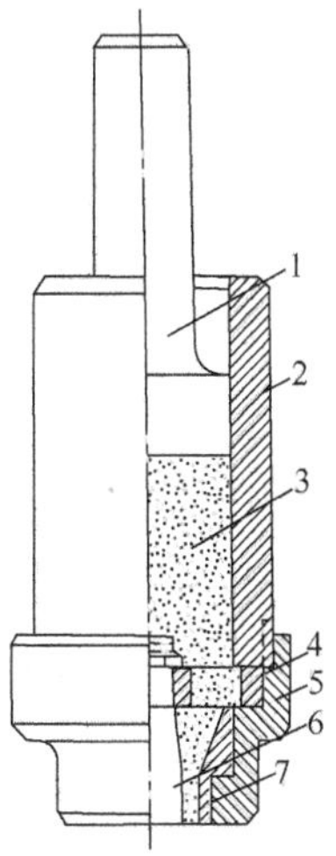

图 7-5　挤压模具示意图

1-模冲；2-模套；3-物料；4-芯杆座；5-模套座；6-芯杆；7-挤压嘴

例如，为了消除增塑剂，不得不采取分段烧结，有时烧结制品被有害杂质脏化。

通常，粉末的增塑挤压工艺包括物料的制备、预压、挤压、切割和整形等工序。在挤压镍、蒙乃尔合金、不锈钢时，以石蜡作增塑剂，加入量为 4%～11%，石蜡与粉末的体积比为 1∶1 左右。把称好的石蜡加热熔化，再将球形粉末与石蜡混合并制团粒，然后放入已预热到 35～45℃的挤压筒内，以 30～50MPa 压力进行预压(采用非球形粉末或细粉末时，预压压力要相应提高)，使挤压筒内物料充填均匀、密实，并尽可能排除储存于混合料中的空气，对于粒级小于 50μm 的粉末，这一点尤为重要。经预压后，便可进行挤压。多孔材料的挤压压力，通常在 300MPa 以下。对于稍有弯曲或管口变形的管坯，可用与管坯内径相同的芯棒在 35～40℃进行整形。

7.2.5　无压成形

1. 粉浆浇注

粉浆浇注可以生产某些形状复杂的多孔制品，所需设备简单，费用低，但生产周期长，生产效率低。

这种工艺的特点是把粉末或纤维等物料先制成粉浆(或称悬浊液)，然后将其倒入石膏模中，静置一定时间后，取出凝固的坯块进行烘干和烧结。

因为粉浆是由粉末(或纤维)和母液构成的，所以在制备粉浆时，首先要配制母液，母液是由水加入各种添加剂组成的，在添加剂中有黏结剂、分散剂(或称稳定剂)、除气剂等，此外，在生产过程中还要用到离型剂、滴定剂等。

杯状过滤器粉浆浇注工艺如图 7-6 所示。在生产小型多孔管材时，可把粉浆直接注入模内，待一定时间后，便形成所需厚度的料层(静止时间由试验确定)，然后将剩余粉浆从模内倾出，从模具中取出浇注坯。浇注坯应具有一定的强度，以便加工。由于粉末的形状不同，浇注坯的强度也不同。球形粉末虽然容易达到致密

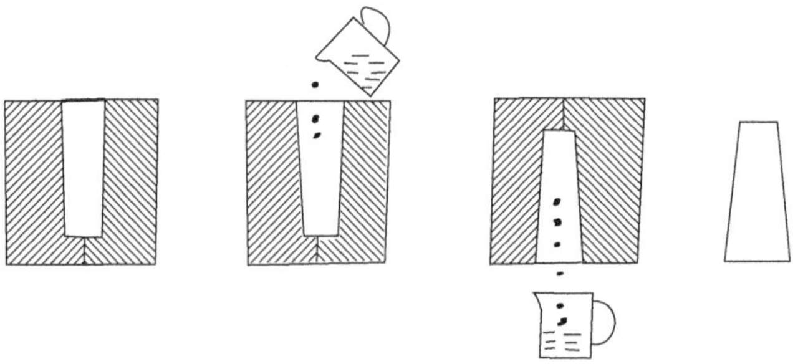

(a) 石膏模　(b) 注入粉浆　(c) 倾出多余粉浆　(d) 浇筑坯

图 7-6　杯状过滤器粉浆浇注工艺流程

充填，但结合强度并不高；形状复杂的树枝状粉末，由于其接触面的增大可以得到较高强度的浇注坯。浇注坯的强度随着干燥程度的不同而不同。通常，从模具中取出的浇注坯在空气中放置一昼夜，然后在 40℃干燥 5～8h。干燥速率应适宜，以免产生裂纹。

2. 金属纤维多孔材料坯的制取

一般来说，用金属纤维制取的多孔材料要比用金属粉末制取的多孔材料具有更为优异的性能。例如，用直径与金属粉末粒度相同的金属纤维所制取的过滤材料，其渗透性要比用粉末制取的高十几倍。此外，它还具有较高的机械强度、抗腐蚀性能和热稳定性能。

金属纤维多孔材料坯的制取方法有粉浆浇注法和人工的或通过机械进行某种有序排列等加工方法。然而，比较成熟的还是粉浆浇注法。

采用 $\phi 40\mu m$、$\phi 110\mu m$、$\phi 150\mu m$ 的三种镍丝，剪成长度为 3～8mm 的短纤维。由于金属纤维的流动性很差，所以在模压之前需要先制毡。金属纤维放入 90%甘油水溶液中，搅拌均匀，制成悬浊液，然后将其注入漏斗中，借助真空泵抽出母液，金属纤维就沉积在多孔滤板上。母液经回收后再循环使用。然后，将所得的毡经过预压，最后放入模中压制，对于 $\phi 40\mu m$ 的镍丝采用 100MPa 的压力就可制成具有较好强度的多孔金属纤维坯。

金属纤维过滤器的性能取决于金属纤维的尺寸（直径及长度），以及制毡、压制和烧结等工序。

1）金属纤维直径的影响

金属纤维直径对其过滤性能的影响见表 7-1。从表 7-1 中可以看出，金属纤维的直径越粗，金属纤维过滤材料的渗透性越高，孔径也越大。

表 7-1　金属纤维直径对其过滤性能的影响

纤维直径/μm	渗水性/[L/(cm² · min · mm)]	孔径分布/%						
		0～5μm	5～10μm	10～15μm	15～20μm	20～25μm	25～30μm	30～35μm
40	3.9×10^{-5}	19	62	17	2	—	—	—
110	7.9×10^{-5}	24	37	18	11	10	—	—
150	3.8×10^{-4}	37	28	12	9	3	3	8

2）金属纤维长度的影响

金属纤维长度对金属纤维过滤材料性能的影响见表 7-2。从表 7-2 中可以看出，粉浆浇注法制取的金属纤维过滤材料的透气性随着纤维长度的增加而增大，孔径也增大。

表 7-2　金属纤维长度对金属纤维过滤材料性能的影响

直径/μm	长度/mm	压力/MPa	烧结工艺	相对透气系数/[L/(cm² · min · mm)]	孔径分布/%					
					0～5μm	5～10μm	10～15μm	15～20μm	20～25μm	25～30μm
40	3	100	1250℃保温 2h	5.7×10^{-3}	15	24	23	18	19	—
40	8	100	1250℃保温 2h	9.5×10^{-3}	2	21	32	36	10	5

3）压制压力的影响

压制压力对金属纤维过滤材料性能的影响见表 7-3。从表 7-3 中可以看出，随着压制压力的增加，纤维过滤器的渗透性下降，孔径减小。

表 7-3　压制压力对金属纤维过滤材料性能的影响

直径/μm	压力/MPa	相对透气系数/[L/(cm² · min · mm)]	孔径分布/%							
			0～5μm	5～10μm	10～15μm	15～20μm	20～25μm	25～30μm	30～35μm	35～40μm
40	0.5	3.2×10^{-4}	14	34	14	14	14	—	—	—
40	1.0	—	15	24	23	18	19	—	—	—
40	1.5	3.9×10^{-5}	19	62	17	2	—	—	—	—
40	2.0	1.5×10^{-5}	36	55	7	2	—	—	—	—
110	0.5	1.1×10^{-3}	8	20	23	22	15	5	1	6
110	1.0	7.3×10^{-5}	4	11	25	27	16	9	5	3
110	1.5	7.9×10^{-5}	24	37	18	11	10	—	—	—
110	2.0	6.4×10^{-5}	41	34	9	2	14	—	—	—
150	0.5	1.2×10^{-3}	18	41	25	12	3	15	—	—
150	1.0	1.3×10^{-3}	—	—	—	—	—	—	—	—
150	1.5	3.8×10^{-4}	37	28	12	9	3	3	8	—
150	2.0	2.3×10^{-4}	60	27	5	4	1	1	2	—

7.3　多孔材料的烧结

烧结是粉末冶金的关键工序，它的主要目的是控制制品的组织结构和性能。只有通过烧结才能使松装或成形后的压坯中粉末颗粒的接触面积与状态发生改变，促进冶金结合，从而获得具有一定物理性能和力学性能的制品。

烧结是一个非常复杂的过程，因为在烧结过程中可能连续或同时发生多种类型的物质迁移，但是对于多孔材料，最感兴趣的是烧结过程中的孔隙变化。从这一角度看，可将松装或成形后压坯的烧结过程大致分为六个阶段：颗粒间的初始冶金结合、烧结颈的生长、小孔道的闭合、孔的球化及孔道的圆柱体化、致密化或孔的收缩、孔的粗化。

7.3.1 多孔材料烧结过程的一般特点

多孔材料应具有一定的孔隙度和强度，而当其作为过滤材料应用时，应具有所要求的透过性能，即某一特定的连通孔隙度、最大孔径和孔径分布值以及在保证透过性能的前提下使制品具有足够高的强度。这样，在制取多孔材料时，为了有力地控制这些性能，除对粉末提出一定要求(一般希望采用粒级较窄、球形或接近球形的金属粉末)，往往还在原始粉末中添加造孔剂造孔和球化孔隙。采用粉末冶金模压成形和无压反应烧结方法制备出 Al-Mg 金属间化合物多孔材料，其造孔机理是压制过程中粉末颗粒间孔隙的产生和固相扩散过程中的 Kirkendall 效应造孔[6]，采用真空烧结制备石英质多孔材料，烧结温度升高，孔隙率升高，保温时间延长，孔隙率降低[7]；以 Ni、Al 元素混合粉末为原料，用冷压成形和两阶段固态偏扩散反应烧结法制备 Ni-Al 金属间化合物多孔材料，随 Al 含量增加，开孔隙率在缓慢增大而后迅速增大[8]；在 Ti-Al 金属间化合物多孔材料中，Kirkendall 效应导致的钛铝元素偏扩散反应是体积膨胀和孔隙形成的主要原因[9]。因此，松装或成形后的压坯，特别是作为过滤材料的压坯烧结时，一般都希望它不产生收缩，也就是说希望压坯的孔隙度和尺寸基本不发生变化。图 7-7 为等径球形粉末颗粒规则排列的多孔材料烧结模型。图 7-7(a)表示球形粉末颗粒的规则堆集体；图 7-7(b)为四个彼此接近的球形粉末颗粒横截面放大图，粉末颗粒由于加压或本身重量的压力而在许多地方具有接触面，然而这种接触仅是一种机械接触，当加热到约 0.4 倍金属熔点温度(以下简称 $T_{熔}$)时，接触处由于原子热振动振幅的增加使构成金属粉末颗粒的许多原子离开自己点阵中的节点而发生扩散，首先形成颗粒间的初始冶金结合，烧结体便被联结成为一个牢固的整体。这种结合表明金属粉末颗粒间的接触发生了本质的变化，使烧结体的强度和硬度都有很大的增加，但是它并不导致烧结体总体尺寸的变化。值得指出的是，如果在初始材料中有妨碍粉末颗粒间紧密物理接触的物质存在时，就会阻碍粉末颗粒间的结合，因而使最终制品的强度较低。

当烧结温度升高到约 $0.5T_{熔}$ 时，金属粉末颗粒表面上的原子(即孔隙中粉末颗粒凸出处自由表面上的原子)开始向邻近粉末颗粒接触区迁移，而且从孔隙中粉末颗粒凸出处自由表面上流出的原子数等于流入邻近接触区的原子数，从而形成烧结颈，如图 7-7(c)所示，使粉末颗粒间接触部分的结合强化。烧结颈的生长表明在烧结体内需要产生较大的物质迁移,但并不意味着孔隙度的任何减少,也就是说烧结体没有收缩;它也并不影响孔隙的连通性,烧结颈的生长只是导致了孔道的光滑化。随着烧结时间的延长,粉末颗粒接触区附近的内部原子逐渐迁移,烧结颈长大,进一步强化粉末颗粒接触区的结合,最后孔道趋于稳定,成为圆柱状,如图 7-7(d)所示。由上述模型可以看出,为了获得理想的圆形拱道多孔结构,多孔材料应在低温下(约 0.5$T_{熔}$)进行长时烧结。

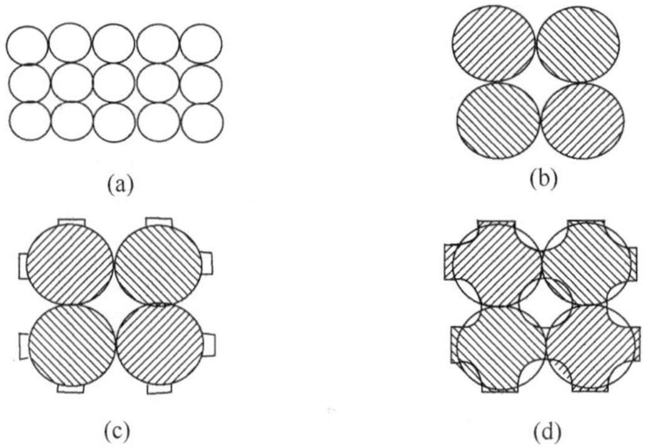

图 7-7 等径球形粉末颗粒的烧结

但是,在多孔材料的实际制取过程中,模型与真实体系是有很大差别的,例如:

(1) 在大小均匀的球形颗粒松装时,堆集是不规则的;

(2) 实际粉末通常具有一种很宽的粒度分布范围;

(3) 实际粉末颗粒的形状很难都是球形的;

(4) 粉末在烧结前往往进行压制,因此,即使原始粉末是球形颗粒,烧结时颗粒间的烧结颈也不可能与模型一致。

研究表明:①在球形颗粒规则排列的区域中,小孔的烧结颈区被迅速充填,大孔的尺寸增大;②小孔面积减少。大多数三角形孔在烧结的很短时间内消失,大孔面积逐渐增加。随着烧结时间的延长,粉末颗粒间烧结颈逐渐生长,粉末颗粒趋向稳定状态,孔逐渐光滑、扩展,当具有足够长的烧结时间时,粉末颗粒处于完全稳定状态,孔变成圆形。由此可见,无论是等径的球形颗粒烧结模型还是具有一定粒度分布的球形颗粒的烧结,在烧结过程中孔的变化基本上是一致的。

7.3.2 烧结方法

1. 松装烧结

粉末不经压制而是松散地(或经摇实)装在模具内直接进行烧结的方法称为松装烧结,它主要用来生产透过性大但净化精度要求并不很高的多孔材料,如过滤大量的汽油、润滑油、化学溶液以滤掉10～20μm的杂质粒子的过滤材料；用于隔音和绝热的泡沫材料；用于某些密封材料，如多孔铁的封印、发动机的密封材料等。

松装烧结时往往希望粉末具有较窄的粒度分布，因为粉末粒度较宽会导致细小的颗粒进入粗颗粒所构成的孔隙中，使制品孔隙度减小，从而影响过滤效率和透过性能。如果采用同样大小的球形粉末并摇实使之有规律地紧密堆积时，可获得约26%的最小孔隙度，然而粉末堆积时不可避免地会发生“拱桥效应”，因此球形粉末堆积体在烧结后孔隙度往往超过26%。采用这种方法时值得特别指出的是：松装烧结所选用的模具材料不应与烧结制品的粉末发生任何反应，而且应具有足够高的高温强度和刚性，以避免由于模具的变形而使烧结制品报废，最好选用热膨胀系数与烧结材料尽量接近的材料，常用的有普通铸铁、含高硅高铬的铸铁、石墨、T10碳素工具钢、不锈钢等。在制取管状过滤材料时，松装烧结模的外面部分也可用细粉黏土材料，内部芯杆则用浸渍过有机物的未经烧结的氧化铝粉，烧结后芯杆通常被破坏掉。

松装烧结与通常的将粉末压制成形后再进行烧结的方法没有本质区别，只是将粉末松装在模具中(或轻轻摇实)并连同模具一起在保护性气氛下烧结。烧结后脱模便得到成品。

2. 活化烧结

压坯，特别是高熔点金属粉末压坯的烧结，往往需要较高的烧结温度和较长的烧结时间。通过对粉末或压坯进行某种物理的或化学的预处理，或者在烧结气氛中加入某种反应气体来改变烧结速度，从而降低烧结温度和缩短烧结时间，强化压坯性能变化过程，这种烧结方法通常称为“活化烧结”。

活化烧结的应用是建立在这样一种基础上的，即假定烧结主要是一种与表面有关的现象，因此粉末表面的任何活化必然导致烧结过程的改善。

活化烧结有物理方法活化烧结和化学方法活化烧结两种。物理方法活化烧结包括采用交变磁场、高能粒子辐射、施加压力场和超声振动以及在同素异形转变温度附近进行周期性烧结等措施来强化烧结过程。而化学方法活化烧结则是利用加入氢化物、反应气体、微量元素以及对压坯进行预氧化或周期性氧化和还原等措施来强化烧结过程。

多孔材料烧结过程的活化多采用化学活化法，化学活化法以化学反应还原和离解为基础。例如，氢化物(氢化钛、氢化锆)在烧结过程中离解时，形成活性很强的新生钛、锆原子，这些原子的作用使烧结致密化过程比纯钛、纯锆的烧结要强烈得多。另外，在烧结高铬钢时，氢化钛离解所产生新生态的氢对铬的氧化物具有强烈的还原作用。这种方法为用工业氢所不能还原时那些具有稳定氧化物的金属压坯的烧结提供了可能性。

化学方法活化烧结中最有效的方法是在烧结气氛中加入卤化物蒸气(多半是用氯化物,很少用氟化物)。加入氯化物的办法有两种:一种是在烧结炉中直接通入氯化氢,它在烧结气氛中的含量可高达30%,高浓度的氯化氢除活化烧结过程,还可起到其他作用,如钨在氢气中于1400~1800℃烧结时,只需加入1%的氯化氢便有足够高的活化作用,而较高浓度的氯化氢可使孔洞的形状和分布发生变化;另一种方法是在烧结填料中加入氯化铵,当氯化铵离解时便形成氯化氢(如在铁制品的烧结过程中,氯化铵在535℃升华)。这种蒸气渗入压坯的孔隙中时,就在孔隙表面,首先在铁粉颗粒的凸出部位发生反应生成氯化亚铁($FeCl_2$),而氯化亚铁在670℃以上熔化并清除颗粒表面的杂质、氧化物及其吸附的薄膜,这就有利于孔隙内表面原子的迁移。在高温时,氯化铁挥发或分解,而被氢气流带走;或者与气氛中的氢气反应再生成氯化氢和活性的铁原子,而新生成的氯化氢气体又与铁发生反应形成氯化铁,强化了原子通过气相的迁移过程。而活性的铁原子一般凝聚在颗粒表面的凹处或颗粒间的接触点附近。这样,不仅加速了烧结过程,而且使孔隙球化,降低了铁基制品材料中的缺口效应,因而提高了强度和延伸率。

但是,这种方法的最大缺点是烧结气氛具有很强的腐蚀性。当氯化氢含量过高时,不但会使制品表面腐蚀,而且会使烧结设备受到腐蚀。因此在烧结结束时,需要用较大的氢气流尽可能地把制品孔隙中的氯化物清除掉,以防止制品发生严重的腐蚀。

此外,加入极少量合金元素的活化烧结近十余年来研究得较多,效果也较好。如在钨、钼的烧结时,在钨或钼粉(或纤维)中添加1%以下的铁族元素或铂族元素可显著地降低烧结温度。如在多孔钼纤维体烧结时,只需添加0.25%的镍便可在低于1350℃的温度下进行烧结。

添加合金元素的活化机理为:当基体金属颗粒表面上覆盖一层偏扩散系数较大的其他金属薄膜时,由于金属原子主要由薄膜扩散到基体金属颗粒中,因而在颗粒表面形成了大量的空位,有助于扩散、黏性流动等迁移过程的发生,从而使烧结过程活化。

值得指出的是:在添加少量镍或钴来活化烧结过程时,不能采用机械混合的方法,因为用机械混合的方法不能在基体金属粉末颗粒表面形成活化的表层,因而达不到活化效果。通常,合金元素添加剂都以盐的形式制成溶液,再与基体金属粉末混合,然后干燥,从而在基体金属粉末表面获得一层薄的氧化物膜。

3. 电火花烧结

“电火花烧结”就是对粉末通以中频(或高频)交流电和直流电相叠加的电流,使粉末火花放电而发热的烧结形式。通常交流电功率占25%,直流电功率占

75%。电火花烧结时,火花放电约15s,可在几分钟之内使烧结过程进行完毕。在制取高熔点金属和难熔金属化合物多孔材料时可以采用这种方法进行烧结。

7.3.3 烧结工艺

1. 烧结温度与保温时间

烧结温度的确定与制品的化学成分、粉末粒度、表面缺陷浓度及对制品的物理、力学性能要求等条件有关。如前所述,多孔材料的理想烧结状态是在约 $0.5T_{熔}$下进行长时烧结。此外,对于那些在粉末表面易于形成极为稳定的氧化膜的材料,如不锈钢粉末表面易生成氧化铬、氧化钛等,只有在高温下纯氢中才能将其还原,因此也需要高温。

纯金属及固溶体烧结时,烧结温度一般为$(2/3\sim3/4)T_{熔}$,如铁制品烧结温度为1000～1200℃,铜制品的烧结温度为700～900℃等。当烧结几种金属粉末的混合物时,烧结温度一般都低于主要成分组元的熔点,或者根据相图稍高于制品中的低熔共晶温度。粉末越细,表面活性越大,则烧结温度就越低。对制品物理力学性能要求不同,烧结温度和时间也就不同。

烧结保温时间可由烧结温度和所要求的孔隙度及孔隙形状决定。通常在要求一定孔隙度的条件下,烧结温度较高时,保温时间较短;而烧结温度较低时,保温时间就应较长。

在较高温度下烧结时,通常认为收缩过程主要是扩散、蠕变引起的。扩散和蠕变的速率实质上取决于晶体结构的缺陷浓度。缺陷浓度越高,粉末的活性越大,烧结时密度变化越激烈。原始粉末内部所具有的缺陷往往并不能决定收缩过程的强烈程度,在这方面起主要作用的还是粉末颗粒表面层的活性状态,因为收缩首先在颗粒接触处及其附近开始,接触面积的大小在很大程度上决定着收缩的进行。

2. 烧结气氛

为了使制品获得一定的物理力学性能,不但必须保证制品在烧结过程中不被氧化,而且要使制品中的氧化物得到还原,因此对不同制品的烧结必须选择适当的烧结气氛(还原性、中性、惰性、真空或空气等)。

烧结气氛能够影响下列过程的进行:气体的解吸、杂质的去除、氧化物的还原和离解、金属通过气相迁移、由于气氛与烧结材料的相互作用而形成稳定的及不稳定的化合物和表面扩散等。

多孔材料大多数是在还原性气氛或真空中烧结。

还原性气氛具有如下作用:防止金属氧化、净化烧结体包括烧结体氧化膜和杂质元素及所吸附的气体。这些作用不仅能在烧结体的外表面发生,而且也可以在内部发生，因为连通孔隙为气氛提供一种通道，所以内部孔隙的表面能够暴露于气氛之中。表面净化是促进烧结的一种非常有效的方法。

如果化学热处理与烧结结合在一起进行，那么烧结气氛还可以起合金化、渗碳、渗氮等作用。

不同材质的制品必须采用不同的烧结气氛。例如，陶瓷粉末或者覆盖有稳定氧化膜的粉末可以在空气中烧结，而对于铜、铁、钴、镍、钨和钼等金属及其合金的烧结，则必须采用还原性气氛，以使粉末颗粒表面的氧化物得到还原。通常使用的还原性气氛有转化煤气、分解氨和氢气等。烧结铜基合金制品时，可使用一氧化碳、氢气和转化煤气等。而对许多与氧具有很高亲和力的金属或合金如铬、铍、锰、不锈钢等，烧结气氛中含有极微量的氧或水蒸气都是不允许的，因为即使是微量的氧或水蒸气也能在烧结温度下与烧结体作用生成氧化物而阻碍烧结的进行，并且会降低烧结体的塑性。这些金属和合金必须在高纯保护性气氛中进行烧结，对于那些易于吸收或溶解烧结气氛的金属制品可采用真空烧结，如金属钽，在1200～1400℃烧结时，能大量吸收氢气，因此钽、铌、钛、锆等金属必须在真空中烧结，这也有利于钛、锆等粉末中杂质的挥发和离解。此外，真空可以防止压坯在烧结时与空气相互作用，由于真空下的挥发或离解，有助于去除杂质。同时，在真空中烧结时，压坯中吸附气体的排除比在保护性气氛中烧结时容易得多，而且温度也要低得多。

3. 烧结填料

多孔材料特别是高孔隙度材料的压坯中含有较多的润滑剂或造孔剂，因此在烧结时压坯放出大量气体和挥发性物质，如果不在压坯周围或中间(管状压坯)充填适当的填料(以支撑压坯，减缓气体和挥发性物质的逸出速率及吸收低熔流体)，就会使其在润滑剂和造孔剂挥发时或高温时产生崩溃、裂纹、鼓泡或其他表面缺陷。此外，为了防止渗入炉膛的空气或炉内烧结体释放的气体使制品氧化，也必须充填填料。一般可采用煅烧过的氧化铝、氧化镁、石墨颗粒作为填料将压坯盖住。烧结填料也有助于烧结体受热更均匀以及防止烧结体之间彼此黏结。

烧结填料的选择依据首先应是在烧结过程中不与烧结体及烧舟发生任何化学反应、在烧结温度下基本上不发生变形、具有一定的粒度大小等。通常，铜制品烧结时填料可用石墨、木炭；镍、蒙乃尔合金和不锈钢制品则采用电熔镁砂、电熔氧化铝等作为烧结填料。烧结填料的粒度大小与多孔材料制品采用的粉末粒度大小有关，粒度为50～300μm的镍或蒙乃尔粉末所制的过滤管坯，通常采用0.5～3.0mm的电熔镁砂或电熔氧化铝；粉末粒度为50μm以下的过滤管坯则用小于0.5mm的电熔镁砂或电熔氧化铝，这样有利于压坯中挥发性物质的排出。烧结填料在装填时应该振实。对于粉末粒度大于200μm的过滤管坯，应在管壁内外同时装填烧结填料，否则，在没有填料的一侧将会由于挥发性物质的逸出速率过大而产生起泡或裂纹。

在烧结制品中含有能形成难还原的氧化物组元时，往往采用在烧结填料中加入活化剂而活化烧结气氛的方法。例如，不锈钢制品烧结时，在填料中加入氢化钛，从而在烧结温度下产生新生态的原子氢使氧化物还原。在铁制品烧结时，可在填料中加入氯化氨强化烧结过程。为了提高填料的保护能力，可以在填料中加入具有吸收保护气氛中微量氧或水蒸气能力的活性物质，最简单的方法是在填料表面撒上一层铁粉的筛上物，由于它首先被氧化而防止了烧结体的氧化。

7.4　高孔隙度材料的制备

由于碱性电池、燃料电池、防震、消音、隔热及热交换等材料的特殊性能要求，提出了对高孔隙度材料制取方法的研究[10,11]。

通常，将孔隙度大于 50%的多孔材料称为高孔隙度材料。制取高孔隙度材料的方法可分为两类：一类是通常所采用的方法，如压制-烧结、轧制-烧结、松装烧结及粉浆浇注-烧结等；另一类是特殊方法，即采用添加剂的方法。下面着重叙述后一种方法。

如前所述，采用调整烧结温度和时间的方法可以控制烧结制品的孔隙度和强度，但是这会使部分孔隙封闭或消失，特别是小于 5μm 的孔隙。采用添加剂则可避免这种缺点，使烧结制品既具有高的孔隙度又具有很好的强度。根据添加剂的作用及特点一般可分为以下三种：

(1) 仅能造孔而无强化效果的添加剂，以下简称造孔剂，如尿素、樟脑、天然纤维及其织物等。

(2) 既能造孔又有强化效果的添加剂，以下简称造孔强化剂，如铜、铁、镍等金属卤化物盐类等。

(3) 仅能提高多孔制品强度而无造孔作用的添加剂，通常为活化烧结中的活化剂。

7.4.1　添加造孔剂制取高孔隙度材料

造孔剂仅仅使连通孔隙和孔隙度增加，它应满足下列要求：不吸收水分、在室温下不分解、与金属粉末混合不发生化学作用、加热过程中易于分解且不与基体材料发生反应以及挥发后在基体中无有害残留物等。

造孔剂的种类主要有无机化合物、天然纤维和熔点较低的金属盐类等，如樟脑、尿素、碳酸铵、碳酸氢铵、硬脂酸等。造孔剂的添加，使烧结制品中孔隙的形成原因有着明显的区别。把无添加剂的粉末聚集体或压坯中相邻颗粒间所形成的孔隙称为“间隙孔”。由于同样大小的球形颗粒在规则排列时每一个间隙孔都处于4～6个颗粒的包围中并产生26%～50%的孔隙度，所以孔隙的大小和形状主要取决于粉末颗粒大小、粒度分布和颗粒形状等。而把由于造孔剂的添加所形成的孔隙称为“生成孔”。由于生成孔是造孔剂在溶解、蒸发或分解后产生的，所以生成孔主要取决于造孔剂的类型、颗粒大小、形状以及加入量等。生成孔的大小和形状与基体粉末颗粒大小和形状关系不大，因为一个大的生成孔可能被几百个基体颗粒所包围。

间隙孔和生成孔所构成的多孔材料，特别是当孔隙度大于50%时，就必须使孔隙壁连通，为达到这一目的，可采用不同的造孔剂。例如，加入一种在压制时能够挤进形成孔隙骨架的粉末颗粒之间的造孔剂，它在以后的烧结过程中挥发而形成孔壁间的生成孔隙，这种造孔剂称为“软造孔剂”，而将前面所叙述的形成大的生成孔的造孔剂称为“硬造孔剂”。硬造孔剂可采用尿素等，软造孔剂可采用樟脑等。不加软造孔剂时，孔隙壁的间隙孔隙实际上是由粉末烧结而成。软造孔剂增加孔隙壁间的孔隙，从而改善较大生成孔之间的连通性。添加造孔剂所形成的孔隙结构如图7-8所示。

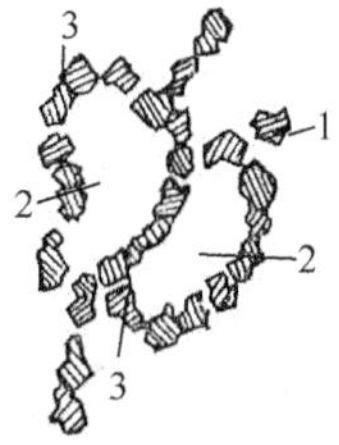

图7-8　添加造孔剂所形成的孔隙
1-基体颗粒；2-硬造孔剂所形成的生成孔；3-两相邻基体颗粒间形成的小的间隙孔或添加软造孔剂所形成的小生成孔

当同时使用硬、软造孔剂时，如同时使用尿素和樟脑，可使烧结体具有由尿素所形成的大孔隙和由樟脑所形成的孔壁间的小孔隙。

用于形成大孔隙的硬造孔剂还可采用碳酸铵、碳酸氢铵等，其粒度范围为1.0～1000μm。软造孔剂还可采用硬脂酸及颗粒十分细的硬造孔剂。如果用后者作软造孔剂，则其粒度应小于10μm。

采用造孔剂的方法适用于金属粉末(如镍、钨、钼等金属及其合金)、陶瓷粉末和高分子聚合物。例如，在镍粉中(粒度为5μm)加入10%和20%的碳酸铵，经200MPa的压力压制后，于750～800℃烧结，镍过滤元件的孔隙度分别达43.6%和63.8%。用碳酸铵作添加剂的缺点是其具有吸水性，并在室温下慢慢分解，因此粉末与碳酸盐的混合物不能在空气中长期保存。

压制含有35%～40%的尿素的镍粉混合物，在860～900℃氢气中烧结3～4h，可得到孔隙度为75%的板材。

添加造孔剂的方法也适用于制取不同生成孔和间隙孔的多层结构材料。在制备这种多层结构的多孔材料时，最初的一层通常不能使用太高的压力，因为硬的压实层不易于与邻接层相结合，因此应逐渐连续增加压力。

添加造孔剂的方法还适用于那些不能用普通压制-烧结方法获得高孔隙度的材料，如锌、镉电极。锌、镉电极用压制工艺所制得的烧结体只有 10%左右的孔隙度。虽然以较低的压力能获得较高一些的孔隙度，但其强度却很小，根本不能用于电池电极。此外，金属锌和镉粉在空气中暴露时，会立刻在表面形成一层氧化膜，这一薄层氧化膜虽然阻止了金属进一步氧化，而在烧结时，它也阻止了金属粉末颗粒间的连接。氧化膜能在一定温度下与氢气反应而还原，然而这种反应的温度却在锌和镉的熔点之上。但是，如果将锌和镉粉与含有铵的卤素化合物造孔剂粉末混合，在真空烧结过程中，铵的卤化物升华并与氧化膜反应而清洁金属表面，在这种反应温度下，足以使金属锌和镉颗粒发生烧结，从而得到所需的高孔隙度、较高机械强度的制品。但这种方法由于真空升华的复杂化、挥发卤化物盐的收集与控制较困难而受到限制。对于锌和镉的多孔制品，一般可采用萘与乙酸、安息酸、酒石酸等的混合物作为造孔剂，压制后将醋酸和萘用溶剂洗去或使萘升华而获得高孔隙度和一定强度的制品。弱酸的作用在于可迅速地溶解金属氧化物，但与基体金属反应却很慢。例如，将 24g 74～420μm 锌粉与 9g 片状萘于振动球磨机中混合 1h，然后加入 20%的乙酸 9.5mL（在 1L 这种溶液中含有 200g 乙酸），在 140MPa 的压力下压制，然后在 70℃、680mm 汞柱的真空下加热 3h，萘全部挥发，再经过烧结可得到孔隙度为 70%、强度好的电极材料。

天然纤维素材料与金属盐类的分解产物共同作为造孔剂的方法可获得孔隙度高达 80%～96%的连通孔隙材料。

用天然纤维素浸渍一种或多种加热就可分解的金属盐类的溶液，溶液进入纤维中后，干燥这种浸渍物，并在还原性气氛中加热，这时，纤维被烧掉而盐则分解成为金属或合金。纤维和盐分解所产生的大量气体造孔，因而形成具有连通孔道的高孔隙度材料。

金属盐类必须是可完全分解的，并且不形成任何稳定的氧化物，这样，在还原性气氛中加热时，盐分解并引起金属的烧结。这种方法适合于金属镍、钴、铁和铜以及这些金属的合金的多孔材料，此外，钨、钼和金、银及铂族金属多孔材料的研制也可采用这种方法。

选用天然纤维素是因为它可吸附浸渍溶液，而合成纤维或高分子聚合物则没有这种性质。棉花和棉织物是特别适合的天然纤维素，黄麻等麻类、木头或纸类也可以使用。它们在加热时能被完全排除，碳在多孔体中的完全排除是很重要的，否则就不能获得均匀强度的多孔体，也不能获得最好的导电性。

这种方法特别适合生产具有连通孔的箔材。例如，将直径为 254～508μm 的棉线织成布，其纤维间孔的大小为 1544～2286μm。然后将其浸渍在浓度为 60%的 $NiCl_2 \cdot 6H_2O$ 水溶液中 10min，再在分解氨中于 1000℃烧结 12min，就可得到 50.8～127.0μm 和 772～1270μm 两种尺寸的孔和 95.1%孔隙度的多孔 Ni 箔，其电阻率为 449μΩ/cm。如果将七块这样的箔叠起来在两块陶瓷板间于同样的条件下重烧，可得到具有 95.4%的孔隙度和 1630μΩ/cm 电阻率的高强度镍板。

为了制取泡沫铍，可将石蜡小球浸泡在铍的粉浆与甲基纤维素水溶液中，然后在丙酮中进行表面硬化处理，再缓慢烘干除去石蜡，经真空蒸馏后，收集铍的空心球装模，并于 1100～1250℃烧结，可获得 94%孔隙度的多孔铍。

在烧结过程中，上述造孔剂均在远低于基体金属的烧结温度下分解或挥发。由于是在较低温度下生成的孔，就很可能有一部分，特别是细孔会在以后的高温烧结时封闭，因而降低透过性能。因此，还可以采用另一种类型的造孔剂，这种造孔剂的特点是在稍低于基体金属的烧结温度下才分解(或挥发)。也就是说，这种造孔剂的分解(或挥发)温度远比上述造孔剂的高，所以它可以造成更多的连通孔隙。这种方法特别适合于高温难熔金属多孔材料的制造。

7.4.2　添加造孔强化剂制取高孔隙度材料

烧结时可以被氢还原或分解的金属盐类能够作为制取高孔隙度材料的添加剂。在烧结过程中，这类添加剂中的非金属组分以气体形式挥发而造孔，金属组分则与金属基体形成低熔化合物，如果其熔点低于基体金属材料的烧结温度，则其本身熔化，形成液相烧结而使材料强化。

制取高孔隙度材料的添加剂可以是与基体金属相同的金属盐类，也可以是其他金属盐类。当为后一种情况时，这种金属与基体金属形成合金又形成低熔化合物。如在镍或铁粉制件中加入 $NiCl_2$、$CuCl_2$、$FeCl_3$ 等，可使制品强度提高 10%～12%并获得 50%的孔隙度。

对于羰基镍或电解镍粉的烧结，由于它们具有很高的活性，不采用添加剂而要得到高孔隙度制品是很困难的。控制镍原始粉末中 NiO 的含量就可制得强度大、孔隙度在 85%以上的多孔镍电极板。

氧化镍含量的调整有几种方法。一种就是将可分解成氧化镍或促使镍氧化的材料与镍粉共同使用，如 $Ni(OH)_2+Ni$ 等，控制它们的添加量，可在烧结过程中促使添加剂分解或促使镍氧化而形成所需的氧化镍含量。另一种是在粉浆中加入一定量的氧化剂如硝酸铵等，在加热过程中它与镍粉反应，只要控制氧化剂的添加量，便可获得所需的氧化镍含量。还有一种方法是在镍粉制备粉浆之前，使镍粉与各种铵盐(硫酸盐、氯化物、醋酸盐、碳酸盐、硝酸盐)及钠的氯化物、硝酸盐和氯化钾、氢氧化铵等共同加热而得到所需的氧化镍粉。调整氧化镍含量的最好方法还是采用添加一种定量的新生态的氢氧化镍，这种氢氧化镍可在硝酸镍溶液中加入氢氧化钠来制备，这时，有如下反应式：

$$Ni(NO_3)_2+2HaOH = Ni(OH)_2+2NaNO_3 \tag{7-2}$$

氢氧化镍在加热过程中便分解成为氧化镍，由这种方法所产生的氧化镍的含量在烧结前可控制在 0.7%～1.4%(质量)范围内。

将含有氢氧化镍的粉浆形成一定尺寸的板坯后，在约 650℃预热 10min，使粉浆中的 $Ni(OH)_2$ 分解成 NiO。然后在 820～930℃下的氢气中烧结，这时 NiO 还原成 Ni，这种新生态的镍可活化烧结过程，促进镍粉末颗粒间的连接，因而使烧结过程进行得相当快，从而限制了压坯的收缩。因此，在提高最终板材抗拉强度的同时保持了高的孔隙度。通常，烧结时间为 20～30min。

氧化镍含量对多孔镍制品性能影响如表 7-4 所示，从表中可以看出，NiO 含量以 1.4%(质量)时为最好。

表 7-4　氧化镍含量对多孔镍制品性能的影响

$Ni(OH)_2$ 分解后的 NiO 含量/%	烧结板的抗拉强度/MPa	烧结板的孔隙度/%
0.32	3.0	91
0.64	4.3	89
0.95	6.3	90
1.40	7.4	89
1.80	2.1	89
3.30	2.1	87

7.4.3　其他制取高孔隙度材料的方法

采用纤维材料可制取具有较高强度和塑性的高孔隙度材料。用直径 50～1000μm、长 5～15mm 的铜纤维，使其在甘油悬浮液中自由沉积在铜网上，然后进行双向压制，压坯经烧结后孔隙度可达 70%～90%。

难熔金属化合物 TiC、TiB_2 和 $MoSi_2$ 纤维可采用直径为 166～540μm 的 YG8 硬质合金挤压的方法来制取多孔材料，获得 45%～90%的孔隙度。难熔金属化合物纤维挤压多孔材料的最终孔隙度主要取决于纤维之间的孔隙度。

对于难熔金属化合物多孔材料，也可以采用难熔金属氧化物(如 Cr_2O_3)与炭黑一起混料，压制后在碳管炉内烧结，Cr_2O_3 被还原并形成碳化物的活性颗粒，同时放出大量气体一氧化碳，因而烧结成多孔体。其孔隙大小均匀，孔隙度可达 75%左右。用这种方法可制得难熔金属碳化物、硼化物、硅化物的高孔隙度材料。改变原始粉末的粒级大小和烧结条件可控制孔径大小并保证其孔径具有足够的均匀性。

在制备燃料电池电极材料时，可在碳坩埚中用氯化钙作熔剂来熔炼制备含 40%～70%铝的镍-铝合金(也可以用其他金属如锌、镁等作合金)，然后球磨破碎，再分级成 3～5μm 的粉末。这种合金粉与粒度为 5μm 的羰基镍粉混合，在 400MPa 的压力下压制，于 650～700℃氢气中烧结，然后除掉合金中的可溶性元素，就得到由羰基镍为骨架和活性很强的镍-铝合金所组成的电极，其孔隙度为40%左右。

7.5 微孔材料的制取方法

多孔材料按孔的结构和孔径大小可分为三类：孔径大于50μm的为粗孔材料；孔径为2～50μm的为中孔材料；而孔径小于2μm的称微孔材料。

采用通常的压制-烧结方法制取多孔材料时，要控制微孔的均匀分布实际上是很困难的。因为在高温烧结阶段，往往容易造成细孔、特别是小于5μm的孔的封闭，从而使压坯中相当一部分细孔得不到利用。为了避免这种情况，除采用8.4节所叙的添加造孔剂的方法，还可采用粉浆挤压法、粉末轧制法、在多孔体表面涂覆细粉末颗粒和用合成树脂浸渍多孔体或涂覆多孔体表面及添加弥散硬质点等方法[12,13]。

7.5.1 粉浆挤压及粉末轧制法

粉浆挤压法可将球形或粒状粉末与较多量的增塑剂制成粉浆然后挤压、烧结。增塑剂可采用石蜡、凡士林等。

粉浆挤压制备阴极多孔钨骨架的工艺如下：钨粉平均粒度为2～10μm，增塑剂采用石蜡，添加量为5%。挤压后的坯料置于具有氧化铝填料的烧舟中，在氢气中365℃保温1～2h脱蜡，并于1200～1300℃预烧1h，然后在1800～2000℃氢气中烧结30～60min，获得孔径为0.5～1.0μm、孔隙度为25%～35%的多孔钨。烧结温度对多孔钨孔隙度的影响示于图7-9中。

铁、不锈钢、镍、钛、钨和钼等金属及其合金的平均粒度为1～40μm的细粉末通过粉末轧制-烧结法可获得孔径为1～10μm、孔隙度为30%～50%的多孔材料。例如，在80%(质量分数)的1～10μm镍粉与20%(质量)1μm左右的铬粉混合物中添加30%～60%(体积分数)的丁烯酸甲酯或甲基丙烯酸甲酯，进行混合(最好用环己酮作溶剂，以便混合均匀)，然后加热以保证发生聚合作用，制得均匀的混合物。将上述均匀混合物轧制成0.1～1.0mm厚的板坯，再以5～10℃/min的加热速率从150℃升高到320℃，将板坯干燥，使黏结剂由于升华而完全被排除掉。然后在含氟气的氢气中于900～1100℃烧结，最佳烧结温度为1050℃。在这种温度下可保证铬充分地扩散到镍中。所获微米数量级的多孔Ni-Cr轧板材可在800℃下使用，具有相当好的耐腐蚀性能。如果还需提高使用温度，可在原始粉末中加入合金化元素铝，形成一种镍-铬-铝合金。

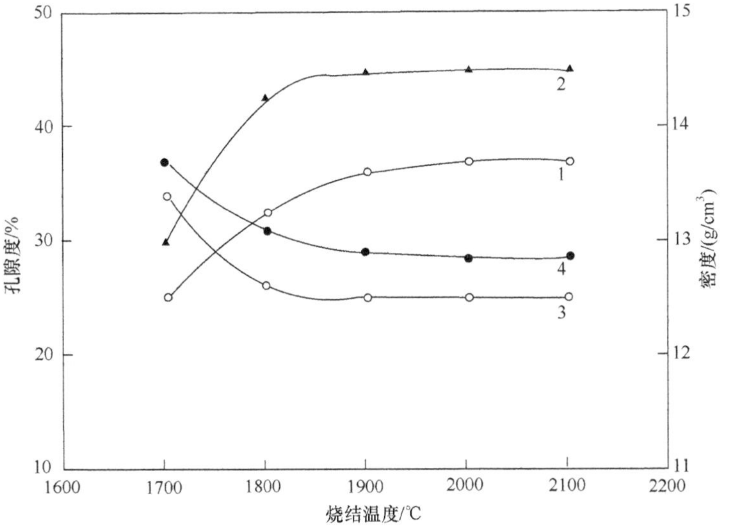

图 7-9　多孔钨的孔隙度(密度)与烧结温度的关系(200MPa 成形,氢气中烧结 30min)
1-钨粉平均粒度为 3.90μm 的多孔钨的密度曲线;2- 钨粉平均粒度为 7.86μm 的多孔钨的密度曲线;
3-钨粉平均粒度为 3.90μm 的多孔钨的孔隙度曲线;4-钨粉平均粒度为 7.86μm 的多孔钨的孔隙度曲线

7.5.2　在多孔体表面涂覆细粉末颗粒和浸渍合成树脂的方法

在铯离子火箭发动机中,为了获得高效率的离化效果,要求多孔钨离化器的平均孔径为 1μm 和平均孔中心距约为 2μm。采用如图 7-10 所示的制造工艺流程可获得这种性能的多孔钨。

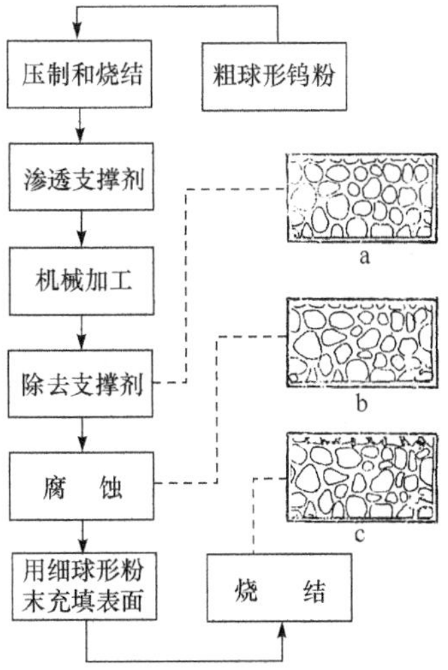

图 7-10　多孔钨的制造工艺流程

图 7-10 中，粗球形钨粉的粒度为 43～74μm，烧结工艺为氢气中 2000℃保温 1h。为改善加工性能，将烧结体浸铜或浸银，机械加工后再脱铜或脱银。腐蚀时采用体积比为 50%的过氧化氢和标准浓度的氢氧化铵溶液。多孔体在这种溶液中于室温下浸渍 20min。腐蚀后用粒度为 1～4μm 的细球形钨粉充填制品表面的大孔，并在真空中 1350℃温度下烧结 1h，获得孔径约为 1μm 的表面层。在工艺流程图中，右边 a 是除铜后孔结构示意图；b 是腐蚀后的孔结构示意图；c 是用细粉末充填并烧结后的孔结构示意图。

为了制取平均孔径为 0.001～0.01μm 数量级气体分离的微细孔多孔材料，应采用 0.01～0.1μm 数量级的超细粉末。这样细的金属粉末的制取与保存方法是比较复杂的，这就使制取微细孔径多孔材料的工艺很复杂。此外，由这么细的金属粉末所制取的多孔材料的耐腐蚀性也比较差。所以，对于制取这么细的微细孔径多孔材料必须采用一些特殊的方法才能获得较为满意的性能。例如，采用粒度较大的粉末烧结成具有较大孔径的基体(如用 0.5～10μm 的金属或陶瓷粉末烧结成多孔体)，然后在这一基体材料的孔内用合成树脂浸渍，从而使基体材料的有效孔径变为 0.01μm 数量级的微孔多孔材料。图 7-11 为这种方法所获得的微孔结构示意图。

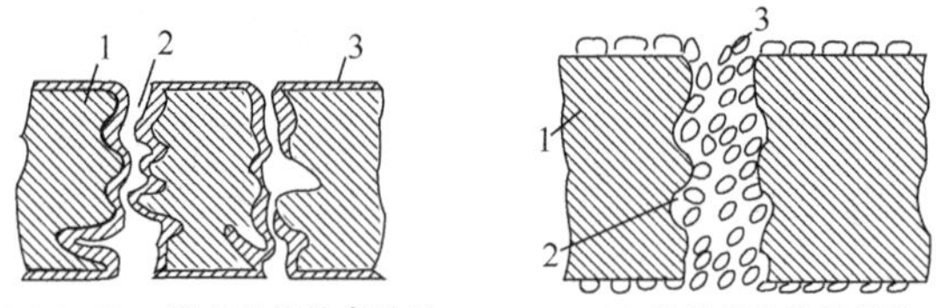

(a) 0.5~10μm粉末的烧结多孔体　　(b) 烧结多孔体的细孔

图 7-11　浸渍合成树脂制取的微孔材料其孔结构示意图

1-基体；2-孔隙；3-树脂涂覆层或树脂浸渍层

例如，将厚度为 0.5mm、平均孔径为 0.9μm 的细孔径烧结镍基体真空浸渍环氧树脂后，在以 0.2MPa 的压力从多孔体的一边向另一边加压通气的同时，于 120℃温度下固化 5h，就可得到相对透气系数为 1.0×10^{-4} L/(cm^2 · min · mm)汞柱、平均孔径为 0.09μm 的微孔过滤元件。如果用减压抽气于 120℃固化 5h，则过滤元件的相对透气系数为 5.6×10^{-5} L/(cm^2 · min · mm)汞柱，平均孔径为 0.07μm。这种方法也可制取 0.4mm 厚的平均孔径为 0.015μm 的微细孔不锈钢过滤元件。

用静电涂饰法、滚涂法、流动浸渍法等可将树脂添加溶剂和分散剂的悬浊液或熔融态树脂和树脂粉末进行很好的涂覆。

上述方法适用于金属铁、铜、镍、铝、钨、铬、钴及其合金等。可作为浸渍的合成树脂有环氧树脂、酚醛树脂、聚酯树脂等热固型树脂，也可使用聚丙烯、聚苯乙烯及聚乙烯类的热塑性树脂。可作为树脂多孔体的添加剂有氯化钠、氯化钙、碳酸盐等无机物。为了除去所用的添加剂，可采用热分解、放射性分解和溶解的方法，也可以采用冻结干燥法。

7.5.3　在多孔体中添加弥散质点的方法

为了获得孔径为 0.5～2.5μm 的连通孔隙多孔材料，可在粒度分布较宽的球形和非球形粉末中加入在烧结时与基体粉末形成至少是 90°浸润角的特定大小的惰性弥散质点。使这种弥散质点均匀地分散在基体金属粉末表面，成形时在粉末颗粒间接触点上的惰性弥散质点被挤入孔中。由于基体金属根本不润湿弥散相，所以在烧结时就阻止了孔道的收缩和封闭。

由于烧结时引起孔隙收缩的表面张力与孔的半径成反比，所以烧结时压坯中较小的孔隙和空位往往因为金属的扩散充填而闭合，较大的孔隙就会构成大小比较均匀并与外部连通的孔道网络而保留下来。因此，只要选择合适粒度和添加量的惰性弥散质点，在组织结构中就有可能保留很小直径的孔道。采用这种方法，孔隙度可控制在 30%～90%，而且贯穿整个多孔体的连通孔隙孔径大小可控制到 0.1μm。

采用在多孔体中添加弥散质点的方法制备了多孔铁，它具有贯穿于烧结铁基体的孔隙网络，这种材料是用颗粒为 0.015μm 的氧化锆作为弥散质点，其体积含量为 3%。孔道 l 的平均直径是 1.5μm，孔隙度为 31.5%。

在氧化镍中加入 1%～3%的氧化锆与在 Cr17%-Ni13%-Mo2%和 Cr18%-Ni9%不锈钢粉末及片状钨粉中加入氧化镁惰性弥散质点均可制取孔径为 0.5～1.75μm 的微孔多孔材料。

7.5.4　利用有机化合物分解的方法

如果采用某些金属（如铁、镍、钴等）的草酸盐、醋酸盐等，在适当的气氛下加热，那么盐就会分解。如草酸盐分解式：

$$M_x(\mathrm{COO})_y \longrightarrow xM + y\mathrm{CO_2} \tag{7-3}$$

式中，M 为金属。

从上述分解式可以看出，右边的分解产物中产生了大量的 CO_2 气体，当它们从烧结体中释放出来时，就使烧结体形成 0.01～0.10μm 的连通孔隙。影响孔径大小和密度的因素有分解条件和有机物的种类。盐的分解温度高，孔径大；有机物分子量大，孔密度增加；如果采用低温分解后烧结，孔密度就较低。

微孔多孔材料的制取可将各种金属有机化合物成形后再加热分解，也可将经预先分解的体积收缩率大的金属化合物与体积收缩率小的金属化合物按适当比例混合后成形再烧结。如果采用压制和金属网补强相结合的方法，则会得到机械强度大、加工性能优异的材料。例如，用粒度 0.5～2.0μm 的草酸镍粉末在 600℃真空中加热分解所得的粒度为 0.5～2.0μm 的多孔镍粉一起按 1∶1 配比混合均匀，以 0.042g/cm^2 的量均匀地铺在两层 60 目的镍网之间，用两辊轧机在室温下轧制；然后在 800℃下，于真空炉内加热 1h，真空度约为 10^{-4}mm 汞柱(草酸镍分解温度约为 350℃)，冷却到室温以后，再用两辊轧机轧制，得到厚约 0.25mm 的微孔薄板。

如果采用金属粉末与浓缩剂、有机黏结剂、挥发性溶剂混合后在一块底板上薄薄沉积一层，然后干燥使溶剂挥发并预烧，待有机物分解、挥发后再在高温下烧结，可获得孔径为数微米到 50μm 的多孔薄膜，这种膜具有均匀的孔径分布且孔隙度可达 60%。

7.6 粉末冶金多孔材料的应用

粉末冶金多孔材料和其他所有多孔材料一样，具有多种特性，如过滤、分离、浓缩、流体透过、吸收冲击、大的比表面积、毛细管现象、控制流动等[14-16]，广泛用于国民经济的各个部门。表 7-5 列出了这类材料的主要应用。

表 7-5 粉末冶金多孔材料的应用

机能与特征	用途	应用实例
过滤	气-固分离	过滤各种气体与气态化合物；高温烟气除尘；从废气中回收有用物质
	液-固分离	过滤各种油类、水、水溶胶、合成树脂熔融物、熔融金属以及酸、碱、盐溶液
分离、浓缩	气-液分离	压缩空气除油、水；液压油除气泡
	液-液分离	油-水分离；水-药物分离
	气体分离	混合气体分离；气体同位素分离
	液体分离	反渗透法中的渗透膜
连通孔透过特性	送入气体	充气装置(饮料、发泡)；气体辊筒；气浮轴承；物料输送板；流化床；气体分布器；气体发散材料；气体喷射器
	逸出气体	呼吸塞；透气性金属模；抑制器(通过多孔塞放出气体而抑制气动装置)
	透过液体	雾化器；海水淡化支撑器；液体取样分析

续表

机能与特征	用途	应用实例
吸收冲击	消音材料	压缩空气消音，吸音材料；声阻
	缓冲材料	缓冲器（防止高能流体脉中）
	弹性压缩材料	封印材料；减震器
大比表面积	化学反应	催化剂；催化剂载体；各种电极
	热传导材料	热交换器；火焰阻止器
毛细管现象	输送或供给液体	加湿器（将液体加在膜带上，如定影、显囊）；渗出器（记录、印刷）；给油器；燃烧嘴；灯芯，发汗冷却材料，消水装置（飞机机翼前缘设置多孔体使防冻液体渗出）
控制流动	控制流动、流速	分流；分散板
	控制气流层	喷射气体而控制边界层；使紊流层流化
其他	医用	人造骨头
	填料与绝热材料	热圈；隔离层
	阴极材料	钡钨阴极
	装饰品	香水宝石；钱币；奖章

从表 7-5 中可以看出，粉末冶金多孔材料中应用最多的是过滤材料，其中青铜过滤器最多，约占 50%；其次是不锈钢过滤器，约占 10%。过滤器孔隙度大多数在 50%以下，按过滤精度分成各种级别，一般过滤精度为 1～100μm。它们主要用于滤除流体（如油、水、熔融金属与合成树脂、高温烟气、空气等）中的各种固体杂质，以延长设备的使用寿命、提高产品纯度、回收废料中的有用成分以及冶金、化工工艺过程中的液-固、气-固分离等。

粉末冶金多孔材料在分离、浓缩方面也得到了广泛的应用，如用于气体同位素的分离与浓缩、原子反应堆的排气、排放的放射性气体中分离有害成分，也可用于气体质量分析装置中的浓缩器等。这种方法所用的多孔体孔径一般在 0.1μm 以下，通常称为过滤膜。

随着科学技术的发展，除过滤、分离材料，粉末冶金多孔材料在其他方面的应用近年来发展十分迅速，如多孔电极材料就是其中之一，特别是随着碱性蓄电池与燃料电池的发展，多孔电极材料的用量猛增。

7.7　展　望

粉末冶金多孔材料成本较低，在一定程度上克服了上述各种非金属多孔材料的缺点，因而得到了迅速发展，生产量正在增加，据估计，世界上每年约以 10%的速度增长。其应用面也在扩大，除大量用作过滤器，作为分布元件、电池电极、发散与发汗材料以及在声音衰减方面的应用也有明显的增长。由于粉末冶金多孔材料的用量不断增长,应用领域不断扩大,对材料的性能提出许多新的和更高的要求,从而促进此种材料的研制工作向前发展。目前粉末冶金多孔材料的研制工作大致集中在以下几个方面。

1）改进生产工艺,降低生产成本

就目前的生产水平而言,粉末冶金多孔材料的成本仍然较高,比普通非金属多孔材料都要高,其主要原因有两个:一是原料成本高,采用球状粉末生产多孔材料时,粉末利用率较低,用雾化法生产的粉末利用率只有30%～40%,其余的回炉再用,损耗较大;二是产量少,缺乏完整的适于大规模连续生产的工艺。为了改善这种状况,开展了对各种不规则形状粉末制取多孔材料的工艺研究:研究了各种添加剂及其用量,以此来控制材料的孔隙度、孔径与孔径分布;采用非球形粉末时能将粉末全部利用,同时还改善了粉末的成形性与烧结性;采用廉价的铁粉和低碳钢粉进行镀覆或化学处理以代替镍、铬、铜等有色金属等。

2）高透过性与高孔隙度材料的研究

为得到高透过性能的材料,必须使材料中的孔道全部为连通孔道,通常于粉末中加入各种造孔剂,防止烧结时孔道堵塞。造孔剂包括各种有机和无机化合物,如尿素、甲基纤维素、碳酸铵等以及在烧结时可被氢还原或可以分解的金属盐类。这种金属盐中非金属组分以气体形式挥发,而金属组分与基体金属形成低熔化合物或这种金属组分本身的熔点就较低,烧结时形成少量液相,强化烧结过程同时使孔隙球化,使制件在维持高孔隙度的同时维持较高的强度。例如,在制取难熔金属或化合物多孔材料时,于粉末中以液相沉积或气相沉积方法添加氯化钴,烧结件的孔隙度可达40%～50%。对于用鳞片状粉末制取的细孔径材料,可加入能形成惰性化合物(如氧化物)质点的添加剂,惰性质点呈弥散状态均匀分布于粉末颗粒之间,使多孔体形成连通孔道;为制取具有平行通孔的材料,可于粉末中插入低熔点金属丝,如在铁粉中插入铜丝,在高于金属丝熔点的温度下烧结,低熔点金属熔化流出或扩散渗入基体金属而形成通孔;把金属纤维烧结成毛毡状多孔体或发展具有海绵状结构的发泡金属多孔体,这种海绵状金属的孔隙度最大可达98%,孔径可在0.1μm到数微米之间任意变化,且全部孔均为连续贯通;用石蜡空心球发泡方法制成的泡沫铍,孔隙度可达96%;将天然纤维体浸泡在一种或多种易于产生热分解的金属盐溶液中,于还原气氛中加热,除去天然纤维材料,一种或多种盐由于热分解而形成金属并烧结成多孔体,其孔隙度可达95%以上。总之,目前对高透过性与高孔隙度材料进行了大量的研究,创建了许多有效的工艺和新材料。

3）提高多孔材料的强度

材料的孔隙度和强度是互相矛盾的因素,要维持材料的孔隙度又要提高材料的强度必须采取各种措施。比较有效的方法有四种:一是使孔道球化,以减少缺口效应，在粉末中混入少量低熔点组分，如铜、磷、硼、银等，它们使孔道球化，烧结时并形成少量液相，对提高材料的强度有显著效果；二是采用活性添加剂，烧结时这种添加剂被还原或发生分解，一方面能阻止孔隙的填充，另一方面又由于它们的活化作用而增加颗粒间的接触强度，如在铁或镍粉中添加氯化铁、氯化镍、氯化铜等，烧结不锈钢时在填料中掺氢化钛；三是对多孔制件进行化学热处理，如用亚磷酸铵对镍过滤器进行硬化处理；四是采用金属丝网补强或以金属丝网作骨架做成丝网-粉末复合材料，混入金属丝既可提高透过性，又可增加材料的强度，前述的平行孔过滤器就是一种过滤性能好而强度高的材料，丝网-粉末复合材料可以得到极薄的多孔片，适于做成波纹板或波纹管。

4）微细孔径材料的研究

目前已经能用粉末冶金方法制取孔径为 50nm 以下的微细孔径材料，而且可以控制得到热力学上稳定的连通孔道。随着气体分离技术的发展，要求有更细孔径的多孔材料，目前正在研究用粉末冶金方法制取 5nm 左右的超细孔径材料。

5）耐腐蚀多孔材料的研制

不锈钢、钛等耐蚀性多孔材料已在石油化工、航空、食品、环境保护等部门获得广泛的应用，但许多腐蚀条件十分苛刻的环境它们还是不能使用，必须寻找新的耐蚀多孔材料，因此近年来出现了镍钼、钛钼合金、难熔金属碳化物、硼化物、硅化物、氮化物等多孔材料，并且还在继续对这些材料进行研究。

思　考　题

1. 简述粉末冶金多孔材料的特点。
2. 粉末冶金多孔材料的主要用途有哪些?
3. 简述金属粉末多孔材料常见的烧结工艺。
4. 影响多孔材料透过性能的因素是什么?
5. 常见粉末冶金多孔材料的种类有哪些?

参考文献

[1] 奚正平，汤慧萍. 烧结金属多孔材料[M]. 北京：冶金工业出版社，2009.

[2] Gao H Y, He Y H, Shen P Z, et al. Effect of heating rate on pore structure of porous FeAl material[J]. Powder Metallurgy, 2008, 51(2): 171-175.

[3] 崔静洁，何文，廖世军，等. 多孔材料的孔结构表征及其分析[J]. 材料导报，2009, 23(13): 82-86.

[4] 乔吉超，奚正平，汤慧萍，等. 粉末冶金技术制备金属多孔材料研究进展[J]. 稀有金属材料与工程，2008, 37(11): 2054-2058.

[5] 汤慧萍，谈萍，奚正平，等. 烧结金属多孔材料研究进展[J]. 稀有金属材料与工程，2006, 35

(z1):428-432.
[6] 何文远,肖逸锋,吴靓,等. Al-Mg 金属间化合物多孔材料的制备[J]. 粉末冶金材料科学与工程,2016,21(2):223-228.
[7] 王芳,王瑞花,宋杰光,等. 外形尺寸对石英质多孔材料的性能影响研究[J]. 粉末冶金技术,2014,32(4):272-276.
[8] 吴靓,贺跃辉,董虹星. Ni-Al 金属间化合物多孔材料的制备[J]. 粉末冶金材料科学与工程,2009,14(1):52-56.
[9] 黄虎军,贺跃辉,江垚,等. Ti-Al 系金属间化合物多孔材料的制备和性能[J]. 材料研究学报,2007,21(4):337-342.
[10] 高海燕,贺跃辉,沈培智,等. Fe-Al 系金属间化合物多孔材料的制备及孔结构表征[J]. 粉末冶金材料科学与工程,2009,14(4):275-280.
[11] 王辉,汤慧萍,向长淑,等. 梯度孔结构泡沫镍铬合金滤管的制备及性能[J]. 稀有金属材料与工程,2014,(11):2796-2800.
[12] 蔡一湘,谭立新,崔亮. 不锈钢粉末与丝网复合的孔隙和透过性能[J]. 稀有金属材料与工程,2009,38(53):302-305.
[13] Han W,Jia Y,Xiong G,et al. Synthesis of hierarchical porous materials with ZSM-5 structures via template-free sol-gel method[J]. Science & Technology of Advanced Materials,2016,8(1-2):101-105.
[14] Pabst W,Gregorová E. Conductivity of porous materials with spheroidal pores[J]. Journal of the European Ceramic Society,2014,34(11):2757-2766.
[15] 宋海岩,李钢,王祥生. 多孔材料负载金催化剂的制备与应用[J]. 化学进展,2010,(4):573-579.
[16] Pabst W,Gregorová E. Young's modulus of isotropic porous materials with spheroidal pores[J]. Journal of the European Ceramic Society,2014,34(13):3195-3207.

第 8 章　粉末冶金先进陶瓷材料

先进陶瓷材料是对常用的先进结构陶瓷和先进功能陶瓷的总称，主要是指在工程应用中用于各种结构部件，以发挥机械、热、化学和生物等功能的高性能陶瓷。工程陶瓷材料一般以氧化物、碳化物、氮化物、硼化物、硅化物等无机物颗粒为主要原料，通过控制成分配比，采用真空烧结、保护气氛烧结、热压及热等静压等高技术手段制备而成，具有不同的特殊性质和特定功能[1-3]。

以 WC 为基体的 WC-Co 硬质合金和以 TiC 为基体的耐热金属陶瓷是粉末冶金先进陶瓷材料的典型代表，在第 5 章已作了详细阐述，这里就不再赘述。本章主要阐述氧化物先进陶瓷和难熔化合物先进陶瓷。

8.1　氧化物先进陶瓷材料

氧化物先进工程陶瓷材料在经济与高技术领域扮演着越来越重要的角色，因其具有高硬度、低密度、耐磨损、耐高温、耐腐蚀等优良性能，在航空航天、电子、能源、汽车、生物医疗、石化、冶金等领域得到重要的应用。特别是在一些特殊环境下，如火箭、导弹的鼻锥和透波陶瓷天线罩，要承受高温气流的摩擦和冲刷，要求材料高温强度高、抗氧化性能好。人工关节的移植需要替代材料在生物体内化学性质稳定、生物相容性好、无组成元素溶出且对机体无刺激，氧化铝、氧化锆陶瓷成为理想的选择[4]。

8.1.1　氧化铝陶瓷

氧化铝陶瓷材料具有机械强度高、耐磨耐蚀性能好并且原料蕴藏丰富、价格低廉等优点，成为当前生产量最大、应用面最广的先进陶瓷材料。高纯氧化铝陶瓷中 Al_2O_3 含量高，烧结可达到理论密度，烧结制品呈半透明状，对可见光和红外光有较高的透过率，为第三代光源——高压钠灯的制造提供了必要的灯管材料，还用作战斗机和导弹头部的透过红外光的窗口材料[5,6]。

透明氧化铝陶瓷材料具有耐高温、耐腐蚀、高强度、高硬度、化学稳定性和生物相容性等结构陶瓷所固有的属性，同时具备透光这一功能属性，已在能源、机械、军工、电子、半导体、医学等高技术领域得到越来越多的应用。通过提高氧化铝的纯度、致密度以及合理地调控显微结构，可以显著提高氧化铝陶瓷的透光性。

1. 粉末选择与要求

要烧结出透明的 Al_2O_3 陶瓷，Al_2O_3 粉末非常重要，所采用的 Al_2O_3 粉纯度需在 99.9%以上并且为 α 相，粉末的粒度一般应控制在 0.3μm 以下。这是因为原料中杂质容易生成异相，形成光的散射中心，减弱投射光在入射方向上的强度，降低制品的透明度。

粉体除具有高的纯度和小的粒度，同时颗粒应高度分散，以保障高的烧结活性。研究表明，制备透明陶瓷的理想粉体不能产生明显的团聚。硬团聚体的产生会使粉体原有的高分散性和小颗粒尺寸的优势完全或部分丧失，使粉体成形体中存在大尺寸的气孔，这类气孔被排出的阻力较大，甚至难以排除，从而导致材料无法烧结致密，最终难以获得透明的陶瓷材料。原料的预烧温度也会对陶瓷透明性产生明显的影响。过高则活性降低，影响产品的透明化烧结；过低则相转变不完全，制品在烧结过程中会产生变形等不良影响。此外，原料粉体的颗粒形状、流动性、成形时的素坯密度均匀性等也会对致密化过程产生影响。

2. 烧结助剂及作用

为了使 Al_2O_3 陶瓷体烧结成没有气孔的完全致密体，必须在 Al_2O_3 粉中加入微量的烧结助剂，通常加入 MgO，最初，Coble 在氧化铝粉体中加入 0.25%的 MgO，在 1700～1800℃氢气气氛下烧结制备出了第一块透明氧化铝陶瓷。关于 MgO 的作用，研究认为 MgO 固溶在 Al_2O_3 晶格中，当 MgO 含量低于固溶极限时，增加 MgO 可以同时促进烧结和抑制晶粒长大；当 MgO 含量超过固溶极限时，MgO 与 Al_2O_3 形成 $MgAl_2O_4$，其主要作用是抑制晶粒长大，而对致密化存在阻碍作用。随着研究的不断开展，制备氧化铝陶瓷的烧结助剂得到了极大的扩展，除了 MgO，一些稀土氧化物（如 Y_2O_3、La_2O_3 等）同样可以作为氧化铝陶瓷的烧结助剂，并且采用复合添加剂的效果优于单独使用 MgO。与 MgO 相比，Y_2O_3、La_2O_3、ZrO_2、ThO_2 等添加剂具有较宽的浓度范围，在此浓度范围内，最大透光率仍能保持不变。

3. 透明氧化铝陶瓷烧结工艺

1) 气氛和真空烧结

氧化铝在空气中烧结常有 1%～3%的剩余气孔，这些气孔的产生主要是由于在烧结后期气孔被封闭在氧化铝陶瓷中，气孔的进一步收缩需要借助晶界扩散到表面；空气中的氮气在烧结温度下不溶于氧化铝晶粒，因此只有当内部压力与表面收缩能量平衡时，气孔才收缩。而在氢气气氛条件下，一方面氢气是可溶的，能快速从体系中扩散出去，另一方面 Al_2O_3 陶瓷的烧结是由阴离子（O^{2-}）扩散速率控制的烧结过程，在还原气氛下，晶体中的氧从表面脱离，从而在晶体表面产生大量的氧空位，使 O^{2-} 扩散系数增大导致烧结过程加速，从而达到完全致密，因此透明氧化铝陶瓷在氢气气氛下烧结可有效排除剩余气孔。

2）常压烧结与热等静压相结合

将纳米级氧化铝粉末通过常压烧结与热等静压相结合可制备出微米或亚微米级细晶透明氧化铝陶瓷，且剩余气孔很少，晶界洁净，直线透光率高。由于晶粒很小，力学性能也显著提高，甚至接近氧化铝单晶材料。

3）放电等离子烧结

透明氧化铝陶瓷的 SPS 烧结近几年也得到研究探索。以平均粒径为 100nm 的高纯 Al_2O_3 为原料，在不使用任何添加剂的情况下采用 SPS 烧结，工艺条件为压力 275MPa、烧结温度 1150℃，制备了平均晶粒尺寸为 0.3μm、硬度达到 23GPa 的透明氧化铝陶瓷。

4）微波烧结

微波烧结是利用材料在微波电磁场中的介电损耗使陶瓷及其复合材料整体加热至烧结温度而实现致密化的快速烧结技术。微波烧结速度快、时间短，从而避免了烧结过程中陶瓷晶粒的异常长大，最终可获得高强度和高致密度的透明陶瓷。已有研究表明，在加入 0.05%（质量）氧化镁烧结助剂的条件下微波烧结 45min 就可以得到密度为 3.97g/cm^3、平均粒径为 40μm、透过性能优异的氧化铝陶瓷。

8.1.2　氧化锆陶瓷

氧化锆陶瓷属于先进陶瓷中应用较为广泛的一类，是 20 世纪 70 年代氧化锆应力诱导相变增韧的机理被发现后才大规模发展起来的。氧化锆陶瓷具有优异的物理、化学性能。例如，具有良好的化学稳定性，能够适应多种恶劣的化学环境，比一般金属材料具有更好的抗腐蚀性能，如用于复杂、恶劣管道环境中的氧化锆陶瓷阀门，具有耐磨、防腐、抗高温热震性等优点。氧化锆熔点高达 2700℃，具有良好的耐高温、抗氧化特性。在航空航天领域具有重要应用，如常用作航空发动机的涡轮叶片燃烧室等热端部件的热障涂层，保护高温合金不在高温下氧化，延长这些部件的服役寿命。此外，氧化锆陶瓷还具有优良的生物相容性，与生物体的亲和性好，在生物体内苛刻的条件下，也具有良好的化学稳定性，排异反应迟缓，长期使用后仍能保持良好的力学性能[7,8]。

先进陶瓷的主要特点是“硬”和“脆”。氧化锆陶瓷硬度约为 HV1200，硬度值很高。工程陶瓷材料最本质的力学特性是其固有的脆性，这是由陶瓷材料本身的结构特点所决定的。陶瓷材料一般是由共价键、离子键或两者混合的化学键结合的物质，呈现出与金属不同的性质，在常温下对剪切应力的变形阻力很大，硬度很高。而共价键与离子键具有较强的方向性和较高的结合强度，原子堆积密度低，原子间距离大，故一般陶瓷材料显示出很大的脆性。氧化锆陶瓷是先进陶瓷中韧性最好的(图 8-1)，被誉为“陶瓷钢”。以钇稳定四方氧化锆多晶陶瓷(Y-TZP)为例，根据加入稳定剂的量不同，其断裂韧性 K_{IC} 可达到 6～15MPa · $m^{\frac{1}{2}}$。这是由于氧化锆多晶转变过程中，四方相(t-ZrO_2)向单斜相(m-ZrO_2)转变过程中伴有约 8% 的剪切应变和 3%～5%的体积膨胀，这个过程对氧化锆陶瓷起到增韧的作用。氧化锆陶瓷硬度高、韧性好，扩展了其在结构材料领域的应用，例如，氧化锆全陶瓷轴承已被用于微型冷却风扇中，降低了噪声，提高了产品使用寿命以及稳定性。

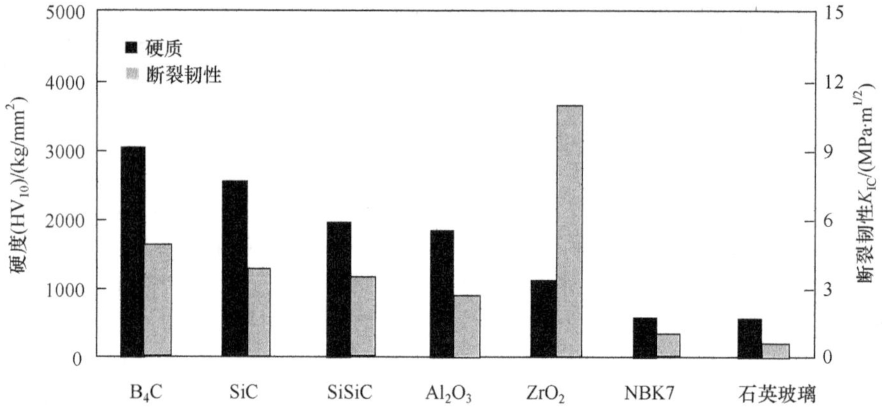

图 8-1　几种先进陶瓷硬度、断裂韧性对照图

要实现相变增韧，必须添加一定的稳定剂并适当控制烧结工艺，将高温稳定相-四方相亚稳至室温，获得室温下可相变的四方相，这就是稳定剂对氧化锆的稳定作用。稳定至室温的四方相是应力诱导相变的前提条件，所以该过程是氧化锆陶瓷获得优良性能的关键。

1. 氧化锆陶瓷材料的成形

成形是将粉体转变成具有一定形状、体积和强度的坯体的过程。总体上可分为干法成形和湿法成形两大类。传统的成形方法有干压成形、注浆成形等。干法成形的目的有两个：一是获得较高的素坯密度，二是压碎粉体中的团聚体。由于纳米粉体的比表面积大，易形成软团聚体，如果不在成形阶段压碎，易导致烧结不均匀，与基体间形成裂纹。除了传统的干压成形，当前特种陶瓷干法成形中较常用的是冷等静压成形，它是将较低压力下干压成形的坯体置于橡皮模内密封，在高压容器中以液体为压力传递介质，使坯体均匀受压，得到的生坯密度高、均匀性好、气孔小。湿法成形则出现了离心注浆成形法、渗透固化成形法、凝胶浇注成形法等。湿法成形不仅可以有效控制坯体中团聚体及杂质含量，避免干压成形中素坯易受压不均匀的缺点,而且易于制备各种复杂形状的陶瓷部件。上述成形技术均已被应用于氧化锆陶瓷素坯的成形过程,为进一步获得烧结性良好的陶瓷坯体奠定基础。

2. 氧化锆陶瓷的烧结

烧结是陶瓷素坯在高温下致密化、晶粒长大、晶界形成的过程,陶瓷材料通过烧结获得预期的显微结构,是陶瓷制备中最为关键的一步。烧结过程具体可描述为随着温度的上升和时间的延长,素坯中的固体颗粒相互键联,晶粒长大,空隙气孔和晶界渐趋减少,通过物质的传递,其总体积收缩,密度增加,最后成为致密的具有某种显微结构的多晶烧结体。在热力学上,烧结是指体系总能量减少的过程。

8.2　难熔化合物先进陶瓷材料

难熔化合物包括过渡族金属与碳、硼、氮、硅的化合物,即碳化物、硼化物、氮化物、硅化物。

难熔金属包括钨、钼、钽、铌、钛、锆、铪、铬等,这些金属的特点是熔点高。难熔金属化合物则具有许多特点,其中主要的有以下几点:

(1) 这种化合物,即众所周知的间隙相,不服从化合价的规律,在许多情况下是可变成分的固溶体。

(2) 这种化合物的化学键具有金属性质,其晶格结构属于间隙固溶体类型。

(3) 绝大多数难熔化合物的特点是原子间的结合强度极高,因而其熔点一般高于构成该难熔化合物的金属的熔点。硅化物则略有不同,它的熔点低于基体金属的熔点。

(4) 在间隙相中,金属原子形成简单类型的晶格,多半为立方(面心立方)晶格或密排六方晶格。在这种晶格内,类金属原子占据结点间的位置,嵌入金属的晶格内,由此得名为间隙相。

(5) 在绝大多数情况下,这类化合物的结构性质取决于 R_{Me}/R_x,其中,R_{Me} 为金属的原子半径,R_x 为类金属的原子半径。当 $R_{Me}/R_x \leqslant 0.59$ 时,可形成间隙相,若此比值大于 0.59,则形成具有复杂晶格的化合物(难熔金属的许多硼化物及其所有硅化物)。大多数间隙相的特点是具有很宽的均相区。

难熔化合物的制造工艺一般如下:用碳(如炭黑或碳氢化合物)、氮或硅与相应的原始氧化物进行反应。如有必要制取高度分散的粉状难熔化合物,可用相应的等离子体与金属的氯化物进行反应。

如碳化硅(SiC)、氮化硅(Si_3N_4)、氮化硼(BN)、硅化钼(MoSi)等难熔化合物也具有十分重要的价值。它们虽然也是难熔化合物,但却不属于间隙相。

8.2.1 难熔化合物的性能

碳化物和硼化物在工业中具有极为重要的价值。如上所述，绝大多数难熔化合物的熔点高于基体金属的熔点(表 8-1)。

表 8-1 部分难熔化合物与其对应金属的熔点比值

金属	碳化物	硼化物	金属	碳化物	硼化物
Ti	1.83	1.78	Cr	1.02	0.84
Zr	1.91	1.64	Mo	1.00	0.80
Nb	1.42	1.24	W	0.84	0.85
Ta	1.30	1.04			

大多数难熔化合物的热强性大大高于基体金属，这是由它们熔点高、弹性模量高所引起的。

难熔化合物的重要物理力学性能列于表 8-2 中。

表 8-2 部分重要的难熔化合物的物理力学性能

化合物	晶格	熔点/℃	显微硬度/MPa	线膨胀系数(20～1000℃)	弹性模量/MPa
TiC	面心立方	3150	30	7.7×10^{6}	460
WC	六方	2870	17.8	3.9×10^{6}	710
Mo_2C	六方	2570	14.9	8.5×10^{6}	545
VC	面心立	2830	20.9	—	276
NbC	面心立	3760	20	6.5×10^{-6}	345
Cr_3C_2	斜方	1895	20.94	—	380
TiB_2	六方	2980	33.7	—	540
ZrB_2	六方	3040	22.4	5.5×10^{-6}	350
$MoSi_2$	正方	2030	12	5.1×10^{-6}	430

所有难熔化合物特别是碳化物和硼化物的共同特点是脆性大。此外，它们在冷态下不能承受塑性变形。这是因为在不破坏结合力的情况下，晶体结构单元的相互位移范围极为有限，这对于难熔金属的硼化物和氮化物尤其典型。结合力的增强会导致间隙相晶格在机械负荷作用下的松弛能力显著下降。

难熔化合物的一项重要性能是热稳定性，即抗氧化的能力。材料的热稳定性 a 可根据式(8-1)粗略地计算：

$$a=\frac{Md}{mD} \tag{8-1}$$

式中，M为氧化物的分子量；d为化合物的密度；m为化合物的分子量；D为氧化物的密度。

如果所形成的氧化膜呈疏松状态，那么它不具有保护性能，在这种情况下其热稳定性很低，即$a<1$。

多数难熔化合物均符合高热稳定性的条件，而且难熔化合物的热稳定性越高，a值也就越小。某些重要的难熔化合物的a值如表8-3所示。

表8-3 部分难熔化合物的a值

难熔化合物	TiC	ZrC	WC	TiB_2	NbC	ZrB_2	Mo_2C
a值	1.53	1.43	2.72	1.21	2.22	1.16	3.56

难熔化合物的热稳定性均高于形成该化合物的金属的热稳定性，但在大多数情况下其热稳定性都比较低。难熔化合物合金的热稳定性通常都高于单独难熔化合物的热稳定性。在碳化物、硼化物及硅化物这三种化合物中硅化物的热稳定性最高。大多数难熔化合物在海水、酸、碱以及许多熔融金属中均能耐腐蚀。硼化物在熔融金属中具有非常高的耐腐蚀性[3]。

8.2.2 难熔化合物合金

在实践中得到应用的不仅是单独难熔化合物，而且也有它们的合金。

这种合金可按以下原则加以分类：①按其中含有的组元数；②按状态图；③按化学成分。

按第一个原则，可分为二元、三元及多元合金。得到实际应用的主要是二元合金，三元合金的应用较少，而多元合金则几乎未得到实际应用。

按第二个原则可分为各组元能形成连续固溶体的合金及具有有限互溶度的合金。TiB_2-ZrB_2、HfB_2-TiB_2、CrB-VB系的合金可作为前一种合金的例子。具有有限互溶度的系也很多，TiB_2-CrB_2、TiB_2-MoB_2系的合金则可作为这种合金的例子。

按第三个原则可分为同型合金及异型合金。同型合金包括只含有一种类型金属的合金，如不同的硼化物或不同的硅化物所组成的合金。异型合金是含有不同种类金属的难熔化合物组成的合金，如含有碳化物的硼化物合金、含有硅化物的碳化物的合金等。这些合金与单独的难熔化合物相比通常能在更大的程度上满足技术要求，例如，这种合金的热稳定性在许多场合下都高于单独的难熔化合物。

在两种难熔化合物组成的合金中，具有实际价值的是TiB_2-TiC、TiB_2-ZrB_2、TiB_2-CrB_2系合金。TiB_2-TiC系合金的组织和性能已有一定研究，TiB_2-TiC合金是两种甚至在很高的温度下彼此之间都不发生反应的难熔化合物的机械混合物。对于这种材料，通过冷压原始粉末并随后在2100～2300℃下烧结的方法可制取高致密度(致密度达97%)的制品，同时最佳烧结时间为40～45min。采取这种工艺制度制得的材料可具有最大强度 σ_b＝320～400MPa。这类难熔化合物的特点是可抑制晶粒长大过程。如果在烧结单独的硼化钛时发现晶粒长大非常明显，那么碳化钛添加剂则有助于抑制这一长大过程。TiB_2-ZrB_2 系合金的组元彼此之间可形成连续固溶体。TiB_2-CrB_2 系合金也能形成连续的固溶体，并且其显微硬度和电阻率呈规律性的变化。显微硬度的最大值明显地移向硼化钛一方。

含有 50%～60% TiB_2 的合金具有最高的热稳定性，一些二元及三元难熔化合物合金也具有实用价值。

8.2.3　非金属难熔化合物

非金属难熔化合物中包括两种组元都是类金属的化合物，这种化合物中最有代表性的是碳化硼、氮化硼、碳化硅及氮化硅。这种化合物具有极其可贵的性能，并正得到日益广泛的应用。

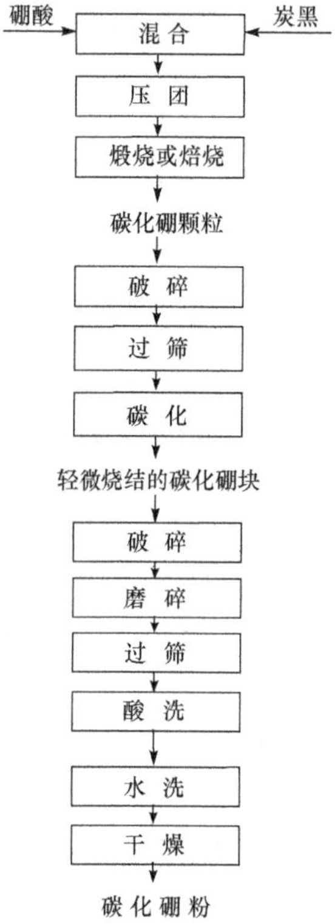

图 8-2　碳化硼粉制取工艺流程图

1）碳化硼

碳化硼具有高硬度、高弹性模量、耐磨性、耐腐蚀等优点，是一种性能优异的结构陶瓷材料，在陶瓷装甲、核能和耐磨技术等领域具有重要应用，其致密化烧结是提高性能的关键技术[9]。

众所周知，硼与碳可生成不同的碳化物：B_4C、$B_{12}C$及 $B_{6.5}C$（$B_{13}C_2$）。本节主要阐述在实际中得到广泛应用的 B_4C 的相应特性。碳化硼粉主要是用碳还原氧化硼的方法制取，即

$$2B_2O_3+7C = B_4C+6CO$$

该过程可按图 8-2 所示的流程来实现。碳化硼的特点是有很高的硬度，仅次于金刚石。碳化硼的性能如下：

熔点/℃	2350
密度/(g/cm³)	1.8
硬度/GPa	4.95
线膨胀系数（20～1000℃）	4.5×10^{-6}
导热系数(20～1000℃)/[W/(m·K)]	168

碳化硼具有很高的研磨性，并可在许多场合下顺利地代替金刚石用来磨削和抛光金属表面。碳化硼具有明显的半导体性能，其电性能（电阻率及热电动势）则取决于碳含量。

2）氮化硼

氮化硼的化学式为 BN，其外观是白色的粉末，它的晶格是六方晶型，晶格常数 $a=0.2504$nm，$c=0.6661$nm，$c/a=2.662$，硼的含量为 43.6%。氮化硼的晶体结构类似于石墨的结构：硼原子和氮原子以共价键结合成 BN 分子平面，BN 平面间依靠范德华力结合。

这种结构决定了氮化硼具有良好的润滑性能。制取氮化硼的重要方法是用氮与硼发生反应，或用氨或氮在有碳存在的条件下与氧化硼进行反应。氮化硼具有极高的稳定性[10]。

硼原子和氮原子之间的结合键是共价键，没有金属的传导性。在氮化硼中原子间键合比具有相似结构的石墨更强，其原因之一就是原子平面层间距较小（对于氮化硼为 0.334nm，而对于石墨则为 0.340nm）。

氮化硼的热稳定性不高，在 700～750℃下就已开始激烈氧化，但它在许多腐蚀性介质中却比较耐腐蚀。如果氮化硼在 1360℃下于 6200MPa 的压力下进行压缩，则可转变成立方氮化硼。氮化硼的主要性能如下：

密度/(g/cm^3)	2.29～2.31
导热系数(20～1700℃)/[W/(m·K)]	21～31
弹性模量/GPa	86.5～34.4

氮化硼的强度具有各向异性，平行于粉末压制轴线方向的强度较高。氮化硼可用于制造润滑剂、耐火材料、绝缘体、半导体器件的各种部件及切削工具。

3）碳化硅

在 Si-C 系中只有一种化合物 SiC，但却包括斜方、六方及立方等晶型，其晶格常数差别相当大（晶格常数 a 为 0.4538～0.4884nm）。

最稳定的是立方晶型，在 2093℃下立方碳化硅可转变为六方晶型。这种碳化硅是一种典型的半导体，且具有极高的耐腐蚀性。碳化硅在高于 800℃的温度下开始与氧起化学反应，而其耐稳定性则在很大程度上取决于纯度。

碳化硅陶瓷具有耐高温、耐腐蚀、抗氧化、高强度、低密度、介电性能可设计等优异特性，是新一代高性能的波材料[11]。

碳化硅一般通过在达 1800℃的温度下加热石英砂与炭的混合料来制取：

$$SiO_2+3C \longrightarrow SiC+2CO \tag{8-2}$$

该过程分如下两阶段进行。

还原阶段：

$$SiO_2+2C \longrightarrow SiC+2CO \tag{8-3}$$

碳化物形成阶段：

$$Si+C \longrightarrow SiC \tag{8-4}$$

$$3Si+2CO \longrightarrow 2SiC+SiO_2 \tag{8-5}$$

碳化硅的主要性能如下：

密度/(g/cm^3)	3.21～3.208
显微硬度/GPa	3.34
弹性模量/GPa	2.9～4.4
熔点/℃	2600
热导率/[W/(m·K)]	8.4～10.5
线膨胀系数(20～1000℃)	4.7×10^{-6}

SiC-B_4C系合金具有非常高的价值，碳化硼与碳化硅能形成固溶体及化合物。碳化硼可促进碳化硅的稳定并可在很大程度上防止其在加热至2200～2300℃时产生分解。在碳化硼中约能溶解35%的碳化硅，在该系中可形成含有35%～36% SiC及64%～65% B_4C的共晶体。B_4C-SiC合金具有很高的热稳定性，但脆性大，强度低。

4）氮化硅

氮化硅陶瓷是一种有广阔发展前景的高温高强度结构陶瓷，具有强度高、抗热震稳定性好、疲劳强度高，韧性高、耐磨、抗氧化、耐腐蚀好等优异性能，已广泛应用于各行各业[12]。

在硅-氮系中只有一种化合物Si_3N_4，并以两种晶型存在：α晶型和β晶型。α晶型Si_3N_4具有六方晶格(a=0.776nm及c=0.562nm)，β晶型也具有六方晶格(a=0.759nm及c=0.290nm)；α晶型Si_3N_4则具有高温稳定性。氮化硅是用氮或氨在1450～1550℃下与元素硅反应2～3h的方法来制取，如需要制取高纯及高分散度的氮化硅，则可用氮的等离子体与$SiCl_4$蒸气反应来制取。

氮化硅具有远高于类金属难熔化合物的热稳定性，氮化硅(烧结态)的性能如下：

密度/(g/cm^3)	3.19～3.20
熔点/℃	1900
热导率(20～1000℃)/[W/(m·K)]	17.2
弹性模量/GPa	35
显微硬度/GPa	3.35
在无保护的条件下长期使用的最高工作温度	1400～1450℃

氮化硅作为制造如涡轮盘、涡轮叶片等在苛刻条件下工作的制品用的热强材料的基体具有重要价值。在氮化硅中加入如Al_2O_3、$MoSi_2$、B_4C等组元可略改变其性能(提高其冲击韧性)。

8.2.4 难熔化合物先进陶瓷材料的制备

难熔化合物先进陶瓷材料可用各种方法制取，现将其中重要的方法概述如下。

1) 冷压-烧结

原始混合料于金属模中在250～500MPa的压力下压制成毛坯或定形制品，然后将成形的制品在真空或保护性气氛中于约相当于基体材料熔点的2/3的温度下进行烧结。用这种方法可以制造所有难熔化合物基材料的制品。

在用这种方法制取类金属难熔化合物基材料时，可得到残余孔隙度较低(3%～8%)的制品，而用这种方法由非金属型难熔化合物制取的制品则具有高得多的残余孔隙度。

2) 热压

原始混合料在石墨压模中或在难熔金属压模中(在采用真空时)于约相当于冷压所需压力的25%～30%的压力下进行热压，压制温度稍低于常规烧结温度。用这种方法时在压力下保温时间小于冷压烧结时的保温时间。

这种方法可用于制取所有难熔化合物基材料，并可获得比前一种方法高得多的密度，但这种方法只能用来制造形状简单的小型制品。

3) 热等静压

热等静压致密化主要用于制造非金属难熔化合物基材料制品，特别是Si_3N_4基材料制品。经受致密化的是冷压制取的制品。致密化过程在氩气气氛300～600MPa的压力和1500～1600℃的烧结温度下进行。这种方法可保证获得近全密度，对于处理复杂形状的制品，如粉浆浇注法所制得的带全套叶片的涡轮盘，是非常有前途的。

4) 粉浆浇注

如上所述，粉浆浇注对制造复杂形状的制品特别有前途，这种方法是通过难熔化合物粉末在液体中强烈搅拌而制成“粉浆”。可采用水、酒精、甘油的水溶液及其他一些有机液体作为液体介质。在液体介质中要加入不同的稳定剂，以使粉末长时间在液体中保持悬浮状态。粉浆在离心机上用吸收水分的模型吸湿。对此，石膏是一种最适合的材料。用粉浆浇注法所成形的制品是多孔制品。根据浇注条件、固相在液体介质中的浓度及其他因素的不同，其孔隙度为18%～25%。

粉浆浇注的制品与随后热等静压致密化相结合的方法或在连续式压机上进行真空热挤压的方法是最有前途的，这些方法可保证获得高质量的制品，同时生产效率也比较高。

5) 挤压

挤压用于制造形状比较简单的难熔化合物基材料的制品。

由原始粉末和增塑剂制备成可塑性的物料。可采用石蜡、黄蜡、石蜡与黄蜡的熔合物、聚乙烯及其他有机物质作为增塑剂。所制得的物料在一定的压力下经相应的金属模进行挤压。制得具有给定几何形状的毛坯进行预烧以排除增塑剂，然后进行高温烧结或热等静压致密化。

8.2.5 难熔化合物先进陶瓷材料的应用

难熔化合物制品在许多工业部门中都得到了应用，用这种材料可制造耐火材料、电工用的各种制品、在高温及腐蚀条件下工作的机器及设备零件、电炉加热元件及X光管的电极等。

1) 耐火材料

难熔化合物基耐火材料是在高温及各种熔融材料(如金属及盐类等)作用条件下应用的一种材料。这些耐火材料可制成坩埚、舟皿、熔融物料出料槽等。耐火材料主要由氮化硼、氮化硅、碳氮化硼、氮化硅与碳化硅的合金、氮化硅与氧化铬的合金等来制造。这些材料的制品在中性及保护性介质中可于2700℃的温度下长时间工作，而在氧化性介质中则可于1500℃的温度下长时间工作。难熔化合物基耐火材料具有很高的电绝缘性能。

耐火制品可采用冷压塑化的原始混合料并随后在氮气介质中于1600～2200℃下烧结的方法制取。

同时，也可采用二硼化钛及二硼化锆作耐火材料。难熔化合物耐火材料可用于制作电均热炉的间隙槽板，用作焙烧炉的护面材料，用于制造造纸机吸干箱的孔板、磨碎纸浆用盘磨机的刀口。

2) 耐磨制品

这类制品包括量规、塞规、卡规及修正砂轮用的修磨笔以及喷砂设备的喷嘴等。这些制品主要由碳化硼来制造，可采用以铜或铜合金黏结的碳化硼制作修磨笔，也可采用某些硼化物制作耐磨制品。

3) 电工用制品

这类制品包括热电偶套管、电炉加热元件、电子管的阴极、真空密封连接用的焊料等。如上所述，碳化硼及碳化硼基某些合金具有半导体的性质，并在与金属配偶时具有很高的热电动势。因此，这种化合物基的热电偶测量高温时可以有很高的精度。部分难熔化合物基热电偶的特性列于表8-4中。

表8-4 部分难熔化合物基热电偶的特性

<table>
<tr><th colspan="2" rowspan="2">热电偶的性能</th><th colspan="3">热电偶的类别</th></tr>
<tr><th>$MoSi_2$-WSi_2</th><th>ZrB_2-石墨</th><th>TiC-石墨</th></tr>
<tr><td colspan="2">热电动势/(mV/℃)</td><td>5.2</td><td>55</td><td>50</td></tr>
<tr><td rowspan="2">测量精度/%</td><td>在最高温度下</td><td>1.0</td><td>1.0～1.5</td><td>1.0～1.5</td></tr>
<tr><td>在1200℃下</td><td>0.2～0.5</td><td>0.2～0.5</td><td>0.5</td></tr>
</table>

续表

热电偶的性能		热电偶的类别		
		$MoSi_2$-WSi_2	ZrB_2-石墨	TiC-石墨
热惯性指标/分		1.5～2.0	1.5～2.0	1.5～2.0
正常使用的允许时间/h	在氧化性气体介质中	1000	—	—
	在青铜与黄铜熔体中	—	150	—
	在氯化物熔体中	15	—	—
	在铜熔体中	—	10	—
	在生铁熔体中	—	25	—
	在惰性、还原性气氛及真空中	—	—	500
最高工作温度/℃		2500	2500	2500

二硅化钼-硼化石墨热电偶的热电动势与温度的关系如图 8-3 所示，这种关系具有直线性质。其他这类热电偶的热电动势与温度间也可得到类似的关系。由难熔化合物的热电势与温度的关系还可制取热电偶套管。对此，难熔化合物 ZrB_2 特别适用。硼化石墨可用作各种类型的电阻(1～300000Ω)。氮化硼由于具有很高的电阻和半导体性能，在各种半导体器件中显示出良好的效果。像 $MoSi_2$ 这样的难熔化合物成功地用作电炉加热元件，这种加热元件可在达 1700℃的温度下于氧化性介质中工作，而不需要保护。

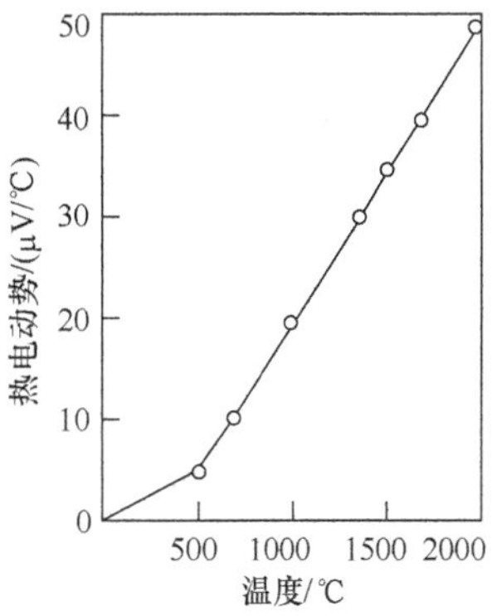

图 8-3　二硅化钼-硼化石墨热电偶的热电动势与温度的关系

硼化钼及硅化钼可用作难熔金属零件真空密封连接用的焊料，W_2B_5 与 W_2C 或 Cr_3C_2 的合金也具有类似的性能。近年来，六硼化镧(LaB_6)在电子技术中得到了广泛应用。

用难熔硼化物以及钨与某些稀土金属氧化物和硼化物的合金可制造电子管中用的各种阴极制品。某些阴极合金的特性列于表 8-5 中。

表 8-5　阴极合金的特性

合金	逸出功与温度的关系	发射电流密度/(A/cm^2)		在 1700K 下辐射系数
		1700K	1900K	
W-LaB_6(1%)	$2.44+1.6\times10^{-4}T$	3.3	20	0.48
W-CeO_2(1%)	$2.44+2.0\times10^{-4}T$	2.0	14	0.85
W-Sm_2O_2(1%)	$2.42+2.0\times10^{-4}T$	2.4	16	0.85

众所周知，钨是一种主要的发射阴极材料，但表 8-5 所列材料适用于在更高的温度下使用。许多难熔硼化物、碳化硼及其合金也在原子能工业中用作吸收元件。

4）耐腐蚀合金

许多难熔化合物，特别是硼化物，可用来制造化工设备的各种零件，如侵蚀性液体输送泵、化学活性液体喷雾用的喷嘴等。

难熔化合物基热强材料具有大大超过标准镍基合金的高热强性，但可惜的是，这种材料用于制造飞行器的各种零件，如飞机发动机的涡轮叶片在很大程度受其脆性的影响，从而也受到其低的热稳定性的限制。在这方面，Si_3N_4 是比较有前途的，因为它具有较高的热稳定性。奥地利及美国的试验表明，用粉浆浇注的方法由 Si_3N_4 基材料制造固定式燃气涡轮叶片、航空发动机的导向叶片及工作叶片以及涡轮盘非常有前途。

5）抛光材料

许多难熔化合物，主要是 TiB_2、TiC、B_4C、ZrC 及 W_2B_5，都是良好的磨削及抛光材料。金属抛光表面的光洁度在很大程度上取决于抛光材料的颗粒尺寸，并随着难熔化合物平均颗粒尺寸的增大而变差。磨损量则随着难熔化合物颗粒度的增大而增加。表 8-6 列出了碳化钛抛光能力的某些特性。

表 8-6 碳化钛抛光能力的特性

载荷/N	抛光时粗糙度变化/μm			抛光材料磨损量/g	
	抛光前	5min 后	10min 后	5min 后	10min 后
10	5.8	3.3	1.6	0.0336	0.061
20	5.8	1.4	1.0	0.054	0.075

作为抛光材料的难熔化合物的颗粒具有不同的强度。按颗粒强度逐渐降低的顺序，部分重要的难熔化合物可排列如下：$W_2B_5>SiC>TiB_2>TiC>B_4C>ZrC$。

8.3 展　　望

陶瓷材料具有良好的耐热性能、高硬度、优异的耐化学侵蚀能力等，但其致命弱点是脆性，它不像金属那样具有可滑移的位错体系及塑性变形的能力，不具备抵御外界能量的能力。当外加能量超过一定限度时，它只有以形成新的表面能来消耗外加能量，即在陶瓷体内形成新的裂纹表面导致灾难性的破坏。因此，强化和韧化就成为先进结构陶瓷材料重要的发展方向之一。从纤维（晶须）补强的陶瓷基复合材料到两相颗粒弥散韧化多相复合陶瓷、自补强多相复合陶瓷以及表面梯度多相复合陶瓷形成了完整系列的强韧化多相复合陶瓷。

功能陶瓷的发展趋势是多功能和智能化，多相复合是使功能陶瓷的多种功能集于一身的有效途径，它将成为功能陶瓷向更高层次发展的一个重要方向，若沿用结构陶瓷中的强化和韧化机制可以改进功能陶瓷的力学性能，从而使单相的单功能陶瓷向多相的多功能复合陶瓷发展，进而获得更为优异的综合性能。

为了使高性能的先进陶瓷向更高层次发展，20 世纪 90 年代开始了纳米陶瓷的研究，当所选用的原料和制成的陶瓷的晶粒达到纳米尺度时，将为陶瓷材料的制备科学、陶瓷工艺及最终的材料性能带来突变，从而拓宽陶瓷材料的更广泛用途。由于纳米粉体的比表面积大，常规的陶瓷成形方法会出现许多意想不到的问题，如需要过多的黏结剂、压块分层和回弹、素坯密度降低等；在烧结时，纳米粉体巨大的比表面积和表面活性，为陶瓷烧结的驱动力表面能提供了足够的能量，因而加速纳米陶瓷的烧结速率、降低烧结温度、缩短烧结时间，大大改变了陶瓷烧结动力学过程。因此，纳米陶瓷以及纳米精细复合是先进陶瓷的重要研究方向。

在先进结构陶瓷和功能陶瓷的制备过程中，陶瓷材料的设计是必由之路和努力方向。例如，为了获得高硬度、高强度、高韧性的陶瓷切削刀具材料，根据 M-Si-Al-O-N 相图选择适当的玻璃相作为 Si_3N_4 陶瓷的晶界相，再按照“晶界工程”的设计原理制备高温力学性能良好的 Si_3N_4 陶瓷，满足了陶瓷发动机部件的选材要求。最近又提出了对陶瓷材料的晶界应力进行设计，力图在陶瓷材料中引入晶界应力以改变陶瓷材料的力学性能，在其内部造就可以吸收和消耗外加能量的机制，达到改进陶瓷材料性能的目的。

总之，多相复合材料、纳米陶瓷和陶瓷材料设计构成了先进陶瓷材料研究的三大发展趋向，结构陶瓷和功能陶瓷，虽各有独特的科学内涵，但彼此有很多共同之处，可以相互借鉴，在机理方面可以相互启发，而在工艺上可以取长补短，今后面临的共同任务是针对具体的应用要求，创造更高、更新性能的材料，同时向高性价比方向努力[13]。

思　考　题

1. 什么是先进陶瓷材料？
2. 如何烧结出透明的 Al_2O_3 陶瓷？
3. 氧化锆弥散粒子增韧复合材料的增韧机制是什么？
4. 氧化锆应力诱导相变增韧机制是什么？
5. 难熔化合物先进陶瓷材料的制备方法有哪些？

参考文献

[1] Gracis S，Thompson V P，Ferencz J L，et al. A new classification system for all-ceramic and ceramic-like restorative materials[J]. International Journal of Prosthodontics，2015，28(3)：

227-235.

[2] 郭景坤. 中国先进陶瓷研究及其展望[J]. 材料研究学报，1997，11(6)：594-599.

[3] Qiu G，Li X，Qiu T，et al. Application of rare earths in advanced ceramic materials[J]. Journal of Rare Earths，2007，25(7)：281-286.

[4] 周玉. 陶瓷材料学[M]. 北京：科学出版社，2004.

[5] 杨秋红，曾智江，徐军，等. La_2O_3 对氧化铝透明陶瓷显微结构和透光性能的影响[J]. 中国稀土学报，2005，23(6)：713-716.

[6] 高陇桥. 高压钠灯用氧化铝透明陶瓷的进展. 中国照明电器，2001，7：10-11.

[7] Wang K，Li C H，Gao Y H，et al. Erratum：thermo dynamic reassessment of ZrO_2-Cao sysfem [J]. Journal of American Ceramic Society，2009，92(5)：1098-1104.

[8] 王零森. 特种陶瓷[M]. 2 版. 长沙：中南大学出版社，2005.

[9] 杨亮亮，谢志鹏，刘维良，等. 碳化硼陶瓷的烧结与应用新发展[J]. 陶瓷学报，2015，36(1)：1-8.

[10] Duan X M，Jia D C，Wang Z，et al. Influence of not-pressing sintering parameters on microstructues and mechanical properties of h-BN ceramics[J]. Journal of Alloys and Compounds，2016，684：474-480.

[11] 张亚君，殷小玮，张立同，等. 吸波型 SiC 陶瓷材料的研究进展[J]. 航空制造技术，2014，(6)：113-118.

[12] 王正军. 氮化硅陶瓷的研究进展[J]. 材料科学与工艺，2009，17(2)：155-158.

[13] 肖汉宁，高朋召. 高性能结构陶瓷及其应用[M]. 北京：化学工业出版社，2006.

第 9 章　其他粉末冶金材料

9.1　粉末冶金高温合金

一般耐热钢的工作温度通常在 700℃以下，如果工作温度在 700℃以上仍要求具有一定的高温强度，则耐热钢不能胜任。在 700～1000℃范围内工作的合金称为高温合金或超合金（superalloy），高温合金是指以第Ⅷ族金属（铁、钴、镍）为基的、具有高的室温和高温强度的合金。从高温合金诞生和发展至今已经历半个多世纪，推动其发展的动力是喷气机和工业燃气轮机对耐热合金的需求。高温合金的发展又带动了合金设计和合金加工技术的进步。

粉末高温合金于 20 世纪 70 年代才问世，它比传统的铸造和变形高温合金在性能上有很大的改善，成为高性能粉末冶金材料中最具代表意义的一种材料，是高温合金发展的必然产物。

镍基高温合金是高温合金中的典型代表材料，在航空工业、火箭制造业、燃气涡轮制造业中广泛用于制作涡轮盘、叶片等。镍基高温合金是以镍为基体（含量一般大于 50%），在 650～1000℃范围内具有较高的强度和良好的抗氧化、抗燃气腐蚀能力的高温合金，它是在 Cr20 Ni80 合金基础上发展起来的，为了满足 1000℃左右高温热强性（高温强度、需变抗力、高温疲劳强度）和气体介质中的抗氧化、抗腐蚀的要求，加入大量 W、Mo、Ti、Al、Nb、Co 等合金元素[1]。用这种材料制造制品的传统方法是熔炼及随后的压力加工。这种方法可以保证获得相当高的性能，但同时也有一些严重的缺点，主要是组织粗而不均匀，所以必须随后进行复杂的加工。由于机械加工比较困难，金属消耗量大，利用率很低，可采用粉末冶金法制造，粉末冶金高温合金材料的组织细致均匀，性能优良。

在镍基粉末冶金高温合金 FGH96 中，显微组织和 γ' 相分布对其抗变形能力有显著影响[2]；对热等静压制备的镍基粉末冶金高温合金 PM-0002 进行热挤压处理，显微组织中原始颗粒边界基本波消除，晶粒为细小的等轴晶粒[3]；分别采用氩气雾化和等离子旋转电极制备了不同特性的镍基高温合金粉末，经热等静压制成块体材料氩气雾化粉制备的高温合金分布有更多的原始颗粒边界和孔洞，其主要组成为 γ' 相和碳氧化物颗粒，且颗粒边介是压缩裂纹产生的主要因素之一[4]；镍基高温合金在慢冷却速率下由于粗化和合并会形成不规则 γ' 相，这种相结构对其高温性能不利[5]；镍基高温合金在热压缩下的动态再结晶行为表明，拥有粗大 γ'

相组织的动态再结晶晶粒体积分数高于细小 γ' 相组织的合金[6]；在 FHG 粉末冶金高温含金中，裂纹形核 点和对微结构敏感的扩展路径之间联系密切[7]。

高温合金强化方法主要包括固溶强化和时效强化。固溶强化主要依靠添加钨和钼，此类合金的热处理工艺为固溶处理，其目的是使合金元素固溶入基体中。镍基合金的时效强化实际上是固溶强化加时效强化，因此除加入固溶强化元素钨、钼、铌、钴等，还加铝、钛等时效强化元素，有时还加硼、锆、铈等晶界强化元素。时效镍基合金的热处理原则是加热到高温，使强化元素充分固溶，然后快冷（空冷）得过饱和固溶体，最后在适当温度下时效处理使强化相（如共格的镍铝和镍钛金属间化合物）以弥散状态析出，提高合金的高温性能。

9.1.1　沉淀强化粉末高温合金

对于许多其他金属可保证得到均匀细晶组织的粉末冶金方法，曾被认为不适于制取高温合金。但是，20 世纪 60 年代所进行的研究工作表明，用粉末冶金方法制造这种材料很有前途，并制定了两种制造镍基高温合金的主要技术路线。

第一条技术路线是：采用单种金属的混合料作为原料，而基体金属镍则以羰基镍粉（即羰基镍 $Ni(CO)_4$ 热解制取的粉末）的形式加入混合料中。采用这种粉末的前提是必须利用尽可能纯的金属，而羰基镍粉则完全能满足这种要求。在所有镍基高温合金中都含有一定量的铝，并以粉碎的 Ni-Al 中间合金的形式加入混合料中。原始粉末在球磨机、锥形混料器中或其他类型的混料设备中进行混合，混合时间根据混合料成分不同，一般为 4～24h。混合料在 600～700MPa 的压力下压制成相应的毛坯或所需形状的制品，成形的制品在真空气氛中烧结 3～6h（视制品外形尺寸而定），然后进行整形加工并按该合金成分所必需的制度进行相应的热处理。

第二条技术路线是：用在电弧或电子束作用下雾化电极的方法制取预合金粉末，再用热等静压的方法或真空热压的方法制取致密化坯料。如果雾化粉末是经过磨碎的，则可采用冷压成形和真空烧结，随后和在第一种技术路线时一样，进行压力加工和热处理。

第一条与第二条技术路线的明显差别在于，前者所用的原始混合料是颗粒具有不同形状且比较细（5～30μm）的单种金属粉末的机械混合料，而后者所用的原料是雾化预合金粉末，其每个颗粒都具有合金的给定成分。此外，在雾化粉末中，特别是经过脱气之后，通常含有较少的气体杂质（O_2、N_2、H_2 等）。

合金的雾化粉末与金属粉末的机械混合料不同，它的成形性较差。合金颗粒是由雾化的合金液滴凝固而成的微铸锭，其凝固（结晶）速率很高（$2\times10^3\sim4\times10^4$℃/s），所以合金颗粒的组织极为细散。颗粒中枝晶尺寸为 8～20μm，而在用传统方法所制得的大铸锭中，其枝晶尺寸则达 700μm。细晶组织在低变形速率下会产生超塑性变形现象,用这样的材料制取的致密化试样,其延伸率 δ 可达 600%。雾化粉末的颗粒尺寸为 50～600μm,大部分颗粒尺寸为 200～250μm。用电子束进行雾化时,所制得的粉末颗粒比较细。气体雾化熔体也可在超声波的同时作用下进行雾化,用这种方法可制得更为细散的粉末。在高温合金粉末中,气体含量应尽量低,因此,在致密化之前,粉末应在真空中加热脱气。通常在包套中进行脱气,目前正研制在粉末装入包套的过程中连续脱气的方法。

根据经验,为了赋予成形制品所要求的性能,原始粉末中的气体含量不应超过 0.01%。如上所述,为实现致密化,可以使用惰性气体(如氩气)在热等静压机中进行或在压模中进行真空热压。在热等静压机内致密化,即从各个方向压缩装有合金粉末的包套,通常在 200～250MPa 的压力下和在 1200～1250℃下进行,其保温时间为 1～2h。真空热压用钼压模在与热等静压机中致密化相同的制度下进行。这两种方法都可保证制得近全致密的毛坯。进一步的压力加工可用热冲压、热锻及热挤压的方法来实现,这种加工可以提高制品的力学性能。

如上所述,用粉末冶金方法特别是由雾化粉末制取的材料,其组织特点是具有高度的分散性,为了获得必需的高温力学性能,必须通过相应的高温或多级热处理方法使其晶粒粗化。美国及英国都应用这种工艺制造镍基高温合金的涡轮盘、钛基合金的压缩机盘,但这种工艺的使用规模尚不太大。

早期的 Nimonic 合金是应用空气熔炼加锻造方法生产的高温合金。20 世纪 50 年代初,由于真空感应熔炼技术取代了空气熔炼使合金性能出现第一次飞跃,Waspaloy 合金就是最早采用真空熔炼的一种高温合金。至 1965 年左右的一段时间内,通过增加强化相 γ' 的体积含量来提高合金的高温强度,In-100 合金是这个时期最好的高温合金的代表,它主要用于制造航空发动机的涡轮叶片。从 60 年代开始,为了消除高温合金大铸锭的成分偏析和改善高温性能,开始应用粉末冶金技术制造高温合金。英国最早用水雾化法制造 Nimonic 20 和 Nimonic 100 高温合金粉末,再通过冷压成形和真空烧结制造合金零件,虽然粉末冶金高温合金的蠕变强度有所提高,但疲劳强度仍低于锻造高温合金。20 世纪 70 年代初,美国在粉末冶金高温合金方面取得了迅速发展,主要是用惰性气体雾化法制取高纯高温合金粉末。1970 年,S. H. Richman 研究了低碳 In-100 粉末冶金高温合金的超塑性,从而在美国普拉特-惠特尼航空公司于 1972 年研制成功 In-100 粉末冶金高温合金压气机盘和涡轮盘 11 个部件,随后用于 In-100 发动机并装于 F15、F16 飞机上。1976 年该公司研制成功强度更高的 Astroloy 粉末冶金高温合金涡轮盘,并用于 JT8D 发动机上。1979 年该公司又研制成功 In-100 改型的 MERL76 粉末冶金高温合金,并用于 JT100 发动机上。另外,美国通用电气公司从 1971 年开始粉末冶金高温合金的研究,采用直接热等静压工艺,1972 年研制成功 Rene95 粉末冶金高温合金涡轮盘,在 F404 发动机上使用,装在最新式的 F/A-18 飞机上。80 年代末,普拉特-惠特尼航空公司采用RSP(快速冷凝)技术制备了高温合金粉末，发现合金性能比原来提高了很多。此外，弥散强化高温合金也已开展了深入研究，如 Y_2O_3 弥散强化高温合金有 Incoloy MA754、MA6000E、Incoloy MA956E，主要用作喷气机叶片。

沉淀强化型粉末冶金高温合金基本上有三种情况：①与铸锻高温合金成分相同，仅含碳量降低的原型合金；②成分改变了的改型合金；③完全新的成分的合金，这一类主要是RSP高温合金。某些粉末冶金高温合金的成分及其与铸造或铸/锻高温合金相比较列于表 9-1 中。

表 9-1　某些粉末冶金高温合金、铸造或铸/锻高温合金的成分（单位：%）

合金牌号	C	Ni	Cr	Co	Mo	W	Ta	Nb	Ti	Al	B	Zr	Hf	Fe
Astroloy 铸/锻	0.06	余	15	15	5.25	—	—	—	3.5	4.4	0.03	—	—	—
Astroloy 粉末冶金(改型)	0.03	余	15	17	5.0	—	—	—	3.5	4.4	0.03	0.05	—	—
In-100 铸造	0.18	余	10	15	3.0	—	—	—	4.7	5.5	0.01	0.06	—	—
In-100 粉末冶金(原型)	0.06	余	10	15	3.0	—	—	—	4.7	5.4	0.01	0.06	—	—
In-100 粉末冶金(改型)	0.07	余	12.4	18.5	3.2	—	—	—	4.3	5.0	0.8	0.02	—	0.06
MERL 76(改型)	0.015	余	11.9	18	2.8	—	—	1.2	4.2	4.9	—	0.016	0.3	0.04
In-792 铸造	0.21	余	12.7	9	2	3.9	3.9	—	4.2	3.2	0.02	0.1	—	
In-792 粉末冶金(改型)	0.04	余	12.5	10	2	3.9	3.5	—	4.3	3.2	0.02	0.1		—
Rene 95 铸/锻	0.15	余	14	8	3.5	3.5	—	3.5	2.5	3.5	0.01	0.03	—	—
Rene 95 粉末冶金(改型)	0.05	余	12.7	8	3.5	3.5	—	3.5	2.5	3.5	0.01	0.03	—	—
RSP103	—	余	—	—	15	—	—	—	8.4	—	—	—	—	—
RSP104	—	余	—	—	18	—	—	—	8.0	—	—	—	—	—
RSP143	—	余	—	—	14	—	6.0	—	6.0	—	—	—	—	—
RSP185	0.04	余	—	—	14.4	6.1	—	—	6.8	—	—	—	—	—

雾化法是制造粉末冶金高温合金粉末的最重要的工业方法。高温合金粉末的制造方法列于表 9-2 中。粉末冶金高温合金的固结工艺大都是采用热成形，主要方法有热等静压、热锻、热挤压、真空热压以及低压热等静压等。低压热等静压是一种用较低压力促进的真空烧结，低压热等静压的产品作为热加工如热锻、热轧、热挤压等的坯料而加工到近全致密。较细的粉末装入真空混合干燥器，与含有烧结活化剂的溶液如硼酸甲醇溶液混合。干燥时，甲醇蒸发而除去，在粉末颗粒表面

形成硼酸薄膜。包覆粉末浇入硼硅玻璃模子，模子的形状可以是圆柱体、管状以及与固结零件近似的各种复杂形状。用泵将模中粉末去气，将玻璃模密封，密封容器放入气压炉中加热烧结采用，活化剂加速烧结。烧结时玻璃模软化并紧缩，零件致密化。烧结完成后，将模子从炉中取出并冷却，剥去玻璃模。固结零件的相对密度为 95%～99%。粉末冶金镍基高温合金的热处理为固溶处理和时效处理，例如，粉末冶金 Rene95 合金，固溶处理为 1200±10℃空冷，再在 850±100℃时效处理 8h。

表 9-2　高温合金粉末的制造方法

工序	方法					
	惰性气体雾化	真空雾化	旋转电极雾化	等离子旋转	电子束旋转盘	强制对流冷却离心雾化
熔化	真空感应熔化（陶瓷坩埚）	真空感应熔化（陶瓷坩埚）	真空感应熔化，真空氩弧重熔，电极放电重熔	真空感应熔化，真空氩弧重熔，电极放电重熔等离子体	真空感应熔化，真空氩弧重熔，电子束重熔，电极放电重熔	真空感应熔化（陶瓷坩埚）
熔体粉碎系统	喷嘴 Ar 气流	溶解 H_2 向真空室膨胀	旋转自耗电极	旋转自耗电极	旋转圆盘	旋转圆盘 He 对流冷却
保护介质	Ar	Ar+He	Ar 或 He	Ar	真空	He

几种常见的沉淀强化型粉末冶金高温合金的力学性能列于表 9-3 中。Astroloy 高温合金可成功地用粉末冶金法制造。热等静压典型工艺为：压力 105MPa，时间 3h，温度包括 1170℃（低于 γ' 相溶度线）和 1210℃（高于 γ' 相溶度线）两种。比较两种制度所得合金性能，前者抗拉强度和屈服强度高，而后者的低应力断裂寿命和韧性高。因此，粉末冶金 Astroloy 合金常采用低碳成分和在高于 γ' 相溶度线的温度下热等静压。

表 9-3　几种沉淀强化型粉末冶金高温合金的力学性能

合金牌号（加工方法）	力学性能				
	温度/℃	抗拉强度/MPa	0.2%屈服强度/MPa	断面收缩率/%	延伸率/%
Astroloy（热等静压＋锻造）	20	1270	840	11	8
	538	1130	770	18	
In-100（热挤压＋超塑性锻造）	20	1570	1080	15	—
	704	1220	1050	12	

续表

合金牌号(加工方法)	力学性能				
	温度/℃	抗拉强度/MPa	0.2%屈服强度/MPa	断面收缩率/%	延伸率/%
MERL-76(热等静压)	25	1510	1050	15	5
	764	1200	1030	12	
Rene-95(热等静压)	20	1620	1260	12	2
	650	1450	1170	16	

粉末冶金 In-100 合金采用粉末包套热挤压＋等温锻造工艺，能达到用热等静压坯锭和锻造工艺得到的合金性能。等温锻造同普通锻造相比，材料利用率更高，例如，加工 F-100 发动机部件，平均可节省料 30%，一个涡轮盘可省料 15.4kg。

粉末冶金 MERL-76 合金可采用热等静压直接成形后经热处理工艺加工的，已能制造重达 272kg 的涡轮盘。

粉末冶金 Rene-95 合金可采用热等静压或热等静压＋锻造工艺加工，两种工艺所制得的合金性能上相近，与同成分铸锻合金相比，屈服强度稍低，但抗拉强度和应力断裂韧性却提高许多。总之，沉淀强化粉末高温合金性能基本上都高于相同成分铸锻高温合金。

9.1.2　弥散强化粉末高温合金

在以高纯度的羰基镍粉制取镍基合金时，可得到强度、热强性及塑性等综合性能优良的高温合金。羰基镍粉与其他金属粉末的机械混合料冷压成压块，并进行烧结，然后在真空感应炉或真空电弧炉中进行重熔。这种方法可使添加如硼或铈之类的合金元素并使其均匀分布成为可能，从而可制得高性能合金。

粉末冶金方法可保证材料具有良好的工艺性能，以至于在热处理前就可进行挤压、锻造、冲压等压力加工。这种方法的另一个优点是可以制取弥散强化材料。

弥散强化高温合金是指在基体颗粒之间形成均匀分布的且不与基体发生明显作用的高度分散的难熔质点而被强化的高温合金，这正是弥散强化与在特定的工艺阶段中从固溶体中析出强化相的沉淀强化的不同之处。

在许多情况下，弥散强化材料的制取工艺，不仅局限于使弥散强化组元的颗粒均匀分布，而且要将这些颗粒镶嵌到基体材料的颗粒中。弥散强化的物理实质是：弥散强化组元的质点阻碍位错的运动，使材料的蠕变能力显著降低，从而使热强性能得到提高。

弥散强化粉末高温合金的典型代表美国 TD-镍合金。这是一种用 ThO_2(2%～5%)弥散强化的镍材。这种材料用的混合料是用化学沉淀法制取的，在采用这种方法时，一般用的是基体与弥散强化组元的盐溶液，如钨与钍或镍与铪的盐溶液。在溶液蒸发时，便可沉淀出极为均匀的氧化物混合料，然后用氢进行还原。此时，只有基体组元被还原成金属，而 Al_2O_3、MgO、ThO_2、HfO_2、ZrO_2 等弥散强化组元则未被还原，仍以氧化物的形式存在。混合料在 500～600MPa 的压力下冷压成毛坯，压块在氢气中于 1050～1100℃下烧结 1.5～2.0h，再加工成板材、棒材及型材。

由 TD-镍型材料轧制板材，并非一定要用烧结毛坯，原始混合料也可进行轧制，但轧后必须进行补充致密化轧制。

镍基弥散强化合金的重要使用性能是其热稳定性，该性能在很大程度上取决于强化的氧化物相的性质。弥散强化镍的氧化过程在初始阶段遵循对数规律，而后则遵循抛物线规律。

TD-镍型材料的可靠使用温度可达 1000℃，在更高温度下使用时，则需要有保护涂层。如果在镍基体中添加如铬、铝、钛之类的合金元素，这种合金的力学性能(特别是热强性)和热稳定性则可显著地提高。这种合金可制成板材、箔材、管材、棒材及线材，并主要用于航空工业中制作导向器叶片、火焰稳定器、燃烧室等。另外，这种材料用作飞行器的热气体管路、隔热屏蔽及其他零部件也很有前途。

前面有关镍基合金的所有论述在很大程度上也适用于钴基高温合金。例如，Co64-Cr30-W6 的钴基合金，可采用合金粉或纯金属料粉经配料压制后，于氢气中进行烧结。最终密度可达理论密度的 99%。把烧结的钴基合金与经重熔锻造的同成分钴基合金进行比较，其力学性能列于表 9-4 中。由表 9-4 可发现，除延伸率，烧结钴基合金的各项力学性能都比较高。尤其高温蠕变强度与抗拉强度比铸造材料要高得多。这是由于铸造高温合金往往在晶界处析出大量夹杂物所造成的。烧结的高温合金中加入 3% ThO_2 进行弥散强化，组织可以进一步细化，能够获得更好的性能。

表 9-4　钴基高温合金的常温力学性能

处理状态	密度/(g/cm³)	抗拉强度/(10^7Pa)	屈服强度/(10^7Pa)	延伸率/%	硬度(HV)
1325℃×2h 烧结	8.43	70.2	55.9	6.1	340～350
1300℃×2h 烧结	8.42	70.5	48.4	7.2	330～340
1325℃×3h 烧结	8.41	74.1	54.8	7.2	320～330
熔后经锻造	8.54	49～61	48～52	13.5～12.0	—

9.2　难熔金属材料

难熔金属一般是指熔点高于 1650℃并有一定储量的金属材料，包括钨(3410℃)、钽(2996℃)、钼(2615℃)、铌(2467℃)、铪(2227℃)、锆(1852℃)、钒

(1880℃)、铬(1857℃)、钛(1667℃)等。

由于具有高熔点、良好的热性能、优异的高温力学性能等一系列特性，难熔金属在航空航天、电子信息、能源、化工、冶金和核工业等国防及民用领域有着广泛应用，受到世界各国的高度重视，已成为材料学界最为活跃的研究领域之一[8-10]。难熔金属的发展为尖端技术和工业领域的发展提供了强有力的技术支持，同时，尖端领域的发展又推动了难熔金属材料研究和应用的不断进步。

1）机械工业

难熔金属，尤其是钨、钼，是制造高速钢、各种工模钢的主要添加元素，也是特殊应用的有色金属合金中不可缺少的重要添加元素。

2）航天工业

钨、钼及铌制成的合金具有良好的力学性能，可在高温下使用，现已成为宇航、火箭和导弹等方面的重要材料，如经表面涂覆的钼合金可制作喷气发动机火焰筒、导弹燃烧室、火箭喷嘴、宇航飞行器的隔热板等。

3）化工工业

钨、钼由于在表面生成惰性的氧化物膜 WO_3、MoO_2 而有着非常好的耐酸性。钨、钼合金因其突出的长期耐液态锌腐蚀能力被用来制作锌冶金工业的相关设备及部件。用钼制成腐蚀介质的加热器、热交换器等设备，可以减小设备规格，提高工作效率，延长使用期限。

4）核工业

钨铼合金的强度高，密度大，抗蚀性能好，可用作原子能和核工程的核燃料储存器、控制器以及核动力系统中液态金属钠、锂的存储器。钨铼合金可以加工成管材，用作核反应堆中的热交换器和输热管道。此外，由于钨及其合金对 X、γ 射线的衰减能力很强，是用作各种放射性源的屏蔽元件或容器的一种理想材料，在核工业领域用作防辐射屏蔽材料。

5）电子工业

金属钨、钼及其合金可用来制作放大器、发射管、高压整流管和气体放电器等元件中的阴极、阴极支柱、电流引线、磁控管的包覆零件以及电子管发射极用材、电子封装材料等。

6）军事工业

难熔金属钨及其合金具有很高的密度、强度、硬度等特点，在军事工业中是一种关键材料，被广泛地用作穿甲弹的弹芯材料，如被用作集束箭弹的小箭、聚能弹中的药型罩、霰弹、子母弹、穿甲弹等，具有很大的杀伤威力。

9.2.1 钨及钨合金

钨具有高熔点、高密度、高强度和热膨胀系数小的特点，是极为重要的战略金属。钨的各项物理性能如表 9-5 所示。

表 9-5　钨的主要物理性质

原子序数		74
稳定同位素及其在天然钨中质量分数/%		180(0.14),182(26.41),183(14.4),184(30.64),186(28.41)
相对原子质量		183.86
晶体结构		α-W,体心立方,a=0.316522+0.000009nm(25℃) β-W,630℃以下稳定,立方晶格,a=0.5046nm
熔点/K		3683±20
沸点/K		5973±200
密度/(g/cm³)		19.32
热导率/[W/(m·K)]		166.2
线膨胀系数(298～2273K)		$-8.69\times10^{-3}+3.83\times10^{-4}T+7.92\times10^{-8}T^2$
电阻率/(Ω·m)	298～1240K	$4.33471\times10^{-12}T^2+2.19691\times10^{-8}T-1.64011\times10^{-6}$

以钨为基(含钨量为 85%～99%),并添加入少量 Ni、Cu、Fe、Co、Mo、Cr 等元素可制备钨基高密度合金,其密度达 16.5～19.0g/cm³,被称为高比重合金、重合金或高密度合金。由于合金元素的多元化和应用领域的扩展,钨基高密度合金涵盖的合金种类越来越多,均简称为"钨合金"。钨合金主要包括 W-Ni-Fe、W-Ni-Cu 和 W-Cu 合金等,此外钨合金还包括多种新型钨基合金材料体系,如 W-Hf、W-Ta、W-Re 等合金。

钨合金具有一系列优异的物理力学性能、如密度高、强度高、硬度高、延性好、导热和导电性好、热膨胀系数小等,因而在尖端科学领域、国防工业和民用工业都得到了非常广泛的应用。其具体主要体现在以下几个方面:

(1) 密度高。高密度钨合金的密度一般为 16.5～19.0g/cm³,即相对于钢密度的 2 倍以上。

(2) 抗拉强度高。烧结态 W-Ni-Fe 高密度合金的抗拉强度为 800～1000MPa,热处理和形变加工处理后其强度可提高到 1300～1500MPa。

(3) 延性好。W-Ni-Fe 高密度合金具有很好的延性,其烧结态的伸长率可以达到 10%～15%,经真空或气氛脱氢处理后,伸长率可提高到 20%～30%。

(4) 良好的吸收射线的能力。高密度钨合金的吸收射线的能力比铅高 30%～40%,其稳定性也比铅好。

(5) 良好的电性能。W-Ni-Cu、W-Ni-Fe 高密度合金具有良好的导电性、耐电蚀性、耐高压等电性能。

(6) 良好的导热性及较小的线膨胀系数。其导热系数为模具钢的 5 倍，而线膨胀系数只有铁或钢的 1/3～1/2。

(7) 良好的耐腐蚀性与抗氧化性，钨合金的发展自 20 世纪 30 年代起，其应用领域在不断地扩大，钨合金的年需求量和消费量呈指数增加，美国是世界上最大的钨合金消费国和生产国。20 世纪 90 年代初，美国的年产量已超过 1000t，而我国当时的最高年产量仅超过 300t。2003 年，我国钨合金的年产量超过 1200t。而到 2008 年，我国钨合金产量已超过了 3500t。

9.2.2 钼及钼合金

钼是在 18 世纪末由 P. J. Hjelm 发现的，在 20 世纪才得到广泛应用和快速发展。钼是稀有高熔点金属，属于元素周期系中第五周期的ⅥB 族。钼是一种银白色金属，外形似钢。钼的熔点高，蒸气压很低，蒸发速度也很小，它的高温延伸性能比钨好，易于压力加工，可以加工成很薄的箔材和很细的丝材。钼的硬度和强度极限比钨低，它的热膨胀系数与玻璃接近。钼的主要物理性质如表 9-6 所示。

表 9-6 钼的主要物理性质

原子序数		42
稳定同位素及其质量分数/%		92(14.84),94(9.25),95(15.92),96(16.67),97(9.55),98(24.14),100(9.63)
相对原子质量		95.94
晶体结构		体心立方
晶格常数/nm		0.314737
原子体积/(cm^3/mol)		9.42
密度/(g/cm^3)		10.2
熔点/℃		2620
沸点/℃		4650
熔化热/(kJ/mol)		27.6
蒸发热(沸点时)/(kJ/mol)		589.66±20.9
升华热(25℃)/(kJ/mol)		664.5
比热阻/(Ω·m),25℃		5.2×10^{-8}
比热/[W/(g·K)],20℃		0.245
硬度(HB)/MPa	烧结钼条	1470～1568
	锻打钼条	1960～2254
	2mm 厚钼板	2352～2450
	退火态钼丝	1372～1813

续表

弹性模量/MPa(丝材)		$(28.5\sim30.0)\times10^4$
丝材抗拉强度/MPa	未退火	1400～2600
	退火丝(延伸率 20%～25%)	800～1200
热膨胀系数/K^{-1}	0～20℃	5.3×10^{-6}
	25～700℃	$(5.8\sim6.2)\times10^{-6}$
	塑-脆转变温度/℃(大变形,90%以上)	−40～+40

钼可以呈 0、+2、+3、+4、+5、+6 价。+5 和+6 价是其最常见的价态。钼的低氧化态化合物呈碱性,而高氧化态化合物呈酸性,钼的最稳定价态为+6 价。常温下,钼在空气中是最稳定的;当温度在 400℃时发生轻微氧化,高于 600℃时,迅速氧化成三氧化钼;高于 700℃时,水蒸气将钼强烈氧化成 MoO_2。钼与氢混合加热到钼的熔化温度都不发生任何化学反应。但钼在氢气中加热时,能吸收一部分氢气生成固溶体,例如,在 1000℃,100g 金属钼能吸收 0.5cm^3 氢气,在 300℃时氢气被细颗粒钼粉吸收。低于 1500℃以下,钼与氮不发生反应;高于 1500℃时,钼与氮发生化学反应生成氮化物。假如氮的压力低,到 2400℃都还不会发生反应。碳、碳氢化合物和一氧化碳从 800℃开始,就与钼相互作用而生成碳化钼(Mo_2C)。

钼的非常重要的应用领域是钢铁工业及催化剂工业等。在钢铁行业中钼的消费比例为:合金钢占 43%～44%、不锈钢占 22%～33%、工具钢占 8%、铸钢占 6%。其他工业应用的消费比例为:超合金占 3%、金属钼占 6%、钼化学品占 10%、其他占 1%。钼的高熔点、低膨胀系数、高热导率和高的高温强度,使其在电子和电工材料、汽车工业、航空和宇航等工业部门也得到广泛的应用,如电子和电工材料及电子管、加热元件和半导体材料、高温测量用高温热电偶、汽车工业用涡轮增压发动机增压转子、气门阀体、火花塞和发动机零部件,以及航空和宇航工业用发动机和高温结构件等。金属钼、钼合金和钼的化合物广泛应用于现代技术的很多领域中。其中最主要的行业所用的产品如表 9-7 所示。

表 9-7 钼合金的主要应用行业

钢铁工业	主要用作钢的添加剂,钢中添加钼可使钢具有均匀的微晶结构,扩大热处理温度范围和淬透深度,还能提高其硬度和韧性、抗蠕变性能
金属压力加工行业	钼合金顶头是穿制不锈钢管的重要工具,添加钼的模具可用钢、铝的型材
电光源、电真空行业	电灯泡中支撑钨丝的钩子,电子管的栅极、发射管和二极整流管阴极,封装在石英玻璃的杆,汽车业的反光罩等。它所使用的钼产品是钼杆、钼丝、高温钼丝、钼板和钼箔带等

续表

建材工业	在建材工业中用于生产硅酸铝纤维的钼电极棒和生产玻璃纤维的钼电极板
机械工业	用于高温炉的发热体、支撑架的结构件、隔热屏和高温器皿、钨丝和钼丝配合可作热电偶。所使用的钼产品是钼丝、高温钼丝、TZM 结构材料、舟皿、坩埚、热电偶套管、钼板和钼带、硅钼棒等
宇航、军事工业	用于火箭、导弹部件，如喷嘴、发动机的燃气轮片、冲压发动机喷管、火焰导向器及燃烧室
核工业	钼具用热中子捕获截面小，有持久强度，对核燃料的稳定性能和抵抗液体金属的腐蚀等特性，故用作核反应堆的结构材料，如隔热屏等
化工、纺织工业	由于钼酸盐容易被还原成钼蓝，所以钼的化合物可以作丝、毛、棉织物及毛皮的染料，所以在染料和清漆生产中广泛使用钼酸钠
农业	微量的钼可刺激植物生长，尤其对豆科植物的作用更为显著，施加微量的钼肥能使大豆增产 10%～15%，水稻增产 20%～25%

随着科技的不断发展，纯钼由于室温脆性大、再结晶温度低等缺点难以满足社会发展需要。为此，人们通过添加合金元素或化合物发展了多种高性能钼合金体系，如 TZM 合金、二硅化钼合金、钼铜合金、钼铼合金、钼钨合金和 ODS 钼合金等。目前，这些合金体系已在航空航天、能源、国防及电子等高科技领域得到广泛应用，为社会发展和科技进步作出了重要贡献。

9.3 粉末冶金电工材料

粉末冶金电工材料是指在各种电机及电工仪表中需采用粉末冶金技术制备的材料及制品，但不包括广泛应用于各种电机及电工仪表中的减摩制品，在电工用的粉末冶金制品中，通常仅包括触头和电刷等[11-13]。

9.3.1 触头材料

触头材料主要分为两大类，即断路触头和滑动触头。断路触头包括用于周期性的切断及闭合的各种触头；而滑动触头则包括接触部分互相滑动而并不切断的各种活动触头。触头的制造工艺有两个基本方案，现分述如下：

第一种工艺方案：在相应的混合器中混合所有原始组元，制取的混合料冷压成所需形状的制品，然后将已成形的制品在高于易熔组元熔点的温度下进行烧结。这种工艺方案是主要的并在工业中得到了广泛应用。

第二种工艺方案：冷压难熔组元的粉末，经低温烧结并以银或铜浸渍多孔难熔体。浸渍工艺用来制造钨-铜、钨-银、钼-铜、钼-银系的触头。这种方案能保证制得强度与耐磨性均比较高的触头。为了改善浸渍效果，可在难熔金属粉末中添加少量可使难熔金属骨架得到浸润的粉末。用铜浸渍通常在1200℃下进行，而用银浸渍则在1100℃下进行。这个过程是在难熔金属多孔毛坯于有保护气氛的炉内加热到必需的温度下进行。在多孔毛坯上放置一块(一片)银或铜，浸渍过程就随着材料熔化而开始。

触头制品在使用过程中的重要问题是它们在电流作用下被烧损。在整流时，整流设备中触头零件的工作表面通常在电路切断和闭合过程中所产生的电弧的作用下被烧坏。因此，触头材料应该具有高的抗弧性、高的强度、高的导热及导电性。烧结触头材料可以充分地满足这些要求。这种材料(主要牌号)是高导电金属——铜或银与难熔金属(特别是钨)的假合金，其中难熔组元构成骨架。

现代粉末冶金触头材料品种相当繁杂。牌号为CH、CB及CM的触头有多种不同的成分，其中钨、钼、银及铜的含量的变化范围则很宽。随着难熔金属含量的增大，触头的机械强度提高，而导热性及导电性则略有降低。但必须指出，触头材料的导热性、导电性不低于纯铜、纯银的80%。

各种触头的主要应用范围如下：

触头牌号	主要应用范围
CH	磁力启动器、重负荷继电器、焊机的振动变流器
OK	磁力启动器、控制器、断路器、电流启动器、信号器
CB	大功率空气断路器、阳极自动开关、变压器、换流器
CM	接触器、消弧触头、医用器械的开关、继电器、无线电接收机的振动变流器
OM-10	焊接触头
OC	低压开关、直流的振动触头
CKB	空气开关、电梯控制器的开关
MKB-80，MB	大负荷空气开关、焊接设备的触头、高压开关

触头材料的物理力学性能在很大程度上取决于其组成成分。一般来说，其主要物理力学性能如下：

密度/(g/cm^3)	8.15～16.3
硬度/MPa	250～2200
抗拉强度/MPa	180～1170

除了上述触头，还采用纯银或银铂合金制作的触头。这些触头一般做成片状、盘状及条状，主要在弱电仪表中用作断路触头和滑动触头。

高耐磨触头的制造工艺特点是，原始混合料不是通过各种粉状组元简单混合的方法，而是通过从硝酸盐水溶液中沉淀的方法制取。例如，为制得Ag-CdO混合料，采用硝酸银及硝酸镉的混合水溶液，并加入NaOH进行沉淀反应。此时，相应的银及镉的水合物则沉淀；沉淀物经洗涤、干燥并在 400～500℃下煅烧，便可制得非常均匀的具有高分散度的 Ag-CdO 混合料，用这种混合料制成的触头是有较高的耐磨性。

Ag-CdO 系基触头的硬度及单位磨损与原始粉末平均颗粒尺寸的关系曲线如图 9-1 所示。从曲线图中可以看出，随着粉末颗粒尺寸的增大，硬度降低，而循环次数提高。

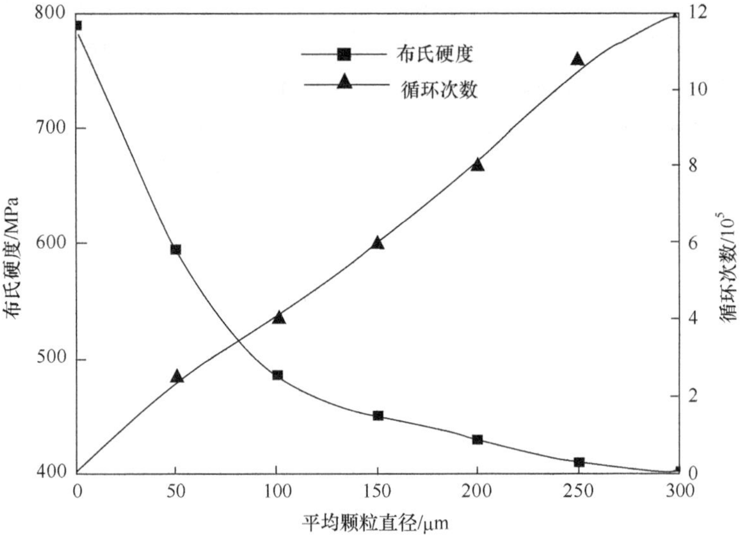

图 9-1 触头单位电磨损与硬度及颗粒尺寸的关系

Ag-Ni 触头可通过从溶液中共同沉淀草酸镍与草酸银混合物并随后在 400～450℃煅烧、分解及还原的方法取得的混合料来制造。用这种方法制取的混合料制造的触头的质量高于用粉末机械混合法或硝酸盐溶液沉淀法制取的混合料制造的触头。

混合盐的热解温度对混合料的比表面积有着重大影响。混合盐的热解温度对由草酸盐制得的金属粉末混合物颗粒平均尺寸的影响曲线如图 9-2 所示。随热解温度升高，由草酸盐制得的金属粉末混合物颗粒平均尺寸逐渐增大。

在电弧放电时，触头工作表面的烧损性质对于烧结材料及铸造材料是不同的，这种差别首先表现在电弧放电时由假合金制造的触头其工作表面上不形成液态层，其主要组元仍保持固相，而由铸造金属（如铜）制造的触头表面则发生熔化并被侵蚀。在铜基体外包一层厚度为 3mm 的钨-镍-铜或钨-铜-银组的触头具有较好使用质量，使用这种材料能保证其工作面散热良好，侵蚀减少，从而可提高触头的使用寿命。

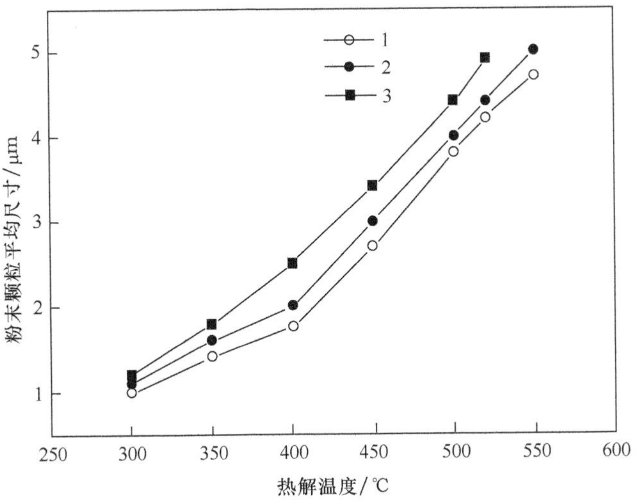

图 9-2　混合盐分解温度对生成的金属粉末颗粒平均尺寸的影响

1-Ag；2-Ni；3-触头的混合料

如上所述，触头磨损的基本原因是使用过程中在其间发生的电弧放电，因此凡形成电弧的临界电流强度值及临界电压值较高的元素，都比较适合于制造触头，并具有较高的耐磨性。

制造触头用的某些材料在不同的电压下成弧的临界电流强度见表 9-8。

表 9-8　各种材料成弧的临界电流强度

材料	电压/V				材料	电压/V			
	25	50	110	220		25	50	110	220
石墨	—	5.0	0.7	0.1	铜	—	1.3	0.9	0.5
钼	18	3.0	2.0	1.0	镍	—	1.2	1.0	0.7
钨	12.5	4.0	1.8	1.4	镉	0.5	0.5	0.5	0.5
银	1.7	1.0	0.6	0.25	铅	7.5	3.0	2.0	1.0

难熔金属（如钨和钼）具有对于触头应用很重要的一些性能，即高熔点、高强度、高蒸发温度，但难熔金属的导热性及导电性低，因此通常采用铜或银作为第二组元来弥补难熔金属这些不良的性能。

9.3.2　电刷材料

电刷的制造工艺与触头材料类似。电刷主要以薄片、圆棒及圆筒形式在电机、磁电机、直流发电机及电解设备中用作集电器。电刷主要由铜及碳制成，并采用炭或各种类型的石墨作为碳组分，而采用铜及其与锡或铅的合金作为金属组分。

制造电刷最普遍应用的工艺方法是将原始金属粉末与炭粉或石墨粉及能提高电刷强度的添加剂相混合。可用作添加剂的有沥青、炭黑、焦炭粉及橡胶。为了制得均匀的混合物,先混合含碳的各组元(通常在加热的情况下),然后将所制得的混合料再与金属粉末进行混合。混合料在 200～400MPa 的压力下压制成压坯并切割成所需形状。成形的制品在保护气氛中于 700～800℃下进行烧结。

用上述方法制造电刷的工艺流程如图 9-3 所示。

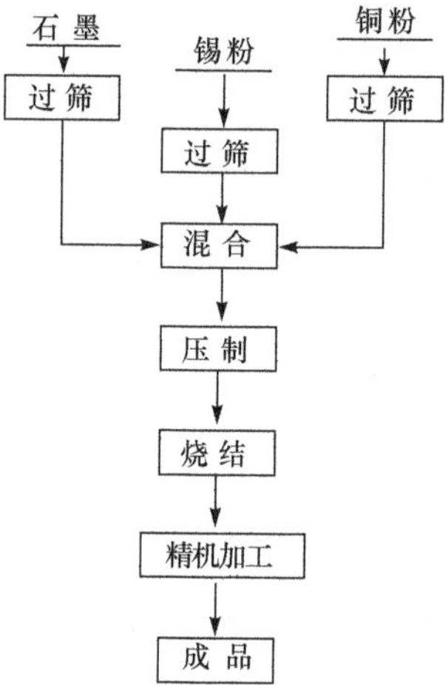

图 9-3　金属石墨电刷制造工艺流程图

除上述工艺,还可采用以铜或铜合金浸渍含碳组元的多孔毛坯来制造电刷,但这种方法很少应用。

铜(铜合金)含量在 25%～92%的电刷应用最广泛,几种电刷的性能见表 9-9。

表 9-9　几种最重要的电刷的性能

类型	最大允许电流密度/(A/cm²)	最大允许圆周速度/(m/s)	电阻率/(Ω · m)	肖氏硬度	在 15m/s 时对钢的摩擦系数
Cu-碳电刷	6～8	10～15	30～60	45～58	0.25～0.30
Cu-石墨电刷	7～11	12～15	15～45	35～50	0.25～0.30
Cu-人造石墨电刷	9～11	25～45	10～65	20～70	0.25～0.30

通常的金属-碳或金属-石墨电刷不适于在宇宙条件下工作,因为在高真空下这种电刷会发生脆性断裂。近年来,一些新型电刷材料已经研制成功,这些材料的基体是铜、银及某些其他金属,而碳或石墨则用难熔金属的硫化物或硒化物来代替。用这种材料制作的电刷较金属碳或金属石墨电刷具有高得多的强度,并且有低的摩擦系数、高的耐磨性以及相当高的导电性。这种材料是用经典的粉末冶金方法制取的,即原始粉末混合、混合料冷压成形及压坯烧结。

9.4 粉末冶金磁性材料

用粉末冶金法制造的现代磁性材料可以分为以下几类:软磁金属材料、硬磁金属材料和铁氧体等[14]。

软磁金属材料包括具有高的起始磁导率和最大磁导率、低的矫顽力、小的磁滞回线面积以及在反复磁化时具有较小的涡流损失的材料,这种材料由纯铁及其与镍或钴的合金制成。

硬磁金属材料(永磁体)是含有铝、硅、镍、铜及钴的铁基合金,这种材料在较大的磁感下具有高的矫顽力。

铁氧体是由各种氧化物合金所构成的,其中主要的有铁、锰、锌、镍及钡的氧化物,铁氧体的特点是具有高的电阻率及一系列高的磁性能。

所有这些磁性材料在如无线电技术、电话通信、电子技术等各个工业部门得到了广泛应用。

前两种磁性材料可用铸造法及粉末冶金方法制得,而用粉末冶金方法能保证更高的成品率,质量通常也比较高。后两种材料则仅能用粉末冶金方法制造。

与铸造工艺相比,用粉末冶金方法制造磁性材料具有一系列的优点,其中主要有:可保证精确的化学成分、获得比较均匀而细小的组织、具有高的成品率及比较低的成本。

9.4.1 软磁金属材料

软磁金属材料主要用作各种类型的导磁体。用铸造法制造整体导磁体实际上是不可能的,因为在使用过程中,其内部会产生涡流。所以这样的制品,通常由板片制成叠片体。

粉末冶金为采用整体压制的导磁体提供了可能,这种导磁体是由铁粉与如硅和铝粉添加剂(6%~16%)的混合料制成的。在某些情况下,为了改善烧结,还可加入少量的硼。

软磁金属材料还包括铁与镍的合金(Permalloy)及铁与钴的合金(Permendure)。孔隙度对软磁材料的磁性能有着很大的影响。当孔隙度超过 2%~3% 时,烧结磁体的性能低于铸造磁体的性能。当孔隙的体积含量小于 1%时,烧结磁体的性能相似于或甚至可超过铸造磁体的性能。

由于烧结磁体具有细晶组织,其性能可显著超过铸造磁体的性能。表 9-10 列出了几种主要类型的烧结软磁材料化学成分及主要应用范围,而表 9-11 列出了这些材料的最重要的性能。

表 9-10　主要类型软磁金属材料的化学成分及应用范围

材料名称	化学成分	主要应用范围
铁	Fe，100%	各种仪表的导磁体，在稳定磁场中工作的极靴
铁-镍	Ni，40%～80% Fe，60%～120%	小容量变压器及通信和自动设备中的扼流圈的铁心
铁-钴	CO，30%～50% Fe，70%～50%	具有高磁通量浓度的导磁体的零件，电话振动器，磁摩擦变电器的铁心

表 9-11　软磁金属材料最重要的性能

材料	磁导率 μ /(10^4 H/m)	矫顽力 H/(A/m)	在不同场强(A/m)下的磁感应 B/T		
			80	800	8000
铁	260～630	56～96	0.2～0.5	1.25～1.40	1.55～1.65
Permalloy	320～580	52～90	0.4～0.6	1.38～1.54	1.55～1.65
铁-硅(4%Si)	500～750	32～72	0.35～0.55	1.20～1.35	1.45～1.65
铁-硅(6.5%Si)	650～1000	24～48	0.6～0.8	1.25～1.35	1.45～1.55
铁-磷(1%P)	380～650	50～78	0.3～0.6	0.25～1.40	1.55～1.60

软磁材料具有一系列的特点，这些特点表现在软磁材料的性能在很大程度上取决于晶格缺陷的控制。当这种材料形成均匀的固溶体组织时，基本上可得到最高的性能指标，因此，用粉末冶金方法制取比用其他方法更为有效。同时，粉末冶金方法可以保证制品具有较高的质量稳定性、较高的成品率，因而可得到较好的经济效益。

用粉末冶金方法制取的主要软磁材料有纯铁、铁与镍、钴的合金。铁粉应该是高纯的。因此，用还原铁鳞的方法制得的粉末是不太适用的。最好采用羰基物热解法或电解法制取的粉末。这两种粉末中羰基法制取的粉末无论在纯度还是在分散度方面都更优越一些。镍粉和钴粉也应该是高纯的。在使用纯铁时，因其电阻小，涡流损失值很高，而在制造普通的(非粉末的)制品时，为防止涡流损失，通常制成叠片形式。因此，在用粉末冶金方法制造铁基软磁材料时，通常向铁中加入硅，以便降低涡流损失。

目前的研究结果表明，软磁金属材料中最佳含硅量为 4%～6%。软磁材料制品用普通粉末冶金工艺来制造，即混合原始粉末，在 500～700MPa 的压力下压制成所需形状的制品，并将成形的制品在还原性气氛中于 1100～1150℃下进行烧结。

为了改善性能，烧结制品可在 800～1000MPa 的压力下进行复压，并在不高于 1300℃的温度下进行长时间补充退火。

在制造合金制品时，会发生硅的大量烧损，但其烧损量是可估算的，因此可在混合料中略多加一些硅。采用这种工艺既可制造毛坯，也可制造成品。

为了改善压制性能，在混合料中通常加入各种添加剂(0.3%～0.5%)。Fe+Ni 合金及 Fe+Co 合金的毛坯可压力加工成板材、带材及棒材，Fe+Ni 合金毛坯则很难进行压力加工。对 Fe-Si 系合金软磁材料的性能有着重要影响的是 Si 含量、孔隙度及工艺制度，特别是烧结温度，这些影响如图 9-4 和图 9-5 所示。

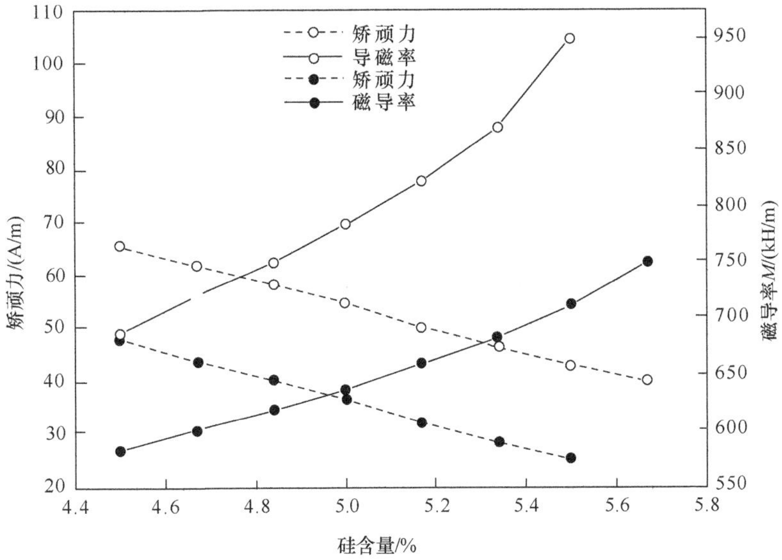

图 9-4　Fe-Si 系合金中硅含量对磁性能的影响

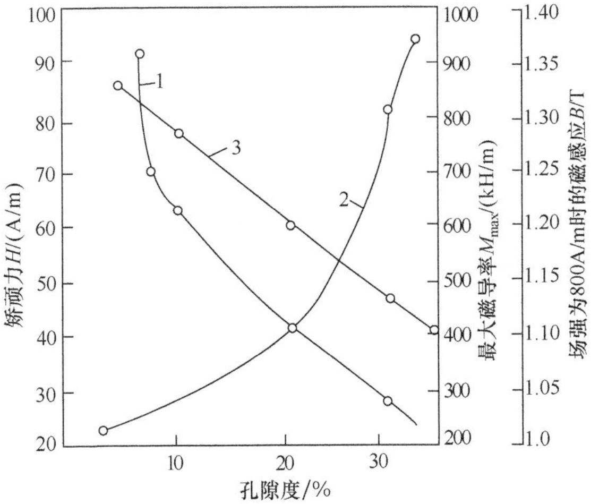

图 9-5　含硅 4%的合金孔隙度对磁性能的影响

1-最大磁导率；2-矫顽力；3-磁感应

在其他二元软磁材料中值得注意的还有 Fe-Al 及 Fe-P 系。对 Fe-Al 系进行的研究结果表明，这种材料的性能在很大程度上取决于铝含量及烧结温度。

为了改善烧结性能，在 Fe-Al 系材料中加入少量的硼(0.01%～0.03%)，以促进致密化过程。如果其含量超过 0.03%，则会产生有害作用，即会导致磁性能的变坏，这可能是由基体相，即铝在铁中的固溶体的晶界析出第二相所造成的。Fe-Al 系合金的正常组织的特征是具有均匀的单相，即在高于 500℃的温度下开始形成单一的固溶体。

Fe-P 系合金材料的制品可按两种方案进行制造：①冷压铁与红磷粉的机械混合料，随后进行烧结；②在 400～450MPa 的压力下压制雾化法制得的原料(Fe+P 的合金粉末)，然后在 1250℃下烧结 2h。

Fe-Si、Fe-Al 及 Fe-P 系二元合金主要用作交流电气设备(频率 50Hz)的材料。

近年来，广泛地进行了探索改善这些材料的制取工艺和提高其磁性能的研究工作。软磁材料在许多情况下需进行热磁处理，其实质是将磁性制品加热到 710℃左右的温度，并在该温度下保温 10～15min，随后以约 20℃/min 的速度在磁场中冷却。这种处理可以提高材料的磁导率。

热磁处理的有利影响是由在材料中造成稳定的织构所决定的。在许多情况下，热磁处理可与烧结结合在一起进行。

9.4.2 硬磁金属材料

Fe-Ni-Al-Co 和 Fe-Ni-Al-Si 系是硬磁材料的基本类型，这些材料在许多国家，包括俄罗斯、美国、德国、日本、瑞典、英国等得到了极为广泛的应用。这些材料具有很均匀的磁性能，其化学成分通常能精确地保持在所要求的范围内。这些材料品种相当繁多，包括多种牌号。

这类磁体可按几种方案来制造，其中主要方案如下。

第一种方案：所使用的原料是用一般的机械混合方法制得各种粉末的混合料。混合料在 400～500MPa 的压力下压制成所需形状的制品(片、环、套筒、异型零件等)，成形后的制品在保护性气氛中于 1100～1300℃下烧结 2～4h(视成分和外形尺寸而定)。

第二种方案：首先熔炼成给定成分的合金，然后在研磨设备中进行破碎并细磨。经筛分后合金粉末按第一种方案进行压制和烧结。某些合金粉末难以冷压成形，此时则可用热压法来制造。

第三种方案：将磨碎的合金粉末同树脂粉末(多半是酚类树脂，如粒化的酚醛塑料)混合，然后将该混合料进行压制，同时加热到 180～220℃(视树脂的类型而定)，并在该温度下保持 2～3h。在加热过程中树脂发生聚合，即在不改变材料化学成分的情况下发生组织转变。加入混合料中树脂的数量为 5%～10%。导磁电介质材料就是用这种方案制造的。

硬磁材料与软磁材料的不同之处在于其有成分相当复杂的多相组织，这种成分的永磁体主要用于各种电机。对于这种磁体，无论在磁性能方面(特别是矫顽力指标)，还是在力学性能方面都提出了十分苛刻的要求。铸造硬磁材料远不能充分满足这些要求，因为这种材料在圆周速度为 110～125m/s 的情况下就会发生断裂。而现代的电机则要求材料在较高的速度下稳定可靠。铸造磁体的另一个缺点是制造时成品率低，最高为 50%。

烧结硬磁材料在这方面有很大的优点，即具有较高的强度及较均匀的组织；用粉末冶金方法制造磁体可使成品率提高到 85%～90%，并可大大提高材料利用率。

硬磁金属材料可应用于电测仪表、电话机、扬声器、永磁发电机、电机及磁力离合器等。重要牌号的硬磁材料的化学成分及其性能分别列于表 9-12 和表 9-13 中。

表 9-12　重要的硬磁材料(铁基)的化学成分　(单位：%)

材料	Ni	Co	Cu	Al	Pt	Fe
铁镍合金	23～25	0～4	—	12.0～13.5	—	余量
铁镍钴合金	17～24	3～15	0～4	8～10	—	余量
钴铂合金	—	余量	—	—	18～22	—

表 9-13　硬质金属材料最重要的性能

材料	剩余磁感应/T	矫顽力/(10^3 A/m)	最大磁导率/(J/cm^3)
铁镍合金	0.55～0.65	24～40	3300～4000
铁镍钴合金	0.60～0.65	44～45	4700～5000
钴铂合金	2.7～2.8	56～62	11200～14000

硬磁金属材料通常制成环状、片状、套筒状、铁心等形状的制品，硬磁材料的主要缺点是脆性大，铸造硬磁材料尤为突出。烧结材料的脆性要小得多，但仍然相当大。因此这些材料对冲击负荷很敏感，很容易断裂。降低这种材料制品的脆性可通过如下方法来达到：第一，提高其密度(降低孔隙度)，这可用热压法使原始混合料致密化来达到；第二，采用强化的方法。例如，采用钨纤维强化磁性材料(铁与镍、铝、钴、铜及钛的合金)，在混合料中加入 15%(体积)直径为 300μm 的钨纤维时，材料的冲击韧性可提高 1.5～3 倍，而同时磁性能并未变差。纤维的长度与直径的比值起着很大的作用：其比值越小，强化的效果越大(图 9-6)。

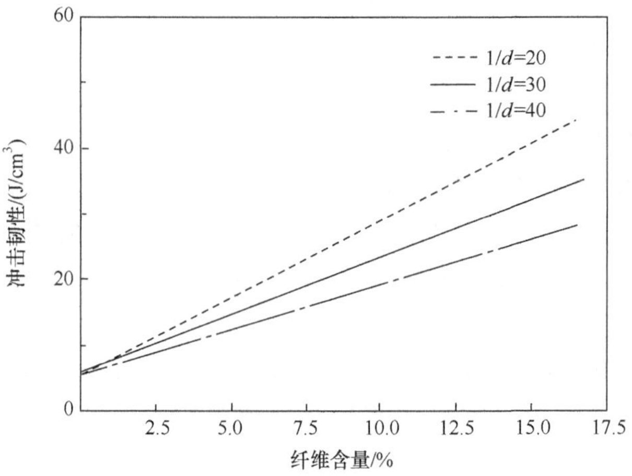

图 9-6 钨纤维强化硬磁合金的冲击韧性与纤维含量的关系

9.4.3 铁氧体

如前所述，导磁电介质为磁塑料制品，是用塑料黏结的硬磁合金晶粒的制品，采用酚醛树脂作为塑料组元。

铁氧体是用粉末冶金方法由各种铁的氧化物与其他氧化物的合金制造的磁性材料，其他氧化物中主要的有镍、锌、钡等金属的氧化物。目前主要应用二元(两种氧化物组成)及三元(由三种氧化物组成)铁氧体。二元铁氧体的通用分子式为 $A \cdot MeO \cdot B \cdot Fe_2O_3$，其中，Me 为 Ni、Zr、Ba 等；A 及 B 为数字系数。在三元铁氧体中，除 Fe_2O_3，还有两种其他氧化物。

铁氧体的组织是铁的氧化物与其他金属氧化物的固溶体。大多数铁氧体具有尖晶石型($MgO \cdot Al_2O_3$)的立方晶格。所有铁氧体均是半导体，并配合有高的电阻率及高的磁性能。铁氧体与软磁材料的区别就在于导致磁导率急剧下降及涡流损失迅速增长的临界频率带移至 100kHz 外的区域内，而对于软磁材料该区域则在 10～100kHz 的范围内。

铁氧体制品用粉末冶金方法来制造。铁氧体按其性能及化学成分可分为如下四种主要类型：

(1) 软磁铁氧体。这类铁氧体是镍磁材料与锌及锰锌磁性合金的固溶体。这类材料在无线电电子学中广泛地应用于 1000Hz 至 100MHz 的频带中。

(2) 具有矩形磁滞回线的铁氧体等。它是 $(MnO)x(MgO)y \cdot Fe_2O_3$ 系基材料，其特点是具有高的电阻率，因而在高频下使用时涡流损失小。

(3) 磁致伸缩铁氧体。这类材料是第一类材料的变种，其特点是具有高的磁性能(高的磁致伸缩及起始磁导率)。

(4) 钡铁氧体。这类铁氧体基于 $BaO \cdot 6Fe_2O_3$ 系，其与金属磁体的不同之处就在于具有高得多的电阻率及矫顽力。

铁氧体的应用范围见表 9-14。

表 9-14　铁氧体的应用范围

铁氧体类型	主要应用范围
软磁(锰锌、镍锌、铁氧体)	用作变压器、磁放大器、感应线圈及变换器的环形铁心，滤波器、感应线圈的壳式铁心，感应器回路线圈、天线、广播收音机、无线电装备和装置变压器的铁心，电视机调谐变压器的铁心
具有矩形磁滞回线(锰磁)铁氧体	用作电子计算机逻辑装置、转换装置和储存装置以及其他机器设备的环形铁心，用于配置各种储存装置，储存和转换元件的多孔磁心
磁致伸缩铁氧体	用作电机械滤波器的铁心，磁致伸缩滤波器的柱形铁心
钡铁氧体	用作电子管及扬声器的环形铁心

制造铁氧体的原始粉末的性能和状态对铁氧体制品的性能有着重大影响，在同样化学成分的原始铁氧体粉末中，尖晶石相含量的波动范围相当广泛，这是由铁氧体化学反应不充分及原料在预先焙烧后的冷却过程中已形成的尖晶石产生分解所造成的。分解的结果便生成尖晶石及赤铁矿两相，而不是单一的尖晶石相。在 800～900℃的温度下冷却时，尖晶石的分解最严重及赤铁矿的析出量最多。

许多铁氧体制品在烧结过程中由于氧化过程的作用而产生裂缝。铁氧体粉末的比表面积在很大程度上取决于煅烧温度。煅烧温度的提高可导致铁氧体粉末比表面降低。

向铁氧体中加入助熔剂，可使烧结过程活化，因此会改善磁性能及其他性能。助熔剂对烧结过程的活化作用可用如下两个原因来加以解释：如果助熔剂及其与铁氧体组元的化合物的熔点低于铁氧体的烧结温度，那么助熔剂的活化作用是由形成液相而产生的；如果在烧结过程中不形成液相，则活化作用是由阴离子或阳离子空位的增加而造成的，此外，在这种情况下还会表现出极化效应的作用。阳离子间的排斥力会阻碍烧结过程，这种排斥力随着 A/K 比值的增大而降低，其中，A 为阴离子数，K 为阳离子数。

A/K 的比值不应小于 133，以使铁氧体-助熔剂系中的烧结能有效地进行。采用如 Bi_2O_3、LiF 等助熔剂可以提高这个比值。助熔剂的加入量通常为 0.5%～0.6%。绝大多数熔剂可溶于基体组元中并与其形成固溶体，也可用其他方法来改善铁氧体的性能。在铁氧体(钡铁氧体)中添加稀土元素(如镧、钐、钕、铕、钪等)可取得特别好的效果。在钡铁氧体添加稀土元素时其离子会置换钡离子。

含有稀土元素添加剂的钡铁氧体的最高性能指标可以通过以下烧结制度获得，即在1200～1250℃下烧结2.0～2.5h。含有稀土元素添加剂的钡铁氧体化学分子式具有如下形式：

$$\frac{x}{a}Me_aO_b(1-x)BaFe_2O_4$$

式中，Me_aO_b 为相应的稀土元素的氧化物；x 为在0～1范围内的数值。当 $x=0.09\sim0.12$ 时，稀土元素不同含量的铁氧体的磁能可达到最大值。

9.5 粉末冶金原子能工程材料

核燃料是指在原子反应堆中发生连锁反应的材料。采用粉末冶金法制造的核燃料有铀、钍及其化合物。

铀具有同素异型转变，经反复加热冷却会产生膨胀收缩，引起复杂的塑性变形。若是经压延加工的材料，由于其变形沿着一定方向，在中子辐照情况下容易产生热疲劳现象，因而采用弥散型陶瓷结构的铀燃料比较有利，而粉末冶金工艺在此获得有效使用。

在弥散型核燃料中裂生物质或其化合物均匀地分布在基体金属内，可以获得较高的韧性与塑性，如 UO_2-Al 合金。把铝粉与浓缩的二氧化铀粉末混合，以500MPa的压力压制成形，周围包上铝板后在600℃进行热压烧结，经退火后冷轧成薄板。

这类核燃料材料中含二氧化铀量约为60%（含铀53%），属于高浓度核燃料。类似这种类型的核燃料有二氧化铀-不锈钢、UO_2-Fe、二氧化铀-石墨以及 UO_2-UC、UO_2-SiO_2、UO_2-ThO_2 等。以化合物为基体的核燃料脆性比较大。

核燃料钍与铀不同，无热疲劳现象。纯钍的加工性能好，但元素碳、氮、氧很容易固溶于钍中产生固溶强化，严重影响加工性。为了获得高纯度钍，常采用粉末冶金法制造。把钍粉压制后在高真空中进行烧结。压制压力为360MPa，烧结温度高，在1200℃以上，烧结制品密度显著提高。

9.5.1 原子能工程结构材料

原子能工程材料都受到中子辐照，中子辐照金属材料，会产生类似于加工硬化的现象，即强度、硬度增加，延伸率下降，脆性转变，温度提高。当中子密度超过 $10^{24}/m^2$ 时，此效果更为显著。这种放射线损伤效果对不同材料是不一样的。对于同一材料，晶粒越细，点阵缺陷越多，损伤效果就越小。因此使用粉末冶金材料比较有利。

满足原子能工程用的结构材料有铝、铍、锆等。铝在高温炉内强度比较低，而锆、铍、烧结氧化铝等都是有希望的材料[15]。炉温很高时，则使用耐热材料钼、钼合金、钴合金、TiC 陶瓷等。

铍的耐蚀性好，高温强度比较高，含有氧化铍时加工性能差。采用粉末冶金工艺，可以生产出高纯度、高塑性的铍。

锆的原料粉为四氯化锆，经还原后获得海绵锆。在氢气中加热到 240～800℃，得到二氢化锆（ZrH_2），破碎后在真空中加热得锆粉。由于 ZrH_2 粉末的烧结温度低，受成形压力的影响小，烧结效果好，所以往往直接用 ZrH_2 粉末作为原料。使用温度高时，采用锆-铝、锆-锡混合粉，以 200～1000MPa 的压力进行压制，在 1200～1300℃烧结，制成合金使用。

9.5.2　控制材料与屏蔽材料

控制材料与屏蔽材料要求对热中子有足够的吸收能力，强度高，质量轻，耐蚀性好，主要使用硼与硼的化合物。一种方法是采用硼或碳化硼的单一粉末进行烧结，也可在其中加入 B_2O_3 或硼酸盐制成陶瓷材料。制成碳化硼陶瓷材料如 B_4C-Al，可以提高韧性与抵抗热冲击能力。其他有 TiB_2、ZrB_2 与不锈钢、铬、钼、钨等复合的陶瓷材料。BN 的耐热性好，热膨胀系数小，因而 BN+B_4C 材料也比较好。

9.5.3　原子能工程包套材料

作为原子能工程包套材料，要求对热中子撞击原子核的运动具有减速作用。比较适用的材料有铍、氧化铍、烧结氧化铝等。铍与氧化铍都是高弹性材料，而弹性系数与密度有很大关系。一般都用热压法制造，热压温度为 870～1150℃，压力为 70～140M。烧结氧化铍的高温强度见表 9-15 中。

表 9-15　烧结氧化铍的高温强度

温度/℃	20	499	899	1138	1299
抗拉强度/MPa	—	78	45	14	4

9.6　展　　望

航空刹车片、离合器摩擦片、多孔过滤器、多孔发汗材料、含油轴承、磁粉芯、电触头材料、高比重合金、硬质合金和超硬耐磨零件等因含有大量非金属成分或含有连通孔隙，都不能用普通铸、锻工艺制造，只能以粉末为原料经冷压、烧结等粉末冶金工艺来制造。

航空航天工业中使用的粉末冶金材料最重要的有刹车片材料、多孔材料和高强度粉末合金三类。刹车片是飞机机轮刹车装置的核心。绝大多数军用飞机和民用机都采用粉末冶金刹车片，因为每次刹车都会发生磨损，一般 100～500 次后就需要更换刹车片，所以它是飞机上用量最大的粉末冶金材料部件。涡轮发动机润滑系统和飞行器液压操纵系统中使用的青铜或不锈钢粉末冶金过滤器，是防止微粒堵塞和卡滞的重要部件。金属纤维多孔材料的强度和塑性较好，可用于高温部位，如涡轮喷气发动机叶尖密封环用的高温合金毡带、火箭发动机燃烧室内壁、喉衬用的发汗冷却多孔材料。高强度粉末合金，是经粉末热成形的近全致密的高温合金、铝合金和钛合金。一些现代飞机的发动机已使用粉末高温合金涡轮盘，粉末铝合金主要用作飞行器和发动机结构材料。

汽车行业仍然是粉末冶金工业发展的最大动力和最大用户。一方面汽车的产量在不断增加，另一方面粉末冶金零件在单辆汽车上的用量也在不断增加。粉末冶金铁基零件在汽车上主要应用于发动机、传送系统、ABS 系统、点火装置等。汽车发展的两大趋势分别为降低能耗和环保，主要技术手段则是采用先进发动机系统和轻量化。欧洲对汽车尾气过滤的严格要求为粉末冶金材料提供了很大的市场。在目前的发动机工作条件下，粉末冶金材料具有更好的性能优势和成本优势。

工具材料是粉末冶金工业另一类重要产品，其中特别重要的是硬质合金。加工作业要求加工工具本身更锋利、刚性更好、韧性更高；加工材料的范围扩大到铝合金、镁合金、钛合金以及陶瓷等；尺寸精度要求更高；加工成本要求更低；环境影响要减到最小，干式加工比例更大。这些新要求加快了粉末冶金工具材料的发展。

粉末冶金材料今后的发展方向主要有：制备大体积、高质量的精密结构零部件；制造具有均匀显微组织结构的、加工困难而完全致密的高性能合金；用增强致密化过程来制造含有混合相组成的特殊合金；制造非均匀材料、非晶、微晶、纳米晶或者亚稳态合金；加工独特的和非一般形态或成分的复合零部件。

思　考　题

1. 简述电触头材料的分类及实例。
2. 采用压制-烧结、复压-复烧或退火工艺制备银基触点的注意事项有哪些？
3. 熔浸法适合制造哪些触点？
4. CdO 在银基触点中的作用和机理是什么？
5. 简述高性能粉末冶金材料及技术的特点。
6. 什么是氧化物弥散强化型高温合金？

参考文献

[1] 王会阳，安云岐，李承宇，等. 镍基高温合金材料的研究进展[J]. 材料导报，2011，25：482-486.

[2] Zhang C，Zhang L，Li M，et al. Effects of microstructure and γ' distribution on the hot de-

formation behavior for a powder metallurgy superalloy FGH96[J]. Journal of Materials Research,2014,29(23):2799-2808.

[3] 何国爱,杨川,刘锋,等. 热挤压对粉末冶金 PM-0002 镍基高温合金组织及热变形行为的影响[J]. 机械工程材料,2016,40(4):65-70.

[4] 何国爱,丁晗晖,刘琛仄,等. 粉末特性对镍基粉末冶金高温合金组织及热变形行为的影响[J]. 中国有色金属学报,2016,26(1):37-49.

[5] Qiu C L,Andrews P. On the formation of irregular-shaped gamma prime and serrated grain boundaries in a nickel-based superalloy during continuous cooling[J]. Materials Characterization,2013,76(2):28-34.

[6] Li F L,Yin F J,Feng D,et al. Impact of γ'(Ni_3(Al、Ti))phase on dynamic recrystallization of a Ni-based disk superalloy during isothermal compression[J]. Journal of Alloys and Compounds,2017,693(5):1076-1082.

[7] Jiang J,Yang J,Zhang T,et al. On the mechanistic basis of fatigue crack nucleation in Ni superalloy containing inclusions using high resolution electron backscatter diffraction[J]. Acta Materialia,2015,97:367-379.

[8] 易健宏. 粉末冶金材料[M]. 长沙:中南大学出版社,2016.

[9] 刘彩利,赵永庆,田广民,等. 难熔金属材料先进制备技术[J]. 中国材料进展,2015,34(2):163-169.

[10] 范景莲,黄伯云,汪登龙,等. 纳米晶难熔金属高密度钨合金的研究现状及应用发展前景[J]. 粉末冶金技术,2001:237-240.

[11] 张齐勋,谢健全. 粉末冶金银-氧化铜触头材料[J]. 中国有色金属学报,1996,6(2):121-124.

[12] 谢健全. 粉末冶金 Ag-W70 触头材料的研制[J]. 粉末冶金材料科学与工程,1999,4(3):228-233.

[13] 王长瑞,肖竑,邵奎武. Cu-C 复合材料的研究进展及其在雷达中的应用前景[J]. 电子机械工程,2014,30(1):34-39.

[14] 丁占来,岑玮,于旭光. 磁性材料的研究进展及发展方向[J]. 河北冶金,2005,5:14-18.

[15] 李佩志. 原子能材料科研与生产的二十年[J]. 稀有金属材料与工程,1985,8:73-75.

思考题答案要点

第1章

1. 技术多样性；工艺复杂性；性能优越性；零件复杂性；手段先进性；规模扩大性；成本低廉性。

2. (1) 粉末冶金的优点有：

① 致密度可控，如多孔材料、高密度材料等；

② 晶粒细小、显微组织均匀、无成分偏析；

③ 近净成形，原材料利用率＞95％；

④ 少、无切削；

⑤ 材料组元可控，利于制备复合材料；

⑥ 利于难熔金属、陶瓷材料与核材料的制备；

⑦ 能制造性能优于同成分熔铸金属的粉末冶金材料；

⑧ 工序短，效率高；

⑨ 设备通用性好，适合于大批量生产。

(2) 粉末冶金的缺点有：

① 原料粉末价格较贵；

② 残余孔隙影响其性能，材料韧性较差；

③ 氧和杂质含量较高，制备高纯活性金属困难；

④ 制品大小和形状受到一定限制。

3. 粉末冶金发展的三个重要标志：

(1) 克服了难熔金属熔铸过程中产生的困难。钨丝(钨粉成形、烧结、再锻打拉丝)的制造方法为粉末冶金工业迈出了第一步，从而推动了粉末冶金的发展。

(2) 粉末冶金方法生产多孔含油轴承材料的成功。用粉末冶金方法制取多孔含油轴承、轴瓦取得成功，这种轴承很快在汽车、纺织、航空等工业得到了广泛的应用，后来发展到生产铁基机械零部件，发挥了粉末冶金无切屑、少切屑工艺的特点。

(3) 高性能工具材料的出现。硬质合金的出现推动了机械加工工业的发展，后来又广泛应用于金属切削、矿山开采、拉拔模具、耐磨零件等各个领域。

4. 粉末冶金学科的发展趋势：

(1) 辐射领域越来越广(研制新材料、开发新应用)；

(2) 新技术层出不穷(如喷射成形、注射成形等);

(3) 多学科交叉(材料、化学、化工、冶金、物理、机械等);

(4) 高致密化、高性能化、集成化和低成本化;

(5) 非平衡及超细材料和制品的制备,如非晶、微晶、纳米晶、准晶等;

(6) 具有独特组分的复合材料设计与制备。

5. 粉末冶金学科的发展方向:

(1) 粉末制取新技术、新工艺及其过程理论,向超细、超纯、粉末特性可控方向发展。

(2) 建立以"近净成形"技术为中心的各种新型成形技术及其过程模拟理论,如粉末注射成形、挤压成形、温压成形等。

(3) 建立以"全致密化"为主要目标的新型烧结技术及其过程模拟技术,如热等静压、微波烧结、放电等离子烧结等。

(4) 粉末冶金材料设计、表征和评价新技术,粉末冶金材料的孔隙特性、界面问题及强韧化机理的研究。

第2章

1. (1) 粉末冶金材料的细晶特征是因为:

① 原料粉末粒度小,晶粒细;

② 烧结温度约为熔点的0.7倍,比铸造温度低,晶粒不易长大;

③ 孔隙、杂质等会阻碍晶界迁移,也使晶粒不易长大。

(2) 强化:晶界多,且晶界上的原子排列不规则,杂质和缺陷多,阻碍位错的通过。霍尔-佩奇公式 $\sigma_s=\sigma_0+k/\sqrt{d}$ 指出了材料强度与其晶粒尺寸之间的关系,晶粒越细小则强度越高。

(3) 韧化:晶粒细,晶界多,使裂纹扩展遇到更多阻碍,延长裂纹扩展路径,消耗掉部分主裂纹传播过程中的能量,提高韧性。

(4) 改善塑性:晶粒多,应力被更多晶群承担,且沿应力方向承担应力的晶群会带动其他晶群转动,趋向承担应力。在同样塑性变形量下,变形分散在更多的晶粒内进行,变形均匀,可承受重大的变形量。

2. (1) 增强:位错理论,在材料中,弥散相或第二相颗粒是位错线运动的障碍,位错线需较大的应力克服障碍向前运动,所以材料的强度高。有弥散强化(位错绕过留下位错环阻碍位错运动)和颗粒强化(位错塞积引起第二相粒子断裂)等。属于力的概念。

增韧:阻碍裂纹扩展,使裂纹发生偏转,改变裂纹扩展路径,消耗能量,钝化裂纹尖端,减少应力集中。属于能量的概念。

(2) 弥散增强：Al_2O_3 弥散增强 Cu 合金，是细小的 Al_2O_3 粒子均匀弥散分布于铜基体中，可有效阻碍位错运动和晶界滑移，提高合金的强度。

弥散增韧：ZrO_2 增韧 Al_2O_3 陶瓷刀具。纳米 ZrO_2 粒子对基体晶界的钉扎作用抑制了基体晶粒的长大，使微观结构更均匀，临界缺陷尺寸减小，从而提高材料抗弯强度。此外，裂纹在 ZrO_2 粒子周围发生倾斜和偏转，进一步扩展受阻，在弥散粒子之间走"之"字，裂纹形状和长度改变，新断裂表面形成吸收能量，从而提高韧性。

3. 在钨丝中添加弥散分布的纳米二氧化钍(ThO_2)粒子或二氧化铈纳米粒子或氧化钾、氧化硅、氧化钠的纳米粒子产生钾泡的方式进行弥散强化，含量为 0.7%～2%，可同时提高钨合金的强度和韧性。

强化机理：主要是由纳米 ThO_2 粒子引起的弥散强化和纳米 ThO_2 粒子对基体晶界的钉扎作用。①弥散强化的机理是位错绕过弥散相颗粒(Orowan 机制)，即：位错线不能通过第二相粒子，但在外力作用下位错线可以环绕第二相粒子发生弯曲，最后在第二相粒子周围留下一个位错环而使位错通过，而位错线的弯曲将会增加位错区的晶格畸变能，也就增加了位错线运动的阻力，从而提高强度。②纳米 ThO_2 粒子对基体晶界的钉扎作用抑制了基体晶粒的长大，使材料抗弯强度大幅提高；同时，钉扎作用可显著降低基体晶粒的异常长大，使材料的微观结构更加均匀，有利于材料中临界缺陷尺寸的减小，从而提高材料的强度。

韧化机理：主要是由纳米 ThO_2 粒子引起的弥散韧化。裂纹在弥散粒子周围发生倾斜和偏转，弥散粒子就像销一样锁住裂纹前端，阻止裂纹的进一步扩展，使裂纹在弥散粒子之间走"之"字，裂纹形状和长度的改变，新的断裂表面形成会吸收能量，从提高材料韧性，起到弥散增韧的作用。

4. (1) 原因：熔炼拉丝制备的材料是高温结晶，晶粒大，且使用环境也是高温，晶粒会再结晶长大，易于断裂。

(2) 改善措施：

① 加入弥散粒子，实现弥散强化；

② 制备 Fe-Cr-Al 预合金粉，并采用超固相线液相烧结，得到均匀的细晶材料，强度提高。采用机械合金化方法，通过热压制备纳米晶 Fe-Cr-Al 合金，使合金显微组织细化。

5. 室温时，是晶界强，晶内弱，通过位错绕过弥散粒子形成位错环，阻碍位错运动来提高强度；高温时，晶内强，晶界弱，弥散粒子分布在晶界上，通过钉扎晶界来提高强度。

6. 相同点：都属于粒子强化。

不同点：①粒子大小不同，颗粒强化粒子大小为 1～50μm，弥散强化粒子大小为 1～100nm；②强化机制不同，弥散强化为位错绕过机制，即奥罗万机制，而颗粒强化为位错塞积机制，即安塞尔-乐尼尔机制。

第3章

1. 采用提高密度、降低孔隙、合金化、热处理、强化、韧化等方法来提高结构材料的力学性能。

提高材料密度措施如下。

(1) 从原料粉末上采取措施：①选择合适的粉料搭配，如球形粉和针形粉，并调配适当的大小粒度分布；②采用预合金粉，更均匀。

(2) 从压制方面采取措施：①选用适合的压制方式，如改单向压制为双向压制，或采用冷等静压、高能压制等特殊方式成形；②加润滑剂、成形剂，减小模壁摩擦和内摩擦；③选择合适的压制压力，一般压力大，密度高，但弹性后效等副作用也大。

(3) 从烧结方面采取措施：①复压复烧、液相烧结、超固相线烧结、活化烧结、自蔓延烧结等烧结方式；②提高烧结温度；③选择合适的烧结气氛，如真空烧结、压力烧结等；

降低孔隙率：熔渗、熔浸、精整、表面喷丸处理等；

热处理：渗碳、渗氮、碳氮共渗、淬火、正火、回火等。

合金化：根据性能需要加入不同含金元素。

强化：弥散强化、固溶强化、颗粒强化、时效强化等。

韧化：相变增韧、微裂纹增韧、弥散增韧等。

2. ①粉末冶金高速钢采用预合金钢粉作为原料，雾化冷却凝固时，使偏析限制在粉末粒度的尺寸内，大大减少了成分偏析，消除了成分与组织的不均匀性；②粉末冶金高速钢晶粒细小；③在淬火加热时，合金元素和碳化物重新溶解，明显提高成分均匀性，缩短加热时间，减小奥氏体长大趋势。

3. 工艺特点为奥氏体化温度高：致密钢为 AC＋30～50℃，烧结钢为 AC＋100～200℃。

注意事项：①孔隙率＞10％，易腐蚀 ，不能在盐浴中加热；②表面热处理前应进行封孔处理，即滚压、精整或氮化、硫化处理；③加热时采用气氛保护或添加保护性填料；④淬火介质不能用水。

4. ①孔隙的影响：密度低于 6.5g/cm^3，合金的强化作用很弱；②某些强化效果好合金元素，如 Cr、Mn 易氧化，常以中间合金粉或预合金粉引入；③铜和磷常用；④烧结钢中常用的合金元素除碳外，主要有 Cu、Ni、Mo、Cr、P 等。

5. ①与 Fe-Cu 二元系烧结尺寸变化区别较大；②碳降低 Fe-Cu 的熔点、降低 Cu 在 γ-Fe 中的溶解度，增加液相含量，促进收缩；③C 加入可显著改变 Fe-Cu-C

系烧结尺寸变化；④有一个尺寸稳定区，即 C<1%，1%<Cu<3%。

6. Mo 的作用：固溶强化、主要是细化晶粒，提高淬透性和防止回火脆性。引入 Mo 应注意的事项：Mo 在铁中的扩散系数远低于 C，选用共还原 Fe-Mo 合金粉或 Mo-Fe 中间合金粉替代 Mo 粉。镍的作用：固溶强化，在一定添加量内镍可提高强度而不降低韧性。注意事项：镍在奥氏体铁中的扩散系数低于碳和铜，选用细镍粉并在较高温度下烧结（1200℃）；当镍含量超过 2%～3%时，镍和碳对收缩同时起作用，温度越高收缩也越大；引入少量的铜可控制这种过大的收缩。

Mn 的作用：固溶强化；提高钢的淬透性。引入 Mn 应注意：锰与氧亲和力强，在一般烧结气氛下易氧化且难以还原，应以含碳的母合金形式引入。

Cr 的作用：提高钢的强度，还可以改善钢的抗氧化性和抗腐蚀性。当含量较少时，Cr 主要是通过稳定过冷奥氏体改善组织而其强化作用。引入 Cr 时应注意：易氧化，采用混合粉烧结时 Cr 以 Fe-Cr 中间合金或 σ 相粉形式加入配料中；烧结时严格控制气氛的露点或真空烧结。

7. 烧结钢中加入 P 可改善和提高强度和韧性：① 固溶强化；② 与 Fe 在 1050℃共晶反应，形成液相，促进致密化；③铁在铁素体中的扩散系数比在奥氏体中的扩散系数大 100 倍左右，而 P 有缩小奥氏体相区的作用，使铁在铁素体相区或铁素体＋奥氏体双相区烧结，故 P 能促进铁的扩散，加速铁的致密化和孔隙球化；④加 P 可使 Fe-P 合金收缩明显，可分别或同时加入 Cu 和石墨来抑制收缩。

8. ①优先雾化预合金粉，保证成分均匀，有利于合金化和热处理强化；②合金元素的选择要考虑其与氧的亲和力，如 Cr、Mn、V、Ti、Al 等合金元素不宜采用，当 Cr、Mn 含量小于 1%时，进行防氧化处理措施后也可应用；常用的合金元素为 Cu、Mo 和 Ni 等；③原料粉的纯度要高，氧含量和非金属夹杂物含量低。

9. 不锈钢中主要合金元素为 Cr 和 Ni。

(1) 铬，铬对耐腐性起主要作用。一是使钢在氧化性介质中钝化，形成致密的氧化薄膜，防止氧向深层扩散；二是提高 Fe 的电极电位使其由负变正，提高抗电化学腐蚀能力。

(2) 镍，镍是形成稳定奥氏体的主要元素。不含 Cr 时，Ni 含量需超过 24%才能获得低碳的奥氏体组织。Ni 与 Cr 配合使用来提高耐蚀性，加入镍是为了得到单一的奥氏体组织，从而提高其耐腐蚀性和工艺性；控制 Ni 的含量也可得到奥氏体-铁素体双相组织，可通过热处理强化。

第 4 章

1. 硬质合金俗称“工业的牙齿”，是以难熔金属碳化物（WC、TiC、TaC、NbC 等）为基体，以铁族金属（Co、Ni 、Fe）作黏结剂，用粉末冶金方法制造的一种多相复合材料。

2.（1）硬度高、耐磨性好。常温下硬度可达HRA93～94，高温下的红硬性好，600℃时超过高速钢，1000℃时超过碳钢的常温硬度值。

（2）机械强度高，抗压强度可高达6000MPa，900℃时抗弯强度仍可有1000MPa以上。

（3）弹性模量高，通常为$(4\sim7)\times10^5$MPa，在常温下刚性较好，无明显的塑性变形。

（4）耐腐蚀性和抗氧化性好，耐酸、耐碱，600～800℃时不发生明显氧化。

（5）线膨胀系数小，电导率和热导率与铁合金相近。其中，最主要的是高的硬度、耐磨性与高温硬度。

由于硬质合金的上述特点，它在现代工具材料、耐磨材料、耐腐蚀和耐高温材料等方面都占据着重要地位。硬质合金的出现，使切削加工速度成十倍的速度提高，引起了金属切削加工工业的技术革命，它被看成工具材料发展中，继碳素工具钢和高速钢之后的第三阶段的重要标志。

3. 硬质合金切削刀具、硬质合金模具、硬质合金量具与耐磨零件以及矿山石油地质用硬质合金四大类。

4. 制备WC粉需要利用H_2带动C的迁移，实际过程是C和H_2反应生成CH_4再由CH_4与W反应生成WC，所以W粉要装得非常疏松便于气体流通。而制备WC-TiC复式碳化物时，由于都是固体颗粒，物质迁移速率慢，所以要将原料压得密实，减小颗粒间的距离，使反应充分完全。

5. ①合金的基本组成是碳化物加合金钢。从结构上看是通过钢来黏结碳化物，或者是大量的一次碳化物分布在钢基体上的一种金属基复合材料；②由于钢的组成物在显微组织中占有一定的百分比，所以钢结硬质合金具有一定的锻造、焊接、热处理及机械加工等工艺性能。尤其是通过不同热处理可以使某一成分的合金在一定范围内表现出不同的力学性能；③在力学性能上不仅保持了合金钢与硬质合金的基本特性，而且还有不同程度的发展。钢结硬质合金不仅具备高硬度与良好的耐磨性，还有一定的抗冲击能力。若配制成不锈钢、耐热钢钢结硬质合金，还表现出良好的抗腐蚀及耐热性能。

第5章

1. 摩擦材料是指积极利用其摩擦特性，以提高摩擦、磨损性能为目的，用于摩擦离合器与摩擦制动器的摩擦部分，实现动力的传递、阻断，运动物体的减速、停止等行为所用的材料。

2. ①石棉摩擦材料；②半金属摩擦材料；③粉末冶金摩擦材料；④炭-炭摩擦

材料。

3. 三种组元组成：基体组元、摩擦组元、润滑组元。

基体组元：形成材料主体并使之具有一定物理力学性能的组元；粉末冶金摩擦材料的强度、耐磨性在很大程度上取决于基体的组织结构、物理化学性质。

润滑组元：调节材料黏结程度的组元，减少或完全消除黏结和卡滞，促使摩擦平稳，减少表面磨损。

摩擦组元：调节材料摩擦过程中机械相互作用大小的组元，在不损害摩擦表面的前提下增加滑动的阻力。

4. 在无润滑摩擦状态下，铅由于摩擦温升而融化，形成润滑膜，降低摩擦系数，同时降低摩擦面的温度，降温后铅又凝固，使摩擦系数回升至原有水平，称为低熔点金属用作润滑组元的自调节原理。

5. (1) 钢背的加工：铜基摩擦材料采用20钢作钢背，铁基摩擦材料采用合金钢作钢背。

(2) 钢背涂覆。铜基：镀铜(10～15μm)＋镀锡(3～5μm)；铁基：镀铜＋镀镍或直接镀铜，钝化处理，使用时再酸洗。

(3) 混料：一次混入或逐级混(铜基为 Sn→SiO_2→Pb→Fe→Cu→石墨；铁基为石棉粉→SiO_2→$BaSO_4$→Cu→Fe→石墨)。

(4) 压制：①将粉末直接压在钢背上(薄离合器片)。铁基：300～600MPa，铜基：150～300MPa。②将粉料压形后再与钢背叠合(制动片)。

(5) 烧结。铜基：逐步加压至1MPa；烧结温度为750～850℃；铁基：逐步加压至1.5～1.8MPa，烧结温度为1030～1100℃。

(6) 烧结后处理与检测。

第6章

1. (1) 一类是烧结金属含油轴承材料，在材料孔隙中浸有润滑油或在材料成分中加有减摩擦组元或固体润滑组元，用于轻中等载荷工况，采用传统烧结法制备：原始粉末→配料→混合→压制→烧结→浸油→整形→辅助机加工→总检→成品。

(2) 另一类是烧结金属钢背双金属材料，是钢与烧结合金的复合材料，如在钢带上烧结一层铜铅合金粉末等，承载能力较大，用以制造重载轴承，一般采用烧结轧制复合法制备：钢背制备→铺撒铜合金粉→松装烧结→初轧→二次烧结→二次轧制→总检→拳套→整形→总检→成品。

2. (1) 低密度制品(<7g/cm^3)用混合粉；高密度制品(>7g/cm^3)用合金粉。

(2) 为改善锡青铜的性能，一般会引入其他合金元素如P、Zn、Ni等。

3. 锌在烧结时易挥发，故常用雾化合金粉，但仍存在烧损。烧结时的注意事项如下：①气氛干燥；②采用含锌的填料密封；③提高升温和降温速度；④烧结温度一般控制在固相线以下100℃左右；⑤通过复压复烧将孔隙率降至3%～6%，冷锻和热锻都可将密度提高至97%～98%。

4. 石墨、硫和硫化物、硒化物和碲化物、氟化物、六方氮化硼、铅、四氟乙烯，聚甲醛等。

5. (1) 热的作用：轴旋转时，因摩擦使轴承升温，导致润滑油黏度降低并同时受热膨胀，油便从孔隙中渗出形成油膜、维持润滑。轴停止工作，轴承温度降低，油因冷却而收缩，在毛细管吸力下进入轴承内的孔隙内储存起来。

(2) 泵的作用：轴旋转时，把润滑油从一个方向压入孔隙，油通过轴承内的孔隙通道渗至较远处后又溢出到工作面，使润滑油不断循环使用。

6. 粉末冶金＋压力加工＋机械加工。

(1) 制粉：雾化法制取铅青铜粉。铅含量可达50%以上，粉末粒度控制在0.40mm左右。

(2) 钢带去锈，调平，根据需要可以电镀铜或锡。

(3) 布粉，布粉厚度在0.4～1.5mm，可预先在钢带上涂胶以稳定粉末。

(4) 还原气氛下预烧，温度780～850℃，保温时间15～20min。

(5) 轧制，精确控制压下量，以保证全致密，但压下量过大会导致二次烧结出汗。

(6) 二次烧结，工艺同预烧。

(7) 二次精轧制至预定尺寸。

(8) 后加工成轴瓦、轴套、下料、打弯、成形、整形和机械加工。

(9) 电镀Cu-Sn、Pb-Sn-Cu或Pb-In合金保护膜，膜厚0.05mm。

第7章

1. 粉末冶金多孔材料的特点如下：

(1) 孔径和孔隙度均可控制；

(2) 优良的透过性能，且在使用后可以再生，因而使用寿命长；

(3) 耐高温、耐低温、抗热震；

(4) 抗介质腐蚀；

(5) 可焊接和加工等。

2. 粉末冶金多孔材料的应用如下：

(1) 利用其物质储存作用可制成含油自润滑轴承等；

(2) 利用其热交换作用可制成宇航用发汗材料、氧-乙炔用防爆止火器；

(3) 利用其过滤和分离作用可制成各种过滤器；

(4) 利用其电极化作用可制成燃料电池的多孔电极等;

(5) 利用其吸收冲击作用可制成消音、消震材料等;

(6) 利用其比表面积大可制成催化剂等。

3. ①模压成形与烧结;②等静压制;③松装烧结;④粉末增塑挤压;⑤粉浆浇注。

4. ①粉末性能;②孔隙度;③材料厚度;④工作条件;⑤制造工艺参数。

5. 金属粉末多孔材料、金属纤维多孔材料和泡沫金属材料。

第8章

1. 先进陶瓷材料是对常用的先进结构陶瓷和先进功能陶瓷的总称,主要是指在工程应用中用于各种结构部件,以发挥机械、热、化学和生物等功能的高性能陶瓷。

2. (1) Al_2O_3 粉纯度需在 99.9%以上并且为 α 相,粉末的细度一般控制在 0.3μm 以下,同时颗粒应高度分散,以保障高的烧结活性。

(2) 加入微量的烧结助剂,通常加入 MgO, 通过 MgO 固溶在 Al_2O_3 晶格中同时促进烧结和抑制晶粒长大。

3. ①应力诱导相变增韧;②微裂纹增韧;③弥散增韧。

4. 分散于陶瓷基体内的四方 ZrO_2 相颗粒,从高温向低温变化,在温度低于 1100℃时,由于陶瓷基体的约束,不能发生四方相向单斜相的相变,四方 ZrO_2 相颗粒以亚稳态的形式存在于室温,当陶瓷基体受到外力的作用,解除了对四方 ZrO_2 相颗粒的约束,四方 ZrO_2 相颗粒就发生相变,此时转变称为应力诱导相变。

相变颗粒的剪切应力和相变带来的 5%的体积膨胀对基体产生压应力,使裂纹停止延伸,以致需要更大的能量才使主裂纹扩展,即在裂纹尖端应力场作用下,ZrO_2 粒子发生四方相向单斜相的转变而吸收了能量,降低裂纹尖端的应力场强度,提高断裂韧性。

5. ①冷压-烧结;②热压;③热等静压;④粉浆浇注;⑤挤压。

第9章

1. (1) 按电流、电压等级分类:①高、中压触头材料,主要用于各类高压重负载断路器(如空气断路器、油断路器、SF_6 断路器及真空断路器)的触头材料;②低压触头材料,分两类,即保护电器触头和控制电器触头;③弱电触头材料。

(2) 按制造方法分类:①熔炼加工触头材料,包括铜及其合金、银及其合金、铂族合金;②烧结触头材料,包括各类假合金、金属-氧化物触头材料以及难熔金属钨、钼触头。

(3) 按材料组合类型分类：①金属-金属；②金属-金属氧化物；③金属-无氧难熔化合物；④金属-减磨材料。

2. 银基触点材料不能仅依靠提高压力来提高密度，因为烧结时银粉会释放气体，当素坯致密度过高时，孔隙通透性差会影响气体排放而产生张力使坯体膨胀。必须选择适当的成形压力和烧结温度，以保证足够的烧结收缩以便于用同一模具复压，该工艺获得的触点材料仍有一定的孔隙度，性能不高。

3. 该工艺可制备几乎无孔的触点，适用于高钨或钼的 W-Ag、W-Cu、Mo-Cu 及高碳化钨的 WC-Ag、WC-Cu 等高压触点材料。

4. CdO 使触头抗熔焊、耐电弧烧损。原因：①受热分解而吸收大量的热，靠 Cd 的挥发冷却基体并熄灭电弧；②CdO 的存在提高了表面熔融物的黏度，防止融化的银被电弧吹离；③CdO 相当于夹杂聚集在固-液界面，使形成的熔焊物变脆，减少熔焊的危险。

5. (1) 粉末冶金技术获得高性能的基本方法是近全致密化：热压、热等静压、热挤压、粉末热锻以及各种粉末坯锭的热加工。

(2) 在近全致密化的过程中同时实现近净成形，节省贵重金属用量，减少能耗。

(3) 化学成分设计上的灵活性和微观组织结构的完整性方面优于熔铸合金。

6. 氧化物弥散强化(ODS)高温合金是一类由热稳定性好的超细氧化物质点(大小为几十纳米以内、间距约 100nm 左右)均匀弥散在普通高温合金基体中起补充强化作用的合金，该合金兼有沉淀强化和弥散强化两种机制，合金经热加工后晶粒具有与定向凝固合金相似的织构特征。